建筑装饰系列教材

建筑装饰构造

林晓东　主编

天津科学技术出版社

内 容 提 要

本书系“建筑装饰专业系列教材”之一。

本书分上、下两篇共12章：(1)概论；(2)基础与地下室；(3)墙体；(4)楼板层；(5)楼梯与台阶；(6)屋顶；(7)门和窗；(8)建筑装饰构造概述；(9)楼地面装饰构造；(10)墙面装饰构造；(11)顶棚装饰构造；(12)其他装饰构造。

本书具有体系完备、结构新颖、语言精练、内容翔实、图文并茂、深入浅出、系统性强、可操作性强、适用面广等特点。

本书系高等院校、高等职业技术学院建筑装饰专业通用教材，同时亦适用于室内装饰、室内设计、装饰装潢、广告装潢、美术装潢等专业。此外，还可作为建筑装饰企业岗位培训教材和有关人员的自学用书。

图书在版编目(CIP)数据

建筑装饰构造/林晓东主编. —天津：天津科学技术出版社，2012
(建筑装饰专业系列教材)
ISBN 978-7-5308-3854-9

Ⅰ. 建… Ⅱ. 林… Ⅲ. 建筑装饰-建筑构造-教材 Ⅳ. TU767

中国版本图书馆 CIP 数据核字(2005)第 013528 号

责任编辑：丁文红
版式设计：雒桂芬
责任印制：兰 毅

天津科学技术出版社出版
出版人：蔡 颢
天津市西康路 35 号 邮编 300051
电话(022)23332393(发行部) 23332390(市场部) 27217980(邮购部)
网址：www.tjkjcbs.com.cn
新华书店经销
天津新华印刷三厂印刷

开本 787×1092 1/16 印张 21 字数 458 000
2012 年 2 月第 1 版第 5 次印刷
定价：32.00 元

建筑装饰系列教材编委会

本书主编　林晓东

本书编者　林晓东　周　凌　夏　莺　王志洪　季　婷

序

随着城市化进程加速期的到来,我国城乡建设速度日益迅猛。建筑装饰作为建筑业的重要组成也正面临着巨大的挑战;同时,经济全球化进程的加快也给我国建筑装饰业提出了新问题。如何适应时代发展的要求,应对新的变化,知识的更新和人才的培养便成了当务之急。建筑装饰系列教材的编写,正是为了改善和提高建筑装饰从业人员的知识结构和水平,培养更多的建筑装饰专业合格的技术人才。

建筑装饰专业与诸多学科密切相关,且以艺术和工程技术为基础,专业面较宽。本套教材选取了其中核心的十二门课程:(1)《美术》;(2)《构成》;(3)《建筑环境设计表现》;(4)《建筑装饰与物理环境》;(5)《建筑设备》;(6)《建筑力学与结构》;(7)《建筑装饰材料》;(8)《建筑装饰构造》;(9)《建筑装饰设计》;(10)《建筑装饰施工技术》;(11)《建筑装饰工程定额与预算》;(12)《建筑装饰施工组织与管理》。其中,前六本为专业基础课教材,后六本为专业课教材。

本套教材的编写注重理论与实践相结合,坚持高等院校与高等职业技术学院两个层次相兼顾的原则,融建筑装饰新材料、新技术、新工艺、新规范、新成果于一体,具有体系完整、结构新颖、语言精练、内容翔实、图文并茂、深入浅出、系统性强、可操作性强、适用面广等特点。本套教材可作为高等院校和高等职业技术学院艺术设计专业、建筑装饰专业通用教材,亦可作为室内装饰、室内设计、装饰装潢、广告装潢、美术装潢等专业的通用教材。同时,它也是一套建筑装饰专业方向的系统性丛书,可作为相关专业人员的自学参考书。

在本套教材的编写过程中,承蒙南京工业大学、天津科学技术出版社及各兄弟院校的大力支持。书中参考了大量的国内外专家、学者的著作,吸收和借鉴了许多最新科研成果,限于篇幅,恕未能一一标注。各书作者、审稿、编辑及相关人员付出了大量的辛勤劳动,在此,我们一并深表衷心的感谢!

本套教材的作者均是南京工业大学等高校的一批从事多年建筑装饰专业及相关专业教学的学术骨干,他们除了具有多年教学经验外,还都拥有丰富的工程实践经验,这对保证本套教材理论的体系性和实践的可操作性层面无疑是积极的。但是由于水平所限,本套系列教材还会存有一些错误和不足之处,敬请有关专家、学者和广大读者予以批评指正,以便再版时修订完善。

建筑装饰系列教材编委会

2004年12月

前　言

本书作为“建筑装饰系列教材”之一，是为了满足《建筑装饰构造》课程的教学需要而编写的。本书分为上下两篇共十二章，上篇介绍较为基础的民用建筑普通构造内容；下篇介绍针对性较强的建筑装饰构造内容。上下两篇在内容安排上是连贯和统一的，学校可以根据学生的专业方向和学制长短做适当取舍。

参加本书编写的有林晓东、周凌、夏莺、王志洪、季婷等同志。本书由林晓东担任主编。

本书由胡伯骞教授主审。

本书在编写过程中，参考了一些国内外专家学者的最新研究成果资料，在此深表衷心感谢！

由于编者水平有限，加之时间仓促，书中难免有错漏和谬误之处，敬请广大读者批评指正。

编　者

2004 年 11 月

目　　录
CONTENTS

上　　篇

民用建筑构造

第一章

概　论

建筑构造是一门综合性的工程技术学科，它主要研究房屋中各部分基本构配件之间的组合、连接原理和关系。

通过对本课程的学习，使学生能掌握建筑构造的基本理论和一般方法，并具有建筑构造设计的综合能力，同时也将提高学生识读和绘制建筑工程图的水平。

建筑构造设计是建筑专业的一项重要工作内容，它是建筑设计的一个组成部分。它的任务是根据房屋的用途、建筑材料的性能、基本构配件所处环境及其受力状况、施工工艺和方案的艺术处理要求等诸多因素，设计出可靠及经济实用的连接组合方案，为合理实现将建筑方案由设想变为实物提供技术保障。本课程在学习中将涉及许多相关课程知识，如常见结构方案布置、有关建筑材料的选择和应用、施工的可能性及合理性、建筑物理、建筑设备有关知识等。

建筑构造是一门与实际应用紧密相关的学科，在掌握了基本理论和方法后，还需在实践中进一步培养运用能力。

第一节　民用建筑的分类和等级

一、民用建筑的分类

（一）按民用建筑使用功能分类

1. 居住建筑

居住建筑是供人们生活起居所用的建筑物，主要有住宅、公寓、宿舍等。

2. 公共建筑

公共建筑是供人们进行政治、经济、文化交流和生活服务等公共事业活动所需的建筑物。按照使用功能的特点，可以分为以下类型：

（1）生活服务性建筑：食堂、菜场、浴室、服务站等。

（2）文教建筑：学校、图书馆等。

（3）托幼建筑：托儿所、幼儿园等。

（4）科研建筑：研究所、实验楼等。

(5)医疗建筑:医院、门诊部、疗养院等。

(6)商业建筑:商店、超级市场等。

(7)行政办公建筑:办公楼、写字楼等。

(8)交通建筑:汽车站、火车站、海港、航空港、地铁站等。

(9)广播通讯建筑:广播电台、电视台、电讯楼、邮政所、电视塔等。

(10)金融建筑:银行、保险公司、税务所、证券公司等。

(11)体育建筑:体育馆、体育场、游泳池等。

(12)观演建筑:电影院、剧院、杂技场、娱乐中心、文化宫、会堂等。

(13)旅馆建筑:旅馆、招待所、宾馆等。

(14)展览建筑:展览馆、博物馆、美术馆等。

(15)园林建筑:公园、动物园、植物园等。

(16)纪念性建筑:纪念堂、纪念碑(亭)等。

(二)按建筑的层数分类

1. 低层建筑

低层建筑为1~3层建筑。

2. 多层建筑

多层建筑为4~7层建筑。

3. 高层建筑

8屋以上,公共建筑总高24m以上(非单层)。

4. 超高层建筑

建筑总高度超过100m。

(三)按建筑物主要承重结构材料分类

1. 砖木结构建筑

建筑物的墙、柱用砖砌筑,楼板、屋架采用木料制作。

2. 混合结构建筑

建筑物的墙、柱为砖砌,楼板、楼梯为钢筋混凝土,屋顶为钢木或钢筋混凝土制作。

3. 钢筋混凝土结构建筑

建筑物的梁、柱、楼板、屋面板均以钢筋混凝土制作,填充墙用砖或其他材料制作。

4. 钢结构建筑

建筑物的梁、柱、屋架等承重构件用钢材制作,墙用砖或其他材料制成,楼板用钢筋混凝土制作。

二、建筑物的等级

建筑物的质量等级是设计必须考虑的重要因素之一。设计时应依据不同的等级,采用不同标准、定额,选择相应材料和结构类型,使其符合使用要求。

(一)按耐久年限分级

按建筑物的使用性质及耐久年限,可将其分作五个等级。如表1-1所示。

表 1－1　按耐久性规定的建筑物等级

建筑等级	建筑物性质	耐久年限
一	具有历史性、纪念性、代表性的重要建筑物，如纪念馆、博物馆、国家会堂等	100 年以上
二	重要的公共建筑，如一级行政机关办公楼、大城市火车站、国际宾馆、大体育馆、大剧院等	50 年以上
三	比较重要的公共建筑和居住建筑，如医院、高等院校以及主要工业厂房等	40～50 年
四	普通的建筑物，如文教、交通、居住建筑以及工业厂房等	15～40 年
五	简易建筑和使用年限在五年以下的临时建筑	15 年以下

（二）按耐火程度分级

按照建筑物的耐火程度，根据我国现行有关规定，建筑物的耐火等级分为四级。耐火等级标准主要根据房屋的主要构件（如墙、柱、梁、楼板、屋顶等）的燃烧性能和它的耐火极限来确定。如表 1－2 所示。

表 1－2　建筑物构件的燃烧性能和耐火极限

构件名称		耐火等级			
		一级	二级	三级	四级
		燃烧性能和耐火极限(h)			
墙	防火墙	非燃烧体 4.00	非燃烧体 4.00	非燃烧体 4.00	非燃烧体 4.00
墙	承重墙，楼梯间、电梯井的墙	非燃烧体 3.00	非燃烧体 2.50	非燃烧体 2.50	难燃烧体 0.50
墙	非承重外墙，疏散走道两侧的隔墙	非燃烧体 1.00	非燃烧体 1.00	非燃烧体 0.50	难燃烧体 0.25
墙	房间隔墙	非燃烧体 0.75	非燃烧体 0.50	难燃烧体 0.50	难燃烧体 0.25
柱	支撑多层的柱	非燃烧体 3.00	非燃烧体 2.50	非燃烧体 2.50	难燃烧体 0.50
柱	支撑单层的柱	非燃烧体 2.50	非燃烧体 2.00	非燃烧体 2.00	燃烧体
梁		非燃烧体 2.00	非燃烧体 1.50	非燃烧体 1.00	难燃烧体 0.50
楼板		非燃烧体 1.50	非燃烧体 1.00	非燃烧体 0.50	难燃烧体 0.25
屋顶承重构件		非燃烧体 1.50	非燃烧体 0.50	燃烧体	燃烧体
疏散楼梯		非燃烧体 1.50	非燃烧体 1.00	非燃烧体 1.00	燃烧体
吊顶（包括吊顶阁栅）		非燃烧体 0.25	难燃烧体 0.25	难燃烧体 0.15	燃烧体

第二节 民用建筑的构造组成

建筑物一般是由基础、墙或柱、楼地层、楼梯、屋顶和门窗六大部分组成。如图1－1。它们各处在不同的部位，发挥着各自的作用。现分述如下。

（一）基础

基础是位于建筑物最下部的承重构件，承受建筑物的全部荷载，并将这些荷载传给地基。因此基础必须具有足够的强度，并能抵御地下各种有害因素的侵蚀。

（二）墙和柱

墙和柱是建筑物的承重构件，承受屋顶、楼板传来的荷载，并将荷载传给基础。墙作为围护构件，外墙起着抵抗自然界各种不利因素对室内侵袭的作用；内墙主要用做分隔空间。因此要求墙体具有足够的强度、稳定性、保温隔热、隔声、防火、防水等能力，以及具有经济性和耐久性。

（三）楼地层

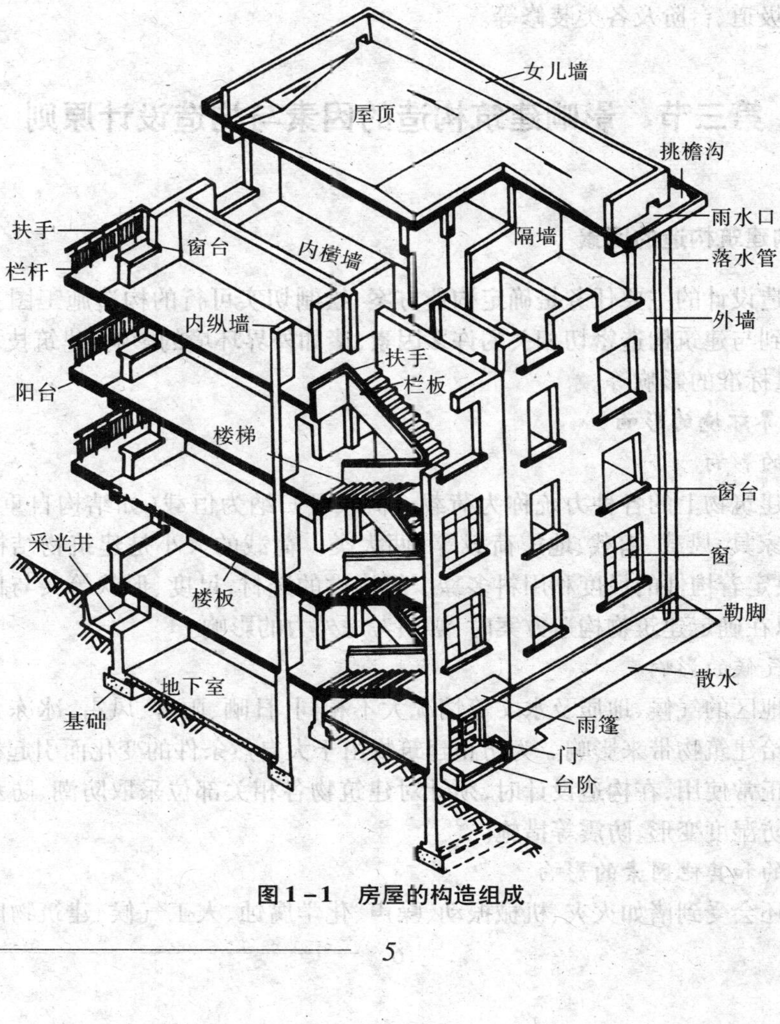

图1－1 房屋的构造组成

楼地层是建筑水平方向的承重构件，分为楼层和地层。楼层将建筑物分成若干层，并将荷载传到墙或柱上。楼层应具有足够的坚固性、刚性、耐磨以及隔声性能。地层贴近土壤，要求它坚固、耐磨、防潮与保温。

（四）楼梯

楼梯是楼房的垂直交通工具。应有足够的通行宽度和疏散能力，并符合坚固、稳定、耐磨、安全等要求。

（五）屋顶

屋顶是建筑物顶部的围护和承重构件，由屋面层和结构层两部分构成。屋面层用以抵御自然界雨、雪及太阳辐射等对顶层房间的影响；而结构层则承受着房屋顶部荷载（如风荷载、雪荷载、活荷载、检修荷载和自重等），并将这些荷载传给墙或柱。

（六）门和窗

门主要供人们内外交通和分隔房间之用；窗则主要是采光和通风，同时又有分隔和围护作用。它们都是非承重构件。

综上所述，基础、墙和柱、楼板、楼梯、屋顶等构成了建筑物的主要骨架。一幢房屋除这些基本组成部分外，还有为人们生活所必须的其他附属构配件和设施，如阳台、雨篷、遮阳、壁橱、垃圾道、台阶及各类装修等。

第三节　影响建筑构造的因素与构造设计原则

一、影响建筑构造的因素

建筑构造设计的主要任务是确定构造方案、绘制切实可行的构造施工图。因此设计时必须考虑到与建筑构造密切相关的许多因素，诸如外界环境的影响，建筑技术条件的影响，建筑质量标准的影响等。

（一）外界环境的影响

1. 外力的影响

作用在建筑物上的各种力统称为荷载。荷载可归纳为恒载（如结构自重等）和活荷载（如人群、家具、风载、雪载、地震荷载等）两大类。荷载的大小是建筑物结构设计的重要依据，它决定着构件的尺度和用料多寡。而构件的选材、尺度、形状等又与构造方式密切相关，所以在确定建筑物构造方案时，必须考虑外力的影响。

2. 自然气候的影响

由于各地区的气候、地质及水文等情况大不相同，日晒、雨淋、风雪、冰冻、地下水、地震等因素将给建筑物带来影响。为防止建筑物由于大自然条件的变化而引起构配件的破坏和保证其正常使用，在构造设计时，须针对建筑物各相关部位采取防潮、防水、隔热、保湿、隔蒸汽、防湿度变形、防震等措施。

3. 人为的和其他因素的影响

建筑物还会受到诸如火灾、机械振动、噪声、化学腐蚀、人工气候、建筑物四周的绿化以及各种虫害等对建筑物的正常使用所形成的影响。为了防止噪声的干扰须考虑墙体、楼板的隔声,为了防止各种化学药物和废气的腐蚀,对有关部分须进行防腐处理等。

(二)建筑技术条件的影响

构造方案的选择与确定除与建筑物使用功能有关外,还与结构类型、材料供应和施工技术条件有密切关系。由于结构形式不同,相应的构造措施也不一样。就材料和施工技术而言,如传统的砖混结构,一般以手工操作为主;当采用钢筋混凝土结构时,构件的尺寸和重量较砖石构件大,对施工机械和施工技术的要求也更高,其构造措施也不相同。钢结构具有自重轻、安装方便等优点,对这种结构的施工方法和构造处理当然也就有别于其他结构形式。

(三)建筑物质量标准、造价等方面的影响

质量标准主要指建筑物的耐久性、装修标准、设备标准等。建筑质量标准与造价的高低,经常直接影响到建筑构造设计方案。对民用住宅等大量民用建筑而言,宜以经济实用为主,采取因地制宜、就地取材的方案。对于使用功能复杂、质量标准和造价较高的公共建筑,从造型处理、材料选用及装修标准上都有更高的要求,构造上也往往采取比较特殊的处理方法。

二、民用建筑构造设计原则

(一)满足建筑物各项使用功能要求

由于建筑物的使用功能要求及某些特殊需要,如隔热、保温、隔声、吸声、防射线、防腐蚀、防振动等,给建筑设计提出了技术上的要求。为了满足使用要求,在构造设计时,必须综合有关技术知识,进行合理的设计、计算,并选择经济合理的构造方案。

(二)必须有利于结构的安全性

建筑物除根据荷载大小、结构的要求确定构件的必须尺度外,在构造上需采取措施,以保证构件的整体刚度和构件之间的连接,使之有利于结构的安全和稳定。

(三)适应建筑工业化的需要

在构造设计时,应大力推广先进技术,选择各种新型建筑材料,采用国家和地方的标准设计,尽量选用定型构配件,为制品生产工厂化、现场施工机械化创造有利条件。

(四)经济合理性

应结合国情和当地实际情况,尽量采用地方材料和利用工业废料,注意节约木材、水泥和钢材,制订合理装修标准,考虑成本核算,以达到控制总体造价的目的。

(五)美观大方

构造方案的处理是否细致且兼顾整体性,将对建筑总体效果带来很大影响,因此应反复推敲,并注意避免画蛇添足或虚假装饰。

第四节 建筑统一模数标准

为了使建筑制品、建筑构配件和组件实现工业化大规模生产,使不同材料、不同形式

和不同制造方法的建筑构配件、组合件符合模数并具有较大的通用性和互换性，以加快设计速度，提高施工质量和效率，降低造价，国家有关部门颁布了《建筑统一模数制》，并于1986 年重新修订完毕，改名为《建筑模数协调统一标准》（GBJ2—86），新标准参考采用了国际标准和国外先进标准，并结合了我国现有的技术经济水平。

一、模数

建筑模数即建筑设计中选定的标准尺寸单位。它是建筑物、建筑构配件、建筑制品及有关设备等尺寸相互协调的基础。我国规定以 100mm 作为统一与协调建筑尺度的基本单位，称为基本模数，用符号 M 表示，即 1M 等于 100mm。

整个建筑物和建筑物的一部分以及建筑组合件的模数化尺寸，应是基本模数的倍数。

模数尺寸中凡为基本模数整数倍的叫做扩大模数。其水平扩大模数的基数应为 3M、6M、12M、15M、30M、60M，相应尺寸分别为 300mm、600mm、1 200mm、1 500mm、3 000mm、6 000mm；竖向扩大模数基数为 3M 与 6M，其相应尺寸为 300mm 和 600mm。

模数尺寸中凡为基本模数的分数倍的叫做分模数。分模数基数为 1/10M、1/5M、1/2M，其相应的尺寸为 10mm、20mm、50mm。

基本模数、扩大模数和分模数共同构成模数数列。如表 1－3 所示。

表 1－3　模数数列（mm）

基本模数	扩大模数						分模数		
1M	3M	6M	12M	15M	30M	60M	$\frac{1}{10}$M	$\frac{1}{5}$M	$\frac{1}{2}$M
100	300	600	1 200	1 500	3 000	6 000	10	20	50
100	300						10		
200	600	600					20	20	
300	900						30		
400	1 200	1 200	1 200				40	40	
500	1 500			1 500			50		50
600	1 800	1 800					60	60	
700	2 100						70		
800	2 400	2 400	2 400				80	80	
900	2 700						90		
1 000	3 000	3 000		3 000	3 000		100	100	100
1 100	3 300						110		
1 200	3 600	3 600	3 600				120	120	
1 300	3 900						130		
1 400	4 200	4 200					140	140	
1 500	4 500			4 500			150		150
1 600	4 800	4 800	4 800				160	160	
1 700	5 100						170		

续表

基本模数	扩大模数						分模数		
1M	3M	6M	12M	15M	30M	60M	$\frac{1}{10}$M	$\frac{1}{5}$M	$\frac{1}{2}$M
1 800	5 400	5 400					180	180	
1 900	5 700						190		
2 000	6 000	6 000	6 000	6 000	6 000	6 000	200	200	200
2 100	6 300							220	
2 200	6 600	6 600						240	
2 300	6 900								250
2 400	7 200	7 200	7 200					260	
2 500	7 500			7 500				280	
2 600		7 800						300	300
2 700		8 400	8 400					320	
2 800		9 000		9 000	9 000			340	
2 900		9 600	9 600						350
3 000				10 500				360	
3 100			10 800					380	
3 200			12 000	12 000	12 000	12 000		400	400
3 300					15 000				450
3 400					18 000	18 000			500
3 500					21 000				550
3 600					24 000	24 000			600
					27 000				650
					30 000	30 000			700
					33 000				750
					36 000	36 000			800
									850
									900
									950
									1 000

模数数列的适用范围如下。

(1)水平基本模数 1M 至 20M 的数列，主要用于门窗洞口和构配件截面等处。

(2)竖向基本模数 1M 至 36M 的数列，主要用于建筑物的层高、门窗洞口和构配件截面等处。

(3)水平扩大模数 3M、6M、12M、15M、30M、60M 的数列，主要用于建筑物的开间或柱距、进深或跨度、构配件尺寸和门窗洞口等处。

(4)竖向扩大模数 3M 数列,主要用于建筑物的高度、层高和门窗洞口等处。

(5)分模数 1/10M、1/5M、1/2M 数列,主要用于缝隙、构造节点、构配件截面等处。

砖混结构住宅中,必要时,可采用 3 400mm、2 600mm 作为开间尺寸。

二、构件的有关尺寸

(一)标志尺寸

符合模数数列的规定,用以标注建筑物定位轴面、定位面或定位轴线、定位线之间的垂直距离(如开间或柱距、进深或跨度、层高等)以及建筑构配件、建筑组合件、建筑制品、有关设备界限之间的尺寸。

(二)构造尺寸

建筑构配件、建筑组合件、建筑制品等的设计尺寸,一般情况下,标志尺寸减去缝隙为构造尺寸,如图 1-2(*a*),但构造尺寸也可能超过标志尺寸,如图 1-2(*b*)。

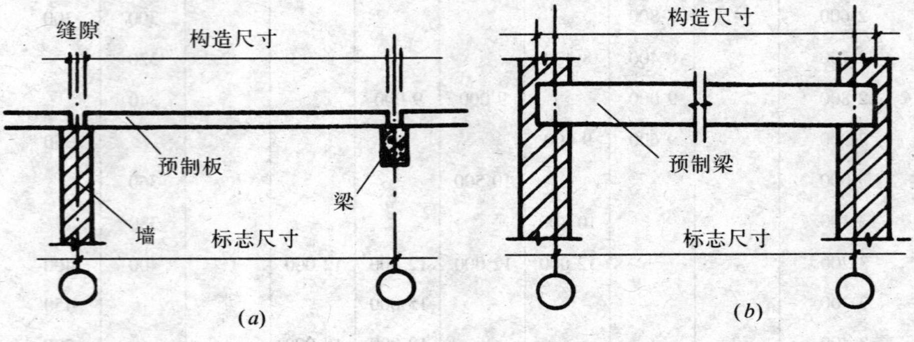

图 1-2 标志尺寸与构造尺寸的关系

(*a*)构件标志尺寸大于构造尺寸 (*b*)构件标志尺寸小于构造尺寸

(三)实际尺寸

建筑构配件、建筑组合件、建筑制品等生产制作后的实有尺寸为实际尺寸。实际尺寸与构造尺寸之间的差数应符合建筑分差的规定。

(四)技术尺寸

技术尺寸是建筑功能、工艺技术和结构条件在经济上处于最优状态下所允许采用的最小尺寸数值(通常是指建筑构配件的截面或厚度)。

为了保证设计、生产、施工各阶段建筑制品、建筑构配件等有关尺寸间的统一与协调,必须明确标志尺寸、构造尺寸和实际尺寸三者之间的关系。

复习思考题

1. 低层、多层与高层建筑如何划分?
2. 建筑物的耐火等级可分为几级?主要根据什么因素划分?
3. 一般单体民用建筑可分为哪六大部分?
4. 何为建筑模数?基本模数、扩大模数与分模数有何区别?
5. 构件的标志尺寸、构造尺寸与实际尺寸有何区别?

第二章

基础与地下室

第一节　基础与地基的关系

基础和地基具有不可分割的关系，但又是不同的两个概念。

基础是建筑物埋在土中的扩大构件，它承受建筑物的全部荷载，并将它们传给地基；基础是建筑物的一个组成部分。

地基是基础下面的土层，它承受着由基础传来的荷载而产生应力和应变，其数值大小是随着土层深度的增加而减少的，如图 2－1 所示，在达到一定深度之后就可以忽略不计。直接承受建筑物荷载而需要进行计算压力的土层称持力层，持力层以下的所有土层称下卧层。地基不属于建筑物的组成部分。

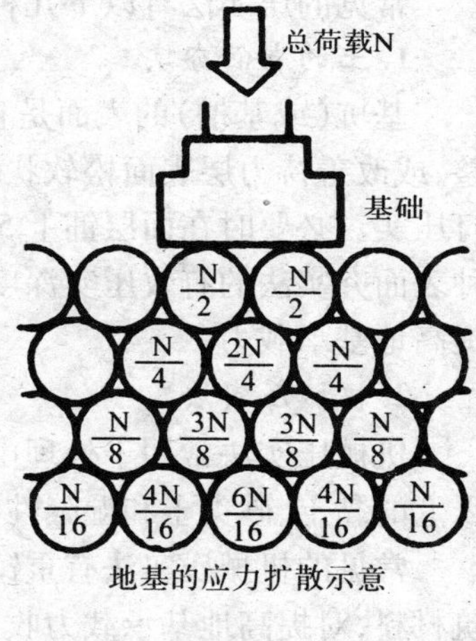

图 2－1　地基的应力扩散示意

一、地基、基础设计应满足的基本条件

（一）强度、稳定性和均匀沉降

有些建筑物在施工过程或建造完工之后出现倾斜，产生墙身或楼层的开裂，甚至破坏。这些现象大多是由于地基土质分布不均，基础构造处理不当，或房屋结构方案刚度不足而引起；因此，基础本身应具有足够的强度来传递整个建筑物的荷载，而地基则应具有良好的稳定性，以保证建筑物的均匀沉降。

（二）耐久性

基础是埋在地下的隐蔽工程，建成后的检查和加固既复杂又困难。因此，基础材料、构造的选择应与上部建筑的使用年限相适应，防止基础提前破坏，给整个建筑带来严重的后患，但也不能过分保守，造成不必要的浪费。

（三）经济

地基与基础工程的工期、工程量及造价在整个建筑工程中占有一定的比重。造价低的不足 3%，高的可达 35% 以上，相差十多倍。

如果所选建筑基地土质较差,将带来地基的人工处理和上层建筑物的加固措施,或加大基础埋置深度;大量开挖土方,延长了工期,增加了基础的工程量和造价。同样的建筑物,由于选择不同的地基方案和采用不同基础构造,其工程造价也将产生很大的差别。通常应尽可能选择良好的天然地基,争取做浅基础,采用当地产量丰富、价格低廉的材料和先进的施工技术,使设计符合经济合理的原则。

二、地基常用加固方法

天然土层具有足够的承载能力,不需人工处理就能承受建筑物全部荷载,称为天然地基。

当土层的承载能力较差,如淤泥、冲填土、杂填土或其他高压缩性土层,作为地基没有足够的坚固性和稳定性,对土层必须进行人工加固后才能在上面建造房屋。这种经过人工处理的土层,称人工地基。

常用的人工加固地基的方法有压实法、换土法和桩基。

(一)压实法

压实法主要是通过减少土颗粒间的孔隙,把细土粒压入大颗粒间的孔隙中去,并及时排去孔隙中的空气,从而增加土的干容重,减少土的压缩性,提高地基的强度。

常见的压实法有以下几种。

1. 土的表面夯实

基坑(或基槽)的表面是直接支撑基础的持力层,在开挖基槽后,为了使土的表面平整,或改善持力层表面松软状况,常选用轻便工具,如石硪、蛙式打夯机等,对原土进行夯打压实。必要时在面层铺上 50~150mm 厚的碎石或砾石进行夯打,将表面浮土挤紧。这种表面夯实法的有效压实深度约 200mm 左右,一般用来作为保证地基质量的措施,不能提高地基承载力。

2. 机械压实法

机械压实法常用于处理由建筑垃圾或工业废料组成的杂填土地基,以及地下水位线以上的黏土、砂类土和湿陷性黄土。

常见的机械压实法有重锤法、碾压法、振动法。压实法加固地基的优点是不用什么建筑材料,对提高地基承载力收效较大。

(二)换土法

当地基持力层较弱,或部分地基有一定厚度的软弱土层,如淤泥、淤泥质土、冲填土、杂填土或其他高压缩性土层构成的地基,可将弱土层的部分或全部挖去,换成其他低压缩性、性能稳定和无侵蚀性的材料,如中砂、粗砂、碎(卵)石、矿渣、石屑等松散材料,这种方法称换土法。

用换土法处理地基的特点是能够充分利用地方材料,节约三材。换土法能减少基础沉降量,调整基础间的不均匀沉降,提高地基强度和稳定性,减少基础埋置深度。但由于砂或碎石属松散材料,主要是由基坑(槽)侧壁的约束而起人工地基作用。因此,在建造之后,不宜在基础的四周挖沟打井。

(三)桩基

在建筑物荷载很大,或建筑物本身很高的情况下,地基土层较弱时,采用浅埋基础不能满足地基承载力的要求,这时建筑物可采用桩基。

桩基按受力状态可分为端承桩和摩擦桩。端承桩即将柱状的桩通过打压穿过深达数十米的软弱土层,将桩端直接支撑在坚硬的岩石层上,所以这种桩又称为柱桩。当软弱土层很厚,坚硬土层离基础底面很远时,桩是借助土的挤实,利用土与桩的表面摩擦力来支撑建筑荷载的,这种桩称为摩擦桩或挤实桩。

目前最常用的桩是混凝土桩和钢筋混凝土桩。按照施工方法不同,钢筋混凝土桩有预制桩、灌注桩和爆扩桩之分,分别介绍如下。

1. 预制桩

预制桩通常在构件厂或施工现场预制好,借助于打桩机打入土中,至设计标高为止,并将多余桩头切割去,留出钢筋头(每桩至少4根)插入承台板,桩顶嵌入承台板内的长度不宜小于50mm。预制桩所用混凝土标号不宜低于C30,通常桩头设有钢筋头或锥形桩靴。

采用预制桩施工简便,容易保证质量,但造价高,打桩时有较大的振动,对周围建筑物产生不良影响,所以有时改用静力压桩法施工。

2. 灌注桩

灌注桩由于钻孔成型的方法不同,有振动灌注桩和钻孔灌注桩两种。

振动灌注桩是将带活瓣桩尖的钢管,用振动的方法沉入土中,然后在钢管中灌入混凝土,再将钢管振动拔出。钻孔灌注桩是用钻孔机械在土中钻孔,然后在孔中灌注混凝土。

灌注桩一般直径为300~500mm,桩长不超过12m,混凝土标号不低于C15。灌注桩价格比预制桩低,但施工经验不足的情况下容易发生颈缩现象,影响桩的质量。

3. 爆扩桩

爆扩桩桩身用直径300~400mm的钢管成型,在管孔的底部放入炸药及雷管,灌满混凝土,再将钢管提高1~1.2m后,以雷管引爆,使桩底的土向外挤出,形成圆球形的桩扩大头。

第二节　基础的类型

一、按基础的埋置深度分类

基础应埋在地表以下适当深度处。从经济和施工角度考虑,基础的埋深,在满足要求的情况下愈浅愈好,但最小不宜小于0.5m。天然地基上的基础,一般埋深在5m以内的称为浅基础,超过5m者称为深基础。

基础的埋深与以下因素有关。

(1)建筑物的情况　高层建筑及荷载较大的建筑物基础埋深也大。

(2)地基土的承载力大小　土质好的、承载力高的土层可以浅埋;土质差、承载力低、高压缩性的土层则应该深埋。

(3)地下水位的影响　地下水对土层的承载力有很大影响,如黏性土在地下水上升时，将因含水量增加而膨胀，使土的强度下降；当地下水位下降，使土粒之间的接触压力增加，基础将产生下沉。为了避免地下水位的变化直接影响地基承载力，同时防止地下水对基础施工带来的麻烦，以及有侵蚀性的地下水对基础的腐蚀，所以一般基础应争取埋置在地下水位以上。

（4）冰冻线的因素　土的冻胀现象主要与地基土颗粒的粗细程度、土冻结前的含水量、地下水位高低有关。土的冻结深度则主要取决于当地气候条件。砂石类土的孔隙较大，水的毛细管作用不显著，所以冻而不胀，或程度很轻微，可以不考虑其影响。粉砂、轻亚黏土等颗粒细，孔隙小，容易产生毛细管作用，具有冻胀现象，应参考地基规范分别考虑。

当建筑物基础处在具有冻胀现象的土层范围内，冬季土的冻胀会把房屋向上拱起。到了春季气温回升，土层解冻，基础又下沉，使房屋处于不稳定状态。由于土中冰融化情况并不均匀，使建筑物产生严重的变形，如墙身开裂，门窗倾斜而开启困难，甚至使建筑物遭到严重破坏。因此，基础应调整埋置深度，一般应埋置在冰冻线以下 200mm 处。

（5）相邻建筑物或构筑物的基础埋深　为了保证在施工期间相邻原有建筑物或构筑物的安全和正常使用，新建建筑物的基础不宜深于原有建筑物或构筑物的基础；当深于原有基础时，两基础间应保持一定距离，距离的大小与荷载的大小和地基土的土质有关，一般情况下，可采取两基础底面高差的 1～2 倍。

二、按所用材料及受力特点分类

（一）刚性基础

由刚性材料制作的基础称刚性基础。刚性材料一般是指抗压强度高、而抗拉、抗剪强度较低的材料。在常用材料中，砖、石、混凝土等均属刚性材料。为满足地基容许承载力的要求，基底宽 B 一般大于墙基的宽度 B_0，如图 2－2 所示。当 B 很宽时，出挑部分 b 很长，如

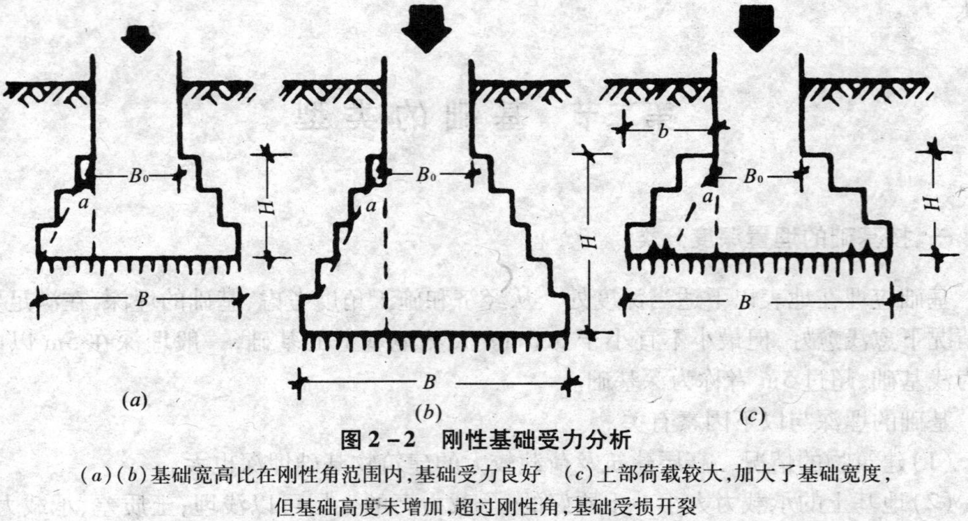

图 2－2　刚性基础受力分析

（a）（b）基础宽高比在刚性角范围内，基础受力良好　（c）上部荷载较大，加大了基础宽度，但基础高度未增加，超过刚性角，基础受损开裂

不能保证有足够的高度 H，基础将受弯曲或冲切而破坏。为了保证基础不受拉力或冲切的破坏，基础必须有相应的高度。因此，根据材料的抗拉、抗剪极限强度，对基础的出挑 b

与高度 H 之比进行限制，即宽高比。宽高比所形成的夹角称为刚性角。刚性基础必须受刚性角的限制。常见刚性基础台阶宽高比的容许值见表 2－1。

表 2－1　刚性基础台阶宽高比（b/h）的容许值

名　　称	材　　料	台阶宽高比的容许值 b/h		
		$P\leqslant 100$	$100\leqslant P\leqslant 200$	$200\leqslant P\leqslant 300$
混凝土基础	C10 混凝土	1：1.00	1：1.00	1：1.25
	C7.5 混凝土	1：1.00	1：1.25	1：1.50
毛石混凝土基础	C7.5～C10 混凝土	1：1.00	1：1.25	1：1.50
砖基础	MU7.5　砖 M5 砂浆	1：1.50	1：1.50	1：1.50
	MU7.5　砖 M2.5 砂浆	1：1.50	1：1.50	—
毛石基础	M2.5～M5 砂浆	1：1.25	1：1.50	—
	M1 砂浆	1：1.50	—	—
灰土基础	3：7 灰土	1：1.25	1：1.50	—
	2：8 灰土	1：1.25	1：1.50	—
三合土基础	1：2：4 或 1：3：6 三合土	1：1.50	1：2.00	—

注：P——基础底面的平均压力（kPa）。

刚性基础适用于一般地基承载力较好的、五层和五层以下的中小型民用建筑和墙承重的轻型厂房。

（二）非刚性基础

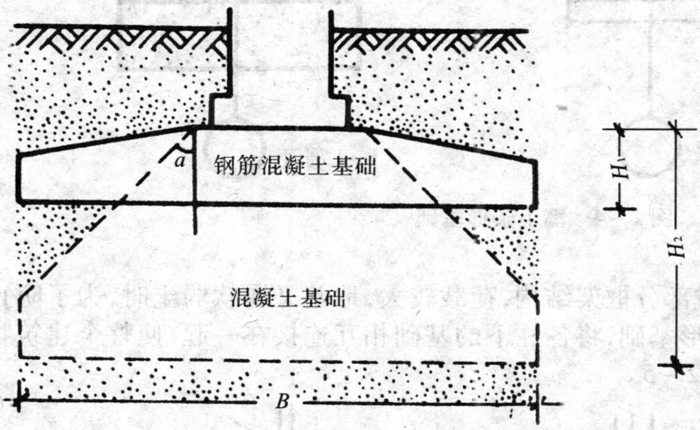

图 2－3　钢筋混凝土基础与混凝土基础的比较

刚性基础由于受刚性角的限制，有一定的使用范围。当建筑物荷载较大，或地基的承载力较差时，要求基础底面较宽，使得基础两边挑出的悬臂部分很长，产生很大的弯矩，如仍采用刚性基础将大大增加埋置深度，在土方工程量和材料使用上都不经济。如果用钢筋混凝土来建造基础，利用钢筋承受弯矩，基础就可以加大宽度而不受刚性角的限制，如图 2－3。因此，钢筋混凝土基础又称为非刚性基础或柔性基础。

为了节省材料，常将钢筋混凝土基础的两翼向外逐渐减薄，做成锥形截面，但最薄处厚度不应小于 200mm。如做踏步形时，每步高度为 300～500mm。板内受力钢筋直径不宜小于 8mm，间距不大于 200mm。混凝土标号不低于 C15。

三、按基础的构造形式分类

由于基础与墙、柱等垂直承重构件紧密相连，一般情况下它是由墙、柱延伸扩大形成的。所以，基础的构造形式主要与上部结构形式直接有关；另外，它还随着土层分布情况、地基容许承载力、荷载大小、受力方向等条件的变化而不同。

（一）条形基础

基础呈连续的带形，又称带形基础。

1. 墙下条形基础

当建筑物上部为混合结构，在承重墙下往往做通长的条形基础，如图 2－4。各种刚性基础如砖、石、灰土、灰浆、三合土、混凝土等均可用于墙下条形基础，当地基较差、荷载很大时，承重砖墙下也可用钢筋混凝土条形基础。

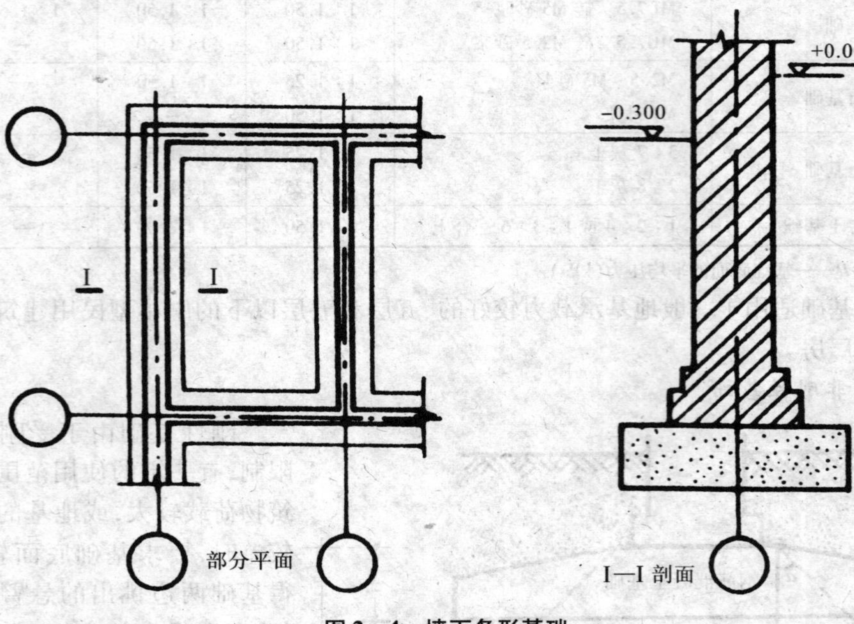

图 2－4　墙下条形基础

2. 柱下条形基础

当建筑物上部为框架结构或部分框架结构，荷载较大，地基又属软弱土时，为了防止不均匀沉降，常用钢筋混凝土条形基础，将各柱下的基础相互连接在一起，使整个建筑物的基础具有较好的整体性，如图 2－5。

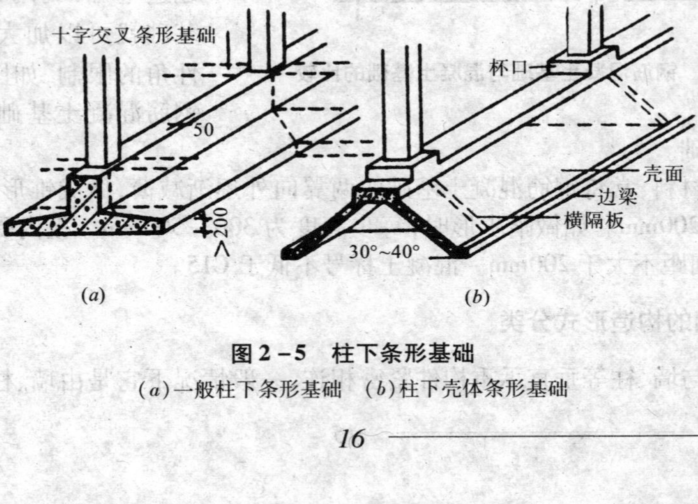

图 2－5　柱下条形基础

（a）一般柱下条形基础　（b）柱下壳体条形基础

3. 壳体条形基础

壳体基础可以减轻结构自重，节约基础材料，减轻地基承载力，充分发挥材料的强度。常用的壳体条形基础有筒壳或折壳条形基础。它采用单跨长条筒壳或折壳来代替钢筋混凝土条形基础。图2-5*b*为条形折壳基础。

（二）独立基础

基础呈独立的块状形式。

1. 柱下独立基础

建筑物上部的框架结构，常沿柱下放大成块状基础，其断面形式有阶梯形、锥形、杯形等，如图2-6所示。

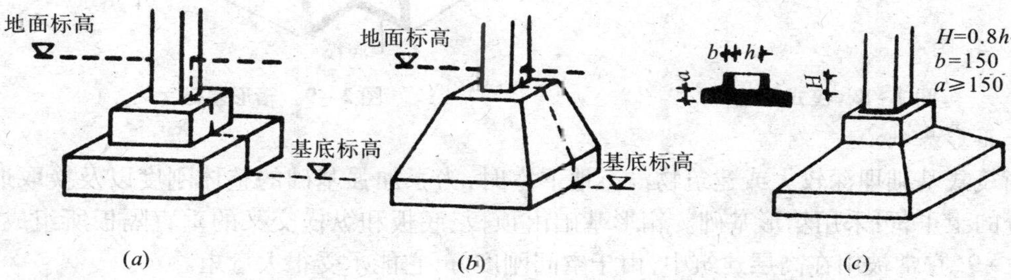

图2-6　柱下独立基础

(*a*)阶梯形　(*b*)锥形　(*c*)杯形

2. 独立壳体基础

常用于柱下的独立壳体基础有正、倒锥形壳，其平面可呈圆形或椭圆形；双曲抛物面扭壳；折壳等。壳体可用钢筋混凝土或钢筋砖等材料制作，如图2-7所示。

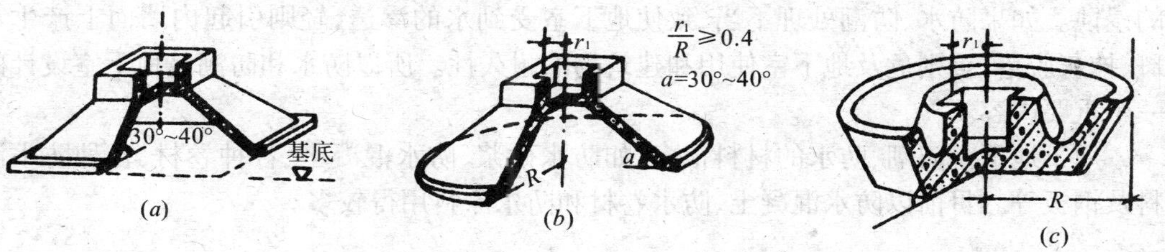

图2-7　独立壳体基础

(*a*)折壳　(*b*)正圆锥形　(*c*)倒圆锥壳

（三）满堂基础

如果地基承载力不够而上部结构传来的荷载又特别大，上述基础都不足以提供足够的底面积时，可采用满堂基础，由成片的钢筋混凝土板来承担上部荷载；板可直接由地基土层支承，也可支撑在桩基上。这种基础整体性好，还可以避免地基土层不均匀而带来的影响。

1. 不埋满堂基础

寒冷地区地基土冻结严重，不便开挖，为节约土方工程量，可采用不埋满堂基础。施工时先平整场地，进行压实，然后浇捣满堂的钢筋混凝土基础。满堂基础上可按设计要求砌墙或立柱子。

2. 筏式基础

筏式基础是指埋在地下的连片满堂基础,如图 2-8,有梁板式和无梁式之分。筏式基础多用于荷载大、地基承载力差的情况下。

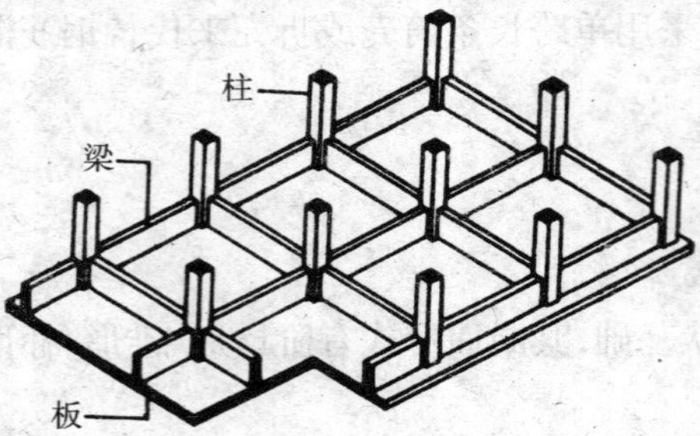

图 2-8 筏式基础

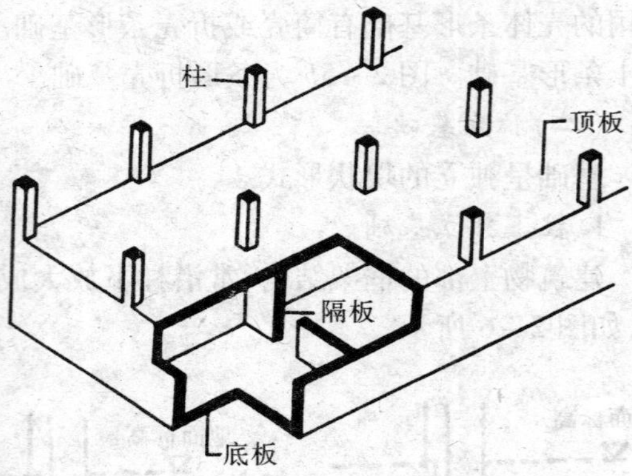

图 2-9 箱形基础

3. 箱形基础

当筏式基础埋深较大或建筑物没有地下室时,为了加强基础的整体刚度以及换取地下部分的土重,可采用箱形基础。箱形基础由顶板、底板和纵横交叉的垂直隔板所组成,如图 2-9,它常被用在高层建筑中,由于空间刚度好,它能承受很大弯矩。

第三节 地下室的防潮与防水

地下室的外墙和底板都在地面以下,经常受到下渗的地表水、土壤中的潮气和地下水的侵蚀。如果防水、防潮处理不当,致使地下室受到水的渗透,轻则引起内墙面上产生霉斑、抹灰脱落,重则危及地下室使用和建筑物的耐久性。所以防水和防潮是地下室设计的一个重要内容。

用于地下室防潮、防水的材料很多,如防水砂浆、防水混凝土、各种卷材、各种防水涂料及钢板等。目前以防水混凝土、防水卷材和防水涂料用得较多。

一、地下室防潮

当最高地下水位低于地下室地坪且无滞水可能时,水不至直接侵入地下室,墙和底板只受到土层中潮气的影响。这时,一般只做防潮处理,以防止毛细管水形成的地下潮湿和由于地表水下渗而形成的无压水,其构造是在地下室外墙外面设置防潮层。具体要求与做法为:砌体必须采用水泥砂浆砌筑,灰缝必须饱满;在墙外表面先抹 20mm 厚 1∶2.5 水泥砂浆(高出散水 300mm 以上),然后涂冷底子油一道和热沥青两道(至散水底),最后在防潮层外侧回填低渗透性土壤,如黏土、灰土等,其宽度不少于 500mm,并逐步夯实,形成隔水层。同时应做好房屋四周的散水和勒脚,以防护地表水下渗使地下室受潮。

在外墙墙身内地下室顶板以下、室外地面标高以上部位及地下室底板中间位,置设置水平防潮层,以防止潮气沿基础和墙身入侵墙体而影响上部结构物,如图 2-10 所示。

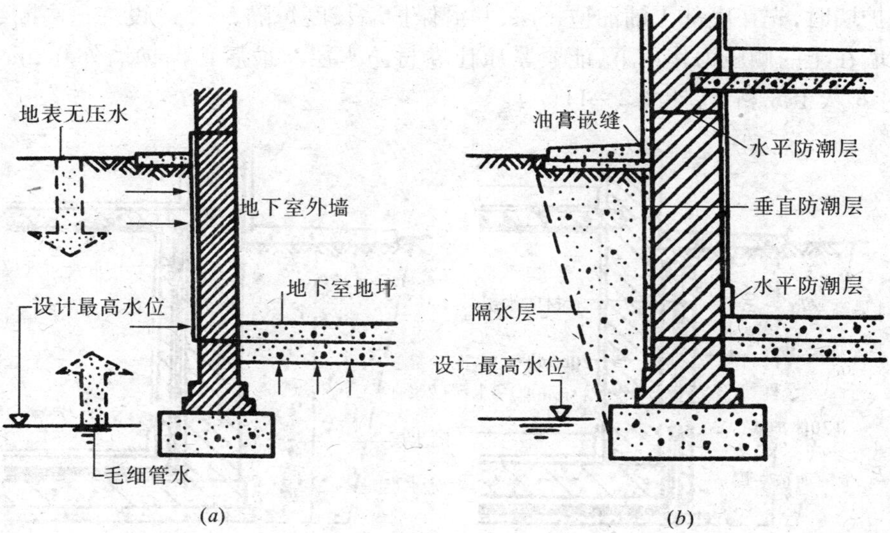

图 2-10 地下室防潮处理

(a)水的渗透 (b)防潮处理

二、地下室防水

当最高地下水位线高于地下室地面，即地下室的外墙和地坪浸在水下时，地下室外墙受到地下水的侧压力，而地坪受到地下水的浮力。地下水位高出地下室地面愈高，则压力愈大，在这种情况下，必须考虑对地下室外墙做垂直防水处理和对地坪做水平防水处理。常见的防水措施有卷材防水、防水混凝土防水和涂膜防水三种。这种利用各种材料的不透水性以隔绝地下室外围水及毛细管水的渗透，以起到隔水作用的方法，通常被称为隔水法，是一种最常用的地下室防水方法。其他的方法还有降排水法和综合法等。

从材料来分，卷材防水及涂膜防水材料被称为柔性防水材料。而以水泥砂浆或混凝土为主料掺入外加剂形成的防水砂浆、防水混凝土则称为刚性防水材料。

从结构形式分，混凝土自防水称为本体防水，卷材涂膜防水统称为辅助防水。

下面分别介绍卷材防水、涂膜防水和防水混凝土防水。

（一）卷材防水

目前国内常用的防水卷材有三个系列：一为石油沥青防水卷材，如纸胎石油沥青油毡、玻璃布油毡等；二为高聚物改性沥青油毡，如 SBS 改性沥青油毡等；三为合成高分子卷材，如三元乙丙橡胶防水卷材、氯化聚乙烯防水卷材、TPO 防水卷材等。构造设计时应根据防水等级、所在部位、耐久年限以及地质水文等条件选择合适材料。

当地下室为砖砌外墙时，采用卷材防水措施较为普遍。其方法为：先在外墙侧抹 20mm 厚 1∶3 水泥砂浆找平层，其上刷冷底子油一道，然后铺贴卷材防水层，并与从地下室地坪板底留出的卷材防水层逐层搭接。防水层的层数应根据地下室最高设计水位到地下室地坪间的距离（即水头）来确定。当高差小于或等于 3m 时，用三层；3～6m 时用四层；6～12m 时用五层；大于 12m 时用六层。防水层应高出最高水位 300mm，其上用一层油毡贴至散水底。防水层外面砌半砖保护墙一道，保护墙与防水层之间用水泥砂浆填实。

砌筑保护墙时，先在底部干铺油毡一层，并沿保护墙长度每隔 5～8m 设一道高断缝，以便使保护墙在土的侧压力作用下，能紧紧压住卷材防水层。最后在保护墙外 0.5m 范围内回填 2∶8 灰土或黏土，如图 2－11(*a*)。

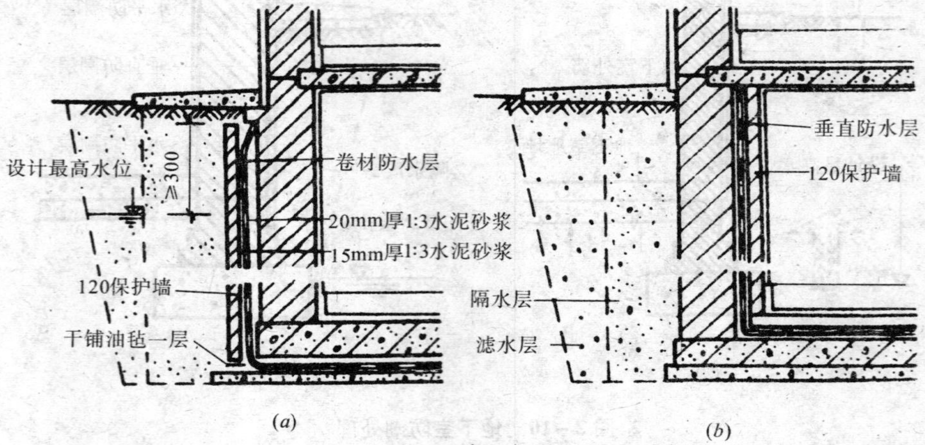

图 2－11　地下室防水处理

(*a*)墙身外防水　(*b*)墙身内防水

上述方法将防水层铺贴在地下室外墙外表面，被称为外防水(又称外包防水)。外包防水的防水层在迎水面，受压力的作用紧压在结构上，防水效果良好。

此外，还有将防水卷材铺贴在地下室外墙内表面(即背水面)，称为内防水或内包防水。采用这种方法防水层受到压力的作用容易脱开，所以不是很有利；但内防水施工简便，易于维修，故多用于修缮工程，如图 2－11(*b*)。

对地下室地坪结构的防水处理，是先在地基上浇注 C10 混凝土底板 100mm 厚，用水泥砂浆找平后，按三毡四油做法满铺防水层，在其上面做 30mm 厚细石混凝土保护层，再做钢筋混凝土结构层。

由于地坪与外墙在施工时有时间差，且处于转角位置交接，所以极易折损致漏。为确保转角处防水层的质量，必须对留槎、接槎(搭接)认真处理，如图2－12。通常是在素混

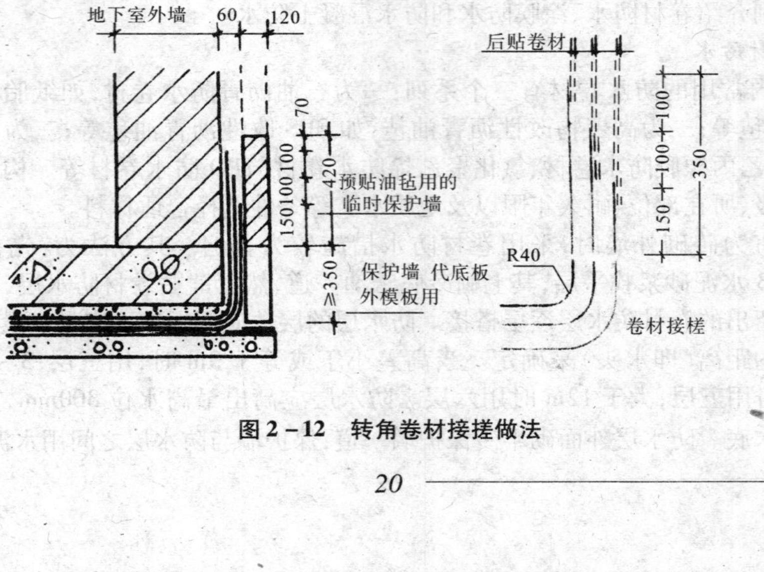

图 2－12　转角卷材接槎做法

凝土底板上粘贴水平防水层，底板外缘先砌一道临时保护墙（墙厚120mm、墙高为板厚加420mm），保护墙下段为永久性的，可用水泥砂浆砌筑，其上段用石灰砂浆砌筑，以便日后拆除。防水层暂时借贴于临时保护墙墙面上。捣完底板、砌好外墙后，将临时保护墙的上部拆除，并清理与接好防水层接槎，完成墙身防水层，此时的接槎部位避开了底板与墙体交界线，有利于持久防水。最后再砌完正式保护墙。回填土要求与防潮处理相同。

卷材防水能适应结构有微量的干裂、变形、伸缩和沉降的可能；防水层应铺设在坚固平整的基层上，适用于温度不超过40℃，并不接触油脂、汽油和其他能溶解沥青类材料物质的地下室。

（二）涂膜防水

涂膜防水是指在施工现场（混凝土墙体及砖砌体的找平层表面）以涂刷、刮涂、滚涂等方法，将液态涂料在适宜温度下涂刷于地下室主体结构外侧或内侧的一种防水做法。涂料固化后形成一层无缝薄膜，能防止地下有压水及无压水的侵入。

目前国内常用的防水涂料分为水乳型、溶剂型、反应型三大类，三种不同类型的防水涂料不应在同一工程的同一部位中混用。属水乳型的如硅橡胶防水涂料、阴离子合成胶乳化沥青及阳离子氯丁胶乳化沥青等。属溶剂型的如氯丁橡胶沥青防水涂料、JG－1防水冷胶料等。属反应型的如焦油聚氨酯涂膜防水胶等。可根据环境条件及工程质量等级选用。

涂膜防水材料施工固化剂是一种无定型的黏稠状液态物质，对于任何形状复杂、管道纵横交叉部位都易于施工，特别在阴阳角、管道根部以及端部收头处便于封闭严密，形成一个无缝整体防水层。施工工艺简单，对环境污染较小。防水层有一定弹性和延伸能力，对基层伸缩或开裂等有一定的适应性，优于刚性防水材料。它对基层的平整度要求严格，涂膜厚度要均匀。

一般新建工程涂膜防水层宜设在迎水面或保护墙之间。如设在背水面必须做抗压层，如图2－13（*a*）、（*b*）所示。设在背水面常用来作为补漏措施。

图2－13　涂膜防水层做法

（*a*）迎水面设涂膜防水层　（*b*）背水面涂膜防水设抗压层

涂膜防水层一般由底涂层、多层涂料防水层及保护层组成。底涂层的作用是使涂膜与基层黏结良好。多层涂料防水层一般分2～3层进行涂敷，使防水涂料形成多层封闭的整体涂膜。为保证涂料防水层在工序进行中或涂膜完成后不受破坏，应采取相应的临时或永久性保护措施，如水泥砂浆保护层、120mm厚砖墙保护层、聚苯板保护层等。底板防水做法如图2－14（*a*）、（*b*）所示。

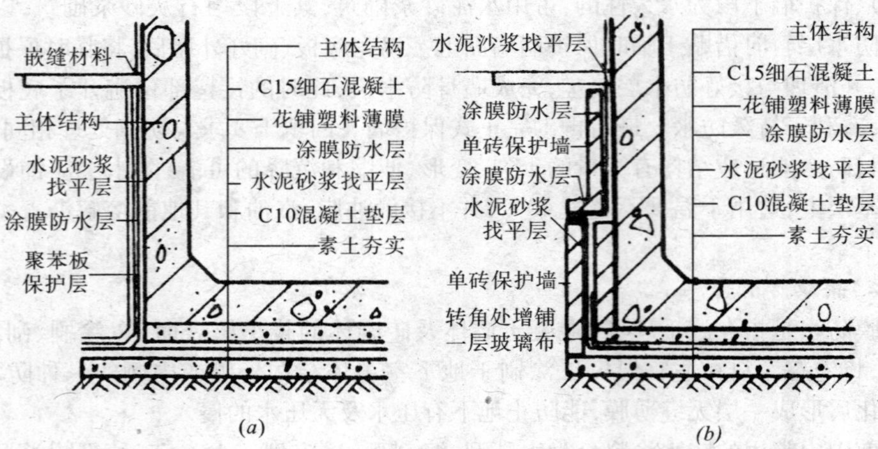

图2-14　涂膜防水层保护层做法

(*a*)聚苯板保护层做法　(*b*)砖砌保护墙做法

涂料防水层不宜用于地下水中含有矿物油或有机溶剂的地下环境中。

(三)防水混凝土防水

当地下室墙体和地坪均采用钢筋混凝土结构时,可采用防水混凝土做围护结构以取代其他防水措施。由于防水混凝土集承重、围护、防水功能于一体,所以是一种较为理想的防水方案。

防水混凝土是在普通混凝土的基础上,通过调整配合比或掺外加剂等手段,改善混凝土的密实性,使其具有抗渗能力≥0.6MPa。常用的防水混凝土种类及适用范围、技术要求参见表2-2。

表2-2　常用防水混凝土性能

种　类	最大抗渗压力/MPa	技　术　要　求	适　用　范　围
普通防水混凝土	>3.0	水灰比0.5~0.6 坍落度30~50mm,掺外加剂或采用泵送 混凝土时不受此限 水泥量≥320kg/m³ 灰砂比1:2~1:2.5 含砂率≥35% 粗骨料粒径≤40mm 细骨料为中砂或细砂	一般工业、民用及公共建筑的地下防水工程

续表

种类		最大抗渗压力/MPa	技术要求	适用范围
外加剂防水混凝土	引气剂防水混凝土	>2.2	含气量3%～6% 水泥用量为250～300kg/m³ 水灰比0.5～0.6 砂率28%～35% 砂石级配、坍落度与普通混凝土相同	北方高寒地区、对抗浆性要求较高的地下防水工程及一般的地下防水工程。不适用于抗压强度>200MPa或耐磨性要求较高的地下防水工程
	减水剂防水混凝土	>2.2	选用加气型减水剂。根据施工需要分别选用缓凝型、保凝型、普通型的减水剂	钢筋密集或薄壁型防水构筑物，对混凝土凝结时间和流动性有特殊要求的地下防水工程（如泵送混凝土）
	三乙醇胺防水混凝土	>3.8	可单独掺用（1号），也可与氯化钠复合掺用（2号），也能与氯化钠、亚硝酸钠三种材料复合使用（3号），对重要的地下防水工程以1号和3号配方为宜	适用于工期紧迫，要求早强及抗渗性较高的地下防水工程
	氯化铁防水混凝土	>3.8	液体相对密度在1.4以上 $FeCl_2+FeCl_3$ 含量≥0.4kg/L $FeCl_2$：$FeCl_3$ 为1：1～1：1.3 pH值1～2 硫酸铝含量占氯化铁含量为5% 掺量一般占水泥重3%	水中结构、无筋少筋厚大防水混凝土工程及一般地下防水工程，砂浆修补抹面工程，薄壁结构上不宜使用
	明矾石膨胀剂防水混凝土	>3.8	必须掺入国产425号以上的普通矿渣、火山灰和粉煤灰水泥中共同使用，不得单独代替水泥。一般外掺量占水泥用量20%。掺入国外水泥时，其掺量应经试验后确定	地下工程及其后浇缝

防水混凝土外墙、底板均不宜太薄，一般外墙厚应为250mm（双排筋）、200mm（单排筋）以上；底板厚度应在200mm以上，否则会影响抗渗效果。为防止地下水对混凝土侵蚀，在墙外侧应抹水泥砂浆，然后涂刷热沥青，如图2－15所示。

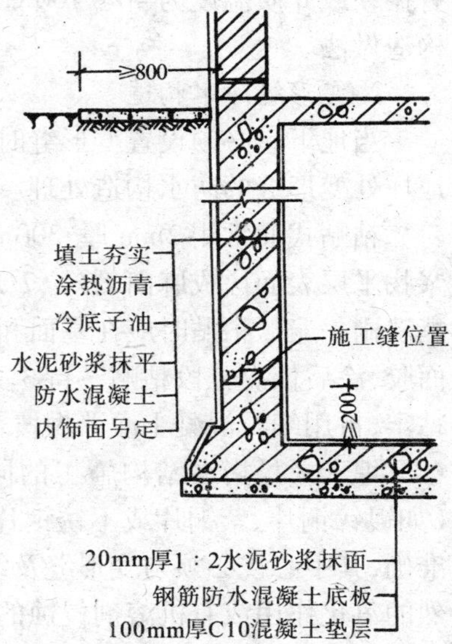

图2－15　防水混凝土地下室的处理

防水混凝土应连续浇筑，尽量少留施工缝。顶板与底板不应留缝，墙体必须留缝时，只准留水平施工缝，并距底板表面以上大于等于200mm处。施工缝常见形式如图2－16所示。

（四）特殊部位的防水处理

特殊部位指金属管穿越地下室墙体、地下室变形缝等处。这些部位是容易引起渗漏的薄弱环节，一定要认真处理好。

1. 穿墙管防水构造

当有金属管穿越地下室墙体时，一般要尽量避免穿越防水层，其位置尽可能高于地下室最高水位处，以确保

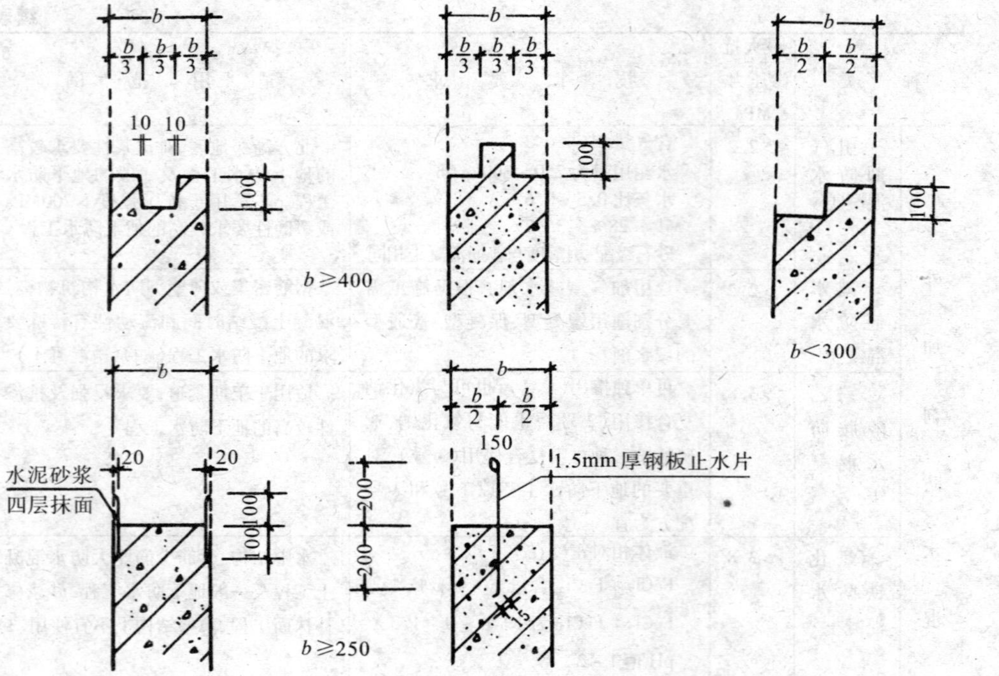

图 2－16　施工缝的形式

防水效果。管线穿越地下室墙体的防水处理有两种方式：一是刚性连接，即将管道与墙体做固定连接处理，适用于结构不变形，管道无伸缩的情况。图 2－17 为防水混凝土自防水墙体中，穿墙管做刚性连接的例子，图 2－17(*a*)为翼环式管道穿墙管构造方案；图 2－17(*b*)为预埋钢套管后焊法处理方案。二是柔性连接方式，适用于有结构变形可能及有振动或介质温度为 40～100℃的管道穿墙。图 2－18 为卷材防水时柔性穿墙防水套管构造做法。

2. 变形缝防水构造

当地下室必须设置变形缝时，应对变形缝处的沉降量加以适当控制，同时做好墙身、地坪处变形缝的防水构造处理。常见的处理方式有粘贴式、埋入式和可卸式三种。

粘贴式通常用 2mm 厚、300mm 宽氯丁橡胶片，如图 2－19。粘贴酯应将防水水泥砂浆找平层表面搓成麻面，养护 7 天后清除浮灰，并冲洗干净，干燥后把涂剂部位用乙酸乙酯洗刷一遍。粘贴时应在基面和胶片粘贴面上各涂一层底胶，一天后再分别涂刷第二遍面胶，涂后依次分段粘贴。待 3～5 天后检查无空鼓现象，先在胶片上涂一层胶并撒砂粒粘牢，再用细石混凝土灌严做覆盖层。

埋入式是指在结构施工的同时，在变形缝处预埋止水带。止水带可用金属止水带(如镀锌铜片、紫铜片或不锈钢片)，也可用橡胶止水带或塑料止水带。止水带必须埋置准确，其中心线必须与变形缝及结构厚度中心线重合，如图 2－20(*a*)、(*b*)所示。在受强烈的氧化作用或有机溶剂侵蚀的条件下，不得使用橡胶或塑料止水带；此外，橡胶止水带一般在环境温度为 －40～40℃范围内使用，塑料止水带的环境温度不宜超过 50℃。

可卸式是在变形缝施工时先预埋角钢，再用螺母和螺栓将止水伸缩片与之相固定，如

图 2－21。伸缩片可以是橡胶的,也可以是镀锌钢板的。可卸式伸缩片变形缝的做法可以与埋入式止水带变形缝的做法并用,形成两道防线。

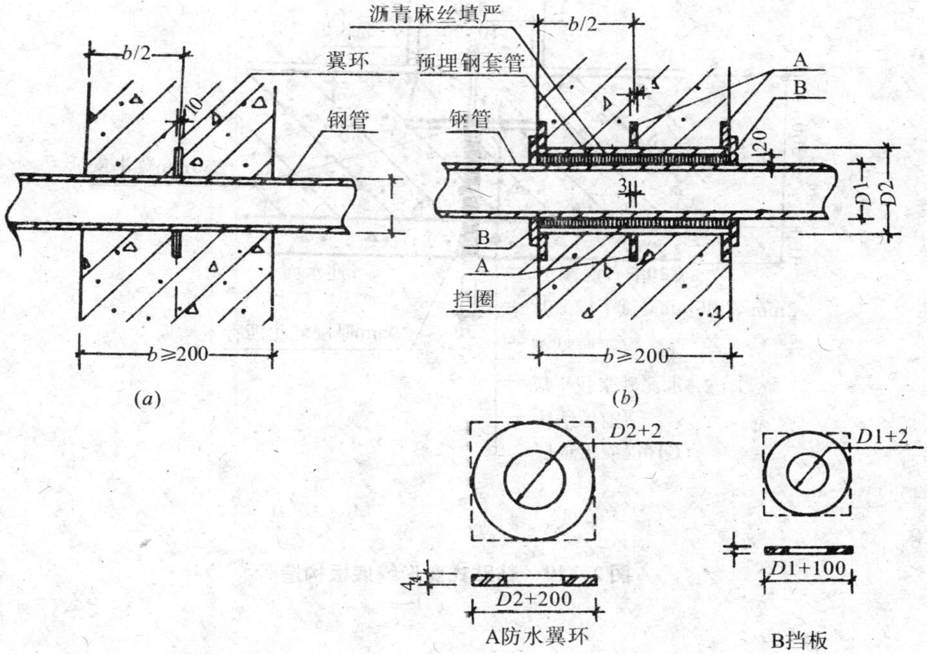

图 2－17　穿墙管刚性连接

(a)翼环式管道穿墙管　(b)预埋钢套管后焊法

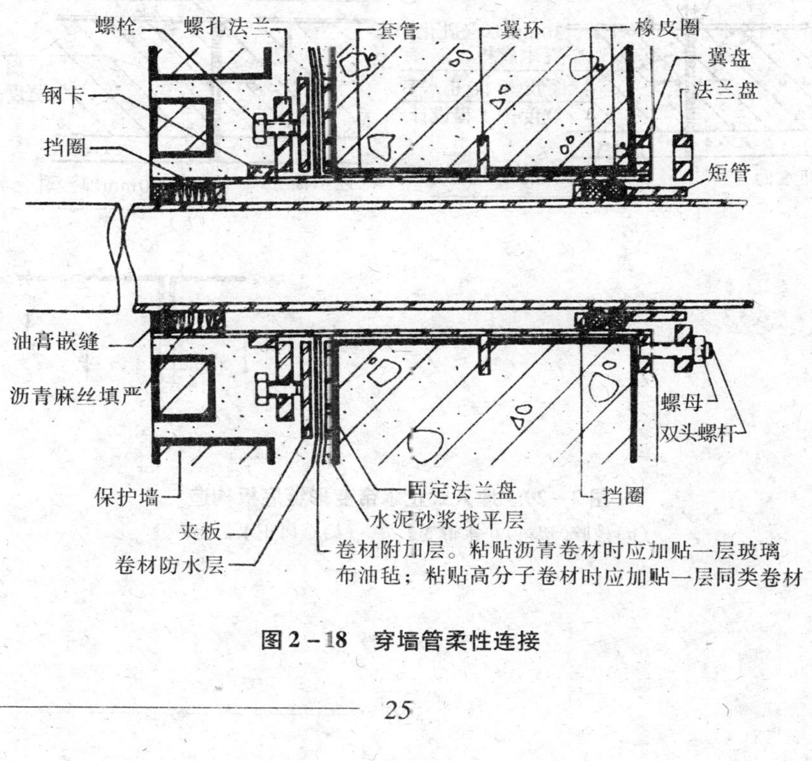

图 2－18　穿墙管柔性连接

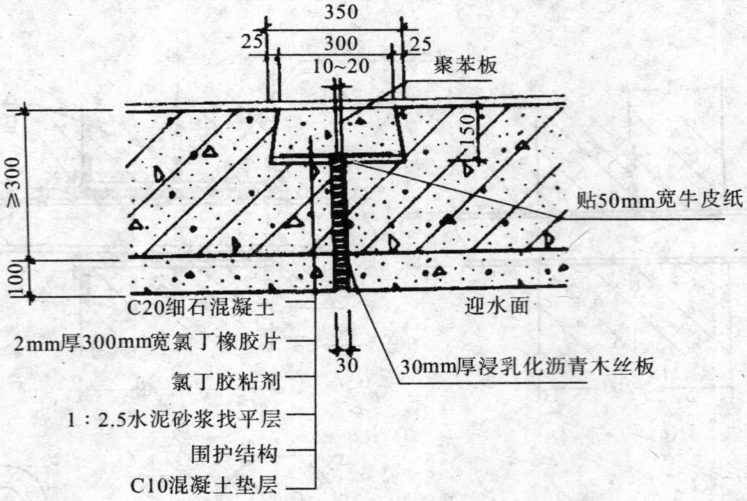

图 2－19　粘贴式变形缝底板构造

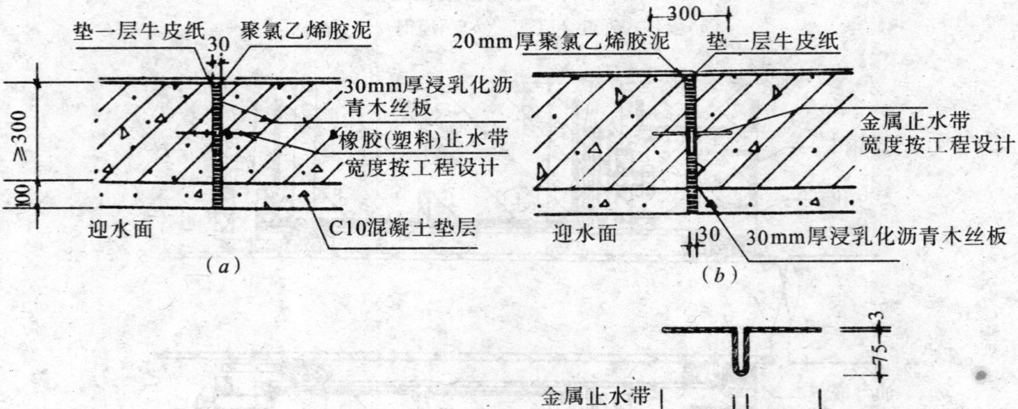

图 2－20　埋入式止水带变形缝底板构造

(*a*)橡胶(塑料)止水带变形缝　(*b*)金属止水带变形缝

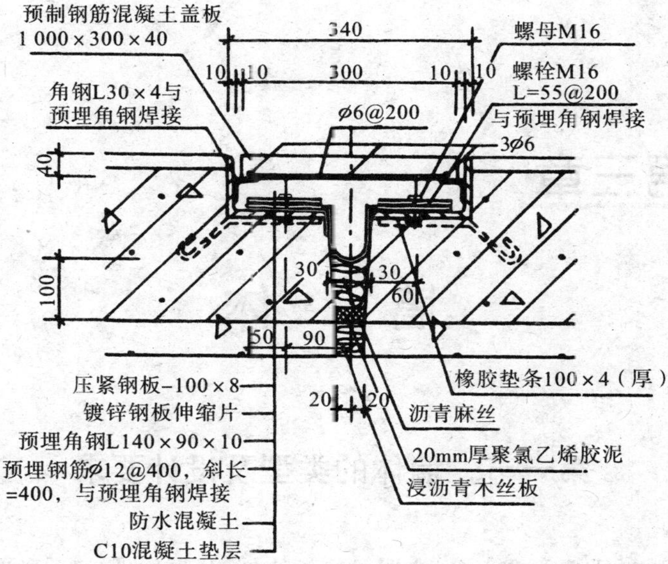

图 2－21　可卸式钢板伸缩片变形缝底板构造

复习思考题

1. 地基常用的加固方法有哪些？
2. 刚性基础与柔性基础有何不同？
3. 何为独立基础？
4. 地下室防潮与防水处理有何不同？

第三章

墙　体

第一节　墙体的类型及设计要求

墙体是建筑物的重要组成部分，它既是围护构件、分隔构件，又可能是承重构件。

一、墙体的类型

（一）按墙在建筑物中的位置及方向分类

墙按其在平面中所处位置可以分为外墙和内墙。

外墙指建筑物外围的墙体，处于四周，能遮挡风雨和阻挡外界气温及噪音等对室内的影响，保证内部空间一定的舒适性，故又称为外围护墙。外墙主要由勒脚、墙身及檐口三部分组成，而墙身部分还设有门、窗洞及其过梁、壁柱等构件。

内墙位于建筑物内部，通常起分隔内部空间，避免相互干扰的作用。

墙因布置方向不同，又有纵、横墙之分。沿建筑物长轴方向布置的墙称为纵墙，沿建筑物短轴方向布置的墙称为横墙。

通常将外纵墙称为檐墙，将外横墙称为山墙；故而外墙又有檐墙和山墙之分。

墙的名称如图 3－1 所示。

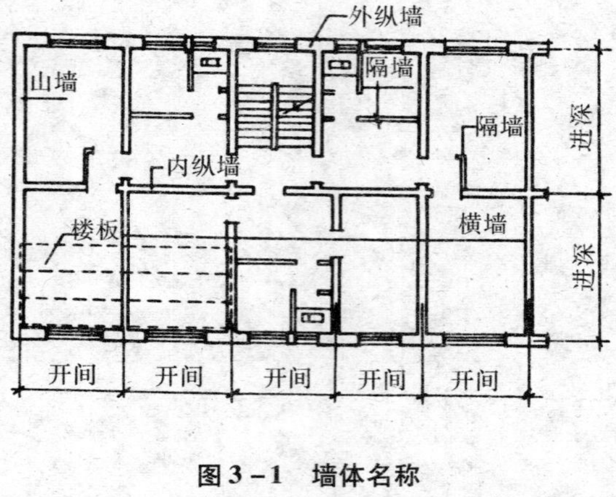

图 3－1　墙体名称

(二)按受力情况分类

1. 承重墙

混合结构中直接承受楼面、屋面等上部结构传来的荷载及自重的墙体。

2. 承自重墙

指只承担自重的墙体,通常也用于混合结构中。

3. 非承重墙

本身不承重,需要别的构件承担其自重的墙体,如填充墙、幕墙、隔墙或隔断等。

(三)按墙体材料及构造方式分类

(1)砖墙 目前常用的砌筑用砖除普通黏土砖外还有黏土空心砖、炉渣砖、蒸养灰砂砖、粉煤灰砖、水泥砂空心大砖等。普通黏土砖墙因砌筑方式不同可分为实砌墙与空斗墙。此外,还有由砖与其他材料组合而成的复合墙,用于适应某些特殊要求。

(2)地方材料墙 如石墙、土墙、统砂墙、竹笆墙等。

(3)预制砌块墙 各类大、中、小型砌块墙。

(4)幕墙 玻璃、金属、轻质混凝土幕墙及各类悬挂墙。

(5)轻质隔墙、隔断。

(6)现浇混凝土、钢筋混凝土墙。

(7)大型墙板。

二、墙的设计要求

(一)结构要求

1. 结构布置方案

在砖混结构中,墙体既是围护、分隔构件,又是主要的承重结构构件。因此,墙体布置既应满足建筑设计的房间布置、空间大小划分等使用要求,又应选择合理的承重体系方案,使之安全承担作用在建筑中的各种荷载,并且经济合理。为了保证结构合理性,要求上下承重墙必须对齐,各层承重墙上的门窗洞孔也尽可能做到上下对齐。根据这一原则,在多层建筑中,空间较大的房间则往往布置在顶层,防止因结构布置的不合理而造成浪费。

墙体的结构布置方案通常有以下几种。

(1)横墙承重方案 适用于房间的使用面积不大,墙体位置比较固定的建筑物,如住宅、宿舍、旅馆等。可按房屋的开间设置横墙,楼板两端搁置在横墙上,横墙承受楼板等外来荷载,连同自身的重量传给基础。横墙的间距即楼板的标志长度,也就是开间尺寸,一般在4.2m以内较为经济。横墙承重方案横墙数量多,房屋的空间刚度大,整体性好,对抗风力、抗震和调整地基不均匀沉降有利,但是建筑空间组合灵活性较差。在横墙承重方案中,纵墙起围护、隔离和将横墙连成整体的作用,它只承担自身的重量,所以对在纵墙上开门、窗洞的限制较少,如图3-2(a)。

(2)纵墙承重方案 适用于房间使用上要求有较大空间、墙体位置在同层或上下层之间可能有变化的建筑,如教学楼中的教室、阅览室、实验室等。通常把大梁或楼板搁置在内、外纵墙上,此时纵墙承受楼板自重及活荷载,连同自身的重量传给基础和地基。在纵墙承重方案中，由于横墙数量少，房屋刚度差，应适当设置承重横墙，与楼板一起形成纵墙的侧向支撑，以保证房屋空间刚度及整体性的要求。纵墙承重方案空间划分较灵活，但设在纵墙上的门、窗大小和位置将受到一定限制。相对于横墙承重方案来说，纵墙承重方案楼板材料用量较多，如图 3－2(*b*)。

(3)纵横墙承重方案　适用于房间变化较多的建筑，如医院、实验楼等。结构方案可根据需要布置，房屋中一部分用横墙承重，另一部分则用纵墙承重，形成纵横墙混合承重方案。此方案建筑组合灵活，空间刚度好，墙体材料用量较多，适用于开间、进深变化较多的建筑，如图 3－2(*c*)。

(4)部分框架承重方案　当建筑需要大空间时，如商店、综合楼等，采用内部框架承重，四周为墙承重，楼板自重及活荷载传给梁、柱或墙。房屋的整体刚度主要由框架保证，因此水泥及钢材用量较多，如图 3－2(*d*)。

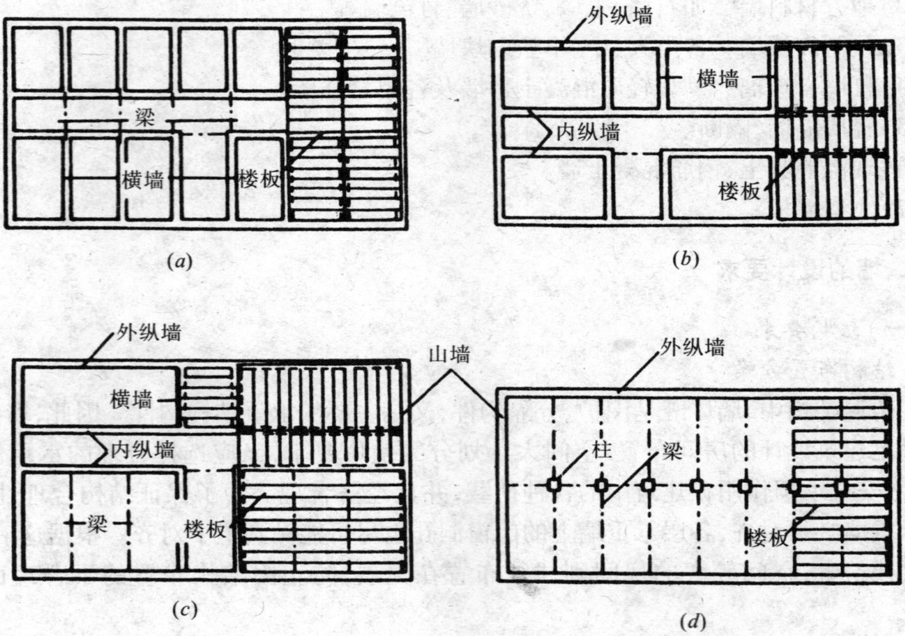

图 3－2　墙体结构布置方案

(*a*)横墙承重　(*b*)纵墙承重　(*c*)纵横墙承重　(*d*)半框架承重

2. 墙体的强度和稳定性

(1)强度是指墙体承受荷载的能力。在混合结构中，墙除承受自重外，主要支撑整个房屋的荷载。设计墙时要根据荷载及所用材料的性能，通过计算，决定墙身的厚度。地震区还应考虑地震作用下墙体承载力。一般砖墙的强度与所用砖的标号、砂浆标号及施工技术有关。

(2)墙体的稳定性与墙的高度、长度、厚度等关系极大，在施工中要求不偏斜，不得超出其允许误差。墙本身需有抵抗风的侧压力的能力，控制高厚比；当墙身较高而长，并缺少横向隔墙联系的情况下，则需要考虑加厚墙身，提高砂浆标号，或加砖礅、墙内加筋等各项措施。

砖墙是脆性材料，变形能力小，如果层数过多，重量就大，砖墙可能破碎和错位，甚至被压垮。特别是地震区，房屋的破坏程度随层数增多而加重，因而对房屋的高度及层数有一定的限制值，如表 3－1 所示。

表 3－1　多层砖混结构建筑总高(m)和层数限值

地震烈度 / 最小墙厚	6		7		8		9	
240mm	高度	层数	高度	层数	高度	层数	高度	层数
	24	8	21	7	18	6	12	4

(二)热工性能要求

墙除了防御风、雨、霜、雪等直接侵袭外，在热工方面的要求是随着当地气候的情况、使用条件以及墙在房屋中的位置而改变的。概括地说，不外乎冬天保温，夏天隔热，以及有关的表面和内部凝结与空气渗透等问题。

1. 保温要求

在冬季寒冷地带，如我国北方室外气温低达－10～－30℃左右，按规定可以采暖或间接采暖，使室内气温维持在舒适温度(16～20℃)。因此要求墙体应具有足够的热阻，如图 3－3。墙体热阻的大小直接影响墙的保温或隔热性能，对节省建筑的暖通设备费、能耗费有重要作用。为增加墙体热阻，提高外墙保温能力，可以从以下几个方面入手。

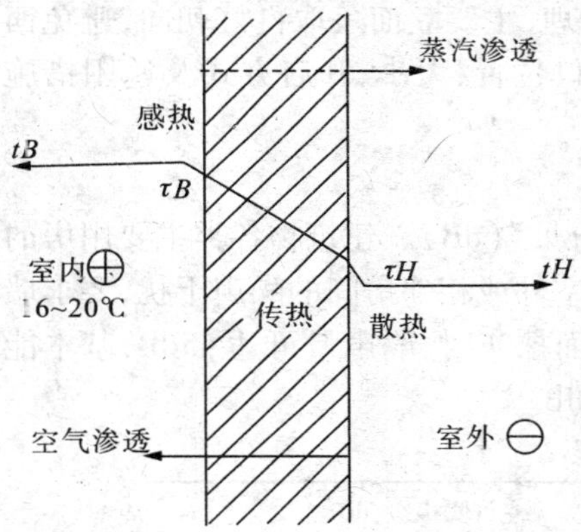

图 3－3　围护结构中热的传播过程

(1)增加外墙厚度　如北方地区为保温需要，常将墙厚由一砖墙增加为一砖半墙。但墙体加厚会引起增加结构自重，多用墙体材料，占用建筑面积，缩小使用空间等弊端，所以，超过一定程度后反而不经济。

(2)选用热阻大、导热系数小的材料　这些材料空隙率高、密度轻、保温效果好，但往往强度不高，不能承受较大的荷载，一般用做框架填充墙等。有时可将它们与别的承重材料组合在一起，以解决好保温和承重双重问题。例如，可以用加气混凝土做保温材料与钢筋混凝土承重墙组成复合墙。

(3)防止出现凝结水　空气中往往含有水蒸气，一般居住建筑室内以相对湿度为 40%～60%时较合适。由于围护结构两侧的温度和湿度都有差别，即使相对湿度相同，温度高的一面的水蒸气也会通过围护结构流向低的一面，形成蒸汽渗透。如果墙内温度低于露点时，蒸汽就在墙内产生凝结水。另外，当采暖的室内温度下降，或者冷空气透入墙内使墙的内表面温度下降低于露点，墙内表面就会产生凝结水。此外，当温度不变，而湿度超过饱和状态，也会在围护结构内表面或内部产生凝结水。

在围护结构内表面或内部出现蒸汽凝结现象，不但会影响围护结构的保暖性能，影响正常使用,而且也严重地影响了围护结构本身的耐久性,设计时应设法加以避免。构造处理时将导热系数小的材料放在温度低的一边,将导热系数大的材料放在温度高的一边,以防止内部凝结水。为避免围护结构内部产生凝结水而引起破坏,一般应在靠近室内高温一侧设置隔蒸汽层,阻止水蒸气进入墙体。隔蒸汽层常用卷材、防水涂料或薄膜等材料。

(4)防止空气渗透　由于风压及室内外温度差(热压)的作用,空气往往由高压通过围护结构的空隙流向低压,这称为空气渗透。由热压引起的渗透,空气从室内向外渗透;由风压引起的渗透,空气由临风方面向内渗透,使室内温度引起变化,也会使墙内表面或结构内部出现冷凝水。要避免空气渗透,必须选择密实度高的墙体材料,砌筑密实,墙体内外加抹灰层,加强门窗等构件连接处的密封处理。

2. 隔热要求

炎热地区夏季太阳辐射强烈,室外热量通过外墙传入室内,使室内温度升高,产生过热现象,影响人们的工作和生活,甚至危害健康。外墙应具有足够的隔热能力,一般可采取以下措施。

(1)墙体选用热阻大、重量大的材料,如砖墙、土墙等,使外墙表面的温度波动减少,提高其热稳定性。

(2)外墙外表面选用光滑、平整、浅色的材料,以增加对太阳的反射能力。

(3)建筑方案设计时应充分考虑。首先应布局合理,主要立面争取良好朝向,避免西晒,通风条件好;其次应结合立面处理设计好门窗洞口位置、大小、开启方式及遮阳措施等,尽量避免阳光直射室内。

(三)隔声要求

声音的大小在声学中用声强级来表示,单位为“分贝”(dB)。建筑物各类主要用房的允许噪声级不应大于表3-2中数值。为了避免来自室外或相邻房间的噪声干扰,要求墙必须有一定的隔声能力。一般一砖墙(240mm厚)双面抹灰时,隔声量可达45dB,基本能满足隔声要求。半砖墙(120mm厚)的隔声量约为30dB。

表3-2　允许噪声级

用房类别	允许噪声级/dB
睡眠用房	50(昼)、40(夜)
无特殊安静要求的房间	55
有语音清晰要求的用房	50
有音质要求的用房	40

(四)其他要求

1. 防火要求

应根据建筑物的防火等级选择燃烧性能和耐火极限符合防火规范规定的材料。在较大建筑中,应根据防火规范规定设置防火墙,将建筑物分成若干区段,以防止火灾蔓延。

2. 防水防潮要求

卫生间、厨房、实验室等有水的房间及地下室的墙应采取防水、防潮措施。选择合适的防水材料和构造做法,保证墙体的坚固耐久性,使室内有良好的卫生环境。

3. 建筑工业化要求

在大量民用建筑中，墙体工程量占着相当的比重。墙的重量约占建筑总重量的40% ~65%，造价占30% ~40%，同时劳动力消耗大，施工工期长。因此，墙体改革是建筑工业化的关键性步骤，必须改变手工生产及操作，提高机械化施工程度，提高工效，降低劳动强度，并应采用轻质、强度高的墙体材料，以减轻自重、降低成本。

第二节 砖墙构造

我国从战国时期采用砖墙至今已有两千多年历史。砖墙取材容易，制造简单，既可承重，又具有一定的保温、隔热、隔声、防火性能，施工操作也十分简便易行，所以能沿用至今；但从目前看，砖墙也存在不少缺点：如施工速度慢、劳动强度大、自重大，特别是黏土砖占用农田。所以，砖墙有待于改革。

一、砖墙材料

砖墙包括砖和砂浆两种材料。砖墙是用砂浆将砖块按一定规律砌筑而成的砌体。

（一）砖

砖的种类很多，从材料上分有黏土砖、灰砂砖、水泥砖、煤矸石砖、页岩砖及各种工业废料砖，如炉渣砖等。从形状上看有实心砖及多孔砖，其中普通黏土实心砖使用最为普遍。普通黏土砖以黏土为原料，经成型晾干后焙烧而成。其颜色有青砖和红砖之分，开窑后自行冷却者为红砖，若在出窑前浇水闷干者，使红色的三氧化二铁（Fe_2O_3）还原成青色的四氧化三铁（Fe_3O_4），即为青砖。青砖多为手工砖，强度较低，仅能达到MU7.5以下。

普通黏土砖是全国统一规格，称为标准砖，尺寸为240mm × 115mm × 53mm。砖的长宽厚之比为4∶2∶1，在砌筑时加上灰缝，上下错缝方便灵活。标准砖每块重量约为25N，适合手工砌筑。但是这种规格的砖与我国现行的模数制不协调，给设计和施工造成困难。很多地区也生产符合模数的黏土多孔砖，又称为模式砖，它的规格为190mm × 190mm × 90mm，但是其重量和尺寸都比标准砖大，给手工砌筑上下错缝造成一定的困难。

普通砖的种类及规格见表3 -3。

表3 -3 常用砌墙砖的种类及规格

名 称	简 图	主要规格	强度等级	密 度/ kg/m³	主要产地
普通黏土砖	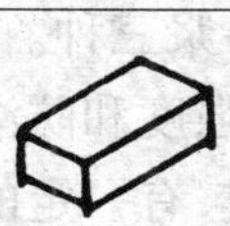	240 × 115 × 53	MU7.5 ~ MU20	1 600 ~ 1 800	全国各地
黏土多孔砖		190 × 190 × 90 140 × 115 × 90 240 × 180 × 115	MU7.5 ~ MU20	1 200 ~ 1 300	全国各地

续表

名　称	简　图	主要规格	强度等级	密　度/ kg/m^3	主要产地
黏土空心砖	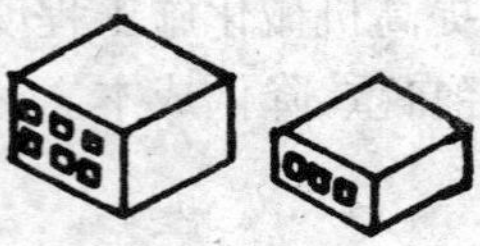	300×300×100 300×300×150 400×300×80	MU7.5～MU20	1 100～1 450	全国各地
炉渣空心砖		400×195×180 400×115×180 400×90×180	MU2.5～MU7.5	1 200	全国各地
煤矸石半内燃砖		240×115×53 240×120×55	MU10～MU15	1 600～1 700	宁夏、湖南、陕西、辽宁
蒸养灰砂砖	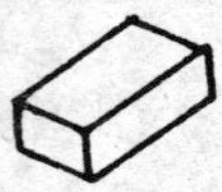	240×115×53	MU7.5～MU20	1 700～1 850	北京、山东、四川
炉渣砖	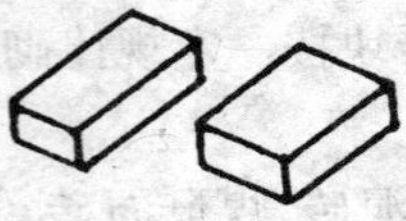	240×115×53 240×180×53	MU7.5～MU20	1 500～1 700	北京、广东、福建、湖北
粉煤灰砖		240×115×53	MU7.5～MU15	1 370～1 700	北京、河北、陕西
页岩砖	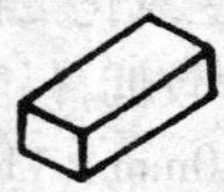	240×115×53	MU20～30	1 300～1 600	广西、四川
水泥砂空心大砖		390×190×190 190×190×190	MU7.5～MU10	1 200	广西

划分砖的强度等级，是根据标准试验方法所测得的抗压强度，单位为 N/mm^2。

(二)砂浆

砂浆是由胶结材料(水泥、石灰、黏土)和填充材料(砂、石屑、矿渣、煤渣屑、粉煤灰或废模型砂)用水按不同比例搅拌而成。它们的配合比取决于结构要求的强度及和易性。

砌筑砂浆通常使用的有水泥砂浆、石灰砂浆及混合砂浆三种。水泥砂浆强度高，防潮性能好，主要用于受力和防潮要求高的墙体中；石灰砂浆强度和防潮均差，但和易性好，用于强度要求低的墙体；混合砂浆由水泥、石灰、砂拌和而成，有一定的强度，和易性也好，所以较广泛地使用。

砂浆的强度等级是用龄期为 28d 的标准立方试块(70.7mm×70.7mm×70.7mm)经过抗压测试，用以 N/mm^2 为单位的抗压强度值来划分的。砂浆的强度等级分为七级：M15、M10、M7.5、M5、M2.5、M1 和 M0.4。常用砌筑砂浆为 M1～M5 级。

二、砖墙的组砌方式

(一)实砌砖墙

砖墙的砌式是指砖块在砌体中排列的方式。为了保证砖墙坚固,砖块排列的方式应遵循内外搭接、上下错缝的原则,如图3-4(*a*)所示。错缝长度一般不应小于60mm。同时也应便于砌筑和少砍砖。砌筑时不应使墙体出现连续的垂直通缝,否则将显著影响墙的强度和稳定性,如图3-4(*b*)所示。

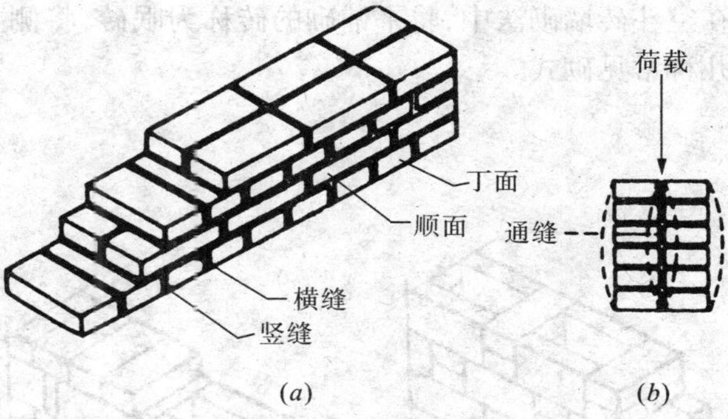

图3-4 墙的错缝搭接及砖缝名称

(*a*)错缝搭接 (*b*)通缝引起的破坏状态

在实砌砖墙砌法中,把砖的长方向垂直于墙面砌筑的砖叫丁砖,把砖的长度平行于墙面砌筑的砖叫顺砖。上下皮之间的水平灰缝称横缝,左右两块砖之间的垂直缝称竖缝。丁砖和顺砖应交替砌筑,应灰浆饱满,横平竖直。图3-5为普通砖墙常见的组砌方式。

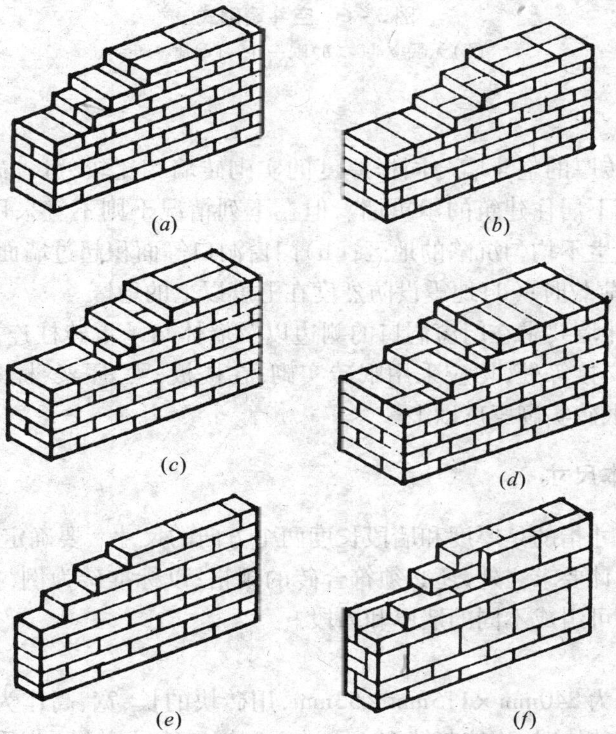

图3-5 砖墙组砌方式

(*a*)一顺一丁 (*b*)多顺一丁 (*c*)十字式 (*d*)370墙 (*e*)120墙 (*f*)180墙

（二）空斗墙

空斗砖墙在我国使用已有很悠久的历史，尤其在南方地区，过去采用薄砖砌筑，作为围护墙，应用比较广泛。现在采用标准砖砌筑的空斗墙，厚度一般为一砖，可作为承重墙。

在空斗砖墙砌法中，将平铺砌的砖称为眠砖，将侧立砌的砖称为斗砖。图3－6为空斗墙几种常见砌式。

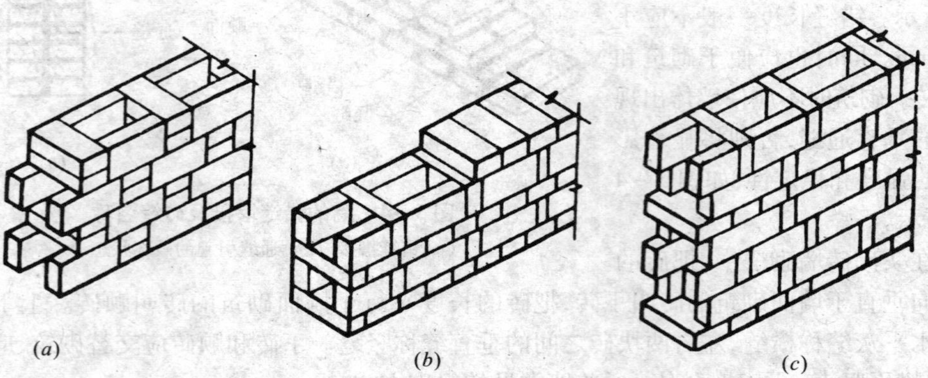

图3－6　空斗墙砌式

（a）无眠空斗　（b）眠一斗　（c）眠三斗

根据分析，一砖厚的空斗墙与同样厚度的实砌砖墙相比较，可省砖22%～38%。空斗墙可作为四层以下居住建筑的承重墙。但在下列情况下则不宜采用：（a）土质软弱且可能引起建筑物产生不均匀沉陷的地区；（b）门窗洞口等面积超过墙面积达50%以上时；（c）建筑物有振动荷载时；（d）地震设防烈度在七度以上的地区。

在构造上，空斗墙要求在门窗洞口的侧边以及墙体与承重砖柱连接处，在墙壁转角，墙勒脚及内、外墙交接等处，均应采用眠砖实砌；在楼板、梁、屋架、檩条等构件下的支座处，墙体亦应采用眠砖实砌三皮以上。

三、砖墙的基本尺寸

砖墙的基本尺寸指的是厚度和墙段长度两个方向的尺寸。要确定它们的数值除了应满足结构和功能设计要求之外，还必须符合砖的规格；以标准砖为例，根据砖块尺寸和数量，再加上灰缝，即可组成不同的墙厚和墙段。

（一）墙厚

标准砖的规格为240mm×115mm×53mm，用砖块的长、宽、高作为砖墙厚度的基数，当错缝或墙厚超过砖块时，均按灰缝10mm进行砌筑。从尺寸上可以看出，它以砖厚加灰缝、砖宽加灰缝后与砖长形成1：2：4的比例为其基本特征，组砌灵活。墙厚与砖规格尺寸的关系如图3－7所示。常见砖墙厚度见表3－4。

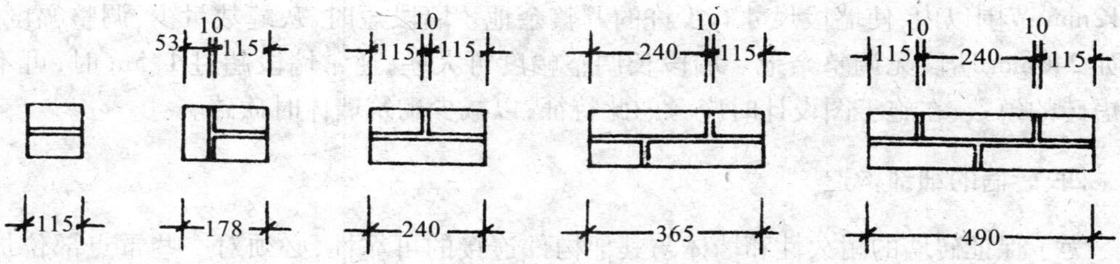

图 3-7　墙厚与砖规格的关系

表 3-4　标准砖墙厚度

墙　厚	名　称	尺寸/mm
1/4 砖墙	6 墙	53
1/2 砖墙	12 墙	115
3/4 砖墙	18 墙	178
1 砖墙	24 墙	240
$1\frac{1}{2}$砖墙	37 墙	365
2 砖墙	49 墙	490

（二）砖墙洞口及墙段尺寸

砖墙洞口主要是指门窗洞口，其尺寸应按模数协调统一标准制定。一般 1 000mm 宽以下的门洞宽均采用基本模数 1M 的倍数，如 700mm、800mm、900mm、1 000mm 等；超过 1 000mm宽的门洞及一般的窗洞口宽度采用扩大模数 3M 的倍数。如 600mm、900mm、1 200mm、1 500mm、1 800mm 等。

墙段尺寸是指窗间墙、转角墙等部位墙体的长度，如图 3-8 所示。墙段由砖块和灰缝组成，普通黏土砖宽度尺寸为 115mm 加上 10mm 灰缝宽，共计 125mm，并以此为砖的组合模数基础。按此砖模数得出的墙段尺寸有：240、370、490、620、740、870、990、1 120、1 240mm 等数列。

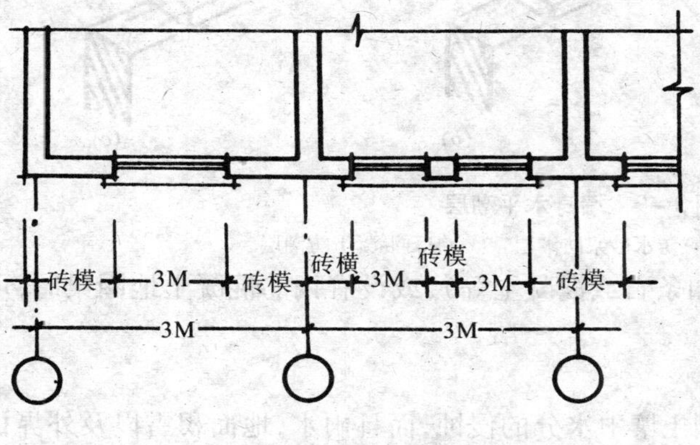

图 3-8　砖墙的洞口及墙段尺寸

砖模和我国统一的模数协调统一标准是不配套的。民用建筑的开间、进深、门窗洞口尺寸都是按扩大模数 3M 或基本模数 1M 的倍数而定的，而墙段是以砖模数 125mm 为基础的；这样在同一栋建筑中采用两套模数系列，必然给设计和施工造成困难。解决这一矛盾的办法是调整灰缝大小。施工规范允许竖缝宽度在 8

~12mm 范围以内，使墙段尺寸有少许的调整余地。墙段短时，灰缝数量少，调整幅度小。例如 240mm 墙段无调整余地。墙段长调整幅度可大些，通常墙段超过 1.5m 时，可不再考虑砖的模数，在施工图设计时应考虑此特征，以减少砌筑墙体时砍砖。

四、砖墙的细部构造

为了保证砖墙的耐久性和墙体与其他构件连接的可靠性，必须对一些重点部位加强构造处理。

（一）墙脚构造

墙脚是指建筑物基础以上至室内地面以下的那部分墙体。由于墙脚所处的位置及砖砌体本身所存在的毛细孔，常会有地表水和土壤中水渗入，致使墙身受潮、饰面层脱落，影响室内环境。墙脚的构造包括墙身防潮、勒脚和散水构造。

1. 墙身防潮

墙身防潮的方法是在墙脚处铺设水平防潮层，防止土壤和地面水渗入砖墙体。

防潮层的位置：当室内地面垫层为混凝土等密实材料时，防潮层的位置应设在垫层范围内，一般位于室内地坪面以下 60mm 处墙体内，同时还应保证至少高于室外地面 150mm，防止雨水溅湿墙面。当地面垫层为透水材料时（如炉渣、碎石等），水平防潮层的位置应平齐或高于室内地面。当内墙两侧地面出现高差时，应在墙身内设高低两道水平防潮层，并在土壤一侧设垂直防潮层。

防潮层的做法：墙身防潮层的构造做法通常有以下三种：(a) 油毡防潮层，先抹 20mm 厚 1∶3 水泥砂浆找平层，上铺一毡二油，这种作法防潮效果好，但耐久性差，整体性和抗震性也较差，不宜用在刚度要求高的墙体及地震区内。(b) 防水砂浆防潮层，采用 1∶2 水泥砂浆加 3% ~5% 的避水剂，厚度为 20 ~25mm，或用它砌 3 ~5 皮砖。(c) 细石混凝土防潮层，浇筑 60mm 厚细石混凝土带，内配 2 ~3 根 ϕ6 或 ϕ8 钢筋，如图 3 -9 所示。

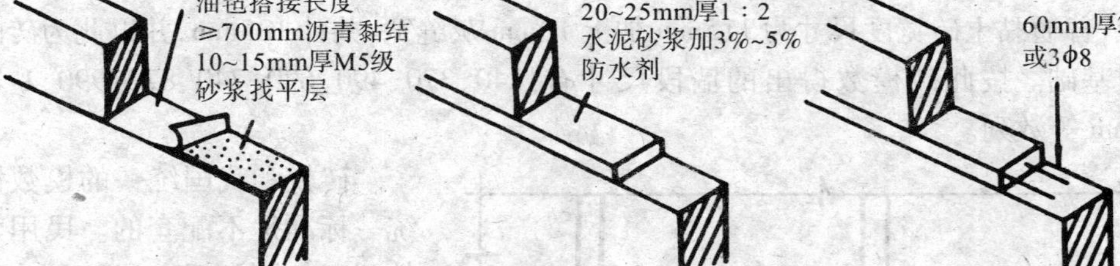

图 3 -9　墙身水平潮层

(*a*) 油毡防潮层　(*b*) 防水砂浆防潮层　(*c*) 细石混凝土防潮层

如果墙脚采用不透水的材料（如条石或混凝土等），或设有钢筋混凝土地圈梁时，可以不设防潮层。

2. 勒脚构造

勒脚是外墙的墙脚，它不但受到土壤中水分的侵蚀，而且雨水，地面积雪以及外界机械作用力也对它形成危害，所以要求除设墙身防潮层外，还应加强其坚固性和耐久性。一般采用以下几种构造做法，如图 3－10 所示。

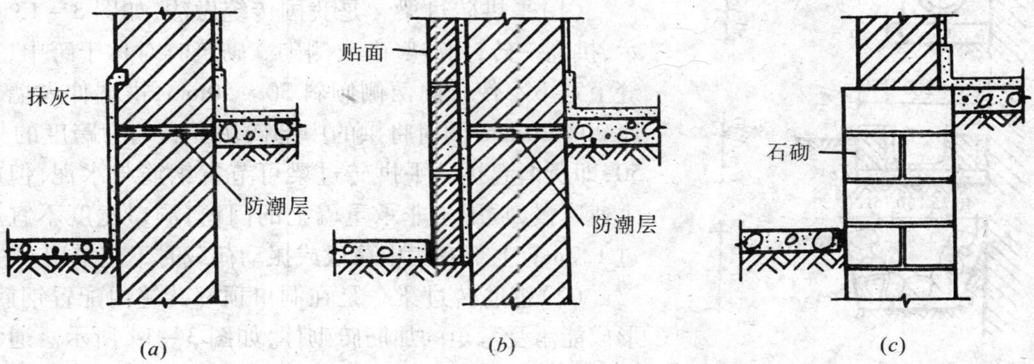

图 3－10　勒脚做法

(a)抹灰　(b)贴面　(c)石材

(1)加强勒脚表面抹灰　可采用 20mm 厚 1∶3 水泥砂浆抹面，或作水刷石、斩假石，以增加牢度和提高防水性能。

(2)勒脚贴面　采用天然石材、人工石材或面砖贴面。贴面类勒脚耐久性强、装饰效果好，特别是天然石材，常用于高标准建筑。

(3)增加勒脚墙厚度或改用坚固材料　如勒脚部分墙厚增宽至一砖半墙或采用条石、混凝土等坚固耐久性材料代替砖勒脚。

3. 散水及明沟构造

散水又称护坡，沿建筑物四周设置。它的作用是防止雨水及室外地表积水渗入勒脚及基础。散水由内向外设置 5% 左右的排水坡度。当屋面采用无组织排水时常用散水将雨水排远，有组织排水时亦可用散水。散水宽度一般为 600～1 000mm；当屋顶有出檐时，要求其宽度较出檐多 200mm。图 3－11 为常见散水做法。

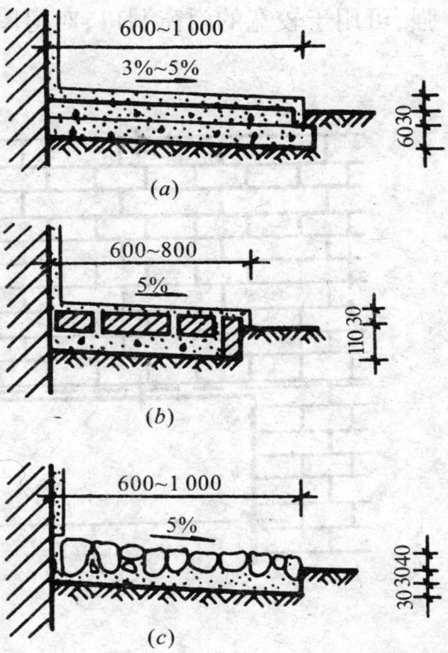

图 3－11　散水

(a)混凝土　(b)砖铺　(c)毛石

明沟又称阳沟，它与散水一样位于建筑物四周，其作用在于将通过雨水管流下的雨水有组织地导向地下排水集井(窨井)而流入下水道。明沟一般用混凝土现浇，也可以用砖砌或毛石砌，如图3－12。砖砌明沟可加配筋细石混凝土活动盖板。

如明沟与墙之间留有距离，可处理成带散水的明沟。

(二)门窗过梁与窗台

1. 门窗过梁

当墙体上开设门、窗洞口时，为支承洞口上部砌体传来的各种荷载，并将其传到洞口两侧的墙体上，

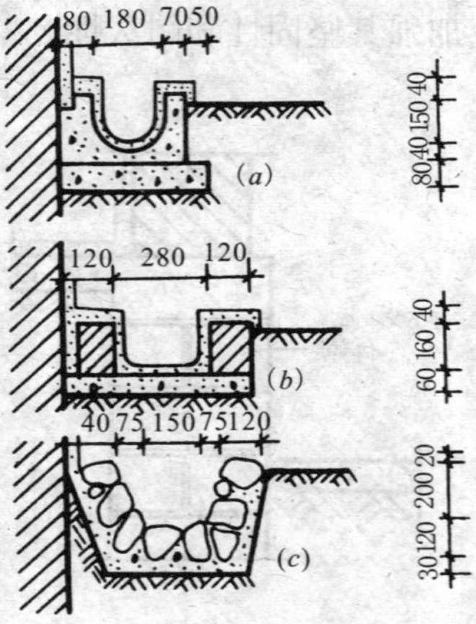

图 3－12 明沟

(a)混凝土 (b)砖砌 (c)毛石砌

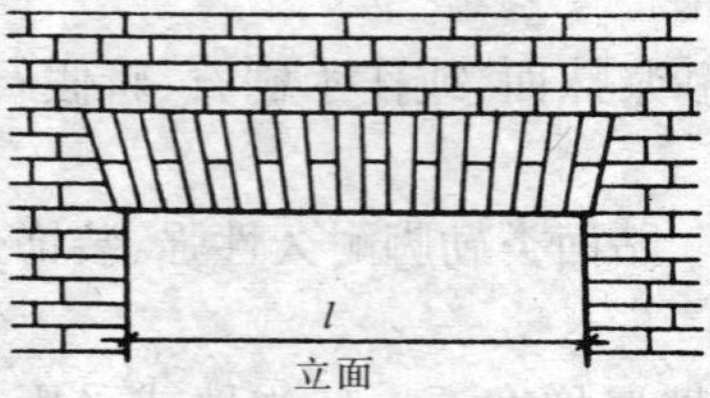

图 3－13 砖砌平拱过梁

常在洞口上方设置横梁，这种横梁称为过梁。根据材料及构造方式不同，常见过梁有以下三种。

(1)平拱砖过梁 是我国传统做法，如图 3－13 所示，拱高一砖，用砖竖砌或侧砌。砌筑时对称于跨中，灰缝上宽下窄使砖向两侧倾斜 30～50mm，拱端伸入墙支座 20～30mm，同时将拱的中部砖块提高约为跨度的 1/50，即所谓起拱。平拱砖过梁可节省钢筋与水泥，但施工速度慢，常用于非承重墙上的门窗，洞口宽度不宜超过 1.2m。上部有集中荷载或振动荷载时不宜采用。

(2)钢筋砖过梁 是在洞口顶部砖缝内配置钢筋，形成能承受弯矩的加筋砖砌体，如图 3－14 所示。通常用 ϕ6 钢筋，间距小于 120mm。钢筋放在洞口上第一皮砖和第二皮砖之间，也可放在第一皮砖下面的砂浆层内，砂浆厚 30mm。钢筋伸入两端墙内至少 240mm，并加弯钩。为使洞口上部砌体与钢筋构成整体过梁，从配置钢筋的上一皮砖起，在相当于 1/4 跨度的高度范围内（一般不少于 5 皮砖）用不低于 M5 级砂浆砌筑。

钢筋砖过梁适合于跨度不大于 2m，上部无集中荷载的洞口上。

(3)钢筋混凝土过梁 钢筋混凝土过梁承载能力强，可用于较宽的门窗洞口，对房屋不均匀下沉或振动有一定的适应性，所以应用很广泛。

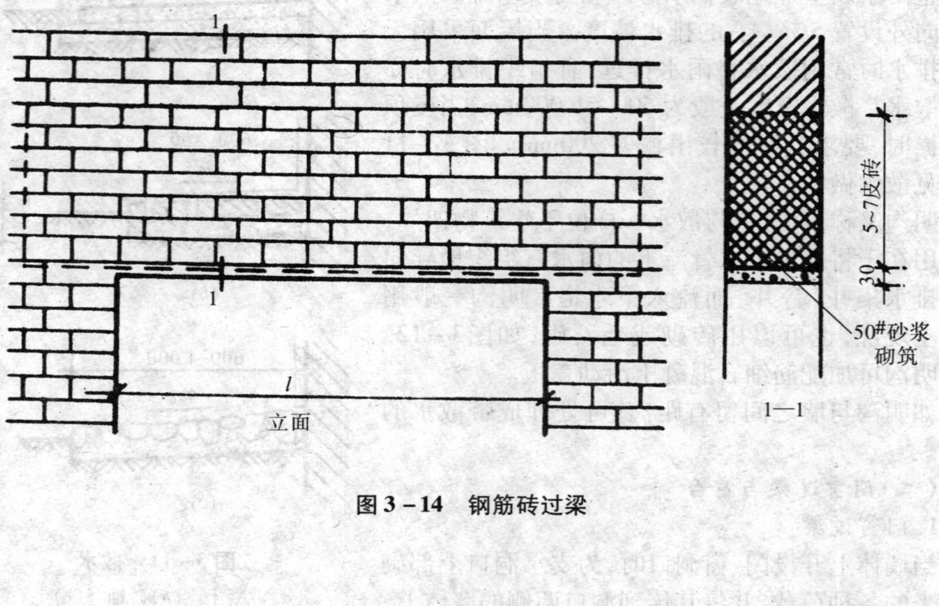

图 3－14 钢筋砖过梁

钢筋混凝土过梁有现浇和预制之分.预制装配式施工速度快,很受欢迎。过梁断面通常采用矩形,以利于施工。梁高应按结构计算确定,且应配合砖的规格尺寸,如普通黏土砖墙内取 60mm、120mm、180mm、240mm 等,过梁宽度一般同砖墙厚,其两端伸入墙内支承长度不小于 240mm。过梁的断面形式常须配合建筑立面处理,如图 3－15(*a*)、(*b*)、(*c*)。

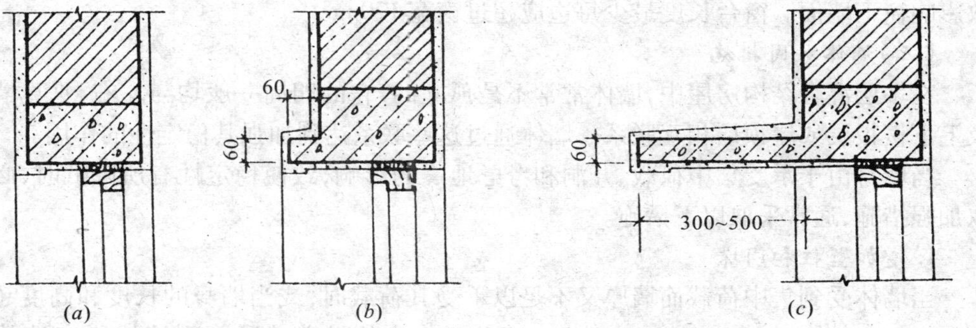

图 3－15 钢筋混凝土过梁

(*a*)平墙过梁 (*b*)带窗套过梁 (*c*)带窗楣过梁

由于钢筋混凝土的导热系数大于砖的导热系数,在寒冷地区为了避免在过梁内表面产生凝结水,可采用 L 形截面或组合式过梁,也可以全部把过梁包起来,如图 3－16(*a*)、(*b*)。

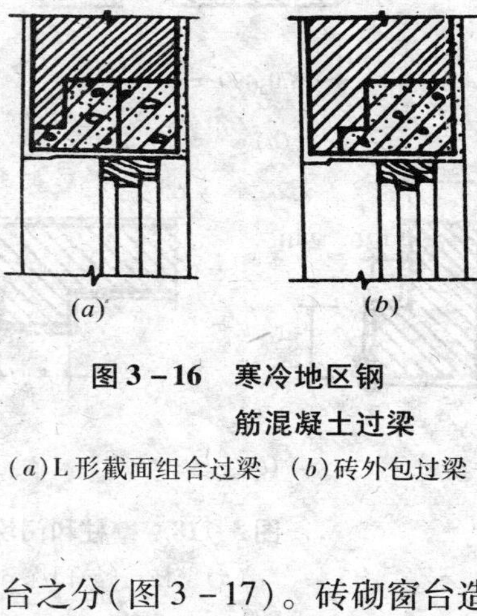

图 3－16 寒冷地区钢筋混凝土过梁

(*a*)L 形截面组合过梁 (*b*)砖外包过梁

2. 窗台

窗台的作用是迅速排除沿窗扇下淌的雨水,防止其渗入墙身,且沿窗缝渗入室内,同时避免雨水污染外墙面。处于内墙或阳台等处的窗,不受雨水侵袭,可不必设挑窗台。外墙面为面砖、马赛克或金属外墙面板等防水、防污性能较好的装修材料时,也可不设挑窗台。

窗台依用料不同,一般有砖砌窗台和预制混凝土窗台之分(图 3－17)。砖砌窗台造

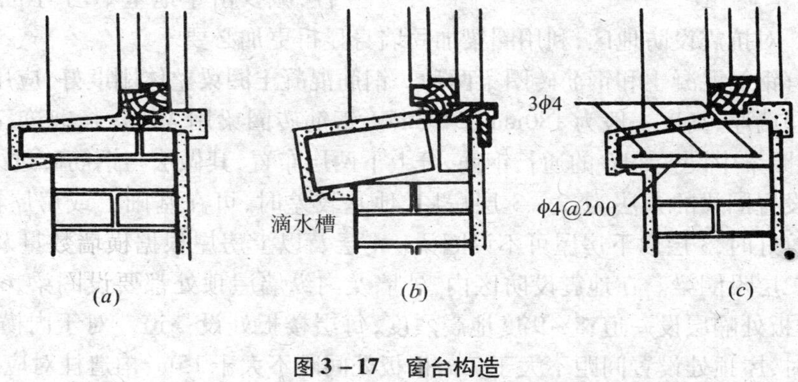

图 3－17 窗台构造

(*a*)平砌砖窗台 (*b*)侧砌砖窗台 (*c*)预制混凝土窗台

价低,砌筑方便,故采用较多。砖砌窗台有平砌和侧砌两种。窗台表面应做抹灰或贴面处理,侧砌窗台可做水泥砂浆勾缝的清水窗台。窗台表面应形成一定的排水坡度。并应注意抹灰与窗下槛的交接处理,防止雨水向室内渗入。

窗台应向外出挑60mm。挑窗台下做滴水槽或斜抹水泥砂浆,引导雨水垂直下落不致影响窗下墙面。窗台长度最少每边应超过窗宽120mm。

(三)墙体加固措施

在多层混合结构房屋中,墙体常常不是孤立的,它的四周一般均与左右、垂直墙体以及上下楼板层或屋顶层相互联系。墙体通过这些联系达到加强其稳定性的作用。

当墙身由于承受集中荷载、开洞和考虑地震的影响,致使稳定性有所降低时,必须采取加强措施,通常采取以下措施。

1. 增加壁柱和门垛

当墙体受到集中荷载而墙厚又不足以承受其荷载时,或当墙身的长度和高度超过一定的限度并影响到墙体稳定性的情况下,常在墙体适当位置增设凸出墙面的壁柱(又称扶壁)以提高墙体刚度。通常壁柱突出墙面120mm或240mm,壁柱宽370mm或490mm,如图3-18(*a*)。

在墙体转折处或丁字墙处开设门洞时,一般应设置门垛,用以保证墙身的稳定及便于安装门框。门垛宽度同墙厚,长度通常取120mm或240mm,如图3-18(*b*)。

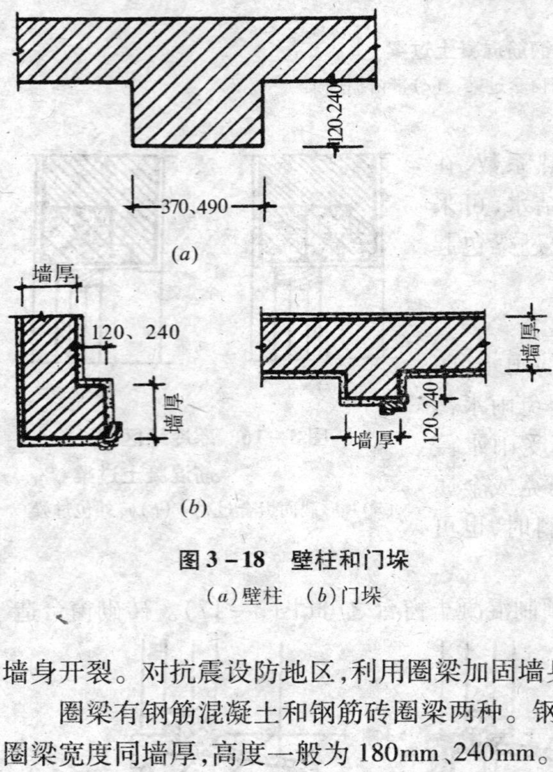

图3-18 壁柱和门垛

(*a*)壁柱 (*b*)门垛

2. 圈梁

圈梁又称腰箍,是沿房屋外墙一圈及部分内横墙水平设置的连续封闭的梁。圈梁配合楼板的作用可提高建筑物的空间刚度及整体性;增强墙体的稳定性,减少由于地基不均匀沉降而引起的墙身开裂。对抗震设防地区,利用圈梁加固墙身显得更加必要。

圈梁有钢筋混凝土和钢筋砖圈梁两种。钢筋混凝土圈梁整体刚度好,应用较为广泛。圈梁宽度同墙厚,高度一般为180mm、240mm。钢筋砖圈梁用M5砂浆砌筑,高度不小于五皮砖,在圈梁中设置4ф6的通长钢筋,分上下两层布置,其做法与钢筋砖过梁相同。

通常设置圈梁的方法为:2~3层房屋,地基较差时,可在基础上或房屋檐口处设圈梁。地基较好时,3层以下房屋可不设圈梁。4层及以上房屋根据横墙数量及地基情况,隔一层或二层设圈梁。在地震设防区内,外墙及内纵墙屋顶处都要设圈梁,6~7级地震烈度时,楼板处隔层设一道;8~9度地震烈度,每层楼板处设一道。对于内横墙,6~7度地震烈度时,屋顶处设置间距不大于7m,楼板处间距不大于15m,构造柱对应部位都应设置圈梁;8~9级烈度,各层所有横墙均设圈梁。

圈梁与门窗过梁统一考虑时，可用来替代门窗过梁。圈梁应闭合，当圈梁被窗洞切断时，应搭接补强，可在洞口上部设置一道不小于圈梁断面的过梁，称附加圈梁。其与圈梁的搭接长度 $l \geq 3H$，且 $l \geq 1.5m$ 图 3－19 所示。

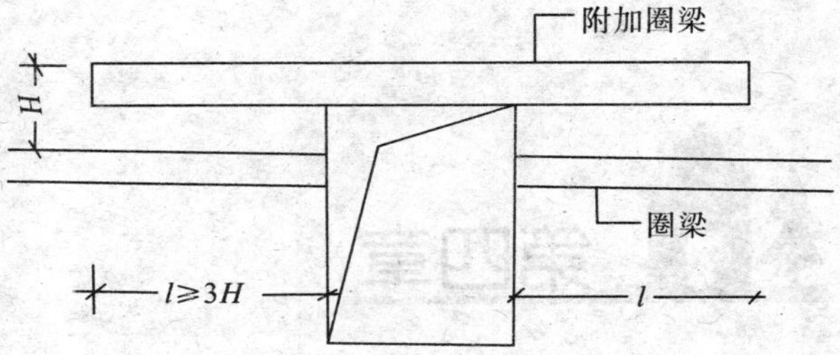

图 3－19 附加圈梁示意图

3. 构造柱

由于砖砌体是脆性材料，抗震能力较差，因此在抗震设防地区，在多层砖混结构房屋的墙体中，需设置钢筋混凝土构造柱，用以增加建筑物的整体刚度和稳定性。

构造柱是从构造角度考虑设置的，一般设在房屋四角、内外墙交接处、楼梯间、电梯间以及某些较长的墙体中部。构造柱必须与圈梁及墙体紧密连接。圈梁在水平方向将楼板和墙体箍住，而构造柱则从竖向加强层间墙体的连接与圈梁一起构成空间骨架；从而增加了房屋的整体刚度，提高墙体的变形能力，使墙体由脆性变为延性较好的结构，做到裂而不倒。构造柱下端应锚固于钢筋混凝土条形基础或基础梁内。柱截面一般为 240mm×240mm，不小于 240mm×180mm。主筋一般采用 4ϕ12，箍筋间距不宜大于 250mm，墙与柱之间应沿墙高每 500mm 设 2ϕ6 钢筋连接，每边伸入墙内不少于 1m。施工时必须先砌砖墙，随着墙体上升而逐段现浇钢筋混凝土，如图 3－20 所示。也可采用预制空心砌块嵌固，然后在孔内绑扎钢筋灌筑混凝土。

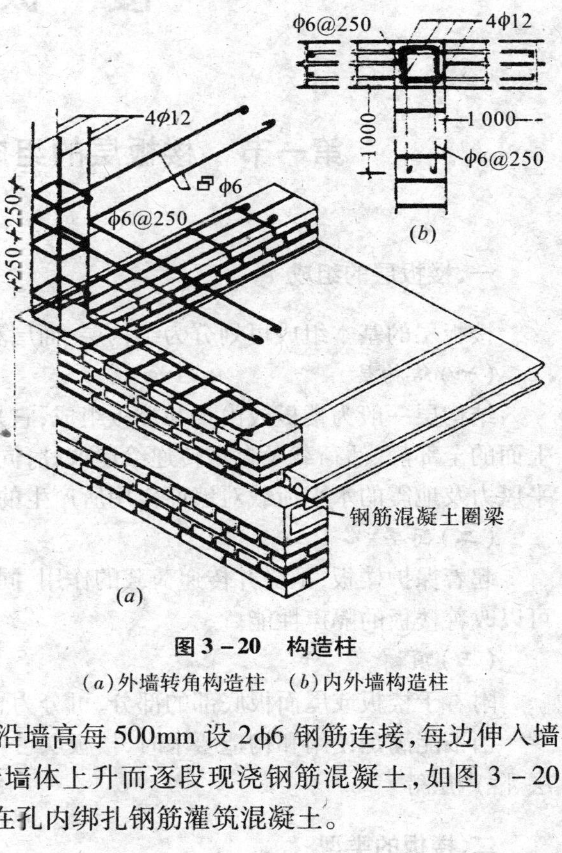

图 3－20 构造柱

(a)外墙转角构造柱 (b)内外墙构造柱

复习思考题

1. 砖混结构中墙体的承重方案有哪几种？
2. 对墙体有哪些热工要求？
3. 标准砖墙的常见厚度有哪几种？
4. 墙体防潮层设在什么位置？有何作用？
5. 墙体中构造柱起什么作用？

第四章

楼　板　层

第一节　楼板层的组成、类型和设计要求

一、楼板层的组成

楼板层的基本组成可划分为结构层、面层和顶棚三个部分。

(一)结构层

结构层一般为楼板或由梁和楼板组成;它是房屋的主要水平承重构件,它将作用在其上面的全部静、活荷载及自重传递给墙或柱,同时它对墙身起着水平支撑作用,以减少水平风力及地震的水平荷载对墙面作用所产生的挠曲,增强房屋的整体性和刚度。

(二)面层

起着保护楼板,承受并传递荷载的作用,同时对室内有很重要的清洁及装饰作用,并可以改善楼板的隔声性能。

(三)顶棚

附着于楼板或屋面板底部的部分,可分为直接式顶棚及吊顶棚两类。

当不能满足使用和构造要求时,楼板层可增设相应的构造层,如找平层、防水层、保温层、隔声层等。

二、楼板的类型

根据承重构件的主要用料,可将楼板分为木楼板、钢筋混凝土楼板、钢楼板及砖拱楼板等。

(一)木楼板

木楼板具有自重轻、保温性能好、舒适、有弹性、节约钢材和水泥等优点;但易燃、易腐蚀、易被虫蛀、耐久性差,特别是需耗用大量木材。木楼板目前主要用在产木地区、高级室内装修及古建筑维修中。

(二)钢筋混凝土楼板

钢筋混凝土楼板有现浇(整体式)和装配式两种类型。这种楼板强度和刚度较高;耐

火性和耐久性良好，不易腐蚀等。装配式更有工业化生产的优势。钢筋混凝土楼板自重较大，施工时对机械设备有一定要求，如为现浇式，则现场湿作业较多，工期长，这种楼板隔声、保温性能及舒适性略差一些，可以通过后期装修处理来改善性能。钢筋混凝土楼板是目前应用最广泛的一种楼板。

（三）钢楼板

钢楼板是在型钢梁上铺设压型钢板，再在其上整浇混凝土组合而成。钢楼板强度高，施工方便，便于建筑工业化，较钢筋混凝土楼板自重轻，但防水性能较差，用钢量大，造价高，目前国内较少应用。

（四）砖拱楼板

砖拱楼板利用砖砌成拱形结构形成。砖拱由墙或梁支撑。采用砖拱楼板可节省木材、水泥和钢材，造价较低，如图4－1所示。但砖拱楼板抗震能力差，施工较麻烦，只能在低层房屋中采用，不宜用于地震区和地基条件差，易引起不均匀沉降的房屋。

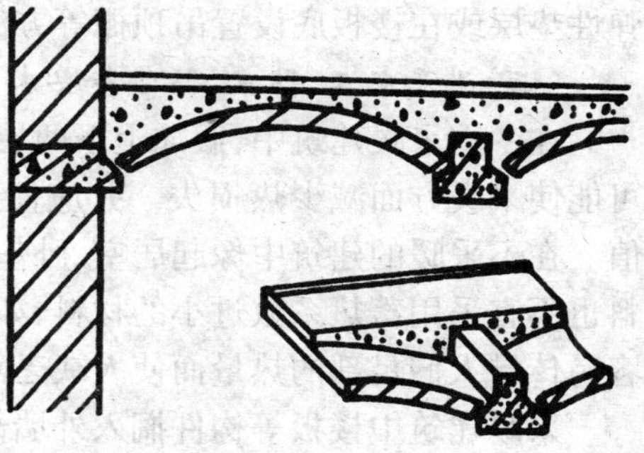

图4－1　砖拱楼板

三、楼板层的设计要求

（一）楼板层具有足够的强度和刚度

楼板必须具有足够的强度和刚度才能保证楼板正常和安全使用。足够的强度是指楼板能够承受自重和不同的使用要求下的使用荷载（如人群、家具设备等，也称活荷载）而不损坏。自重是楼板层构件材料的静重，其大小也将影响墙、柱、墩、基础等支承部分的尺寸。足够的刚度使楼板在一定的荷载作用下，不发生超过规定的形变挠度，以及人走动和重力作用下不发生显著的振动，否则就会使面层材料以及其他构配件损坏，产生裂缝等。刚度用相对挠度来衡量，即绝对挠度与跨度的比值。

楼板是在整体结构中保证房屋总体强度、刚度和稳定性的构件之一，对房屋起稳定作用。比如：在框架建筑中，楼板是保证全部结构在水平方向不变形的水平支承构件；在砖混结构建筑中，当横向隔墙间距较大时，楼板构件也可以使外墙承受的水平风力传至横向隔墙上，以增加房屋的稳定性。

（二）满足隔声要求

为了防止噪声通过楼板传到上下相邻的房间，影响其使用，楼板层应具有一定的隔声能力。不同使用要求的房间对隔声的要求不同，如居住建筑因为量大面广，所以必须考虑经济条件，我国对住宅楼板的隔声标准中规定：一级隔声标准≤65dB，二级隔声标准≤75dB。对一些有特殊使用要求的公共建筑使用空间，如医院、广播室、录音室等，则有着更高的隔声要求。

楼板的隔声包括隔绝空气传声和固体传声两方面，后者更为重要。空气传声如说话声及演奏乐器的声音都是通过空气来传播的。隔绝空气传声应采取使楼板无裂缝、无孔洞及增加楼板层的容重等措施。

固体传声一般由上层房间对下层产生影响，如步履声、移动家具对楼板的撞击声、缝纫机和洗衣机等振动对楼板的影响声等，都是通过楼板层构配件来传递的。由于声音在固体中传递时，声能衰减很少，所以固体传声的影响更大。是楼板隔声的重点。

隔绝固体传声简单有效的方法之一是采用富于弹性的铺面材料做面层，以吸收一些撞击能量，减弱楼板的振动。如铺设地毯、胶皮、塑料等。另外，还可以通过在面层下设置弹性垫层或在楼板底设置吊顶棚等方法来达到隔声的目的。

（三）满足热工、防火、防潮等要求

在冬季采暖建筑中，假如上下两层温度不同时，应在楼板层构造中设置保温材料，尽可能使采暖方面减少热损失。并应使构件表面的温度与房间的温度相差不超过规定数值。在不采暖的建筑中像起居室、卧室等房间，从满足人们卫生和舒适出发，楼面铺面材料也不宜采用蓄热系数过小的材料，如红砖、石块、锦砖、水磨石等，因为这些材料在冬季容易传导人们足部的热量而使人缺乏舒适感。

采暖建筑中楼板等构件搁入外墙部分应具备足够的热阻，或可以设置保温材料提高该部分的隔热性能；否则热量可能通过此处散失，而且易产生凝结水，影响卫生及构件的寿命。

从防火和安全角度考虑，一般楼板层承重构件，应尽量采用耐火与半耐火材料制造。如果局部采用可燃材料时，应作防火特殊处理；木构件除了防火以外，还应注意防腐、防蛀。

潮湿的房间如卫生间、厨房等应要求楼板层有不透水性。除了支承构件采用钢筋混凝土以外，还可以设置有防水性能，易于清洁的各种铺面，如面砖、水磨石等。与防潮要求较高的房间上下相邻时，还应对楼板层作特殊处理。

（四）经济方面的要求

在多层房屋中，楼板层的造价一般占建筑造价的20%～30%，因此，楼板层的设计应力求经济合理。应尽量就地取材，在进行结构布置和确定构造方案时，应与建筑物的质量标准和房间的使用要求相适应，并须结合施工要求，避免不切合实际而造成浪费。

（五）建筑工业化的要求

在多层或高层建筑中，楼板结构占相当大的比重，要求在楼板层设计时，应尽量考虑减轻自重和减少材料的消耗，并为建筑工业化创造条件，以加快建设速度。

第二节　钢筋混凝土楼板层

钢筋混凝土楼板层的结构部分是指承重构件部分，按施工方式的不同，可分作现浇整体式、预制装配式和装配整体式三种类型。

一、现浇式钢筋混凝土楼板

现浇钢筋混凝土楼板在现场绑扎钢筋并支模浇注混凝土而成。这种楼板整体性好，刚度大，有利于抗震，防水性能好并且成型自由，能适应各种不规则形状和需留孔洞等特

殊要求的建筑。但现浇楼板耗费大量模板,现场操作量大且施工工期较长。

现浇钢筋混凝土楼板按结构方式可分为板式楼板、梁板式楼板、井式楼板和无梁楼板三种。

(一)板式楼板

板式楼板一般单向简支在墙上,多用于较小跨度的走廊或房间,如居住建筑中浴厕、厨房等处。跨度一般在2m左右,可至3m,板厚约70mm,板内配置受力钢筋(设于板底)与分布钢筋,按短跨方向搁置。如方形或近似方形房间则用双向支承和配筋。

(二)梁板式楼板

房间跨度较大时,若仍采用板式楼板,则必须加大板的厚度和增加板内的配筋量,很不经济,因此,结构设计中常采用梁板式楼板,即设置梁作为板的支点来减少板的跨度。这时,楼板层的荷载是由板传给梁,再由梁传到墙或柱上。梁板式楼板也被称为肋形楼板。

梁有主梁和次梁之分,在进行结构布置时,主梁应沿房间的短跨方向布置,而次梁则沿垂直于主梁的方向布置,如图4-2所示。主梁可由砖石墙垛或钢筋混凝土柱、砖柱支承,它的经济跨度 l 一般以5~8m为宜。梁的断面与钢筋用量及混凝土的标号有关;一般高度 h 为主梁跨度的1/8~1/14,梁宽为1/2~1/3h。主梁的间距即次梁跨度 l',一般以4~6m为宜。次梁高 h' 为次梁跨度的1/12~1/18,宽度 b' 为1/2~1/3h'。板由次梁支承,次梁的间距即为板的跨度,通常取1.7~2.7m,板厚60~80mm。

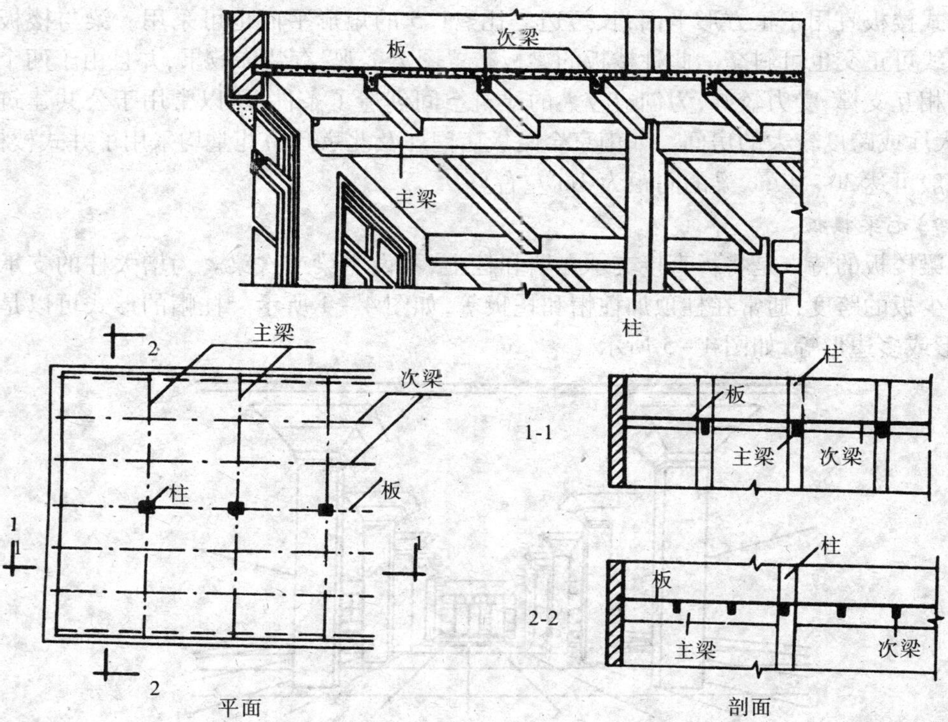

图4-2　现浇梁板式楼板

当板的长边（即主梁间距）与短边（即次梁间距）之比大于2时，在荷载作用下，板基本上沿单方向传递荷载，所以称为单向板。当这一比值小于或等于2时，板在两个方向都有弯曲，即在两个方向都传递荷载，所以被称为双向板。

（三）井式楼板

当梁板式楼板两个方向的梁不分主次，高度相等，同位相交，呈井字形时称为井式楼板，如图4－3所示。因此，井式楼板实际上是梁板式楼板的一种特例。井式楼板的板为双向板，所以，它也是双向板梁板式楼板。

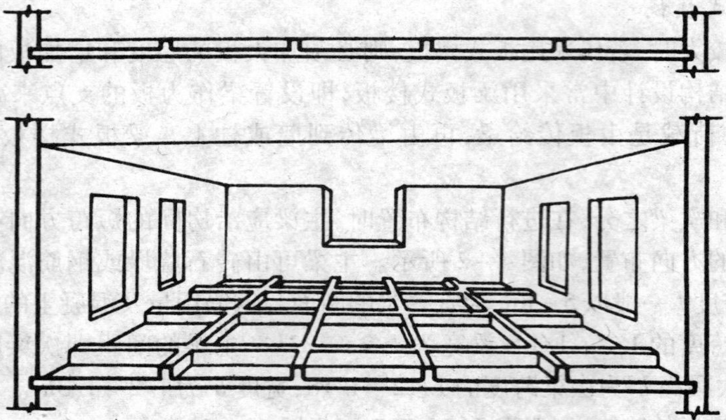

图4－3　井式楼板

井式楼板宜用于正方形平面，长短边之比≤1.5的矩形平面也可采用。梁与楼板平面的边线可正交也可斜交。此种楼板的梁板布置图案美观，有装饰效果，并且由于两个方向的梁相互支撑，受力较好，为创造较大的建筑空间创造了条件，所以常用于公共建筑的门厅、大厅或跨度较大的房间。如南京金陵饭店门厅及北京政协礼堂均采用了井式楼板。跨度一般可达30～40m，梁的间距为3m左右。

（四）无梁楼板

无梁楼板的特点是将板直接支承在墙和柱上，不设主梁或次梁。为增大柱的支承面积和减少板的跨度，通常在柱顶加柱帽和托板等，如图4－4所示。柱帽的形式可以是方形、圆形或多边形等，如图4－5所示。

图4－4　无梁楼板

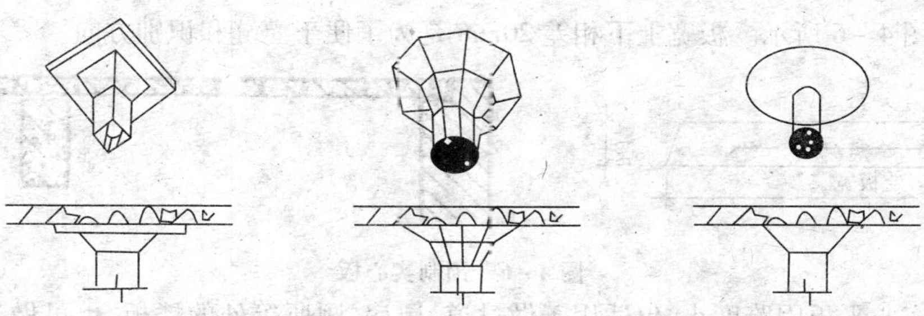

图 4－5　柱帽形式举例

无梁楼板采用的柱网通常为正方形或接近正方形，这样较为经济。常用的柱网尺寸为 6m 左右，柱子截面一般为正方形、圆形或多边形。楼板厚取 170～190mm。采用无梁楼板顶棚平整，有利于室内的采光、通风，视觉效果好。无梁楼板的模板简单、施工方便，结构高度较一般梁板式楼板要小，但楼板较厚，费用钢材较多，当楼面荷载小于 5.0kN/m^2 时不经济。无梁楼板常用于商场、仓库、多层车库及轻型工业厂房等建筑中。

二、预制装配式钢筋混凝土楼板

预制装配式钢筋混凝土楼板，是将楼板的梁、板预制成各种形式和规格的构件，在现场装配而成。由于构件在工厂或预制场地预制，故可节省模板，改善劳动条件，提高效率，加快施工进度。但装配式楼板的整体性较现浇楼板差，并需要相应的起重安装设备。

（一）板的类型

根据预制构件是否施加了预应力，可分为预应力和非预应力两种构件。

非预应力构件是指普通钢筋混凝土构件，由于梁、板等都是受弯构件，而混凝土的抗拉能力很低，当构件受弯后，在受拉区的混凝土便很快出现裂缝。裂缝的开展不仅使构件的挠度增大、裂缝处的钢筋失去保护而易锈蚀，同时还限制了钢筋使用强度的充分发挥。虽然如此，但非预应力构件对材料、施工技术、施工设备等要求相对较低，故目前仍为广泛采用。

为了克服非预应力构件这一缺点，可以在构件预制时对钢筋预先进行张拉，产生预应力，放松钢筋，钢筋收缩使混凝土产生预加的压应力。这样构件受力后，在受拉区混凝土一部分拉应力被预加的混凝土压应力抵消，这样混凝土就不容易开裂或使裂缝宽度大大减小。预应力钢筋混凝土构件的刚度大，受力后抗裂能力强，可以采用高强钢材和高标号混凝土，充分发挥高强材料的作用。与非预应力构件比较，可节省钢材 30%～50%，节省混凝土 10%～30%，自重减轻，从而也降低建筑造价。预应力构件对施工设备和施工技术有一定要求，所以有条件时应优先选月。

装配式楼板可根据使用的需要制作成各种类型的板，如预制实心平板、空心板、槽形板、T 形板等。不同类型的板根据使用的情况不同又各有很多规格。

1. 实心平板

实心平板制作简单，节约模板，但在板跨较大时因板厚增大则不经济，普通钢筋混凝土平板的跨度一般等于或小于 2.5m，常用板厚 50～80mm，板宽为 400～900mm。预制实心平板如图 4 -6 所示。板宽上下相差 20mm 是为了便于灌缝和识别方向。

图 4 -6　预制实心板

预制实心平板因跨度小,仅适用于做过道、厨房、厕所等处的楼板,也可做架空搁板、管道盖板等。它的两端支承在墙或梁上,构件重量轻,吊装设备要求不高,造价较低。但隔声效果差,易漏水。

2. 空心板

空心板是大量民用建筑中应用极为广泛的构件,由于它去掉了中性轴附近的混凝土形成孔洞,所以节省混凝土,也减轻自重,如图 4 -7。

图 4 -7　预制空心板

空心板的优点是两面平整,当中的孔洞还能安放电气管线,而且有较好的隔音效果。空心板的孔洞有圆孔、椭圆孔和方孔之分,方孔能节省较多的混凝土,但脱模较为困难,易出现裂缝。椭圆孔和圆孔增大了肋的截面面积,使板的刚度增强,对受力有利,同时抽芯脱模也较方便。相比之下,虽圆孔存在用料多,自重大等问题,但因它比椭圆孔抽芯脱模更省事,故目前的预制多孔板基本上采用圆孔空心板。

空心板的规格尺寸,各地不尽相同,板厚多为 110 ~180mm,板宽 600 ~1 200mm,非预应力空心板板跨多在 4 500mm 以内,预应力空心板最大板跨可达 6 000 ~6 900mm。

空心板在安装前,板的两端孔内应用砖块或混凝土填实。堵塞两端的孔不仅能避免板端被上部墙体压坏,也能增加隔声和隔热效果。

3. 槽形板

槽形板是由纵助、横肋和上板所组成,是一种梁板合一的构件,如图 4 -8 所示。作用

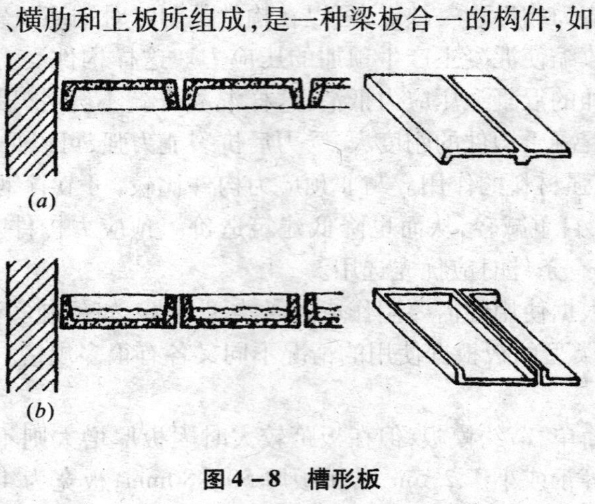

图 4 -8　槽形板

在槽形板上的荷载主要由两侧的纵肋承受，因此板可以做得很薄（30～35mm）。为了增加槽形板的刚度，在两纵肋之间增加横肋，在板的两端以端肋封闭。

槽形板的常见跨度为3～6m，肋高150～300mm，板宽为600mm、900mm、1 200mm等。

槽形板分槽口向下和槽口向上两种类型。槽口向下的为正槽形板，槽口向上为反槽形板。正槽形板肋在板下面，受力合理，楼面平整，但下面有肋突出；对于要求天棚平齐的房间，要在板下做吊顶。反槽形板肋在板的上面，受力不很合理，对肋的质量要求较高，比正槽形板费钢筋和混凝土，板底平整，可利用槽口内的空间放置隔声、隔热等材料，上面另做面层或木楼面等，对楼面有特殊要求的房间较合适。

槽形板有自重轻，制作与施工简便，便于开设较大的管道洞口等优点。但槽形板隔声效果差，容易积灰，如正槽形板不设吊顶只宜用于次要房间。

4. T形板

T形板有单T板和双T板两种，如图4－9所示，也是一种梁板结合构件。T形板具有跨度大、多功能的特点，可做楼板也可做墙板构件。T形板板宽一般为1.2～2.4m，跨度6～12m，板厚一般为长度的1/15～1/20。

T形板一般用于较大跨度的民用建筑和较大荷载的工业建筑。

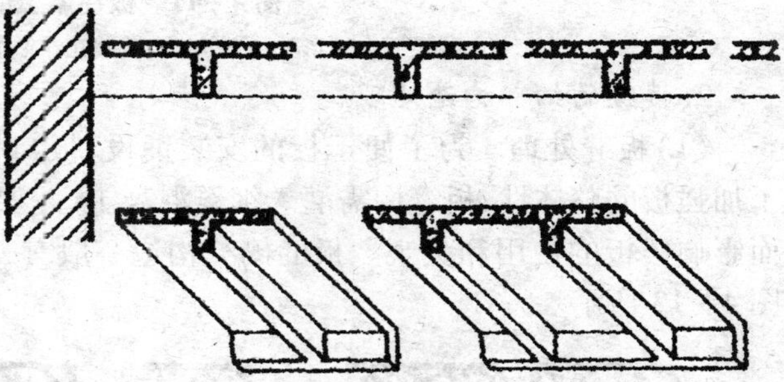

(a)　(b)

图4－9　T形板

（二）预制板的布置和细部处理

1. 板的布置方式

对建筑方案进行楼板布置时，首先应根据房间的使用要求确定板的种类，再根据开间与进深尺寸确定楼板的支承方式，然后根据现有板的规格进行合理的安排。板的支承方式有板式和梁板式，预制板直接搁置在墙上的称板式布置，若楼板支承在梁上，梁再搁置在墙上的称为梁板式布置，如图4－10所示。在确定板的规格时，应首选以房间的短边长度作为板跨。一般要求板的规格、类型愈少愈好。

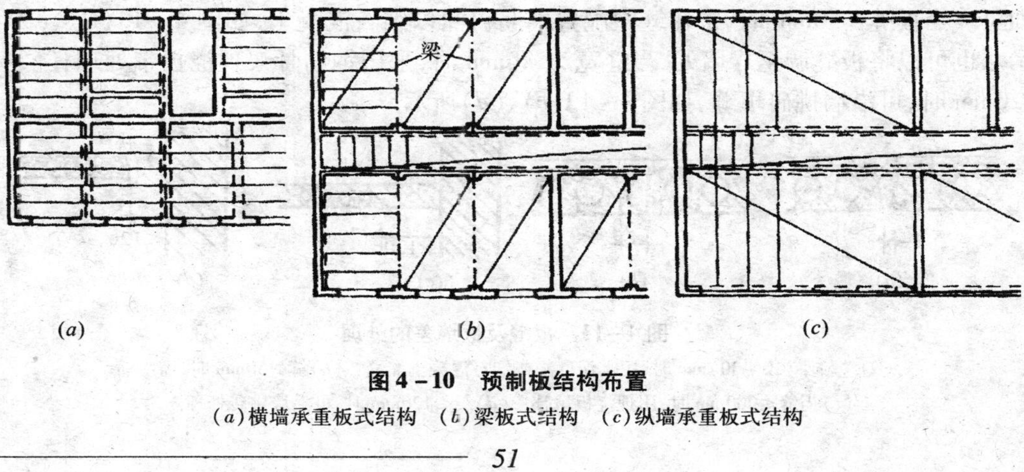

(a)　(b)　(c)

图4－10　预制板结构布置

(a)横墙承重板式结构　(b)梁板式结构　(c)纵墙承重板式结构

当采用梁板式支承方式时,板在梁上的搁置方案一般有两种,一种是板直接搁在梁顶上,如图 4－11(*a*);另一种是将板搁置在花篮梁或十字梁两翼上,如图 4－11(*b*),板面与梁顶相平,当梁高不变的情况下,这种方式相应地提高了室内净空高度。但这时在选用预制板的规格时应注意,它的搁置长度不能按梁中线计算,而是要减去梁顶宽度,如图 4－11(*c*)。

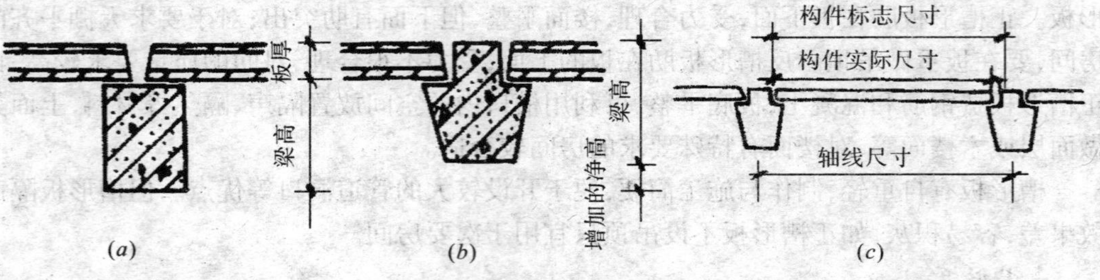

图 4－11　板在梁上的搁置

(*a*)板搁在矩形梁顶上　(*b*)板搁在花篮梁上　(*c*)板的计算长度

2. 楼板的细部构造处理

(1)板缝处理　为了便于板的安装铺设,板与板之间常留有 10～20mm 的缝隙。为了加强板的整体性,板缝内需灌入细石混凝土,并要求灌缝密实,避免在板缝处出现裂缝而影响楼板的使用和美观。板的侧缝构造一般有三种形式:V 形缝、U 形缝和凹槽缝,如图 4－12 所示。

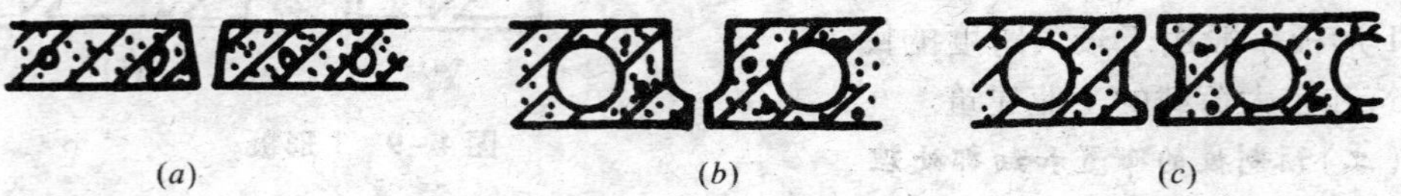

图 4－12　侧缝接缝形式

(*a*)V 形缝　(*b*)U 形缝　(*c*)凹槽缝

V 形缝与 U 形缝板缝构造简单,便于灌缝,所以应用较广,凹形槽缝有利于加强楼板的整体刚度,板缝能起到传递荷载的作用,使相邻板能共同工作,但施工较麻烦。

板的排列受到板宽规格的限制,因此,排板的结果常出现较大的缝隙。根据排板数量和缝隙的大小,可考虑采用调整板缝的方式解决。当板缝≤30mm 时,用细石混凝土灌实即可。当板缝≥50mm 时,常在缝中配置钢筋再灌以细石混凝土,如图 4－13(*a*)、(*b*)所示。也可以将板缝调至靠墙处,当缝宽＞120mm 时,采用钢筋骨架现浇板带处理;缝宽≤120mm 时,可沿墙挑砖填缝,如图 4－13(*c*)、(*d*)所示。

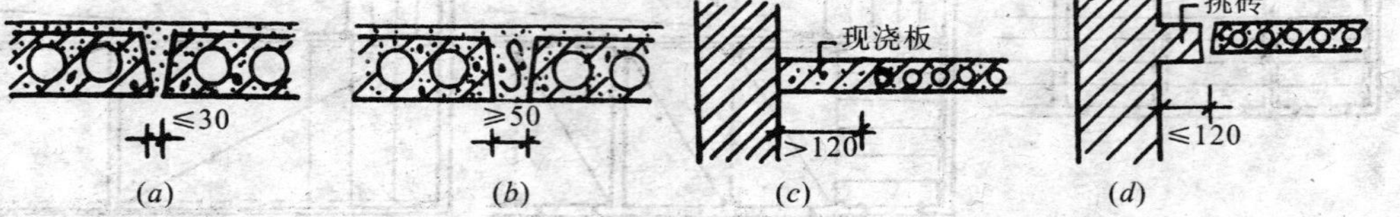

图 4－13　板缝及板缝差的处理

(*a*)缝较小(10～30)mm 时,用水泥砂浆或细石混凝土灌缝　(*b*)缝≥50mm 时,需配筋

(*c*)当缝≤200mm 时,用现浇板填补　(*d*)缝≤120mm 时,可沿墙挑砖处理

(2)楼板的搁置与锚固　预制板搁置在墙或梁上时,应保证有一定的搁置长度,在墙上的搁置长度不小于90mm;在梁上的搁置长度不少于60mm。搁置时必须在墙上或梁上铺以M5标号水泥砂浆10~20mm厚(俗称坐浆),以利于二者连接。

为了增强楼板的整体刚度,特别是处于地基条件较差地段或地震区,应在板与墙及板端与板端连接处设置锚固钢筋,如图4-14所示。

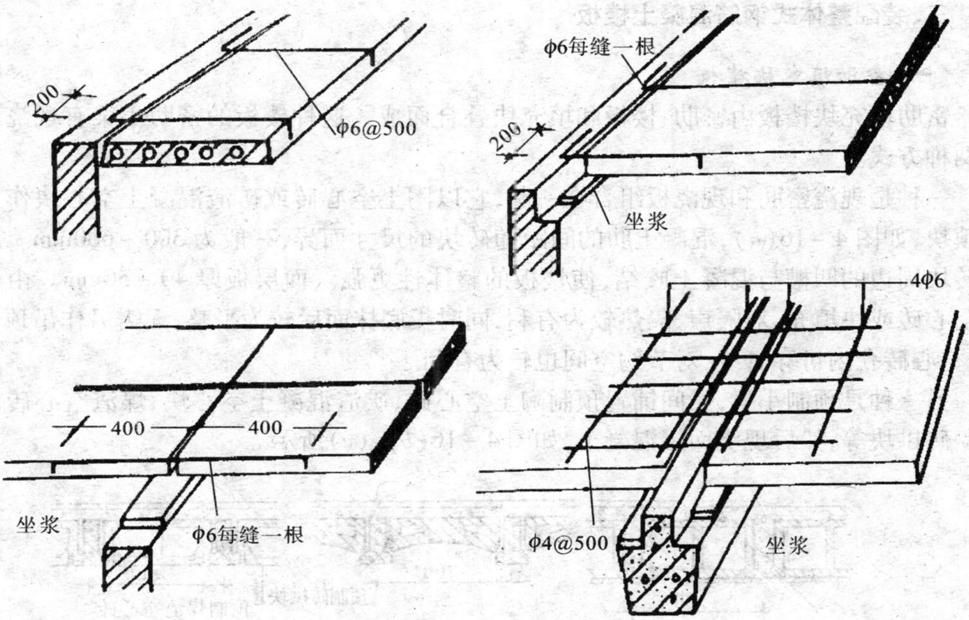

图4-14　板的锚固

(3)楼板上立隔墙的处理　隔墙若为轻质材料时,可直接立于楼板之上。如果采用自重较大的材料,如黏土砖等做隔墙,则不宜将隔墙直接搁置在楼板上,特别应避免将隔墙的荷载集中在一块楼板上。对有小梁搁置的楼板或槽形板,通常将隔墙搁置在小梁上或槽形板的边肋上,如图4-15(*a*)、(*b*)所示,如果是空心板做楼板,可在隔墙下做现浇板带或设置预制梁解决。如图4-15(*c*)所示。

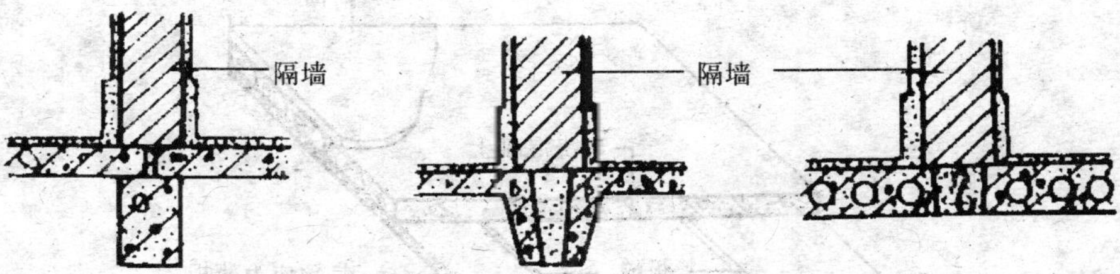

图4-15　隔墙与楼板的关系

(*a*)隔墙支承在梁上　(*b*)隔墙支承在纵筋上　(*c*)板缝配筋

(4)板的面层处理　在中小型预制板铺设的楼板层上,往往由于预制构件的尺寸误差或施工上的原因,会造成板面不平,需做找平层,通常采用 20～30mm 厚水泥砂浆。但为增加楼板面层的整体性,宜做 35～40mm 厚细石混凝土整浇层;电线管等小口径管线可以直接埋在整浇层内。装修标准较低的建筑物,可直接将水泥砂浆找平或细石混凝土整浇层表面抹光,即可作为楼面,如果要求较高,则须在找平层上另做面层。

三、装配整体式钢筋混凝土楼板

(一)密肋填充块楼板

密肋填充块楼板由密肋、楼板和填充块叠合而成。这种楼板的密肋小梁有现浇和预制两种方式。

一种是现浇密肋和现浇板组合在一起,它以陶土空心砖或矿渣混凝土空心块作为肋间填块,如图 4－16(*a*),混凝土肋的间距随砖块的尺寸而异,一般为 300～600mm。肋间借砖块周边的凹槽与混凝土咬结,使楼板的整体性更强。面层板厚 40～50mm。由于采用空心砖或块填充,对隔声、隔热较为有利,同时板底抹面后较为平整,无需另作吊顶。此外,空心砖孔内可穿管线,对节约空间也较为有利。

另一种是预制小梁,梁间铺置预制陶土空心砖、矿渣混凝土空心块、煤渣空心砖以及预制砖拱块等,然后现浇面层混凝土,如图 4－16(*b*)、(*c*)所示。

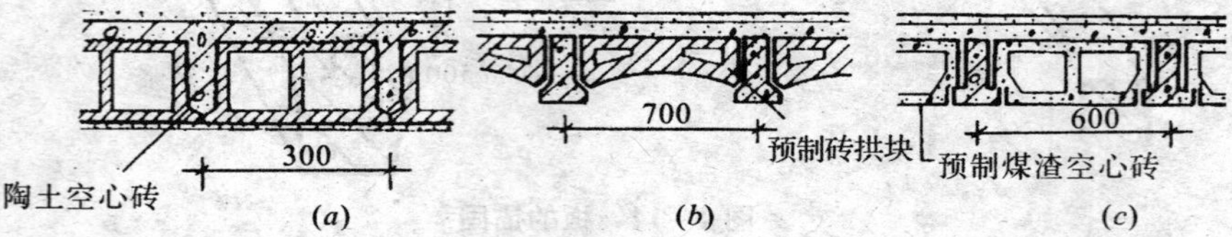

图 4－16　密肋楼板

(*a*)现浇密肋楼板　(*b*)、(*c*)预制小梁密肋楼板

(二)叠合式楼板

叠合式楼板即用预制的预应力钢筋混凝土薄板做底板,与现浇混凝土面层叠合而成的装配整体式楼板,如图 4－17 所示。这种楼板省模板,整体性好,有利于工业化施工。但叠合面处理较难。

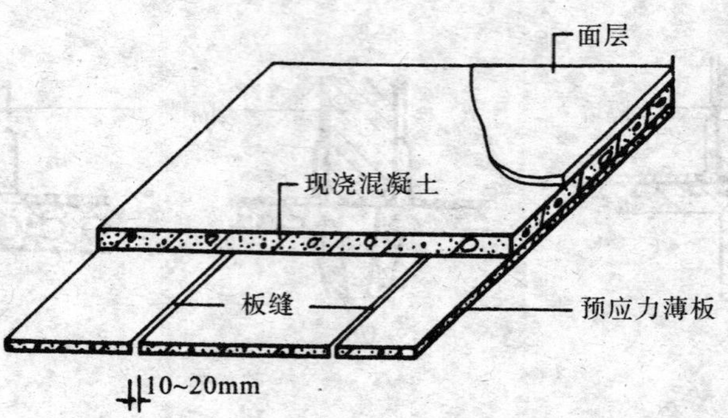

图 4－17　叠合式楼板

叠合式楼板的预制钢筋混凝土薄板既是永久性模板承受施工荷载，也是整个楼板结构的一个组成部分。预应力钢筋混凝土薄板内配以高强钢丝作为预应力筋，同时也是楼板的跨中受力钢筋，板面现浇叠合层，只需配置少量的支座负弯矩钢筋。所有楼板层中的管线均可事先埋在叠合层内。预制薄板作底板底面平整，作为顶棚可直接喷浆或粘贴装饰顶棚壁纸。

叠合楼板跨度一般为4～6m，最大可达9m，以5.4m以内较为经济。预应力薄板厚度根据结构计算确定，通常为60～70mm，板宽1.1～1.8m，板间应留10～20mm的空隙。现浇叠合层的混凝土标号为C20，厚度一般为70～120mm。叠合楼板的总厚度取决于板的跨度，一般为150～200mm。

第三节　阳台及雨篷

一、阳台的类型及要求

阳台按其与外墙面的关系可分为挑阳台、凹阳台和半挑半凹阳台，如图4－18(*a*)、(*b*)、(*c*)。

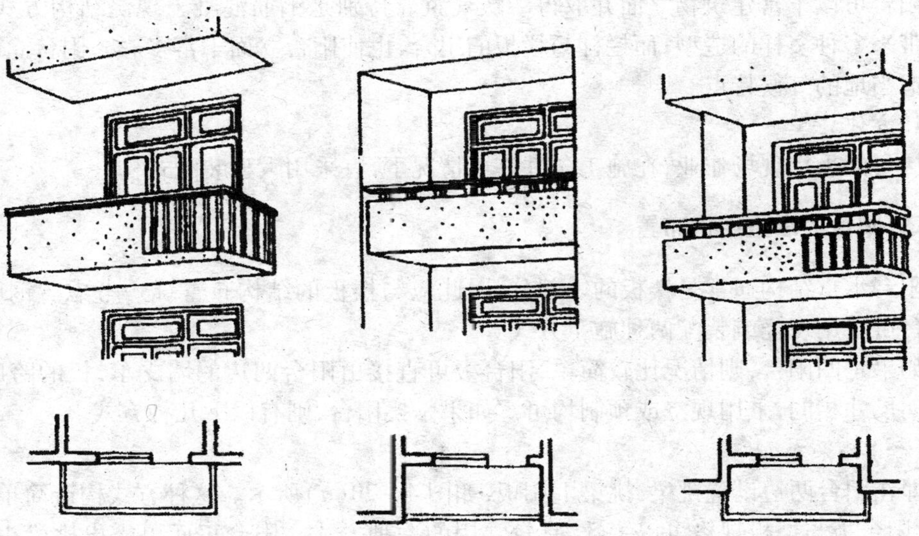

图4－18　阳台的类型

(*a*)挑阳台　(*b*)凹阳台　(*c*)半挑半凹阳台

阳台的设计应满足以下要求。

1. 安全、坚固、耐久

挑阳台如为悬臂结构，应保证在荷载作用下不致倾覆，其挑出长度应满足结构计算要求。阳台栏杆、栏板、扶手及与外墙的连接应牢靠。阳台扶手高度不应小于1.05m。由于阳台暴露在大气中，所以所选用材料和构造方法都必须经久耐用，承重结构一般选用钢筋混凝土，金属配件应充分注意防锈处理，表面处理也应耐久和抗污染。

2. 解决好排水问题

阳台地面标高应低于室内标高 60mm 左右，以免雨水流入室内。阳台排水一般采用外排水方式，在侧壁贴近地面处安装 φ50mm 塑料排水管，将水直接导出或引入雨水管，排水管应伸出阳台栏板外 80mm，以免污水影响下层阳台，并应注意与外墙面保持距离，如图 4－19 所示，阳台地面应形成 1% 的坡度使水流向排水管。

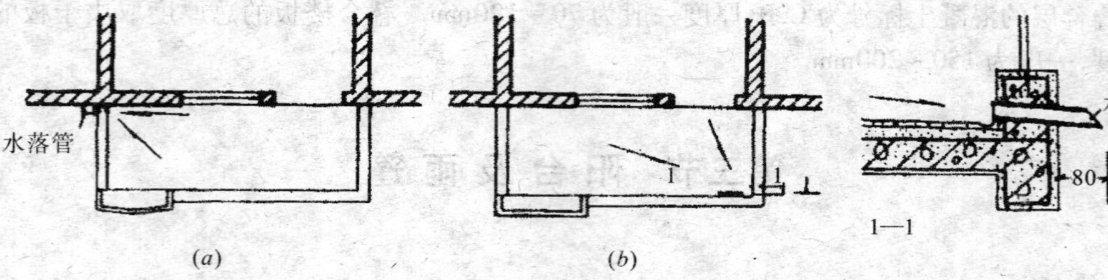

图 4－19　阳台排水处理

3. 符合造型需要

阳台可以丰富建筑物立面并取得活跃气氛。特别是钢筋混凝土现浇结构方式，可为阳台带来多种多样的造型；而栏杆与栏板的组合，也使阳台立面丰富多彩。阳台立面形式应考虑当地的气候特点。

4. 方便施工

尽可能采用现场作业，在施工条件许可情况下，宜采用大型装配式构件。

二、阳台的承重结构布置

阳台承重结构通常是楼板的一部分，因此应与楼板的结构布置统一考虑。钢筋混凝土阳台可采用现浇或装配两种施工方式。

如果是凹阳台，则情况比较简单，阳台板可直接由阳台两边的墙支承，板的跨度与房屋开间尺寸相同，采用现浇或预制均可。如果是挑阳台，则有以下几种方式。

（一）挑梁式

即在阳台两边设置挑梁，挑梁上搁板，如图 4－20(*a*)所示。这种方式构造简单，施工方便，阳台板与楼板规格可以一致，是较常用的一种方式。阳台正面可露出挑梁头，也可以在阳台板下设边梁，将挑梁头封住以连成一体。挑梁式也可以采用现浇方式将挑梁、边梁、外墙圈梁及阳台板、栏板现浇成一个整体，可以增加阳台的整体刚度。

（二）挑板式

挑板式是一种悬臂板结构，如图 4－20(*b*)所示。阳台板的一部分作为楼板压在墙内，一部分作为阳台出挑，施工方式可为现浇或预制。

（三）压梁式

这种方式的阳台板与外墙上的梁浇在一起，常采用现浇式，如图 4－20(*c*)所示，外墙是非承重墙时阳台板靠墙梁与梁上墙的自重平衡；外墙是承重墙时阳台板靠墙梁和梁上支承的楼板荷载平衡。也可以将梁和阳台板预制成一个构件，如图 4－20(d)所示。

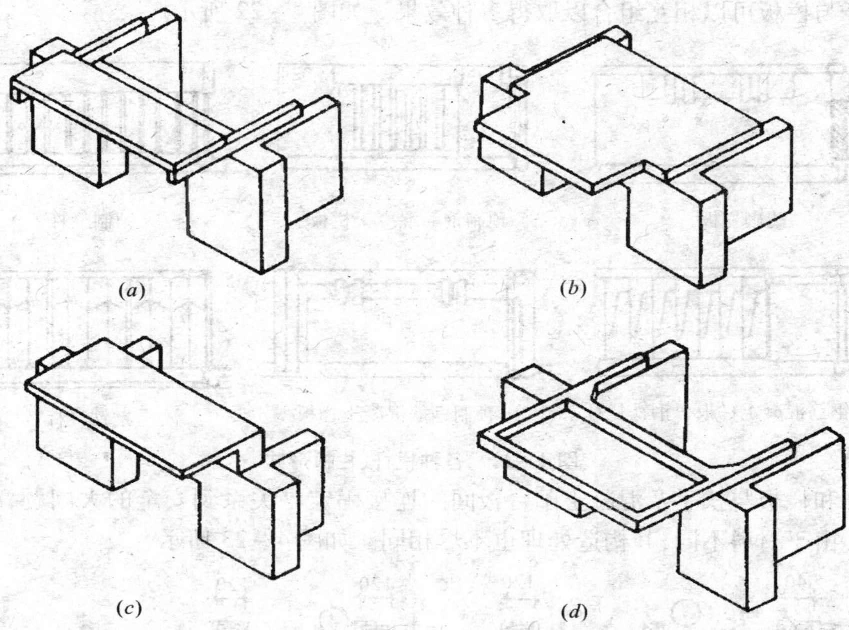

图 4－20　阳台结构布置

(a)挑梁预制板、阳台　(b)挑板式阳台　(c)压梁式阳台　(d)预制梁板式阳台

（四）转角阳台

转角阳台的结构处理也可以采用挑梁或挑板两种方式。图 4－21(a)为现浇挑梁和转角阳台板，其余板为预制的方式；图 4－21(b)为预制板双向挑出的方式。这两种方式也都可以采取现浇的办法。

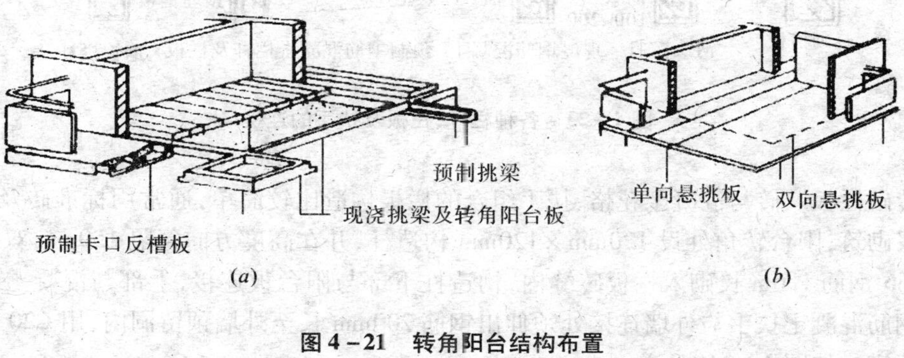

图 4－21　转角阳台结构布置

三、阳台的栏杆与栏板

阳台立面可以用漏空的栏杆，也可以用实心的栏板。常用栏杆有金属栏杆或钢筋混凝土栏杆；常用的栏板有砖砌栏板和钢筋混凝土栏板。金属栏杆以铸铁、方钢、圆钢、角钢、扁钢、钢管、不锈钢管等居多；普通钢栏杆较易受腐蚀。砖砌栏板和空花自重大、抗震性能差、占空间较多。钢筋混凝土栏杆与栏板造型丰富，可虚可实，结构安全可靠，整体性

好、耐久,自重较轻而且拼装方便。因此,钢筋混凝土栏杆与栏板应用较为广泛。

栏杆与栏板可以相互组合以取得多种效果。如图 4 - 22 所示。

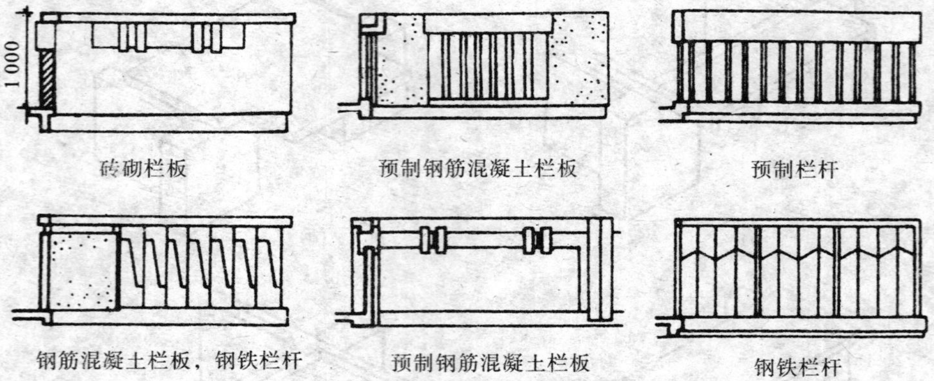

图 4 - 22　各种栏杆、栏板形式

栏杆和栏板与扶手及混凝土阳台板间的连接固定是关系到安全的大问题,必须稳固而持久。由于材料不同,其构造处理也不尽相同。如图 4 - 23 所示。

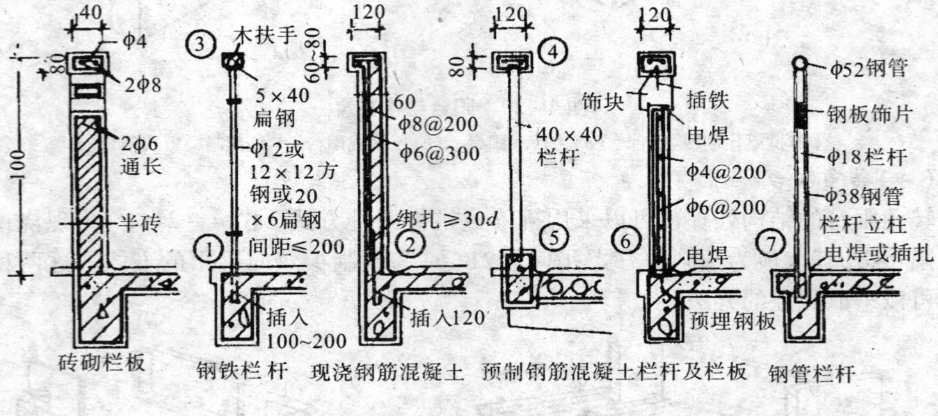

图 4 - 23　各种栏杆、栏板及扶手的连接

砖砌栏板及砖与混凝土花格、扶手组合的栏板构造比较简单,通常用标准砖及 M5 混合砂浆砌筑,阳台转角处设 120mm × 120mm 构造柱,并在高度方向每隔 150mm 双向伸出两根 φ6 钢筋 1.0m 长砌入栏板砖缝内,构造柱下部与阳台板连接,上部与混凝土扶手连接。钢筋混凝土扶手与外墙连接处须伸出钢筋 200mm 长至外墙预留洞内,用 C20 细石混凝土填实。如图 4 - 24 所示。

金属栏杆应使构件做成开脚状或弯钩等浇入阳台板或墙内,用细石混凝土灌实,应至少伸入半砖墙或一砖墙 100 ~ 150mm。或者在墙或板内预埋钢板焊牢。

钢筋混凝土栏杆与栏板有现浇栏板和预制构件安装两种。现浇栏板可以连扶手一起现浇,与阳台底板的连接可利用底板内伸出钢筋与栏板钢筋用绑扎或焊接的方法。预制栏板之间的拼接及与阳台板、立柱、外墙的连接均可采用预埋件焊接的方法。

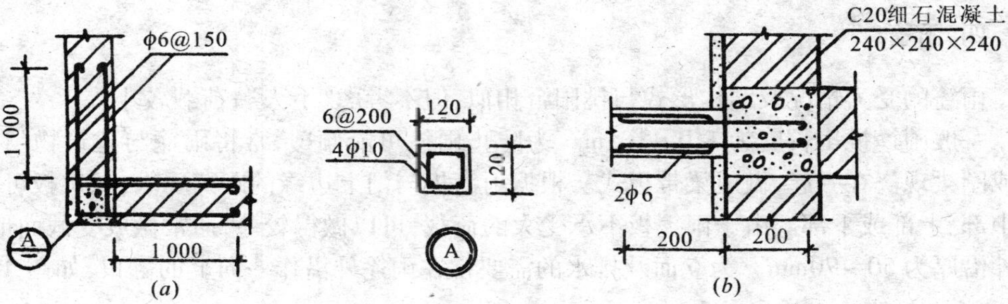

图 4－24　砖砌栏板及混凝土扶手

(*a*)砖砌栏板与构造柱　(*b*)混凝土扶手与砖墙连接

预制扶手采用细石混凝土制作，截面常呈矩形，其尺寸约为 50mm × 100mm，内配 φ8 钢筋 φ4 的绑扎钢筋。表面可作各种抹面，如水泥砂浆、水磨石或面砖等。扶手与栏杆的连接方法有：双方预埋铁件采用焊接法，如图 4－25(*a*)；采用榫接坐浆的方式，即在扶手底面留槽，将栏杆插入槽内，并用 M10 水泥砂浆坐浆填实，以保证连接的牢固，如图 4－25(*b*)；还可以在栏杆上留出钢筋，现浇扶手，如图 4－25(*c*)、(*d*)。

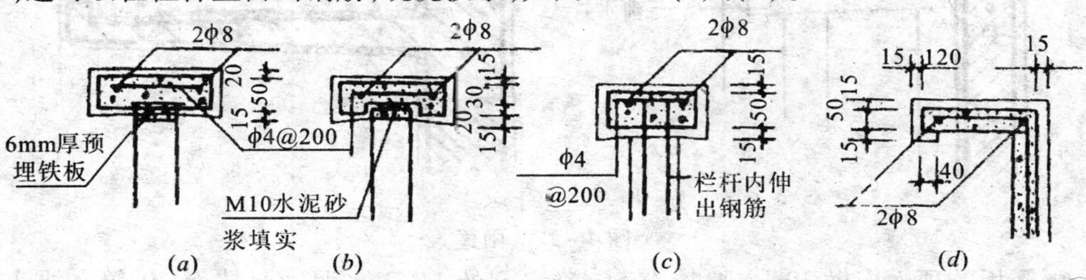

图 4－25　钢筋混凝土扶手的连接方法

为了阳台排水的需要和防止物品由阳台板边坠落，栏杆与阳台底板的连接处需采用 C20 混凝土沿阳台板边现浇挡水带。栏杆与挡水带采用预埋铁件焊接，或榫接坐浆，或插筋连接，如图 4－26 所示。

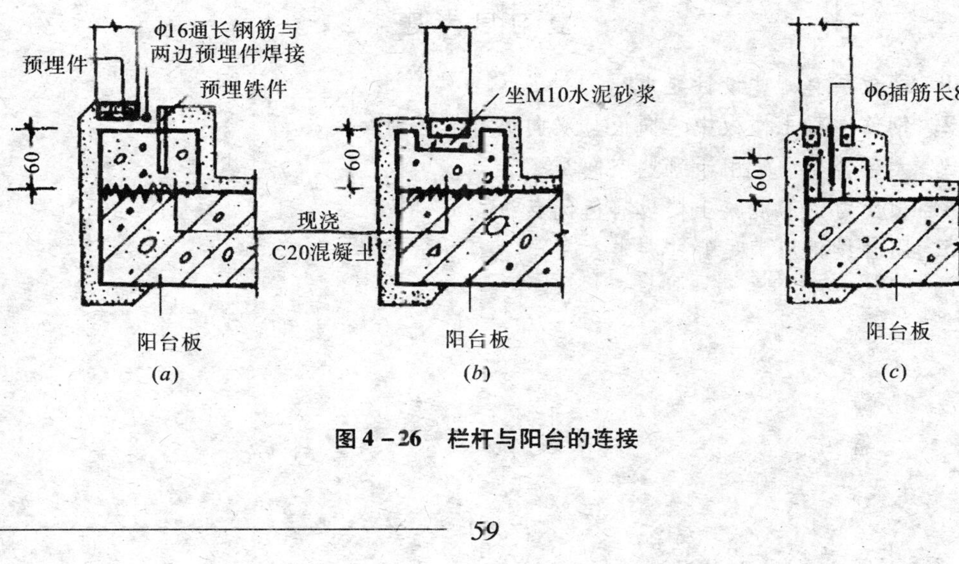

图 4－26　栏杆与阳台的连接

四、雨篷

雨篷的受力情况及结构形式与挑阳台相似，但不考虑"上人"，荷载较小。

一般雨篷挑出长度为1.0~1.5m。为防止雨篷可能倾覆，常将雨篷与建筑物门上过梁或圈梁现浇在一起，做成梁带板式。根据雨篷板与门上边缘的距离要求，悬挑板可在梁的中部、上部或下部。由于雨篷板不承受大的荷载，可以做得较薄，通常做成变截面形式，板外沿厚为50~70mm。为立面及排水的需要常在雨篷外沿作一向上的翻口，如图4－27所示。

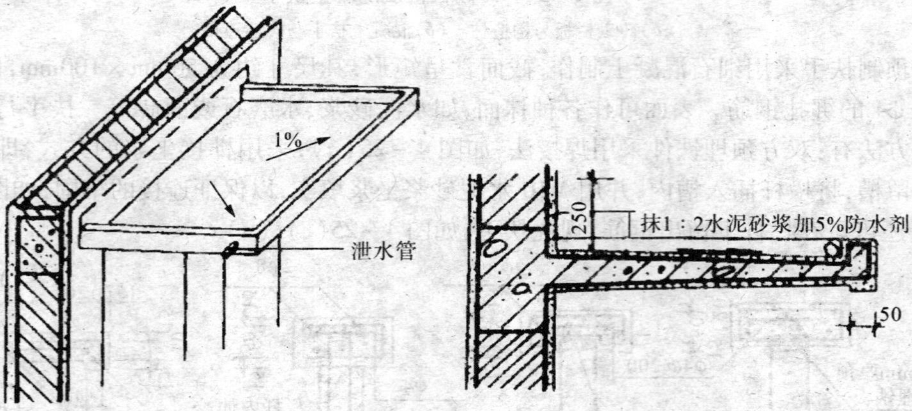

图4－27　雨篷

雨篷板的顶面应做20mm厚掺有5%避水剂的1：2水泥砂浆抹面，并翻上外墙（或梁）面至少250mm高。立面饰面材料应抹至板底50mm深处，并做滴水槽或斜面。雨篷顶抹成1%的排水坡度将雨水引向泄水管或水落管。

当雨篷悬挑长度较大时，则可由主体结构内挑出梁来做成挑梁式结构，其做法与阳台相似，一般为现浇整体式。也可在入口处加柱形成门廊形式。

复习思考题

1. 楼板层有哪些设计要求？
2. 钢筋混凝土楼板中单向板与双向板有何区别？
3. 无梁楼盖通常用于哪些空间？
4. 预应力钢筋混凝土楼板有何优点？
5. 阳台设计应满足哪些要求？

第五章

楼梯与台阶

建筑空间楼层间的竖向联系，是依靠楼梯、电梯、自动扶梯、台阶、坡道、爬梯等竖向交通设施来达到的。楼梯由于不依赖动力，坡度合适，疏散能力强，占地少，造价低等相对优势，成为楼层建筑的必须交通设施。

各种竖向交通设施的主要区别在于它们之间的坡度差异，如图 5－1 所示。

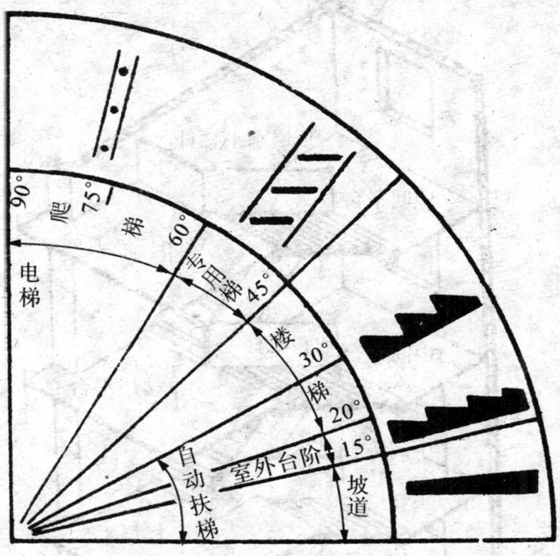

图 5－1　各种竖向交通设施的坡度

坡道的坡度一般小于 15°，以 11°左右为宜；室外台阶的坡度为 15°～20°；楼梯的坡度为 20°～45°，以 30°左右较为舒适；专用楼梯则坡度较陡，为 45°～60°，占空间少，一般用于人流少，不经常使用之处，如检修梯，瞭望塔梯等；爬梯坡度可为 60°～90°，常在各类建筑中用做防火梯或检修梯；电梯多用于高层建筑或重要的多层建筑；自动扶梯则用于人流多的公共场所。

第一节　楼梯概述

一、楼梯的组成和基本要求

（一）楼梯的组成

楼梯一般由梯段、平台和栏杆扶手三部分组成，如图 5－2 所示。

1. 梯段

梯段一般由踏步和梯斜梁（或梯段板）组成。它是联系两个不同标高平台的倾斜构件。梯斜梁及梯段板承受踏步面传来的荷载，并将其传递给上下平台梁。踏步系由水平的踏板和垂直的踢板组成。梯段不宜过长,太长则行走时有疲劳感,规范规定不超过18步,但也不宜少于3步,因为步数太少不易被人察觉,容易摔跤。

2. 平台

平台由平台梁和平台板组成。主要供人们行走时调剂疲劳及改变行进方向之用。平台有楼层平台和中间平台之分,与楼层标高平齐者称为楼层平台,两层之间的称为中间平台或休息平台。平台的净宽不得不于梯段的净宽。

3. 栏杆扶手

栏杆扶手是设在梯段及平台边缘的安全保护构件。当梯段宽度不大时,可只在梯段临空面设置。当梯段宽度较大时,非临空面也应加设靠墙扶手。当梯段宽度很大时,则需在梯段中间加设中间扶手。

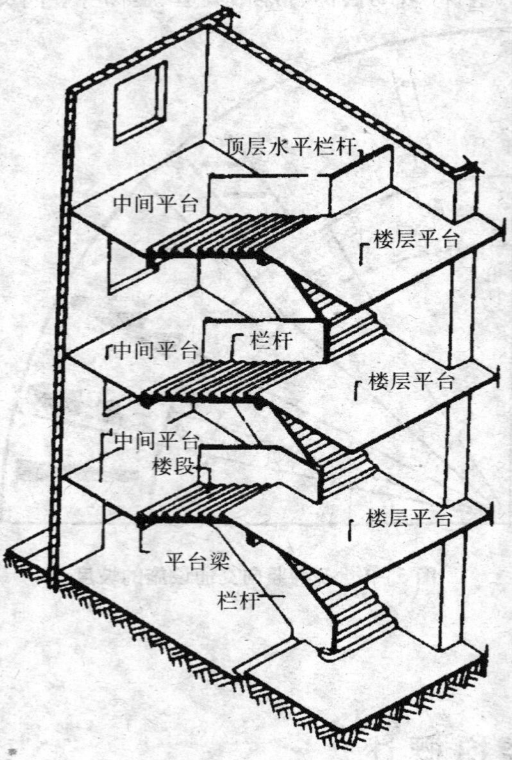

图5-2 楼梯的组成

(二)楼梯的基本要求

1. 建筑设计要求

首先是功能方面的要求,对建筑物中楼梯的位置、数量、形式、宽窄等作统一安排,应结合人流疏散关系,一般布置在交通枢纽处,要求通行顺畅,行走舒适。其次是造型要美观,尤其是公共建筑的主要楼梯,观瞻所关,其式样、形状及细节处理均应精心设计。

2. 结构、构造要求

楼梯除自重外,使用荷载较重。因此,楼梯间必须有坚固的墙、柱或框架来承重。梯段必须有较高的刚度。

应正确选择楼梯材料。木楼梯只限二层以下独户居住建筑。一般居住、公共建筑以钢筋混凝土楼梯较为坚固安全。钢楼梯及其他金属楼梯用于室内时,应作防火处理。各种楼梯均要求容易清洁,不易积尘,踏面材料要耐磨、防滑。

楼梯间应有良好的采光与通风条件,寒冷地区应注意防寒。楼梯必须注意各种细部尺度的推敲,构造处理应合理可靠。

3. 符合防火、安全规定

楼梯的间距,数量及宽度应经过计算满足防火疏散要求。楼梯间内不得有影响疏散的凸出部分,以免挤伤人。应按规范设计疏散楼梯、封闭楼梯和防烟楼梯。

4. 满足施工、经济条件

加大预制构件(如整个梯段预制)有利于保证质量,缩短工期、降低造价,但应顾及施工、起重设备等条件。结构及构造方案合理可减少混凝土用量、方便施工,也降低了造价。

二、楼梯的形式

楼梯形式的选择取决于建筑物的性质、等级，楼梯间的平面形状与大小、楼梯所处的位置、楼层的高低与层数、人流多少与缓急等因素，设计时需综合权衡这些因素，如图 5－3 所示。

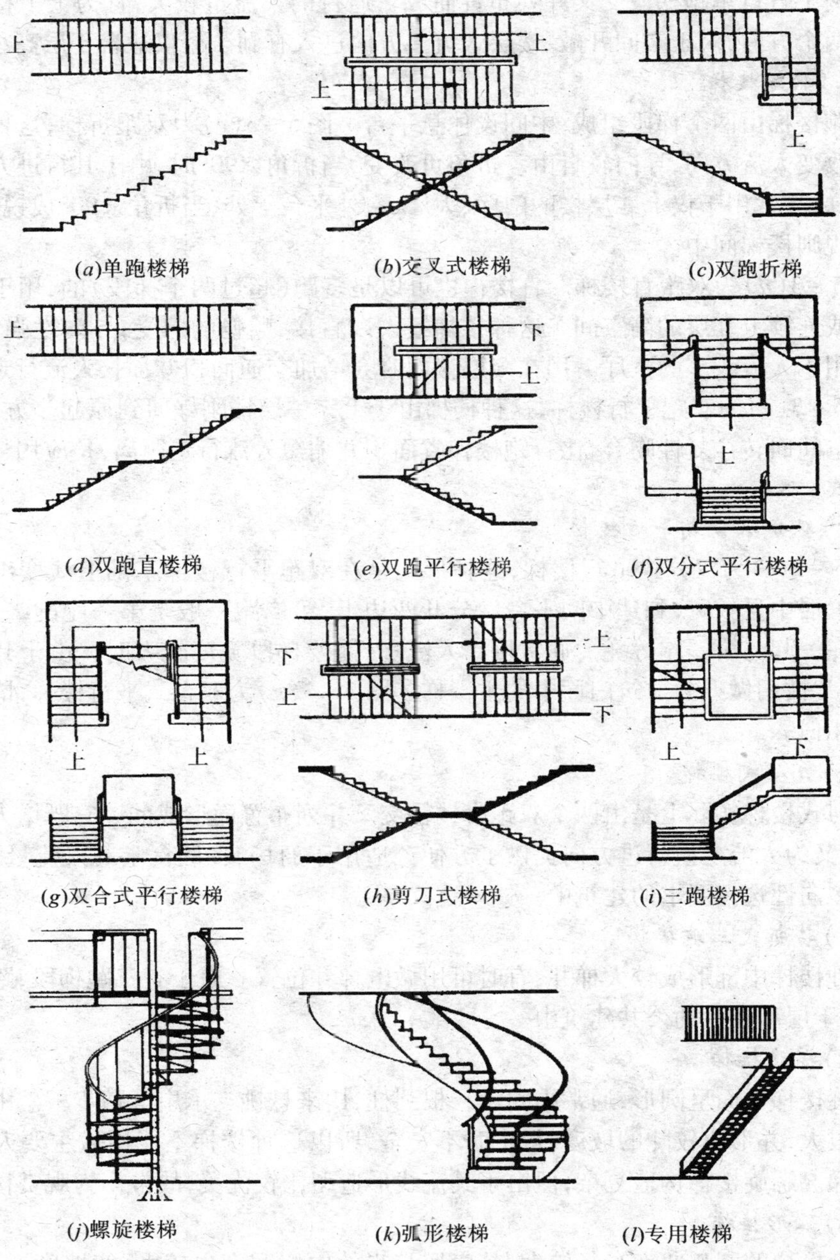

图 5－3　楼梯形式示意

(一)单跑楼梯

单跑楼梯不设中间平台，由于其梯段踏步数不能超过18步，所以一般用于层高较小的建筑内。

(二)交叉式楼梯

由两个直行单跑梯段交叉并列布置而成。通行的人流量较大，且为上下楼层的人流提供了两个方向，对于空间开敞、楼层人流多方向进入有利。但仅适合于层高小的建筑。

(三)双跑楼梯

双跑楼梯由两个梯段组成，中间设休息平台。图5-3(*c*)为双跑折梯，这种楼梯可通过平台改变人流方向，导向较自由。折角可改变，当折角≥90°时，由于其行进方向性似直行双跑梯，故常用于仅上二层楼的门厅、大厅、室外平台等处；当折角<90°成锐角时，往往用于不规则楼梯间中。

图5-3(*d*)为双跑直楼梯。直楼梯也可以是多跑(超过两个梯段)的，用于层高较高的楼层或连续上几层的高空间。这种楼梯给人以直接、顺畅的感受，导向性强，在公共建筑中常用于人流较多的大厅。用在多层楼面时会增加交通面积并加长人流行走的距离。

图5-3(*e*)为双跑平行楼梯，这种楼梯由于上完一层楼刚好回到原起步方位，与楼梯上升的空间回转往复性吻合，比直跑楼梯省面积并缩短人流行走距离，是应用最为广泛的楼梯形式。

(四)双分双合式平行楼梯

图5-3(*f*)为双分式平行楼梯，这种形式是在双跑平行楼梯基础上演变出来的。第一跑位置居中且较宽，到达中间平台后分开两边上，第二跑一般是第一跑的二分之一宽，两边加在一起与第一跑等宽。通常用在人流多，需要梯段宽度较大时。由于其造型严谨对称，经常被用做办公建筑门厅中的主楼梯。图5-3(*g*)为双合式平行楼梯，情况与双分式楼梯相似。

(五)剪刀式楼梯

剪刀式楼梯实际上是由两个双跑直楼梯交叉并列布置而形成的。它既增大了人流通行能力，又为人流变换行进方向提供了方便。适用于商场、多层食堂等人流量大，且行进方向有多向性选择要求的建筑中。

(六)转折式三跑楼梯

这种楼梯中部形成较大梯井，有时可用做电梯井位置。由于有三跑梯段，踏步数量较多，常用于层高较大的公共建筑中。

(七)螺旋楼梯

螺旋楼梯平面呈圆形，通常中间设一根圆柱，用来悬挑支承扇形踏步板。由于踏步内侧宽度很大，并形成较陡的坡度，行走时不安全，所以这种楼梯不能用做主要人流交通和疏散楼梯。螺旋楼梯构造复杂，但由于其流线形造型比较优美，故常作为观赏楼梯。

(八)弧形楼梯

弧形楼梯的圆弧曲率半径较大，其扇形踏步的内侧宽度也较大，使坡度不至于过陡。一般规定这类楼梯的扇形踏步上、下级所形成的平面角不超过10°，且每级离内扶手0.25m处的踏步宽度超过0.22m时，可用做疏散楼梯。弧形楼梯常用做布置在大空间公共建筑门厅里，用来通行一至二层之间较多的人流，也丰富和活跃了空间处理。但其结构和施工难度较大，成本高。

三、楼梯的基本尺度

（一）梯段

梯段的尺度包括其宽度和长度。梯段宽度应根据紧急疏散时要求通过的人流股数多少确定。一般每股人流按550～700mm考虑。供单人通行时，必须满足单人携带物品通过的需要，梯段宽不小于900mm；双人通行时，为1 100～1 400mm；三人通行时，为1 650～2 100mm，依此类推。同时，应满足各类建筑设计规范中对梯段最小宽度的限定。如住宅≥1 100mm，公建≥1 400mm等。

梯段长度（L）一般指梯段的水平投影长度。其值为$L=b\times(n-1)$，其中b为踏步步宽，n为梯段总踏步数（步高数），即梯段中步宽总比步高少一路。

（二）平台

平台宽度分为中间平台宽度D_1和楼层平台宽度D_2，双跑平行楼梯和折跑梯的中间平台有调节方向的作用，其宽度应不小于梯段宽度，以保证通行和梯段同股数的人流，同时便于搬运家具。对于双跑或多跑直行楼梯，其中间平台宽度等于梯段宽，或者≥1 000mm。楼层平台宽度应比中间平台宽度更宽松一些，以利人流分配和停留。

（三）楼梯坡度及踏步尺寸

楼梯的坡度应适于人们行走舒适、方便、同时要考虑经济节约。在满足使用要求下，应尽量缩短梯段的水平长度（L），以减少建筑物的交通面积。一般在人流量较大，安全要求较高或面积较充裕的场所，应使楼梯坡度平缓些，适宜坡度为30°左右，以适应不同年龄、体力的使用者和搬运东西方便。使用人数少或不经常使用的楼梯，可允许有较陡的坡度（一般不宜超过38°）。

楼梯的坡度取决于踏步的高度与宽度之比，因此必须选择合适的踏步尺寸以控制坡度。踏步高度与人们的步距有关，宽度则应与人脚长度相适应。确定和计算踏步尺寸的方法和公式有很多，通常采用两步的踏步高度加踏步宽度等于一般人行走时的步距的下列经验公式，即：

$$2h+b=600\sim620\text{mm}$$

式中，h—踏步高度，b—踏步宽度，600～620mm为一般人行走时的平均步距。居住类建筑选用低额，公共建筑楼梯及室外台阶选用高额。一般民用建筑的踏步尺寸可参考表5-1。

表5-1　常用适宜踏步尺寸

名　称	住　宅	学校、办公楼	剧院、会堂	医院（病人用）	幼儿园
踏步高/mm	156～175	140～160	120～150	150	120～150
踏步宽/mm	250～300	280～340	300～350	300	260～300

对成年人而言，楼梯踏步高度以150mm左右较为舒适，不应高于175mm。踏步的宽度以300mm左右为宜，不应窄于250mm。当踏步宽度过大时，将导致梯段长度增加；而踏步宽度过窄时，会使人们行走时产生危险。在实际中经常采用出挑踏步面的方法，使得在

梯段总长度不变情况下增长踏步面宽，如图 5－4。一般踏步的出挑长度为 20～30mm。

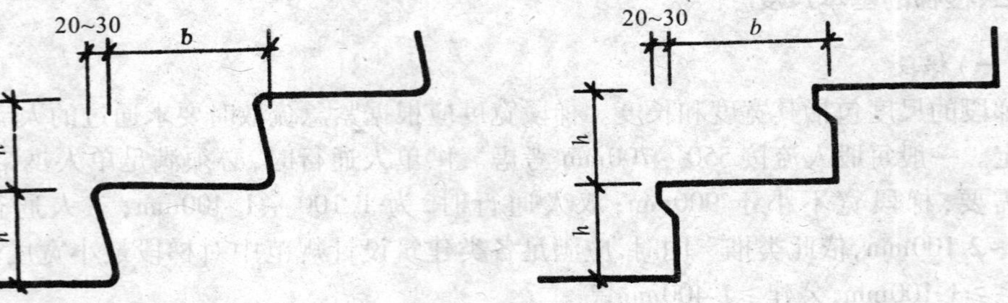

图 5－4　增加踏步宽度的方法

（四）楼梯尺寸的计算

在进行楼梯构造设计时，应对楼梯各细部尺寸进行详细的计算。楼梯尺寸与楼梯间的开间、进深、层高有关。现以常见的双跑平行楼梯为例，说明楼梯尺寸的计算方法，如图 5－5。

（1）根据层高 H 和初步设定的踏步高 h 定每层所需踏步数（步高数）N，$N=H/h$。为了减少构件规格，一般应尽量采用等跑梯段，因此 N 宜为偶数。如求出 N 为奇数或非整数，可反过来调整步高 h，使 N 成为偶数。即每个梯段的步高数 n 成为整数，$n=N/2$。

（2）根据梯段的步高数 n 和试选的踏步宽 b 决定梯段的水平投影长度 L，$L=(h-1)\cdot b$。

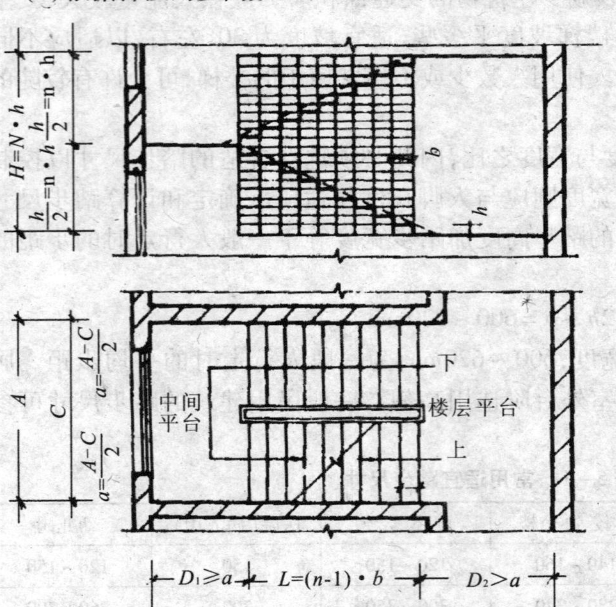

图 5－5　楼梯尺寸计算

（3）确定是否设梯井。梯井指梯段之间形成的空档，从底到顶贯通。在双跑平行楼梯中，可不设梯井；如果楼梯间总宽度较富裕，为了梯段安装，施工方便和平台转弯缓冲，可设梯井。为了安全，其宽度 C 不宜过大，一般以 60～200mm 为宜，供少年儿童用的楼梯梯井不应大于 120mm。

（4）根据楼梯间开间净宽 A 和梯井宽 C 确定梯段宽度 a，$a=(A-C)/2$。同时检验其通行能力是否满足紧急疏散时人流股数要求，如不能满足，则应对梯井宽 C 或楼梯间开间净宽 A 作调整。

（5）根据楼梯间进深净长度 B 和梯段水平长度 L 定中间平台宽 D_1 和楼层平台宽 D_2。先检验

$B-L=D_1+D_2$的数值是否$>2a$，a为梯段净宽，如不能满足，则需对B值和L值做出调整，直到$D_1\geqslant a$，$D_2>a$为止。

如进深净长度B尺寸比较富裕，一般可加宽步宽b值以减缓坡度或加宽D_2值以利于楼层平台分配人流。

在装配式楼梯中，D_1和D_2值的确定尚需注意使其符合标准板安放尺寸，或将非标准尺寸调整到一个平台，减少异形板数量。

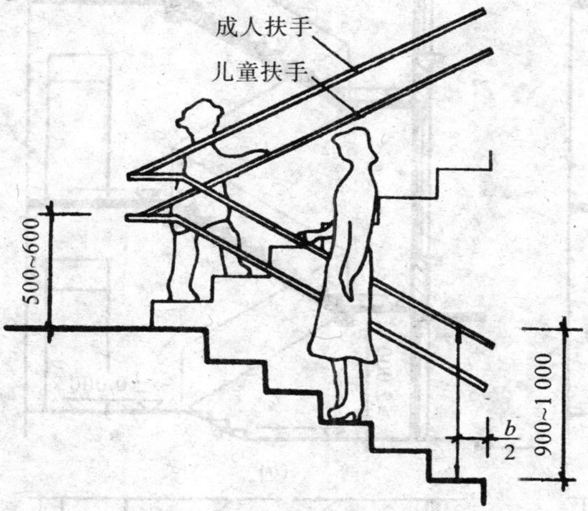

图5－6　扶手高度位置

（五）楼梯栏杆扶手高度

栏杆扶手高度和梯段的坡度有关，坡度越陡，扶手高度越低；坡度越平，扶手高度越高。一般楼梯扶手高度为900mm（从踏步面中心点竖直量到扶手上表面）。供儿童使用的楼梯应在500～600mm高度处增设儿童扶手，如图5－6所示。顶层楼梯平台的水平栏杆高度，一般取1 000mm。

（六）楼梯净空高度

楼梯的净空高度主要是指平台下或梯段踏步表面至顶部障碍物的净空高度。考虑到行人肩扛物品的实际需要，防止行进中碰头产生压抑感，楼梯梯段净高应不小于2 200mm，平台部分的净高应不小于2 000mm，如图5－7所示。梯段净高应该自踏步前缘线（包括最低和最高一级踏步前缘线以外300mm范围内）量至直上方突出物下缘间的铅垂高度。

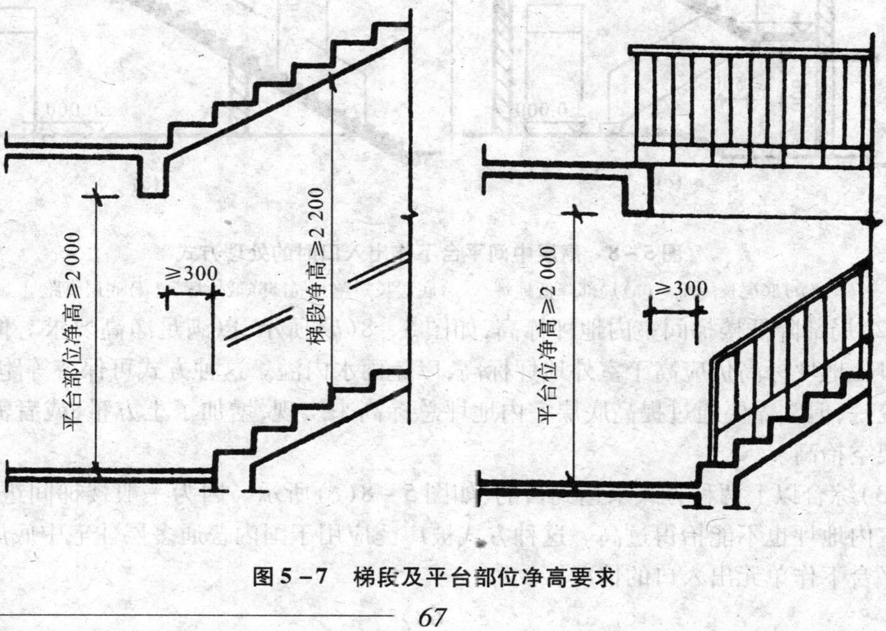

图5－7　梯段及平台部位净高要求

当在双跑平行楼梯底层中间平台下需设置进出通道时，为了保证平台下净空能满足通行要求，一般可采用以下方式解决。

(1)在底层变等跑梯段为长短跑梯段，增加起步第一跑的长度，以提高中间平台标高，如图5－8(a)所示。这种处理只有当楼梯间进深较大时才行。

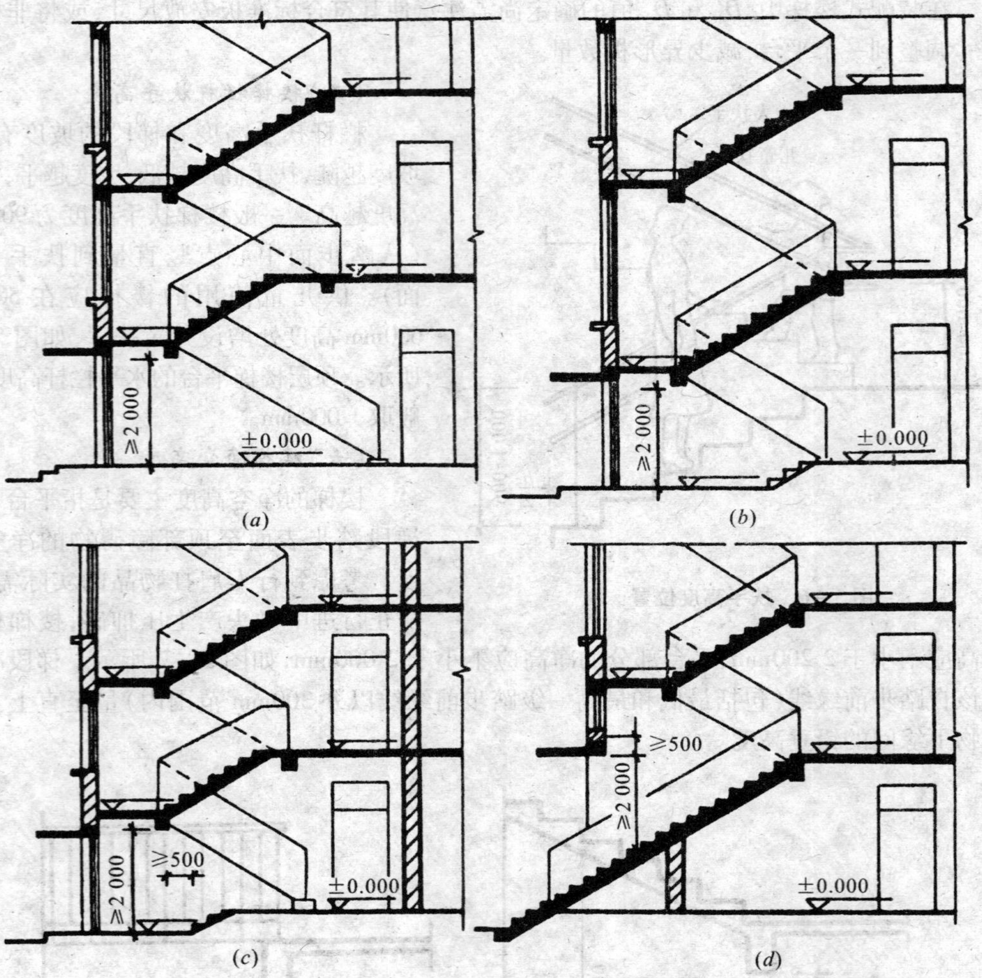

图5－8　高层中间平台下作出入口时的处理方式

(a)底层长短跑　(b)局部降低地坪　(c)底层长短跑并局部降低地坪　(d)底层直跑

(2)局部降低楼梯间室内地坪标高，如图5－8(b)所示，以满足净高要求。但降低后的入口处地坪标高仍应高于室外地坪标高，以免雨水内溢。这种方式可保持等跑梯段，使构件统一；但常需要通过提高底层室内地坪总标高来实现，增加了土方量，或者需将底层地坪架空抬高。

(3)综合以上两种方式来达到目的，如图5－8(c)所示。因为一般楼梯间进深有限，底层室内地坪也不能抬得过高。这种方式被广泛应用于国内普通多层住宅中底层楼梯间中间平台下作单元出入口的情况。

(4)底层用单跑直行式楼梯直接从室外上二楼,如图 5－8(d)。这种方式也常用于住宅中,设计时,应注意入口雨篷底过梁下缘至水平距离 300mm 范围内,踏步面的垂直距离必须≥2 200mm。

第二节　钢筋混凝土楼梯构造

钢筋混凝土楼梯具有坚固耐久,防火性能好,可塑性强等优点,得到了广泛应用。按施工方法不同,可分为现浇整体式和预制装配式两类。本节以常用的双跑平行式楼梯为例,来介绍说明钢筋混凝土楼梯的一般构造原理。

一、现浇钢筋混凝土楼梯

现浇钢筋混凝土楼梯又称整体式钢筋混凝土楼梯。它的刚度大,结构整体性好,有良好的抗震性能。对于一些特殊的楼梯形式和梯间平面,可以通过现浇方式来实现。但由于需要现场支模,所以模板耗费较大,施工周期长,并且抽孔困难,不便做成空心构件,所以混凝土的用量和自重较大。

按梯段的结构形式不同,现浇钢筋混凝土楼梯可分为梁板式和板式两种。

(一)现浇梁板式楼梯

现浇梁板式楼梯在梯段板两侧设有斜梁(或一侧有斜梁,靠墙一侧支承在墙上),斜梁搭在平台梁上。荷载由踏步板经由斜梁再传到平台梁上,通过平台梁传给墙或柱。斜梁与踏步的位置关系有两种:一种是斜梁向上翻,如图 5－9(a),这种形式踏步包在梁内,称为"暗步",梁与踏步形成凹角,踏面打扫卫生不易,但不易朝梯井掉灰,板底比较平整。一般边梁的宽度要做得窄一些,必要时可以和栏杆结合。另一种是梁往下翻,上面踏步露明,称为"明步",如图 5－9(b),明步较为明快,梁不占梯段净宽,但在板下露出的梁所形成的阴角容易积灰。

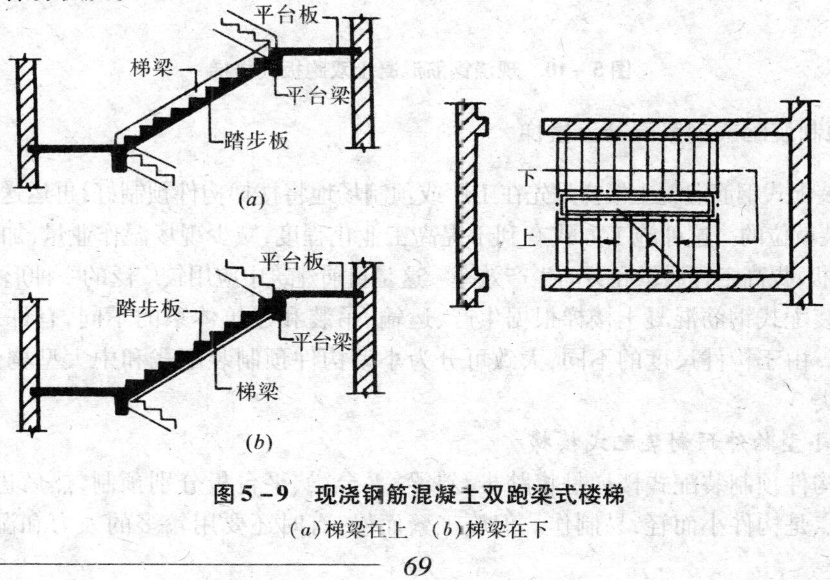

图 5－9　现浇钢筋混凝土双跑梁式楼梯

(a)梯梁在上　(b)梯梁在下

梁板式楼梯可用于各种长度的梯段，用于较长梯段时受力合理，用料比较经济，其缺点是模板比较复杂，当梯梁截面尺寸较大时，造型显得笨重。

（二）现浇板式楼梯

现浇板式楼梯的梯段为板式结构，荷载直接由梯段板传给平台梁再传到墙或柱上，如图5－10（*a*）所示。这种楼梯底面平整光滑，踏步露明，外形简洁，模板比较简单，但由于没有梯梁，梯段板较梁板式楼梯厚，实际上踏步部分的三角形混凝土没有结构作用，是一种负担。如果梯段跨度过大，梯段板整体厚度增加，则会显得不经济。

这种楼梯形式的另一种做法是取消平台梁，将平台板和梯段板连在一起，形成折板结构，荷载直接传递到墙上，如图5－10（*b*）。由于跨度增加，板厚比前者更大，混凝土和钢筋用量也随之增加。板式楼梯只宜在梯段跨度不大时采用。

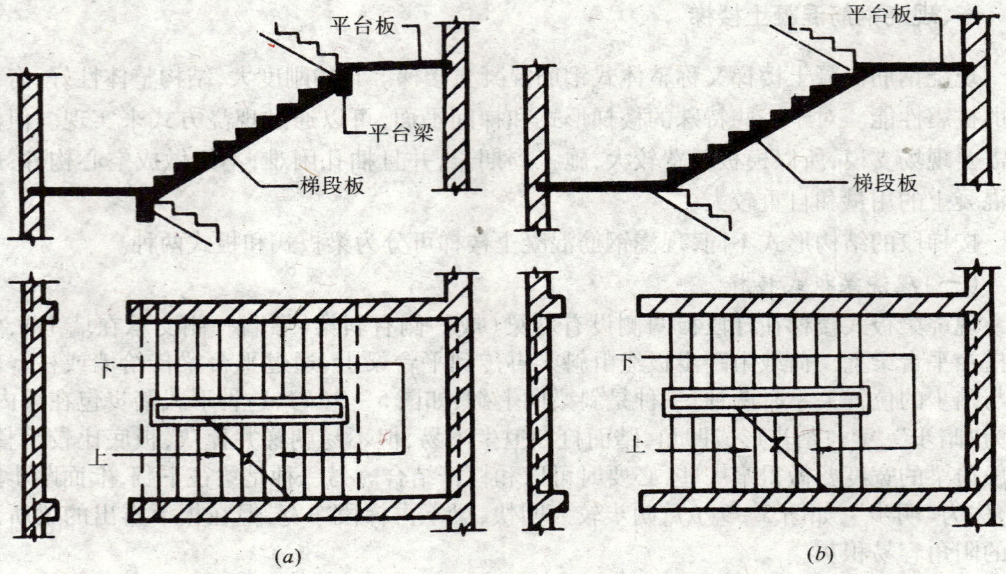

图5－10　现浇钢筋混凝土双跑板式楼梯

二、预制装配式钢筋混凝土楼梯

预制装配式钢筋混凝土楼梯是先在工厂或预制场地将楼梯构件预制好，再运送至现场进行吊装安装就位的。这种施工方式有利于提高工业化程度，减少现场湿作业量，加快施工速度，节约模板，提高工程质量和劳动生产效率。这是目前建筑中应用较广泛的一种形式。

预制装配式钢筋混凝土楼梯根据生产、运输、吊装和建筑体系的不同，有许多不同的构造形式。由于构件尺度的不同，大致可分为小型构件预制装配式和中大型构件预制装配式两大类。

（一）小型构件预制装配式楼梯

小型构件预制装配式楼梯是将踏步、斜梁、平台梁、平台板分别预制，然后进行组装。其主要特点是构件小而轻，易制作。但施工繁而慢，有时还要用较多的人力和湿作业，适用于施工条件较差的地区。

1. 预制踏步

钢筋混凝土预制踏步的构件断面形式，一般有一字形、L 形、倒 L 形和三角形四种，如图 5－11。所示

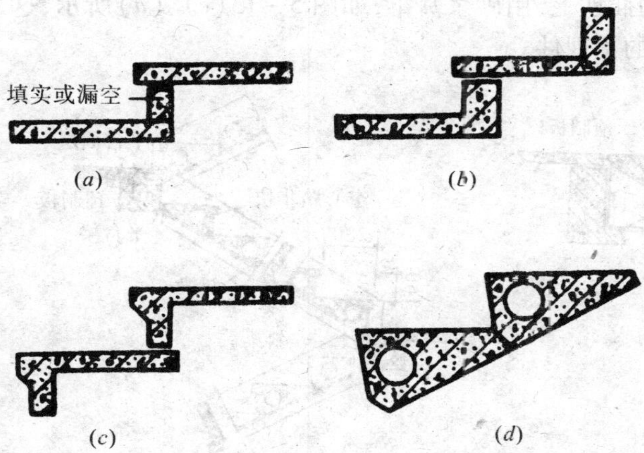

图 5－11　踏步板断面形式

(a)一字形　(b)L 形　(c)倒 L 形　(d)三角形

一字形踏步制作比较方便，踏脚的高宽可调节，简支或悬挑均可。可在两格之间加做立砖踢面，也可露空，因此适用面较广，如图 5－11(a)。如能在预制时将面层及防滑条做好，则更为方便。

L 形踏步有正反两种。肋向上者，接缝在板下。作为简支时，下面的肋可作上面板的支承，所以接缝处的砂浆要饱满，经面层粉刷后看不见缝。这种踏步形式可适用于作悬挑踏步板楼梯，如图 5－11(b)。

肋向下者，接缝在下面，踏面和踢面上部交接处看上去较完整。踏步稍有高差，可在接缝处调整。作简支时，等于带肋的平板，结构合理，如图 5－11(c)。

三角形踏步最大的优点是拼装后，底面平整，如图 5－11(d)，但踏步的尺寸较难调整。为了减轻自重，在构件内可抽孔，这种踏步一般用于简支较多。

2. 预制踏步的支承结构

预制踏步的支承结构一般有梁承式、墙承式和砖墙悬挑式三种。

(1)梁承式楼梯　梁承式楼梯的结构布置形式为：预制踏步板搁置在斜梁上形成梯段，梯段斜梁搁置在平台梁上，平台梁搁置在两边墙或柱上。平台可用空心板或槽形板搁在两边墙上，也可用小型的平板搁在平台梁和纵墙上，如图 5－12(a)、(b)所示。

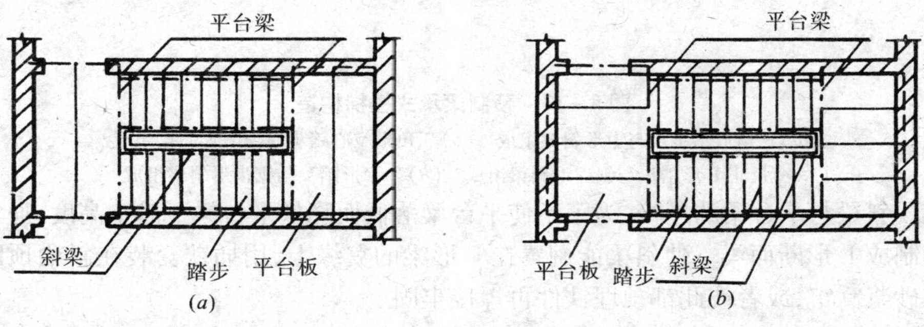

图 5－12　平台板布置方式

(a)平台板平行于平台梁　(b)平台板垂直于平台梁

一字形、L 形及三角形踏步板均可用于梁承式梯段。对于三角形踏步板，需要做

明步处理，可采用矩形断面斜梁，如图 5－13(*a*)所示。需要做暗步处理可采用 L 形断面斜梁，如图 5－13(*b*)所示。一字形及正反 L 形踏步板均要采用锯齿形斜梁。三角形踏步梯段底面可用砂浆嵌缝或抹平；一字形及 L 形踏步板自重较轻，底面形成折板形。

预制踏步安装时一般用水泥砂浆坐浆、叠置，L 形及一字形可在预制时两端相应位置留孔，套于锯齿形斜梁每个台阶上的插铁上，用砂浆窝牢，如图 5－13(*c*)、(*d*)所示，这个预留孔和插铁还可以用做固定栏杆的预埋件。

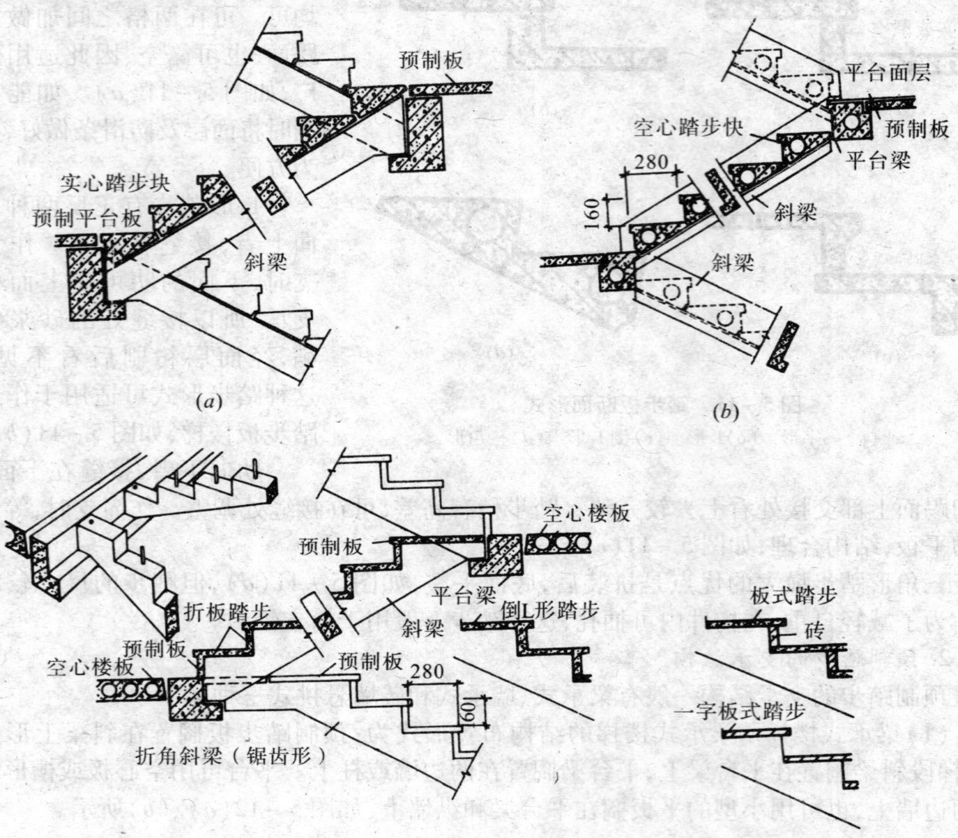

图 5－13　预制梁承式楼梯构造

(*a*)三角形踏步块与矩形斜梁组成　(*b*)三角形空心踏步块与 L 形斜梁组成

(*c*)反正 L 形踏步与锯齿形斜梁组成　(*d*)一字形踏步与锯齿形斜梁组成

梯段斜梁与平台梁的连接，为了不使平台梁落低而降低平台梁下净空高度，通常将平台梁预制成 L 形断面梁。使斜梁能搁置在 L 形梁的翼缘上，用插铁套装在斜梁预留孔中用水泥砂浆窝牢，或者彼此都预埋铁件再焊接牢固。

靠近地面的梯段需设梯基。梯基可用砖、石材、混凝土或钢筋混凝土梁构成。一般为条形或柱墩形。如图 5－14 所示。如遇到底层中间平台下设出入口，第一跑梯段加长的情况，一是可将底层楼梯改为现浇处理，二是继续选用标准梯段，梯基抬高，靠近地面几个踏步用混凝土浇注或用砖砌筑。

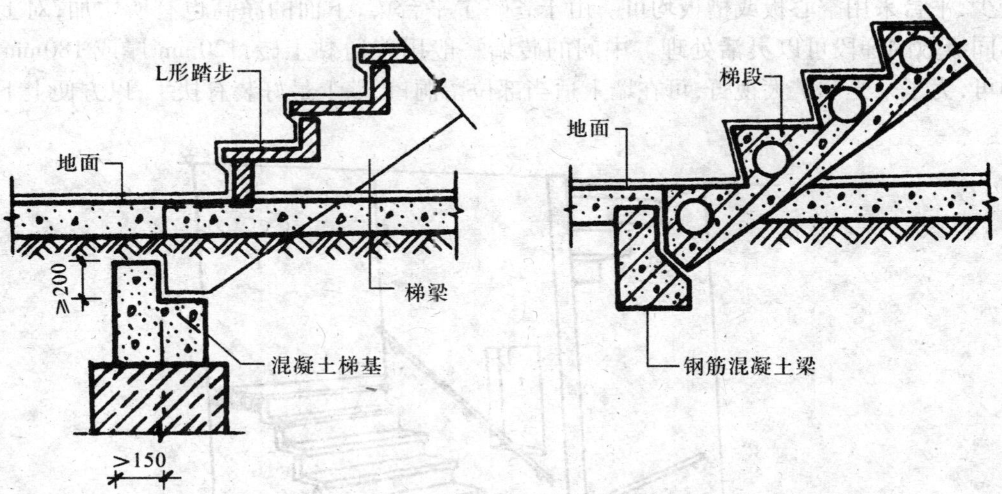

图 5-14　梯基构造示意

双跑平行楼梯的标准层一般将上下两个梯段的起跑线对齐，即第一步踏口齐平，这样做能最节省楼梯间的进深长度。但是用斜面支承的楼梯，这样处理会使上下斜梁在平台梁处的搁置变得困难。一般要将平台梁位置降低，如图 5-15(*a*)所示，或者斜梁做成折梁，如图 5-15(*b*)所示。另一种方法是将上下梯段错开半步或一步来解决问题，如图 5-15(*c*)所示。

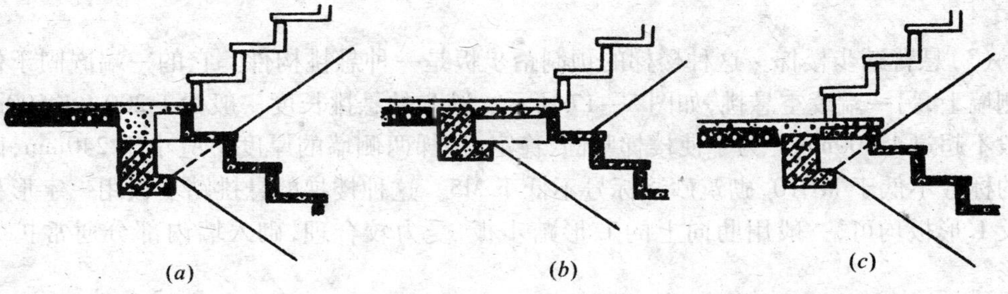

图 5-15　平台梁位置的选择

(*a*)平台梁落低　(*b*)梯段斜梁做折梁　(*c*)踏步错开一步

(2)墙承式楼梯　墙承式楼梯将预制踏步板搁置在两边墙上，从而省去梯段上的斜梁。这种楼梯形式一般用于单向楼梯或中间有电梯井的三折楼梯。对于双跑平行楼梯，必须在两个梯段之间加一道中墙作为踏步板的支承结构，如图 5-16 所示。楼梯有了中墙以后，使楼梯间空间狭窄，视线、光线受阻，对人流上下和搬运家具均感不便。但由于比较经济、构造及施工简便易行，所以仍被用于低标准的建筑中。

这种楼梯几种预制踏步板均可采用，一字形踏步板比较容易调节。楼梯宽度受限制较少，平台采用空心板或槽板均可。由于省略了平台梁，下面的净高也有所增加，对上下不同级数的梯段可以灵活处理。中间的砖墙一般用普通黏土砖，120mm 厚或 180mm 厚均可，为了采光和扩大视野，可在墙上适当部位留洞口，墙上最好装有扶手，以方便上下。

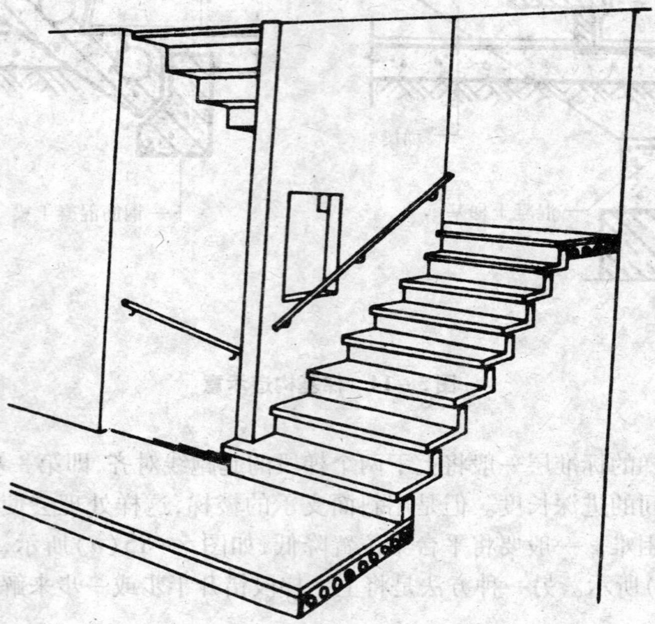

图 5-16　墙承式预制踏步楼梯

（3）悬臂踏步楼梯　这种楼梯的预制踏步板是一种悬挑构件。它的一端嵌固于楼梯间侧墙上，另一端凌空悬挑，如图 5-17 所示。踏步的悬挑长度一般为 1 200 ~ 1 500mm，一般不超过 1 800mm。为了使楼梯坚固、稳定，楼梯两侧墙的厚度不应小于 240mm，砌墙砖的标号不低于 MU10，砌筑砂浆标号不低于 M5。这种楼梯的悬挑踏步板用一字形板或正反 L 形板均可，一般用肋向上的 L 形踏步板，受力较合理，砌入墙内部分通常扩大成矩形。

为了加强踏步板之间的整体性，在构造上需将单块踏步板互相连接起来。可在踏步板的悬臂端留孔，用插筋套接，并用高标号水泥砂浆嵌固。在梯段起步或末步处，根据所选用的踏步板是正 L 形或倒 L 形，在空档踢面处作填砖处理，如图 5-17(*b*) 所示。在楼层平台与梯段交接处，由于楼板的存在与踏步板入墙位置出现冲突，需对此块踏步板作特殊处理，如图 5-17(*c*) 所示。

悬臂踏步楼梯省去了平台梁和梯斜梁，其结构占用空间较少，具有用料省，自重轻，造价低，外形轻巧等优点；但楼梯的整体刚度较差，不能承受大的集中冲击荷载，也不能用于有抗震设防要求的地区。

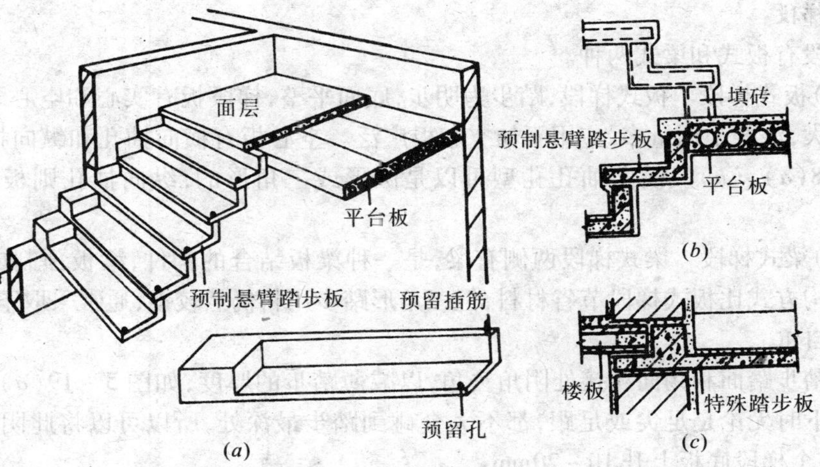

图 5－17 预制装配墙悬臂式钢筋混凝土楼梯

(a)安装示意 (b)平台转弯处节点 (c)遇楼板处节点

(二)中大型构件预制装配式楼梯

中大型构件装配式楼梯可以减少预制构件的品种和数量,并且保证了质量。它需要利用吊装设备进行安装,对于简化施工过程.加快速度,提高劳动生产效率,促进建筑工业化等都非常有效。

中型构件装配式楼梯一般是以楼梯段和楼梯平台各作为一个构件装配而成的。

1. 平台板

楼梯平台中平台板和平台梁可以预制在一起,也可以分开预制。预制生产和吊装能力较强的地方,可将二者结合成一个构件,平台板一般采用槽形板。若为预制、吊装能力所限,可将二者分开,平台板采用一般的楼板。

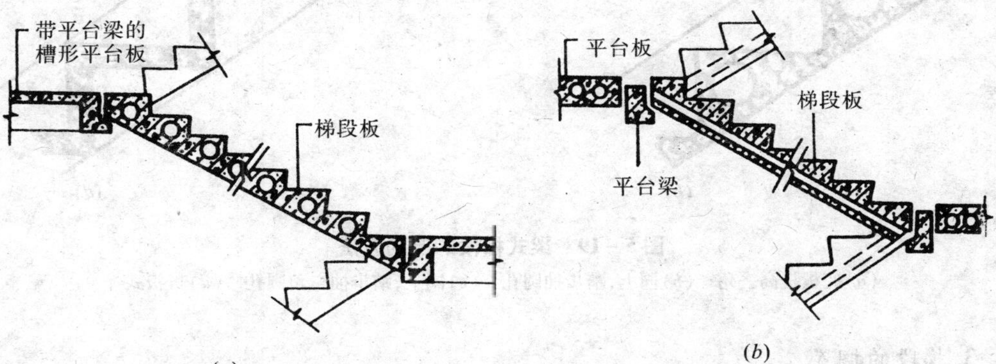

图 5－18 钢筋混凝土板式楼梯

(a)横向孔板式梯段 (b)纵向孔板式梯段

2. 梯段

梯段有板式和梁式两种。

(1)板式梯段　板式梯段,踏步为明步,底面平整,梯段板有实心和空心之分;实心板自重较大,混凝土用量多,应用不如空心板广泛。空心板有横向抽孔和纵向抽孔两种,如图5－18(*a*)、(*b*)。横向抽孔孔型可以是圆形或三角形的,纵向抽孔则板的厚度相对较大。

(2)梁式梯段　梁式梯段两侧有梁,是一种梁板结合的构件,梁板预制成一个整体。这种结构方式比板式梯段节省材料,但三角形踏步用料仍然较多,通常采取下列方法减少用料及自重。

①踏步踏面和踢面相接处阴角去角,以减薄踏步的厚度,如图5－19(*a*)所示。由于行人上下时无论是足尖或足跟,都不大会碰到踏步最深处,所以可以将此阴角填掉一部分,使整个梯段底板上升10～20mm。

②踏步内抽孔以减轻自重。孔可以是圆孔或三角形孔,如图5－19(*b*)、(*c*)所示。

③采用折板型踏步。折板式踏步节约材料最多,预制时用双面模板振动冲压成型,但梯段底面不平。

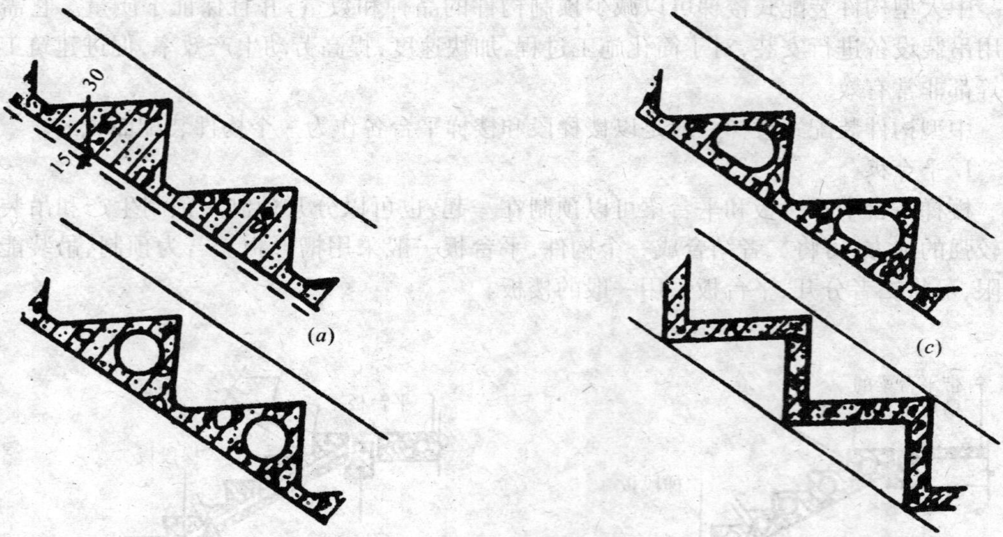

图5－19　梁式梯段的节约方法

(*a*)底板提高去角　(*b*)同上,踏步抽圆孔　(*c*)同上,踏步抽三角圆孔　(*d*)折板式

3. 梯段的搁置

梯段搁置在平台梁上,一般有矩形截面平台梁和L形截面平台梁。矩形截面平台梁构造简单,但结构高度较大,降低了净空高度,如图5－20(*a*);L形截面平台梁应用广泛,普通L形平台梁由于连接处梯段节点构造比较复杂,如图5－20(*b*);又改进为斜面L形梁如图5－20(*c*)。

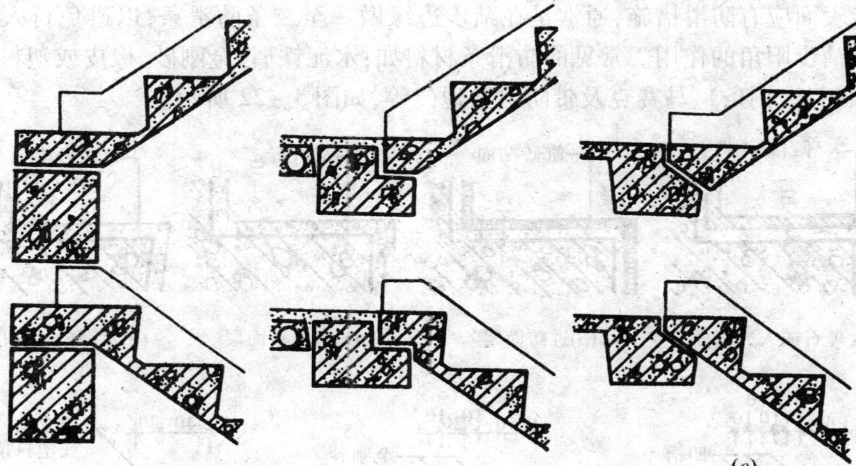

(*a*)　(*b*)　(*c*)

图 5-20　梯段的搁置

(*a*)矩形平台梁　(*b*)L 形平台梁　(*c*)斜面 L 形梁

梯段搁置处一般用预埋铁件焊接或梯段预留孔套在平台梁预埋插铁中用砂浆窝牢，如图 5-21 所示。安装时，为使构件间的接触面紧贴，受力均匀，通常先铺一层水泥砂浆。

(*a*)　(*b*)

图 5-21　梯段与平台的连接

(*a*)焊接　(*b*)插接

大型构件预制装配式楼梯一般梯段连平台一起预制。一般适用于工业化程度较高的大型装配式建筑中。

三、楼梯踏面和栏杆扶手构造

(一)踏面及防滑处理

楼梯踏步面层做法一般与楼地面装修做法基本相同，常见的有水泥砂浆面层、水泥豆石面层、水磨石面层、地砖面层、大理石及花岗石面层等。要求耐磨、美观、不起尘、易于清洁。要求高的场合还铺设地毯以增加舒适性。

踏步表面应有防滑措施，通常是在踏步边缘做一至二条防滑条，以避免行人滑倒，并起到保护踏步阳角的作用。常见的防滑条材料如：水泥铁屑、金刚砂、橡皮或塑料条、金属条（铸铁、铝条、铜条）、马赛克及带防滑条地砖等，如图 5－22 所示。

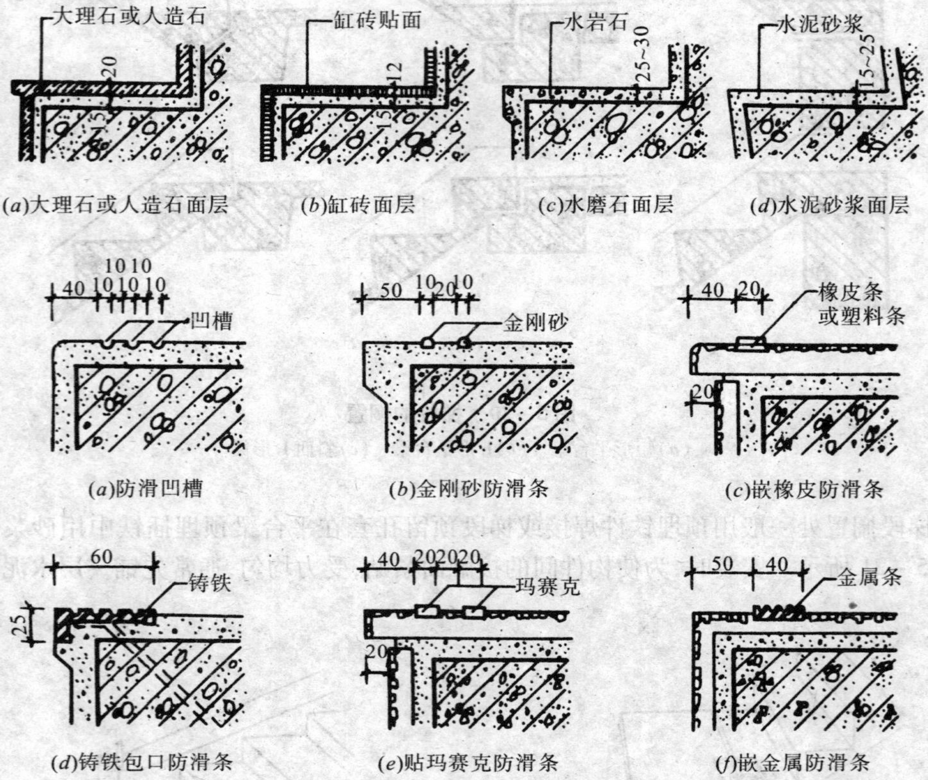

(*a*)大理石或人造石面层　(*b*)缸砖面层　(*c*)水磨石面层　(*d*)水泥砂浆面层

(*a*)防滑凹槽　(*b*)金刚砂防滑条　(*c*)嵌橡皮防滑条

(*d*)铸铁包口防滑条　(*e*)贴玛赛克防滑条　(*f*)嵌金属防滑条

图 5－22　踏步防滑条构造

（二）栏杆

栏杆是在梯段与平台临空一边所设的安全设施，它同时也有一定的装饰作用。栏杆的形式有空花栏杆、实心栏板以及二者组合的混合式等三种。

1. 空花栏杆

空花栏杆可用钢、铸铁、木材、铜材和不锈钢等材料制作。普通钢栏杆由于造价低、构造简单被大量广泛应用，但钢栏杆易生锈，效果也较其他栏杆差一些。

钢栏杆一般采用边长为 15～25mm 的方钢，φ16～25mm 的圆钢，(30～50)mm×(3～6)mm 的扁钢制作，也可用 φ20～50mm 的钢管制作。一般空花栏杆的空格尺寸不宜过大，常控制在 110～140mm；有儿童经常使用的楼梯，其空格间的净距不应大于 110mm，栏杆应采用不易攀登的构造，不宜作横向花格栏杆。图 5－23 为空花栏杆示例。

钢栏杆竖杆与梯段、平台的连接固定一般采用预埋铁件焊接，如图 5－24(*a*)、(*f*)所示；或踏步、平台预留孔洞插接，如图 5－24(*b*)、(*e*)所示；也可以采用膨胀螺栓固定，如图

5－24(*c*)所示；或将竖杆穿过预制板预留孔用螺母拧固，如图5－24(*d*)所示；为了加强栏杆抵抗水平力的能力，竖杆也可以从侧面连接，如图5－24(*e*)、(*f*)所示。

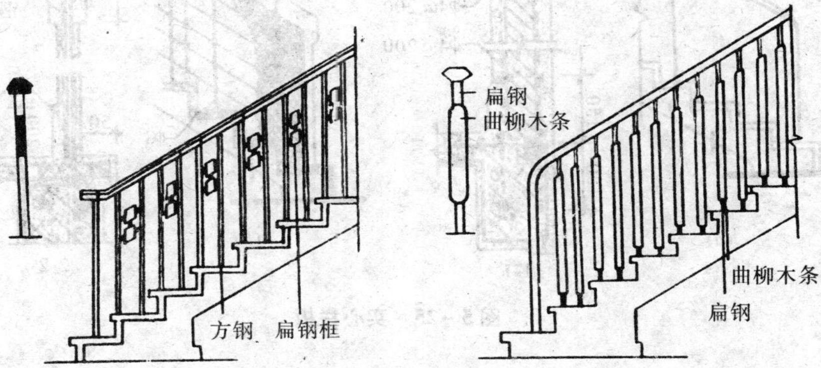

图5－23　空花栏杆

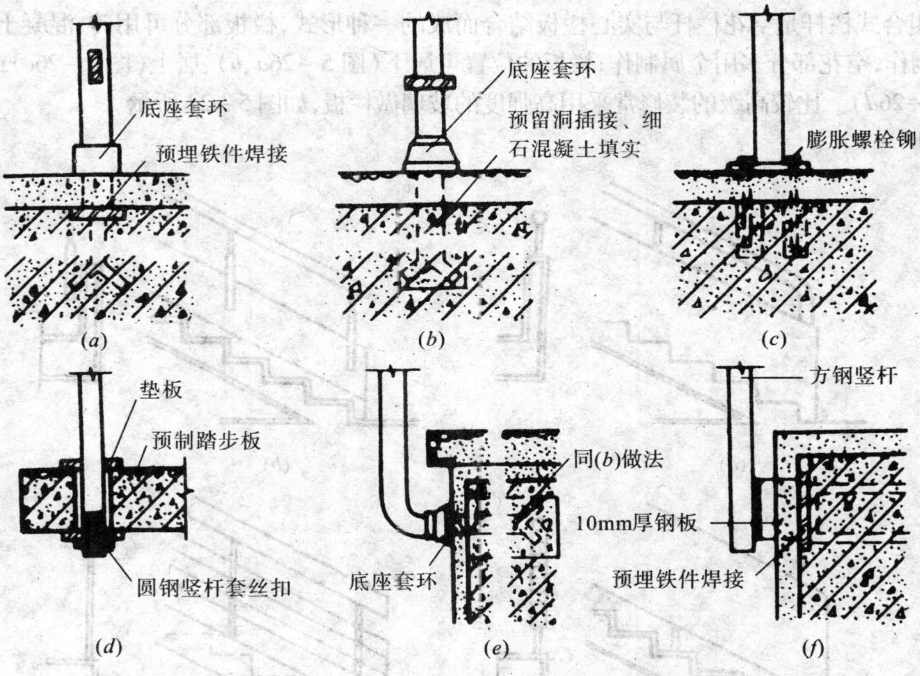

图5－24　栏杆与梯段、平台连接

2. 实心栏板

实心栏板可用砖、钢筋混凝土或钢丝网水泥等材料制作。砖砌栏板为了少占梯段宽度，一般采用普通砖侧砌，即一砖厚(55mm)，由于不够坚固稳定，须用现浇钢筋混凝土扶手连成整体，并在栏板内每隔1.0～1.2m加筋或加立柱，以增强其刚度。如图5－25所示。

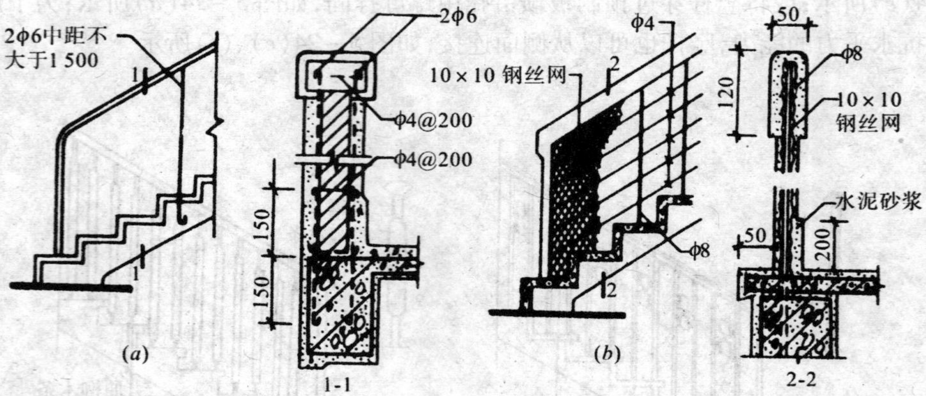

图 5-25 实心栏板

(a)1/4 砖砌栏板 (b)钢丝网水泥栏板

3. 组合式栏杆

组合式栏杆是空花栏杆与实心栏板结合而成的一种形式,栏板部分可用砖、混凝土板、木材等制作,空花部分多用金属制作;栏板的位置可居下(图 5-26*a*、*b*)、居上(图 5-26*c*)或居中(图 5-26*d*)。比较高级的装修常采用高强度的玻璃做栏板,如图 5-27 所示。

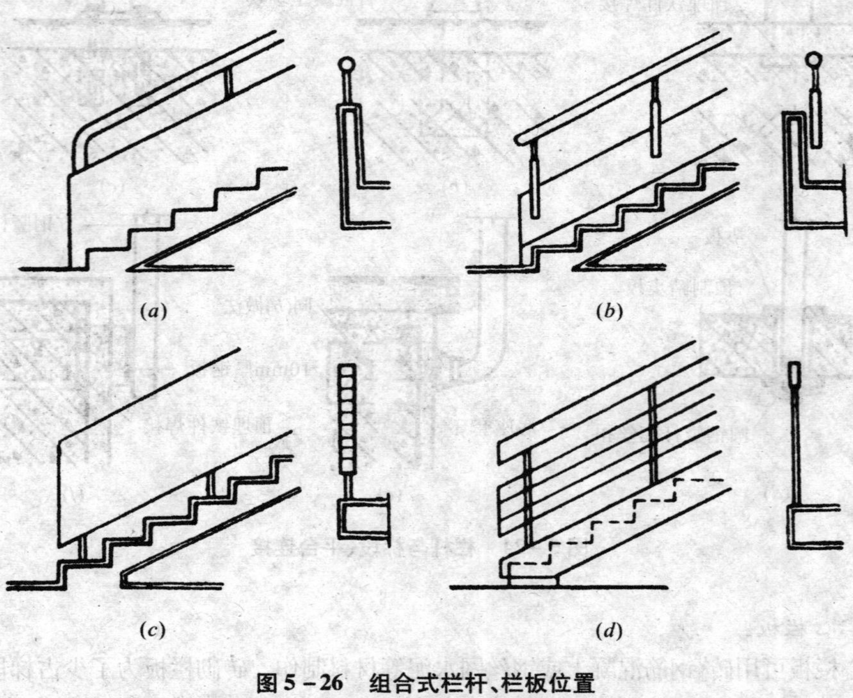

图 5-26 组合式栏杆、栏板位置

(a)、(b)上部空 (c)下部空 (d)栏板居中,上下空

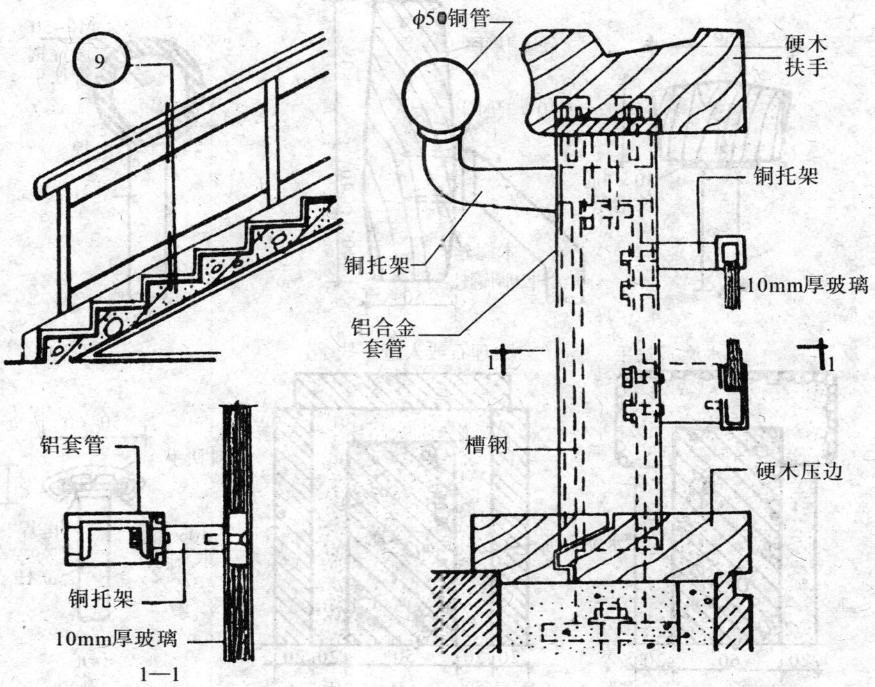

图 5-27 玻璃栏板

(三)扶手

扶手位于栏杆顶面,供行进依扶之用。楼梯应至少于一侧设扶手(包括墙承式楼梯),梯段净宽达三股人流时应两侧扶手,达四股人流时应加设中间扶手。扶手的大小应以便于扶握为宜,顶面宽一般不宜大于 90mm。扶手一般用硬木制作,也可用钢管、不锈钢管、铜材、硬塑料、水磨石、大理石和人造石等材料制作。

1. 扶手与栏杆、栏板的连接

扶手与金属栏杆的连接,当采用硬木或硬塑料扶手时,可在竖杆顶部先焊一根通长扁铁,然后用螺丝将其固定如图 5-28(a)所示,塑料扶手则可将扁铁直接嵌固于其内,如图 5-28(e)所示。当采用钢管扶手时,多用焊接法,如图 5-28(b)所示。当栏板上采用人造石或大理石扶手时,可用水泥砂浆黏结,如图 5-28(c)、(d)所示。

2. 扶手与墙面的连接

当直接在墙上装设扶手时,扶手应与墙面保持 100mm 左右的距离。一般在砖墙上预留孔洞,将扶手连接件伸入洞内,用 C20 细石混凝土或高标号水泥砂浆填实,如图 5-29(a)所示。当扶手与钢筋混凝土墙或柱连接时,一般采取预埋钢板焊接,如图 5-29(b)所示。扶手与墙面相交处也可采用同样的构造措施,如图 5-29(c)、(d)所示。

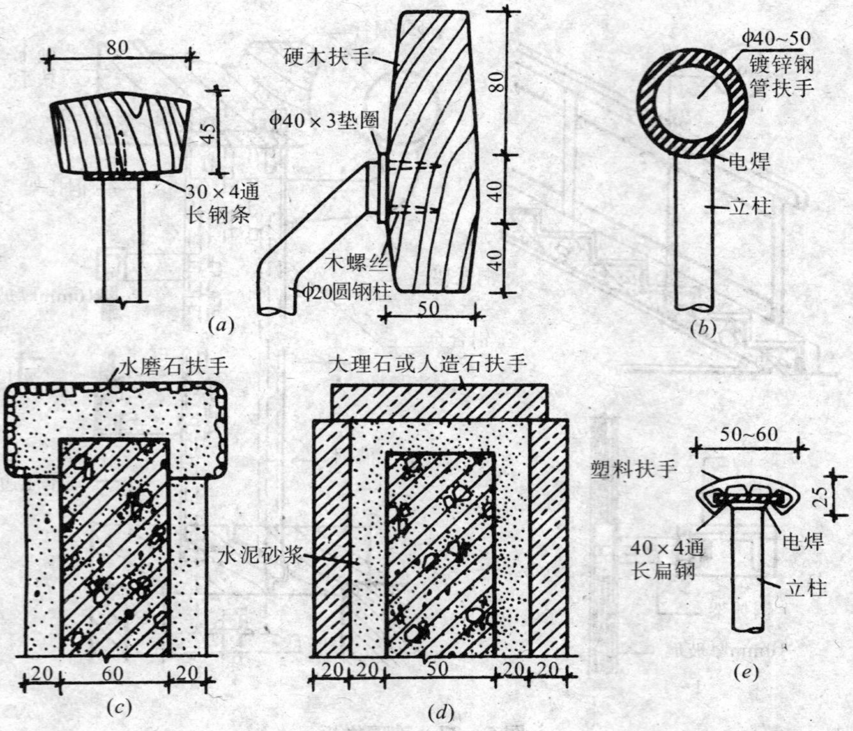

图 5-28 扶手与栏杆、栏板的连接

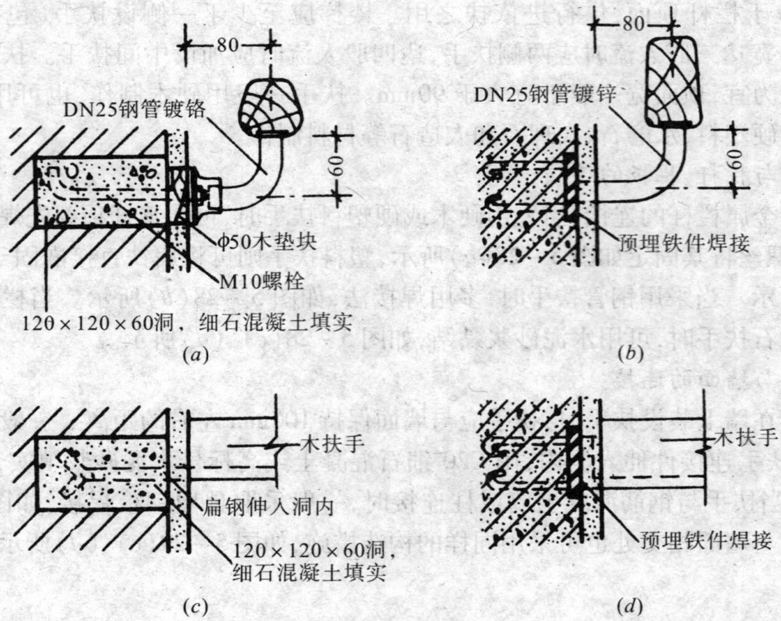

图 5-29 扶手与墙面连接

3. 楼梯起步和梯段转折处栏杆扶手处理

楼梯的第一步称为起步，为了增强栏杆扶手的刚度和美观性，常对起步处的栏杆扶手进行特别处理，如图 5－30 所示。

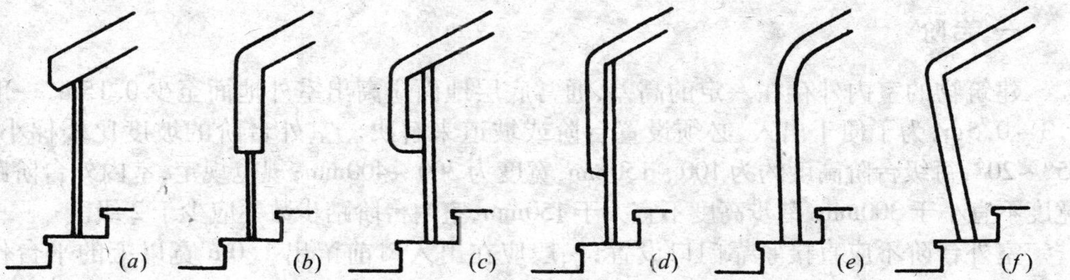

图 5－30　扶手始端形式示例

在楼梯平台转弯处，上行梯段和下行梯段的第一个踏步口常设在一条线上，这样可节省进深长度。如果平台处栏杆紧挨平台边缘设置，则扶手顶部高度将产生突然变化，为使依扶舒适，可将转变段制作成弯曲的鹤颈扶手，使之上下连续性较好，如图 5－31(*a*)所示。这种做法费料、费工，一般用于建筑装修标准较高的建筑中。常见的其他处理方法如下。

(1)将平台处栏杆扶手伸进平台边缘线约半个踏步处，可使上下行扶手平顺相连，转弯处的高度与其他部位一致，如图 5－31(*b*)所示。这种方法使平台在栏杆处净宽缩小了半步宽度，可能造成搬运物体困难，多用于平台宽度较充裕时。

(2)上、下行踏步错开一步，扶手的连接也可较顺，但会增加楼梯的总长度，如图 5－31(*c*)所示。

(3)将上、下行扶手在平台处断开，各自收头，互不连续，如图 5－31(*d*)所示；这种作法比较简单，但栏杆的整体性差，刚度减弱，同时使用上也带来不便，一般多用于低标准建筑中。

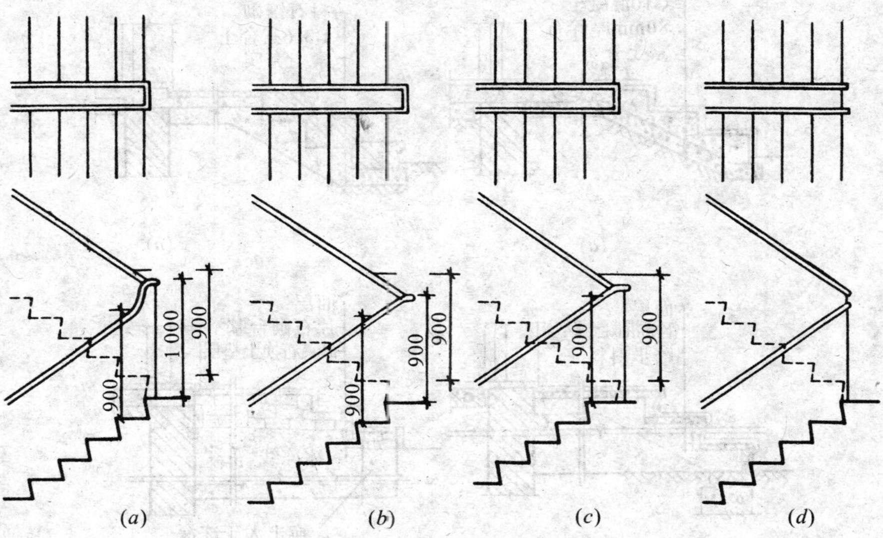

图 5－31　转折处扶手高差处理

(*a*)鹤颈扶手　(*b*)栏杆扶手伸出踏步半步　(*c*)上下梯段错开一步　(*d*)上下扶手分开

第三节 室外台阶与坡道

一、台阶

建筑物的室内外存在一定的高差，通常底层地面应高出室外地面至少0.15m，一般在0.3~0.5m，为了便于出入，必须设置台阶或坡道来解决。室外台阶的坡度比楼梯小，在15°~20°，每级台阶高度约为100~150mm，宽度为300~400mm；规范规定，室内外台阶踏步宽度不宜小于300mm，踏步高度不宜大于150mm，室内台阶踏步数不应少于2级。

室外台阶不应直接紧靠门口设置，一般应在出入口前留出1.0m宽以上的平台作为缓冲；人员密集的公共场所观众厅的入场门、太平门，在紧靠门口1.4m范围内不应设置踏步；室内外高差较少，不经常开启的外门可在距外墙面0.3m以外设踏步。入口平台的表面应做成向室外倾斜1%~4%的坡度，以利排水。

建筑物的室外台阶应采用具有抗冻性好和表面结实耐磨的材料，如混凝土、天然石料、缸砖等。普通砖的抗水性和抗冻性较差，用来砌筑台阶，整体性差，很易损坏，目前已较少使用。使用较为广泛的是混凝土台阶，其表面可处理成各类适合于室外环境的面层，如水泥砂浆面层、水磨石面层、防滑地砖面层、斩假石面层、花岗石板面层等，如图5-32(*a*)所示。当采用块石做台阶时，上下级应错缝，叠砌的搭头长度须有30mm以上，如图5-32(*b*)所示。

台阶的基础要牢固，较简单的做法是挖去腐殖土，做一垫层即可。若墙外回填土过多，为避免沉陷，可将台阶支承在梁上或地垄墙上，成为架空台阶，如图5-32(*c*)所示。在寒冷地区，如果台阶以黏土及亚黏土等冻胀土作为基础，很容易会引起破坏；通常采用换土法，以砂石类土换去冻胀土，以保证台阶的稳定性，如图5-32(*d*)。

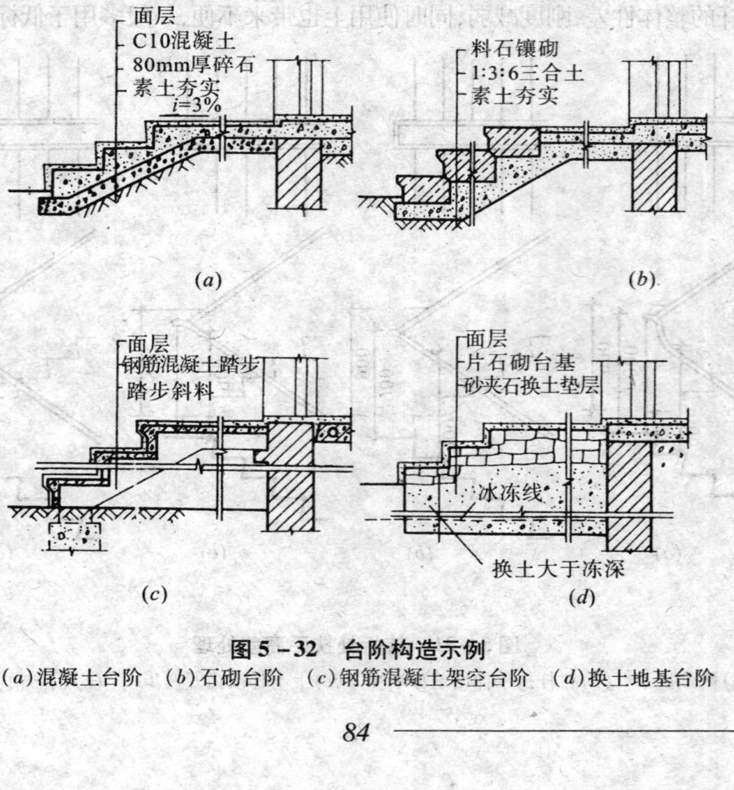

图5-32 台阶构造示例

(*a*)混凝土台阶 (*b*)石砌台阶 (*c*)钢筋混凝土架空台阶 (*d*)换土地基台阶

二、坡道

出入口处为了方便车辆上下平台，或便于搬运东西，或照顾到残疾人的通行需要，常设置坡道。如果门厅规模较大，可在平台两侧做坡道，正面做台阶上下。一些建筑物如医院、停车库等根据其使用要求应在室内设坡道。

坡道的坡度不宜过大，室内坡道不宜大于1∶8，室外坡道不宜大于1∶10，供轮椅使用的坡道不应大于1∶12。室内坡道水平投影长度超过15m时，宜设休息平台，其宽度根据使用要求定。

坡道应采取防滑措施。常用的方法有：(*a*)面层每隔50～80mm划7m深凹槽；(*b*)面层做成锯齿状，如图5－33(*c*)，称为礓擦；(*c*)设置防滑条，如图5－33(*d*)。

坡道与室外台阶的要求基本相同，也要采用抗冻性好和表面结实耐磨的材料，如混凝土、天然石料等。同样也应该注意冰冻线的问题，如图5－33(*b*)，以及沉降问题。

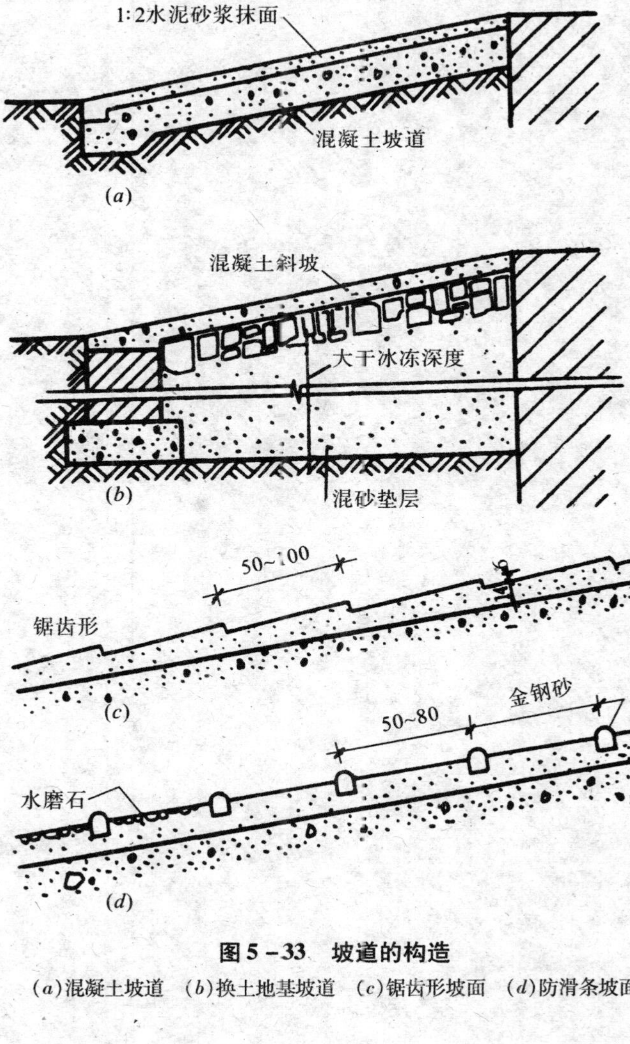

图5－33　坡道的构造

(*a*)混凝土坡道　(*b*)换土地基坡道　(*c*)锯齿形坡面　(*d*)防滑条坡面

复习思考题

1. 一般常见楼梯的坡度范围是多少？常用踏步高度与宽度范围是多少？
2. 楼梯由哪些部分构配件组成？
3. 试比较一下现浇与预制钢筋混凝土楼梯的优缺点？
4. 楼梯踏步面防滑采取何措施？常见防滑条种类有哪些？

第六章

屋　顶

第一节　概　　述

一、屋顶的作用和要求

（一）屋顶的作用

屋顶是覆盖在建筑物最上部的外围护构件。它与外墙共同形成了建筑物的外壳。屋顶主要起抵御外界自然因素如风、雨、雪、日晒等对建筑物的侵害作用，并采取相应措施消除消极影响，满足使用功能，为建筑物提供适宜的内部空间环境。同时，屋顶也是房屋顶部的承重结构，受到材料、结构、施工、经济条件等因素的制约。屋顶的形式对建筑物的空间造型起很大影响。

（二）屋顶的设计要求

1. 防水要求

屋顶的最基本的功能是防水排水。防水是通过选择不透水的屋面材料，以及合理的构造处理来达到目的。防水构造以“堵”为原则，使防水覆盖材料满铺整个屋面，并做好缝隙搭接处理，以堵住雨水渗漏的可能性。

屋顶排水与防水是相辅相成的。排水可以说是防水的主要措施之一，如果排水非常通畅，则可能简化屋面构造。为了将屋面雨水迅速排除，屋面需做一定的坡度。排水以“导”为原则，利用屋面坡度及构造处理，将雨水因势利导。

屋顶的防水及排水是一项综合性的技术问题，它与防水材料、屋顶坡度、承重结构的形式、屋面构造处理等问题有关，需综合加以考虑。设计中应遵循“堵”和“导”相结合的原则来解决好屋顶的防水防漏和排水问题。

我国现行的《屋面工程技术规范》（GB50207－94）根据建筑物的性质、重要程度、使用功能要求以及防水层耐久年限等，将屋面防水分为四个等级，按不同的等级进行设防，并应符合表6－1的要求。

表6-1 屋面防水材料厚度要求

防水等级	防水道数	合成高分子防水卷材	高聚物改性沥青防水卷材	沥青防水卷材	涂膜防水材料		
					沥青基涂膜	高聚物改性沥青涂膜	合成高分子
Ⅰ	三道以上设防	不应小于1.5mm	不宜小于3.0mm	—	—	—	—
Ⅱ	二道以上设防	不应小于1.2mm	不宜小于3.0mm	—	—	—	—
Ⅲ	单道设防	不应小于1.2mm	不宜小于4.0mm	宜用三毡四油	不应小于8mm	不宜小于3mm	不应小于2mm
Ⅳ	单道设防	不应小于1.0mm	不宜小于2.0mm	可用二毡三油	不应小于4mm	不宜小于1.5mm	不宜小于1mm

注：Ⅰ、Ⅱ级不宜采用沥青卷材料，涂膜防水层主要用于防水等级为Ⅲ、Ⅳ级的屋面防水，亦可作为Ⅰ、Ⅱ级屋面多道防水设防中一道防水层。

2. 具有良好的保温降热性能

在寒冷地区的冬季，室内一般都需要采暖，屋顶应具备良好的保温性能，以保证室内温度，节约能耗，并防止内部结露或受潮。

在夏季炎热地区，如果屋顶不具备良好的隔热性能，在强烈的太阳辐射和高气温作用下，大量热量就会通过屋顶传入室内，影响人们正常工作和生活。

屋顶的保温，通常是采用导热系数小的材料，阻止室内热量流向室外。隔热通常是设置通风间层，利用风压和热压差带走一部分热量，或采用隔热性能好的实体材料隔热，减少传入室内的热量。

3. 结构坚固、稳定

屋顶应能承受风、雨、雪等荷载及自重。上人屋顶还需考虑人及家具等活荷载。屋顶将这些荷载传递到墙或柱等下部结构构件上去。因此屋顶既是围护构件，也是承重结构构件，要求具有足够的强度和刚度，以保证房屋的安全使用。

4. 美观要求

屋顶是建筑的重要组成部分，屋顶的形式在很大程度上影响着建筑的造型效果，所以设计屋顶时应考虑美观要求。

二、屋顶的类型

（一）按屋顶的形式分类

屋顶按其形式可分为平屋顶、坡屋顶和其他形式屋顶。

1. 平屋顶

平屋顶常见形式有挑檐平屋顶、女儿墙平屋顶和二者结合在一起的挑檐女儿墙平屋顶。常用的防水材料有柔性防水卷材、防水涂膜、拒水粉和防水细石混凝土等，平屋顶也有一定的排水坡度，但最大不超过5%，常见为2%～3%。

2. 坡屋顶

坡屋顶的坡度一般超过10%。坡屋顶以瓦屋面为代表，如筒瓦、青瓦、机制平瓦等。我国传统建筑以采用瓦屋面为多，其形式有单坡顶、双坡顶、四坡顶、卷棚顶、庑殿顶、歇山顶及圆攒尖顶等。其他如波形瓦屋面、混凝土构件自防水层面、防水卷材坡屋面等也都做成坡屋顶形式。

3. 其他形式屋顶

平屋顶和坡屋顶是最为常用的两种屋顶形式，除此之外，屋顶结合到功能需要，技术发展水平和材料的运用，还有多种特殊的形式，如各种拱屋顶、薄壳屋顶、折板屋顶、网架屋顶、悬索屋顶及充气屋顶等。

屋顶的形式如图 6－1 所示。

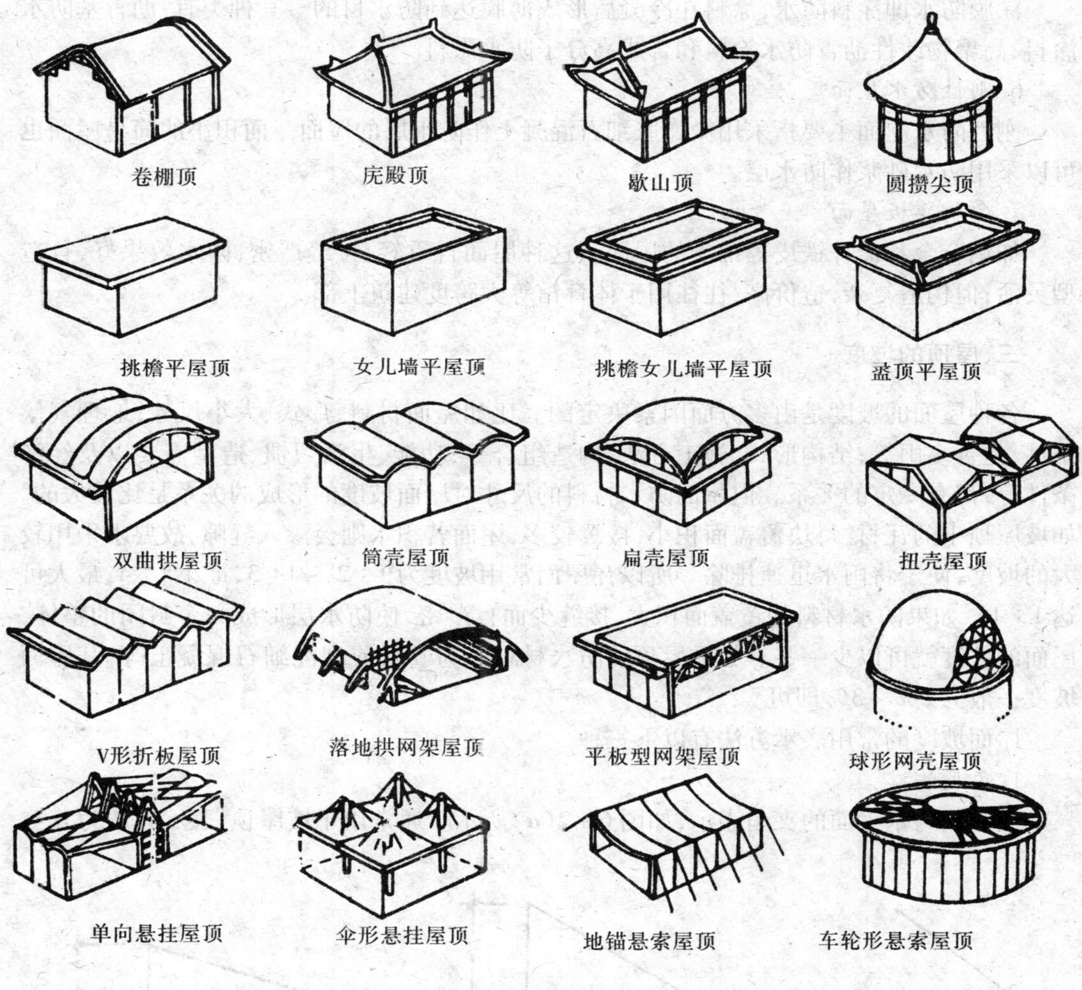

图 6－1　层顶的各种形式

(二) 按屋面所用防水材料分类

这种分类方法的种类很多，常用的有如下几种。

1. 瓦屋面

有机制平瓦、小青瓦、大青瓦、筒瓦、平板瓦、石片瓦、黏土瓦、装饰小波形瓦等屋面。

2. 波形瓦屋面

有石棉水泥大、中、小波形瓦，镀锌铁皮波形瓦、钢丝网水泥大波瓦、木质纤维大波瓦、玻璃钢波形瓦等。

3. 混凝土构件自防水屋面

4. 卷材防水屋面

目前有沥青油毡卷材，高聚合物改性沥青防水卷材和合成高分子防水卷材三个系列。

5. 涂膜防水屋面

涂膜防水即涂料防水，涂料在冷凝后形成薄膜达到防水目的。其种类有：沥青基防水涂料、高聚物改性沥青防水涂料和合成高分子防水涂料。

6. 刚性防水屋面

刚性防水屋面主要指采用微膨胀细石混凝土作防水层的屋面。面积小的简易屋面也可以采用防水砂浆作防水层。

7. 金属薄板屋面

如铝合金和镀锌铁皮等铺盖的屋面。这种屋面自重轻，接缝严密，防水效果好，且造型灵活；但构造复杂，造价高，往往用于体育馆等大跨度建筑上部。

三、屋顶的坡度

各种屋面的坡度是由多方面因素决定的。比如屋面材料、形式、大小尺寸；地理气候条件，是否多雨等；结构形式、施工方法、构造组合等；功能、生活习惯、造型需要以及经济条件等，都有一定的关系。但屋面防水材料的尺寸对屋面坡度的形成的关系是比较大的。如坡屋顶中的瓦材，每块覆盖面积小，接缝较多，屋面若积水则会渗入缝隙，故要求采用较大的坡度，便于将雨水迅速排除。所以瓦屋面常用坡度为1∶2 ~1∶3，最小1∶4，最大可达1∶1。如果防水材料的覆盖面积大，接缝少而且严密，使防水层形成一个封闭的整体，屋面的坡度就可以少一些。如平屋顶的防水材料多为卷材或现浇细石混凝土等，其屋面坡度一般为2% ~3%即可。

屋面坡度的常用表示方法有以下三种。

1. 角度法

用屋面与水平面的夹角表示，如图6－2(*a*)所示。通常用于坡屋顶，表示方法为 $\alpha=$

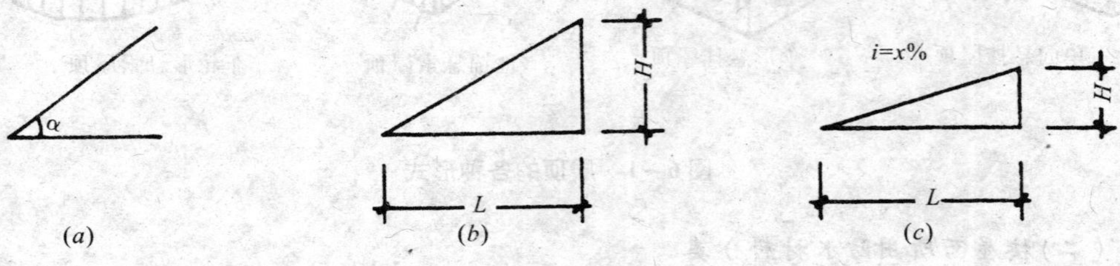

图6－2　坡度表示法

(*a*)角度法　(*b*)坡度比值法　(*c*)百分比法

26°、30°、32°等。

2. 坡度比值法

用屋顶高度与一面坡的水平投影长度之比来表示，如 H∶L = 1∶3、1∶0等。平屋顶或坡屋顶均可用坡度比值来表示坡度，如图 6－2(b)所示。

3. 百分比法

用屋顶的高度与一面坡的水平投影长度之比值的百分比来表示排水坡度，如 i = 2%、i = 3% 等，主要用于平屋顶，如图 6－2(c)所示。百分比法与坡度值法实际上表达的是同一含义，i 即是坡度值的百分比，其绝对值是相同的。只是坡度比值用于坡屋顶比较直观，而百分比用于平屋顶比较直观。

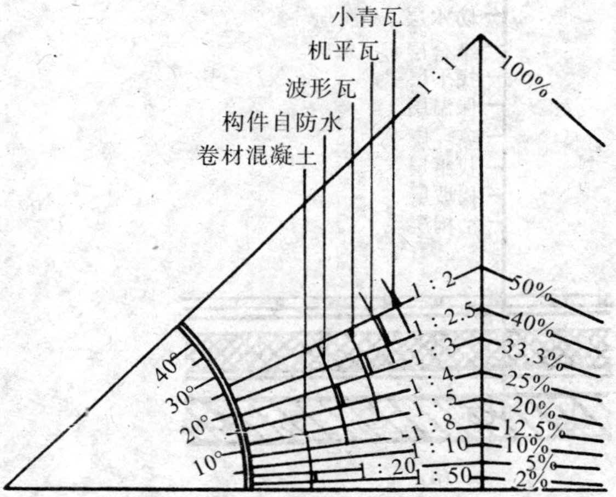

图 6－3　各种材料屋面的常用坡度

各种材料屋面的常用坡度如图6－3所示。

第二节　平　屋　顶

一、平屋顶的组成

平屋顶主要应解决承重、防水、保温隔热三方面的问题，由于各种材料性能上的差别，目前很难有一种材料兼备以上三种作用，因此，平屋顶的构造形成了多层次的特点，使承重、防水、保温隔热各种材料叠合在一起，各尽其能，共同发挥作用。其相互位置关系，通常结构层在最下面，防水层在最上面，至于保温层及隔热层的位置则要视具体要求而定。

为了保证上述三个主要构造层次能紧密结合、充分发挥作用及延长使用寿命，通常在屋顶构造组成中需设置一些必要的辅助构造层次，如找平层、隔气层、隔离层、保护层等。平屋顶构造层次的设置还与建筑物的等级及使用要求有关。等级越高的建筑物，设防要求越高，构造组成也就复杂；反之，则可简单一些。使用要求不同，也会带来构造处理的不一样，如上人屋面与非上人屋面应采取不同的措施。图 6－4 为柔性防水屋面和刚性防水屋面构造组成层次示意图。

组成平屋顶的常见构造层次如下。

1. 结构层

平屋顶主要采用钢筋混凝土结构层，有现浇和预制两种方式；现浇屋面板整体性好，对防水也较为有利。预制板装配的规格可与楼板统一，其型号可由结构计算后选定。屋面板应有足够的刚度，减少板的挠度和变形，防止因屋面板变形而导致防水层开裂。

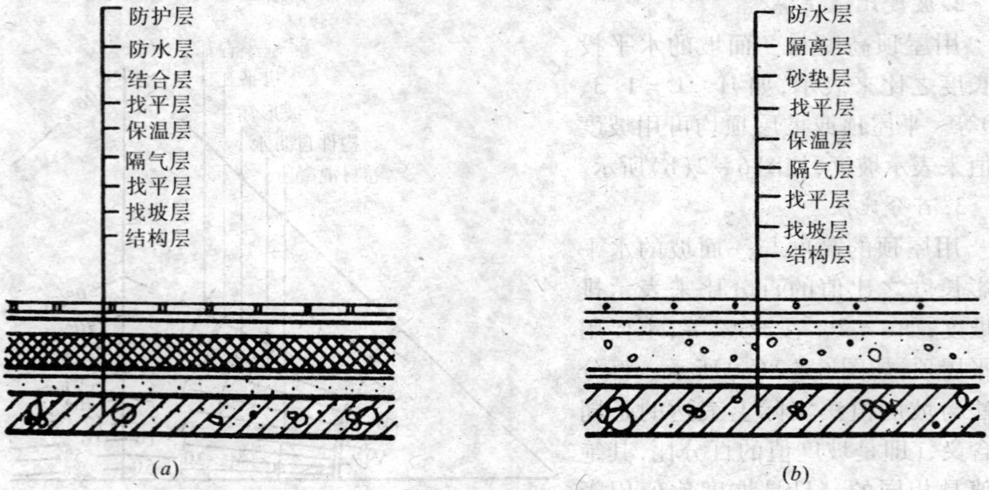

图6－4　平屋顶的基本构造

(*a*)柔性屋面基本构造　(*b*)刚性屋面基本构造

2. 防水层

防水层是平屋顶防水构造的关键。由于平屋顶的坡度很小,屋面雨水短时不易排走,要求防水层本身必须是一个封闭的整体,不得有任何缝隙,否则即使所采用的防水材料本身性能很好,也不能得到预期的防水效果。实践证明,雨水渗漏的部位,大都是由于破坏了防水层的封闭整体性的结果。如地基沉降、外加荷载或地震等因素使承重结构层位移变形,导致防水层开裂。再如檐沟、泛水、烟囱等交接处的防水处理不周全,出现疏忽而漏水。或者受自然气候的影响而开裂漏水等。所以在构造设计和施工时应考虑全面,采取有效措施,使防水层充分发挥作用。

目前常用的防水层有细石混凝土刚性防水层、防水卷材柔性防水层和防水涂料涂膜防水层等。防水层应根据表6－1建筑类别的屋面防水等级和要求设防。

3. 保护层

为了延长防水层使用耐久年限,应在防水层上设置保护层,保护层材料可采用浅色涂料、反射膜、砂石粒料、蛭石云母粉、纤维纺织毡、水泥砂浆、块材等。涂膜防水层采用刚性保护层时,应在防水层与保护层之间设置隔离层。

4. 隔离层

在刚性防水层、刚性保护层下面,或两道防水层之间,需设置隔离层,以减少它们与结构层或防水层之间相互变形的影响,防止渗漏。隔离层的材料一般用低等级砂浆、纸筋灰、塑料薄膜、无纺布、粉砂和石灰浆等。

5. 保温层

在冬季寒冷地区,室内有采暖设备,为了防止室内热量从屋顶散失,屋顶应设保温层。保温层一般位于结构层之上,防水层之下;也可以设在结构层下或顶棚吊顶的间层内。保温层应选择容重小，保温效果好（导热系数小），具有一定的强度并能与结构层黏结，价格便宜的材料。为了防止凝结水的腐蚀破坏，最好选用无机材料，例如焦渣、水泥焦渣、加气混凝土、膨胀珍珠岩、膨胀蛭石等。保温层的厚度按所选材料的性能，根据室内外温度差经计算决定。

6. 隔气层

冬季室内有采暖设备的房屋，室外温度低，室内温度高，室内空气中的湿度和屋面材料中的水分将在不透气的防水层下产生大量凝结水，凝结水在保温层中将降低保温效果。到了高温季节，由于防水层吸收太阳辐射热温度上升，聚集的凝结水变成水蒸气，产生很大的蒸汽压力，甚至将柔性防水层顶起"鼓泡"。故有保温层的屋顶，应在结构层与保温层之间设一层隔气层，以防止水蒸气侵入影响保温层保温效果及使防水层遭到破坏。

隔气层的材料常为一层沥青一层油毡，或涂两道沥青。

7. 隔热层

在炎热地区，为减少太阳辐射传入室内，常设置隔热层。隔热方法有架空板隔热、蓄水隔热、种植隔热、隔热块材隔热等。其中蓄水隔热不宜用于Ⅰ、Ⅱ级防水设防等级的屋面。

8. 找平层

找平层一般作为防水层的基层或保温层的覆盖层。可选用的材料有：1∶2.5～3 的水泥砂浆、C15 细石混凝土或 1∶8 沥青砂浆。

二、平屋顶排水

（一）屋面坡度的形成

平屋顶的排水坡度控制在5%以内，一般为2%～3%。排水坡度增大对迅速排除雨水较为有利，但也会带来负面影响，所以平屋顶的排水坡度是在均衡利弊后得出的。形成平屋顶的坡度有两种方法，一种是材料找坡，另一种是结构找坡。

1. 材料找坡

材料找坡又称为构造找坡。这种方法是在屋面板结构层上面利用找坡材料，根据设计铺设成一定的坡度，使雨水顺坡流向排水口或檐沟。找坡材料多用炉渣等轻质材料加水泥或石灰形成，一般设在结构层与防水层或保温层之间；当保温材料为松散状时，也可不另设找坡层，利用保温材料本身形成一定的坡度，其最薄处应按计算保温层最少厚度确定。

由于找坡材料的强度和平整度均较低，应在其上加设水泥砂浆或细石混凝土找平层。采用材料找坡的房屋，屋面板下顶棚面平整，但找坡层会加大结构荷载负担，当房屋跨度较大时尤为明显，如图 6－5(*a*)所示。

2. 结构找坡

结构找坡是将支承屋面板的墙或梁顶面，根据需要做成一定坡度的斜面，屋面板铺设在其上后就形成了相应的坡度，如图 6－5(*b*)所示。结构找坡省工、省料，较为经济。但室内的顶棚面不是水平面；对于上人的屋顶和今后需要加层的屋顶较为不便；建筑物平面形状也不宜变化过多，局部地方常需用材料找坡来加以补充。一般适用于对顶棚面平整度要求不高、平面凹凸较少的建筑物屋顶。

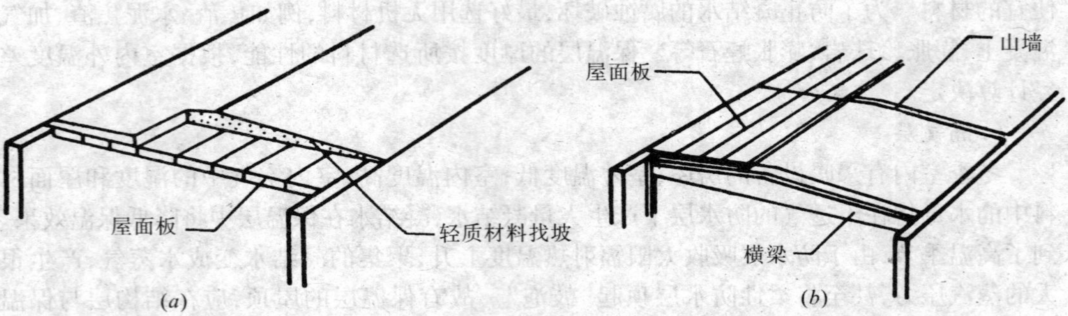

图6-5　平屋顶的找坡方式

(a)材料找坡　(b)结构找坡

(二)屋顶排水方式

屋顶排水方式可分为无组织排水和有组织排水两大类,如图6-6所示。

1. 无组织排水

无组织排水又称之为自由落水,指的是使屋面的雨水由檐口自由滴落到室外地面,如图6-6(a),这种做法构造简单,造价经济。但是雨水自由落下时,会溅湿勒脚,有风时还会冲刷墙面,一般适用于低层和雨水较少的地区。标准要求较高的房屋几乎都采用有组织排水。

2. 有组织排水

有组织排水是将屋面划分成若干排水区,通过排水坡面的组织将屋面雨水有组织地排到檐沟或雨水口,再经过水落管排往地面或明沟中,经收集后排往城市排水系统中。

是否采用有组织排水与年降雨量大小及房屋的高度有关。年降雨量 >900mm 的地区,当房屋檐口高度 >8m 时;或年降雨量 <900mm 的地区,檐口高度 >10m 时,均应采用有组织排水。

有组织排水广泛应用于多层及高层建筑;高标准的低层建筑、临街建筑及严寒地区的建筑也应采用有组织排水方式。

有组织排水又可分为外排水与内排水两种方式。内排水的水落管设于建筑物内部,其构造复杂,极易渗漏且维修不便,常用于面积较大的多跨建筑或带管道井的高层建筑屋顶。一般建筑应尽量采用有组织外排水方式。

(1)有组织外排水　有组织外排水是建筑中最常用的排水方式。通常有檐沟外排水、女儿墙外排水及檐沟女儿墙外排水三种方法。

①檐沟外排水　通常采用钢筋混凝土檐沟悬挑在墙外。檐沟可先预制后装配(图6-7),也可采用现浇或用挑梁支承;后者适用于跨出长度较大的檐沟。

檐沟外排水是通过屋面找坡使雨水直接流入挑檐沟内,再由沟内纵坡导入雨水口,如图6-6(b)所示。檐沟可以沿房屋主要两个面设置,也可以四面设置,屋面跨度较小时可单面设檐沟。檐沟须有纵向坡度使沟内雨水迅速排至雨水口,纵坡的坡度一般为1% ~0.5%,用石灰炉渣等轻质材料垫置起坡。檐沟净宽不应小于200mm,分水浅处最小净高度大于120mm。檐沟高度与宽度可根据建筑处理需要经过结构计算后确定。

檐沟外排水方法排水通畅，屋面积水的时间缩短，可减少室内渗漏机会，是一种常用方法。

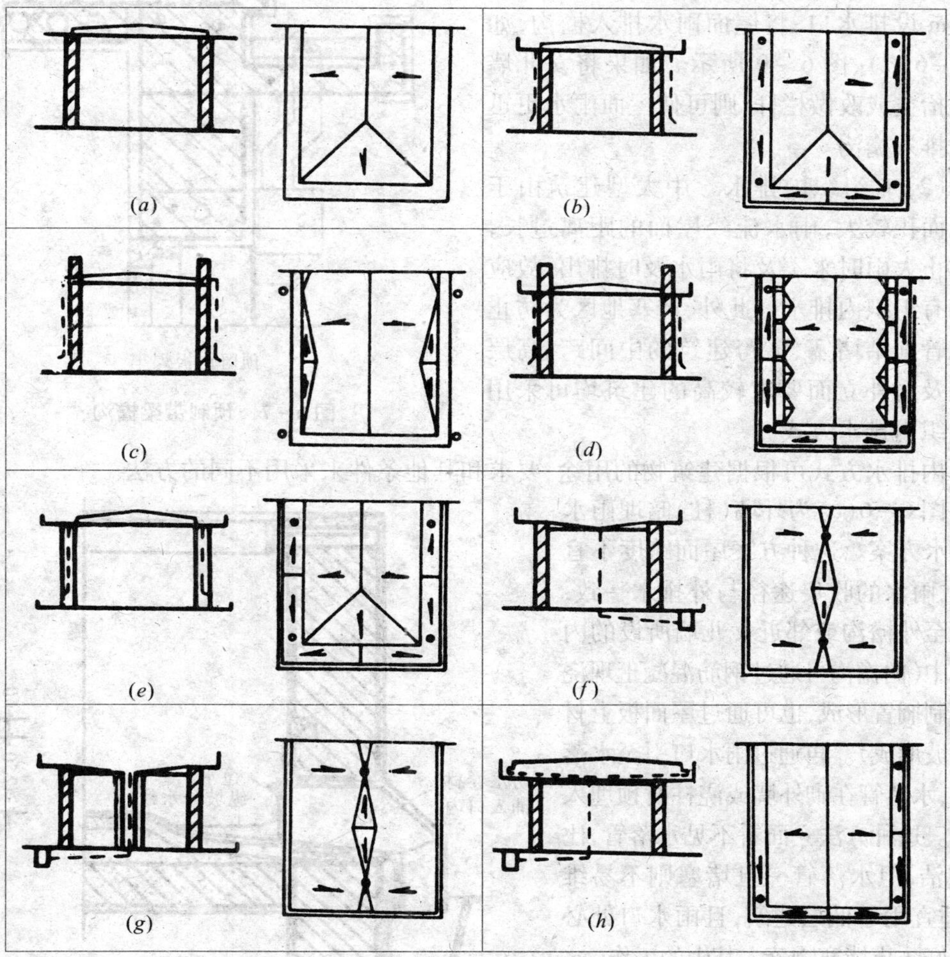

图6－6 平屋顶排水方式

(a)无组织外排水 (b)檐沟外排水 (c)女儿墙外排水 (d)檐沟女儿墙外排水 (e)外墙暗管排水 (f)明管内排水 (g)管道井暗管内排水 (h)吊顶水管暗管内排水

②女儿墙外排水 房屋周围的外墙高于屋面时即形成封檐，高于屋面的这段外墙又称为女儿墙。女儿墙外排水即在女儿墙与屋面交接处每隔一定距离设置弯管式雨水口，使雨水由此流入雨水斗及水落管，如图6－8所示。一般屋面沿两边找坡时只在檐墙设雨水口，如四面找坡则在山墙处加设雨水口。这种排水方案须在两个雨水口之间，沿女儿墙边处屋面用材料找坡的方法，做出1%的纵坡；使雨水不至于积存于女儿墙与屋面交接处，以免引起渗漏，如图6－6(c)所示。由于出水口面积数量有限，这种方案不如檐沟外

排水通畅，但由于其施工简便，造价经济，且建筑型体简洁，故而应用很广泛。

③檐沟女儿墙外排水　这种方法将檐沟外排水与女儿墙外排水结合起来，以避免女儿墙外排水的不利之处。女儿墙每隔6～8m设排水口，将屋面雨水排入檐沟，如图6－6(*d*)、图6－9所示。如果将女儿墙下部抬空或改做栏杆，则可使屋面雨水更迅速地排入檐沟。

(2)有组织内排水　中大型建筑由于屋顶面积较大，雨水流经屋面的距离过长，为防止大雨时来不及将雨水及时排出，故应采用有组织内排水。此外，严寒地区为防止雨水管冻结堵塞、多跨建筑的中间跨、高层建筑及对外立面要求较高的建筑均可采用有组织内排水方式。

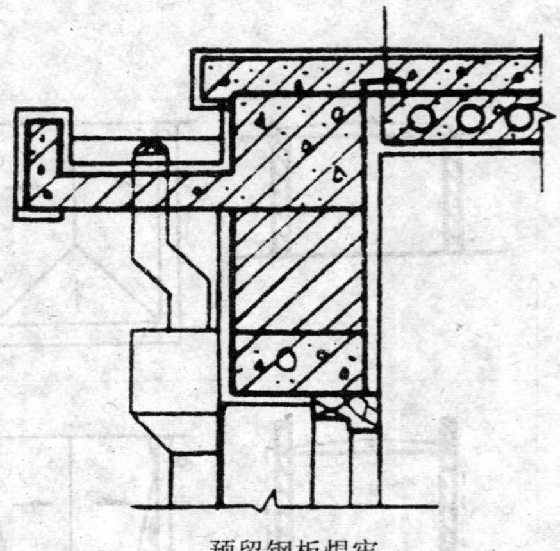

图6－7　预制带梁檐沟

内排水方式可根据建筑物的用途、要求和其他条件来采用不同的方法。

图6－6(*e*)为外墙(柱)暗埋雨水管排水方案。这种方案屋面跨度不宜过大，雨水的收集途径与外排水一致，先引至外檐沟或邻近女儿墙所设的内檐沟中(内檐沟可通过钢筋混凝土现浇或预制搁置形成，也可通过屋面板上材料找坡形成)。再通过雨水口引至水落管内，水落管在砌外墙或浇柱时预埋入其中。这种方法立面看不见水落管，比较整洁，但水落管一旦堵塞则不易维修，适宜用于低层建筑，且雨水口处必须做好防止堵塞物落入其中的工作。

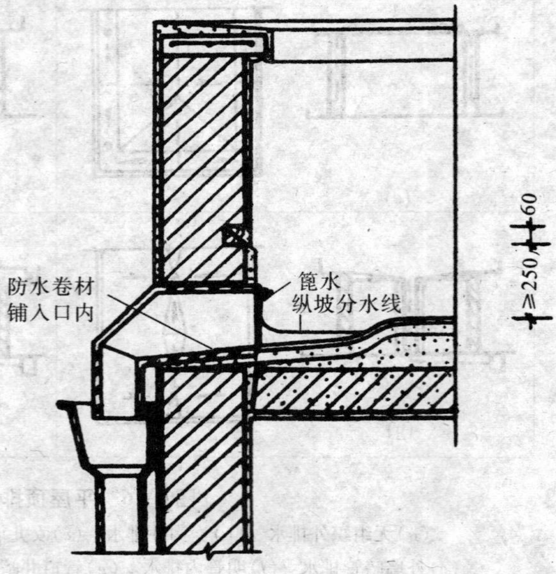

图6－8　女儿墙外排水构造

图6－6(*f*)为明管内排水方案。水落管可顺着墙或柱等伸入地下排水管沟中，水落管由于露明，因此维修比较容易，但应注意设置于隐蔽处，防止碰撞。这种方法一般用于厂房等对室内要求不是很高的建筑物内。

图6－6(*g*)为管道井暗管内排水方案。这是高层建筑及要求较高的多层建筑内排水时常采用的一种方案。雨水管设在统一的管道井内，管道井在各层设检修门统一管理检修，对室内环境没有影响。这种方案造价高，雨水口位置由于受到管道井位置的影响不能随意设置。

图6－6(*h*)为吊顶水平暗管内排水方案。如果建筑室内空间组合比较复杂，或遇到

需安排大空间的情况，雨水口仍按排水需要位置设置，但水落管却不能直接穿过下层空间，这时需要在吊顶内设置水平水落管，通过转换垂直水落管的位置将雨水引入地下。这种方案构造复杂，且增加了渗漏机会，应尽量使管路长度最短。

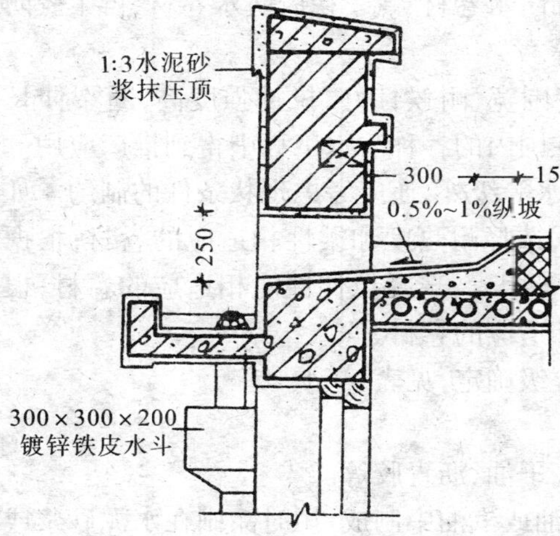

图 6-9 檐沟女儿墙外排水构造

有组织排水应做到排水通畅简捷，雨水口负荷适当且均匀布置。屋面流水线路不宜过长。屋面排水分区一般按每个雨水口排除 150～200m² 屋面集水面积（水平投影）雨水量进行划分。当屋顶有高差时，如高处屋面的集水面积小于 100m² 时，可将高处屋面的雨水直接排在低屋面上，但出水口处应采取防护措施；当高处屋面面积超过 100m² 时，应自成排水系统。

雨水管的最大间距，采用檐沟外排水时取 24m，女儿墙外排水及内排水方式时取 18m。雨水管的直径，民用建筑中以 75～150mm 为多，常用 100mm；管材有钢、铸铁、石棉、水泥、塑料、陶瓷、镀锌铁皮等。内排水方式由于不易维修，故应选用坚硬耐久的材料。雨水管安装时离墙面距离不应小于 20mm，管身用管箍卡牢，管箍的竖向间距不应超过 1.2m。

三、卷材防水屋面

卷材防水屋面是利用黏结剂将防水卷材相互黏结，及与屋面紧密结合，形成连续致密的构造层，从而达到防水之目的。卷材防水屋面由于防水层具有一定的延伸性和适应变形的能力，故而又被称为柔性防水屋面。

卷材防水屋面较能适应温度、振动、不均匀沉降等因素的变化作用，能承受一定的水压。整体性好，不易渗漏。施工时需严格遵循施工操作规程，其技术要求较高。

卷材防水屋面适用于防水等级为Ⅰ～Ⅳ级的屋面防水。屋面防水等级为Ⅰ级或Ⅱ级的多道防水设防时，可采用多道卷材、涂膜、刚性防水复合使用。

（一）卷材防水屋面的材料

1. 防水卷材

目前常用的防水卷材有沥青防水卷材、高聚物改性沥青防水卷材和合成高分子防水卷材。

（1）沥青防水卷材　俗称沥青油毡（包括非高聚物改性沥青），是由沥青、胎体、填充料经浸渍或辊压制成的。传统上用得较多的是低胎石油沥青油毡 。沥青防水卷材属低档材料，因其低湿柔性差、温度稳定性差、易老化，渐被其他高性能材料取代。

（2）高聚物改性沥青防水卷材　是以高分子聚合物改性沥青为涂盖层，纤维织物或纤维毡为胎体再加覆面材料制成的防水卷材。根据改性材料品种有 SBS 改性沥青卷材、铝箔塑胶改性沥青卷材和 PVC 改性焦油沥青油等常用卷材，与沥青防水卷材相比，具有高温下不流淌、低温不脆裂、拉伸强度高、延伸率较大的优点。

(3)合成高分子防水卷材　合成高分子防水卷材以合成橡胶、合成树脂或两者共混体为基料,加入适量化学助剂和填充料经塑炼混炼、压延或挤出成型。常见的有三元乙丙橡胶防水卷材、氯化聚乙烯防水卷材、聚氯乙烯防水卷材、氯丁橡胶防水卷材、再生胶防水卷材、聚乙烯橡胶防水卷材、丙烯酸树脂卷材等。

高分子防水卷材具有重量轻,使用温度范围宽,耐候性好,拉抻强度高,断裂伸长率大,耐老化及可冷施工等优点,近年来已逐渐在国内的各种防水工程中得到推广应用。

屋面防水卷材的选择,除了依据屋面的防水等级外,还应考虑现状条件的制约。如应根据当地最高最低气温、屋面坡度和使用条件,选择耐热度和柔性相适应的卷材;根据地基变形程度、结构形式,当地年、日温差和震动等因素,选择拉伸性能相适应的卷材;根据卷材暴露程度,选择耐紫外线、热老化保持率相适应的卷材。

屋面防水材料的厚度应根据屋面的防水等级确定,见表6-1。

2. 卷材黏结材料

用于沥青防水卷材的黏结材料主要有冷底子油、沥青胶等。

冷底子油是将沥青稀释溶解在煤油、轻柴油或汽油中制成,用时涂刷在水泥砂浆或混凝土基层表面做打底材料。

沥青胶又称为沥青玛琋脂,系在沥青中加入填充料如滑石粉、云母粉、石棉粉、粉煤灰等加工而成。沥青胶又分为冷热两种,沥青又均有石油沥青胶及煤沥青胶两类。石油沥青胶适于黏结石油沥青类卷材,煤沥青胶适于黏结煤沥青类卷材。

用于高聚物改性沥青防水卷材和高分子防水卷材的黏结材料主要为各种与卷材配套使用的溶剂型胶粘剂。如适用于改性沥青类卷材的RA-86型氯丁胶黏结剂,SBS改性沥青黏结剂等;三元乙丙橡胶卷材防水屋面的基层处剂有聚氨酯底胶,黏结剂有氯丁橡胶为主体的CX-404胶;氯化聚乙烯橡胶卷材的胶粘剂有LYX-603、CX-404胶等。

(二)卷材防水屋面构造

1. 基本构造层次

卷材防水屋面是由多层材料叠合而成的,一般按其作用自下而上分别为:结构层、找平层、结合层、防水层、保护层。

(1)结构层　结构层即屋面板,一般为钢筋混凝土结构,采用现浇或预制装配式均可。

(2)找平层　卷材防水层要求铺贴在坚固而平整的基层上,以防止卷材凹陷或断裂,因而在松软材料上层设找平层;在屋面板施工铺设时,难以保证其平整度,所以在预制屋面板上也应设找平层。找平层一般用20mm厚1∶3水泥砂浆,也可采用1∶8沥青砂浆等。

找平层宜留分格缝,缝宽一般为20mm,纵横间距一般不宜大于6m。当用于预制屋面板上时,宜设在预制板的端缝处。分格缝上应附加200~300mm宽的卷材,用黏结剂单边点贴覆盖。

(3)结合层　结合层的作用是在基层与卷材黏结剂间形成一层胶质薄膜,使卷材与基层胶结牢固。沥青基卷材通常用冷底子油作结合层;高分子卷材则多采用配套基层处理剂，也有采用冷底子油或稀释乳化沥青结合层的。

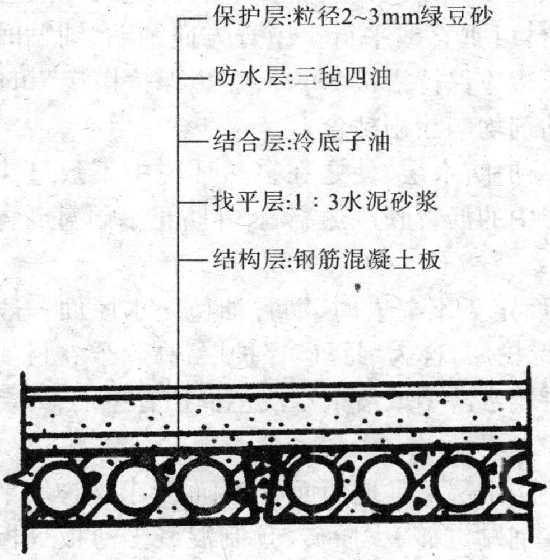

图6－10　油毡防水屋面做法

（4）防水层

①沥青卷材防水层　常用的沥青卷材是沥青油毡，目前多用于防水等级较低的屋面防水层。沥青油毡防水层由多层油毡和沥青玛琋脂交替黏结而成。即刷一道热沥青粘贴一层油毡，沥青胶满涂在油毡的上下，它既具黏结层作用，又起防水作用，两者紧密胶合形成不渗漏的整体防水屋面，最后一层油毡面上仍需刷一层沥青胶。沥青油毡防水屋面一般做三毡四油防水层，即三层油毡和四层沥青胶；非永久性简易建筑可采用二毡三油做防水层。

油毡防水层铺贴前应先在找平层上刷一道冷底子油结合层，铺贴完毕须上面覆盖一层小石子或块材作为保护层，其基本构造层次如图6－10所示。

沥青油毡防水层油毡的铺设方法与屋面坡度有关，一般可由檐口到屋脊一层层向上平行于屋脊铺设，上下搭缝70～120mm，左右搭缝100～150mm。当屋面坡度较大时，油毡可垂直于屋脊铺设，搭缝与前者相同。铺贴时应注意使接头顺着主导风向，以免油毡被风掀开，如图6－11所示。沥青胶的厚度应控制在1～1.5mm，过厚时会产生凝聚现象，发生龟裂。

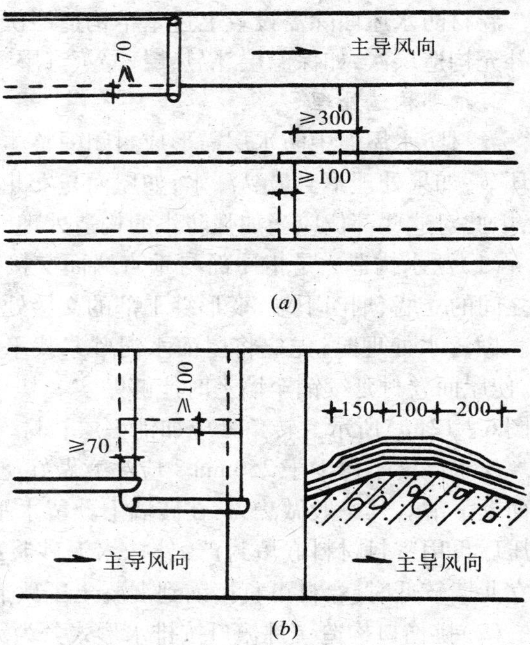

图6－11　油毡铺设

（a）油毡平行屋脊铺设　（b）油毡垂直屋脊铺设

②高聚物改性沥青防水层　高聚物改性沥青防水卷材的铺贴做法有冷粘法和热熔法两种。冷粘法是用胶粘剂将卷材黏结在找平层上，或利用某些卷材的自黏性进行铺贴。铺贴时卷材应平整顺直，搭接尺寸准确，不扭曲，应排除卷材下面的空气并辊压黏结牢固。热熔法施工时用火焰加热器，将卷材均匀加热至表面光亮发黑，然后立即滚铺，使之平展，并辊压牢实。

③高分子卷材防水层　高分子防水卷材施工时，应先在找平层（基层）上涂刮基层处理剂（如CX－404胶等），要求薄而均匀，干燥至不黏手后即可铺贴卷材。卷材一般应由屋面低处向高处铺贴，并按水流方向搭接；卷材可垂直或平行于屋脊方向铺贴，铺贴时要求保持自然松弛状态，不能拉得过紧。卷材长边应保持搭接50mm，短边保持搭接70mm，铺好后立即用工具滚压密实，搭接部位用胶粘剂均匀涂刷粘合。

（5）保护层　设置保护层的目的是为了保护防水层，使之在自然环境中不致过速老化；同时保护层还可以防止沥青基卷材防水层中的沥青胶过热流淌，并防止暴雨对沥青的冲刷。

保护层的构造做法应视屋面的利用情况而定。不上人时，沥青油毡防水屋面一般是在防水层上撒粒径为3～5mm的小石子作为保护层，称为绿豆砂保护层；高分子卷材如三元乙丙橡胶防水屋面等，通常是在卷材面上涂刷水溶型或溶剂型浅色保护着色剂，如氯丁银粉胶等。

上人屋面的保护层有着双重作用；既保护防水层又是地面面层，因而要求保护层平整耐磨。保护层的构造做法通常有：用沥青砂浆铺贴缸砖、大阶砖、预制混凝土薄板等板块材；或在防水层上现浇30～40mm厚细石混凝土整浇层。板块材保护层或整浇混凝土保护层均应设分格缝，其位置是：屋顶坡面的转折处，屋面与突出屋面的女儿墙、烟囱等的交接处。保护层分格缝应尽量与找平层分格缝错开，缝内用油膏嵌封。上人屋面做屋顶花池、水池、固定坐凳等设施时，其构造均应处理在屋面保护层之上。

卷材防水屋面除需设置上述基本构造层次外，还应根据使用要求及其他因素设置一些补充构造层次，如保温层、隔热层、隔蒸汽层、找坡层等。

2. 细部构造处理

卷材防水屋面中防水层需形成封闭的整体，但从实际效果来看，屋面中往往有一些薄弱环节，如果处理不当最易漏水；如屋面与女儿墙、烟囱等交接处，檐沟、雨水口、变形缝等处，因此对这些部位应当加强防水的构造处理。

（1）泛水构造　是指屋面与垂直墙面交接处的防水处理。如屋面与女儿墙、高低屋面之间的立墙、烟囱下端、变形缝下部的交接处，均应做泛水的细部构造处理。

做泛水处理时，先应将屋面水泥砂浆找平层继续抹到垂直墙面上，转角处抹成圆弧形，使屋面卷材延续铺至墙上时能够贴实。禁止将卷材折成直角或架空，以免卷材破裂，如图6－12（*b*）所示。转角处应加铺一层卷材。

泛水高度不得少于250mm。应注意做好泛水上口的卷材收头固定，防止卷材在垂直墙面上下滑。其一般做法为：在砖墙上预留水平凹槽，将卷杆收头压入槽内，用防水压条钉压后再用密封材料嵌填封严，外抹水泥砂浆或聚合物砂浆保护，如图6－12（*a*）所示。当女儿墙较低时，卷材可直接铺到混凝土压顶下钉牢压实。

（2）挑檐口构造　挑檐口按排水形式分为无组织排水和有组织的檐沟外排水两种情况。其防水构造处理的要点均为做好卷材的收头处理，使屋面四周的卷材收头封闭密实，避免雨水渗入。

无组织排水即自由落水方式，檐口不设封檐板，雨水直接从檐口滴落。卷材铺贴到檐

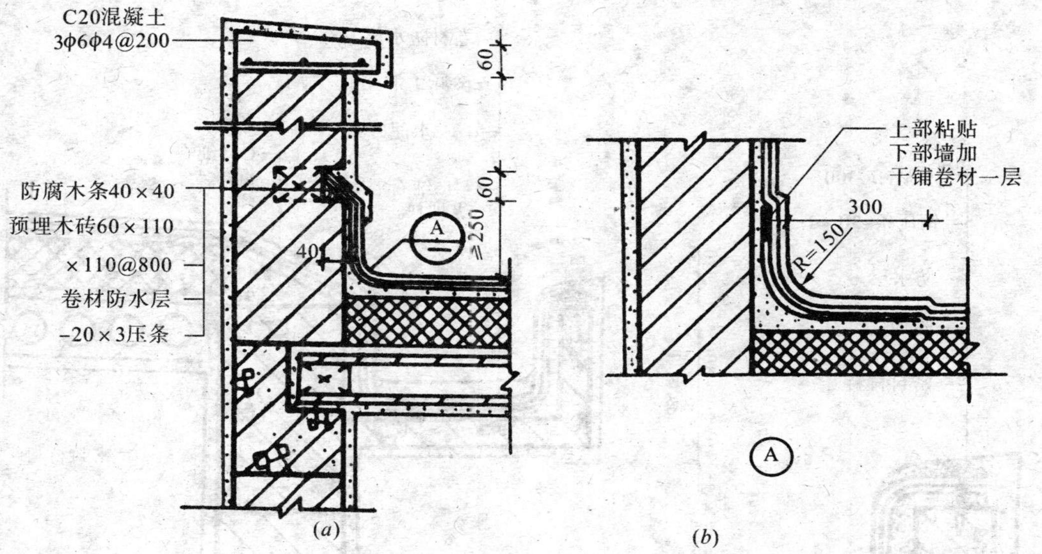

图 6-12 泛水构造

(a)女儿墙泛水构造 (b)转角部位卷材加固措施

口边缘或不到边缘均容易脱开渗水,一般的方法是在近檐口边缘处用密封材料嵌实,如图 6-13(a),或用钢压条将其固定后再用密封材料嵌实,如图 6-13(b);檐口处边缘用掺避水浆的 1:2.5 水泥砂浆粉面,下口处做出滴水斜面或滴水槽,如图 6-13。

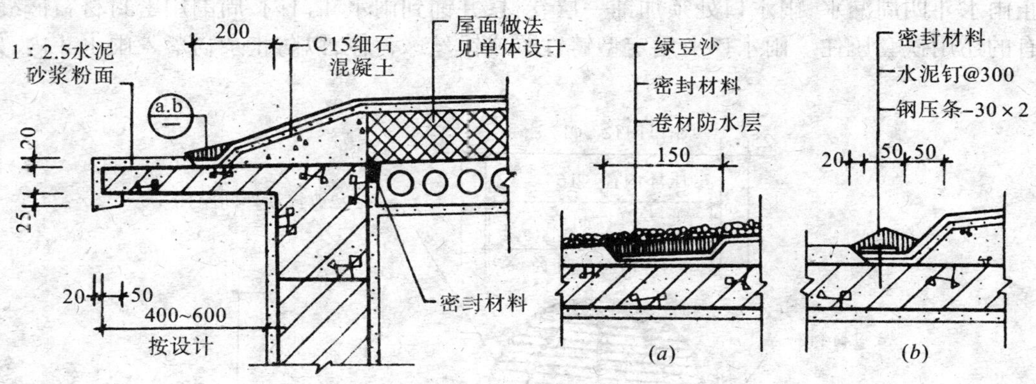

图 6-13 挑檐口构造

有组织排水时开成挑檐沟,其卷材收头处理通常是在檐沟封檐板上口用水泥钉加压条将卷材压住,再用油膏或砂浆盖缝,如图 6-14(a)。此外,檐沟内转角处水泥砂浆应抹成圆弧形,以防卷材断裂;檐沟外侧应做好滴水,沟内可加铺一层卷材以增强防水能力。如图 6-14(b)所示。

(3)雨水口构造 雨水口是用来将屋面雨水排至雨水管的构造节点,构造上要求其排水通畅,防止渗漏、堵塞。外排水的雨水口常设在檐沟内或女儿墙外侧,内排水则设在平屋顶内部。

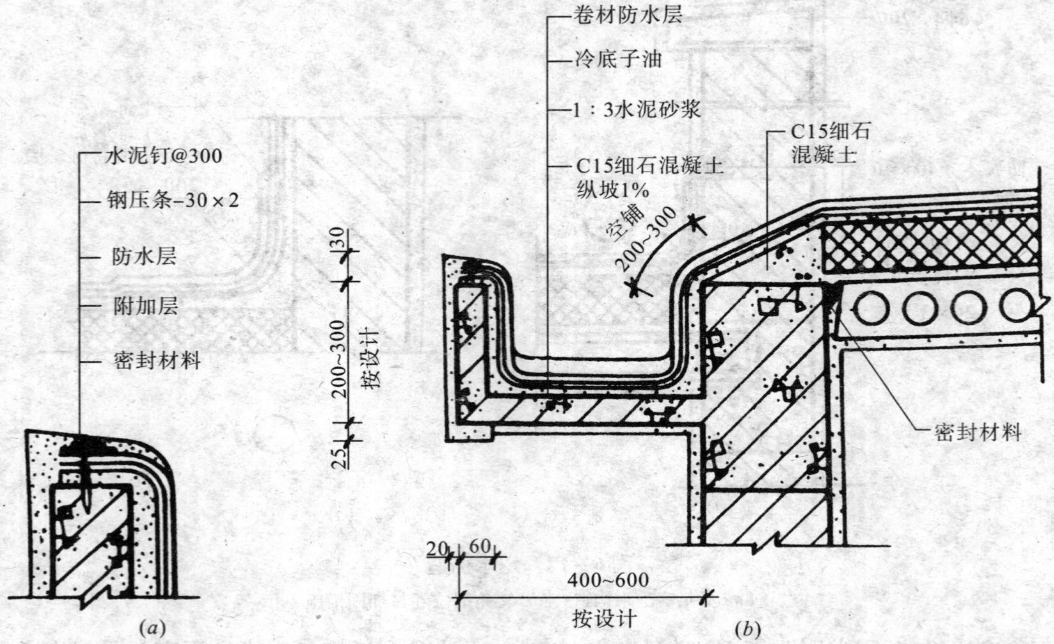

图 6-14　挑檐沟构造

檐沟外排水通常采用漏斗形的铸铁定型雨水斗，将其安装在檐沟预留孔洞内，为了防止雨水斗四周漏水，雨水口处须加铺一层卷材，并铺到雨水斗口内，周围用密封材料嵌缝，有的还用铁套压住。雨水口上用定型铸铁罩或铅丝球盖住，以防止杂物落入雨水斗内，如

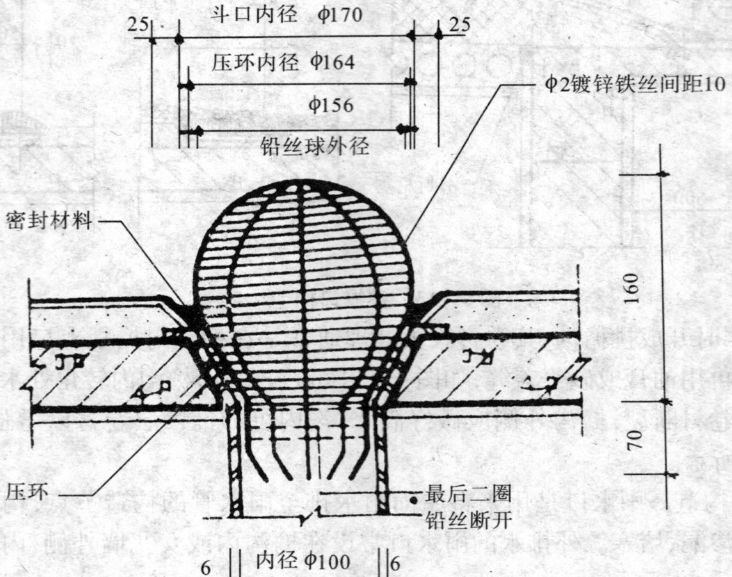

图 6-15　檐沟（天沟）排水雨水口构造

图 6－15 所示。有组织内排水的雨水口设在天沟等处，其构造处理也基本相同。

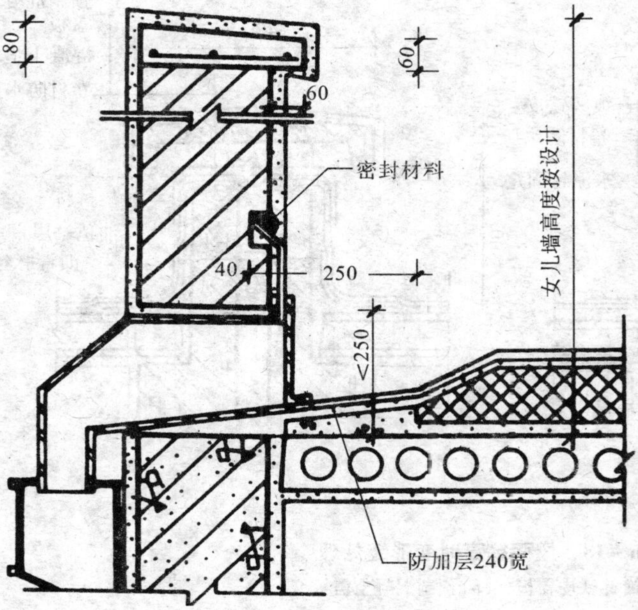

图 6－16　女儿墙外排水雨水口构造

当采用女儿墙外排水方式时，雨水口需侧面穿过女儿墙，如图 6－16 所示。通常采用特制的女儿墙铸铁排水口，如图 6－17(*a*)，将其安装在女儿墙预留孔洞中，使屋面雨水穿过女儿墙排至墙外的雨水斗中。为防止雨水口与屋面交接处产生渗漏，也需将防水卷材铺入雨水口内，雨水口上还应安装铁篦子，以防杂物落入造成堵塞，如图 6－17(*b*)。

(4) 屋面变形缝　屋面变形缝处构造处理的原则是既要保证屋顶有自由变形的可能，又要防止雨水经由变形缝渗入室内。

当变形缝两边屋面等高时，通常是在缝的两侧砌筑矮墙，挡住屋面雨水。矮墙可用半砖墙，屋面卷材与矮墙的连接处理类同于泛水构造。矮墙顶部可用镀锌铁皮盖缝，也可干铺卷材后用混凝土盖板压顶，如图 6－18 所示。

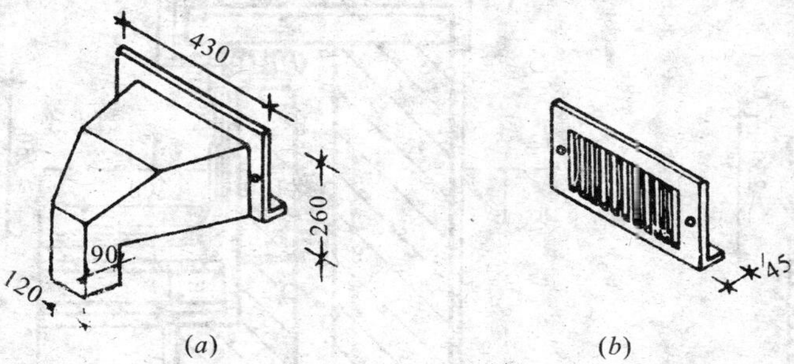

图 6－17　铸铁排水口和篦子

(*a*) 铸铁排水口　(*b*) 铸铁篦子

当变形缝两边屋面不等高时，常在低的一侧临缝砌矮墙，将镀锌铁皮盖板的一边用水泥钉和金属压条固定在高侧墙上，另一边盖住变形缝和矮墙，如图 6－19(*a*) 所示。当低屋面为上人屋面时，则出入口处需加钢筋混凝土预制板处理，如图 6－19(*b*) 所示。

四、刚性防水屋面

刚性防水屋面是指采用防水砂浆或细石混凝土做防水层的屋面。因二者均属脆性材料，抗拉强度较低，故而称为刚性防水屋面。刚性防水屋面的主要优点是构造简单，施工方便，造价较低；缺点是易开裂，对气温变化和屋面基层变形的适应性较差；一般南方日温差较小地区较为适宜。其中防水砂浆屋面，由于不配钢筋，厚度薄，一般用于面积不大的简易工程或处檐沟、雨篷等处。细石混凝土防水屋面主要适用于防水等级为Ⅲ级的屋面防水，也可用做Ⅰ、Ⅱ级屋面多道防水设防中的一道防水层。

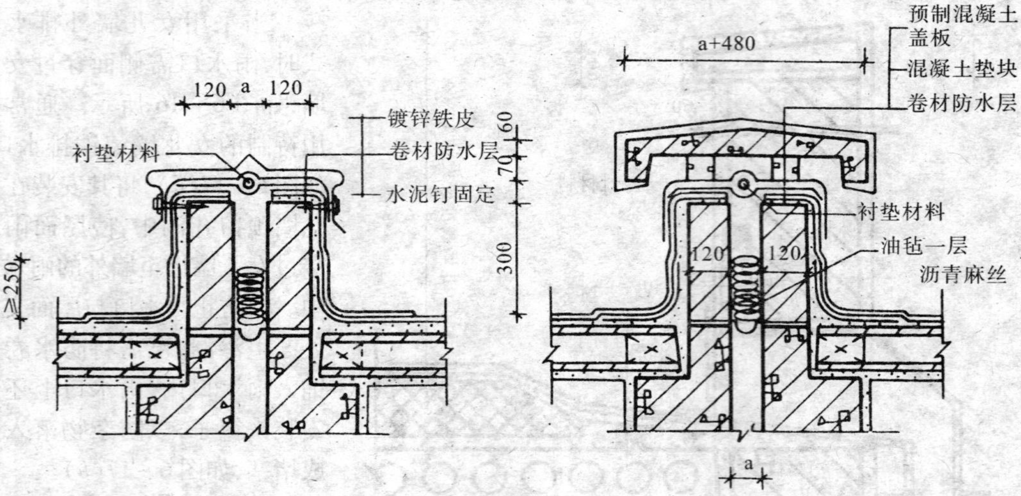

(a)　　　　(b)

图 6－18　屋面等高时变形缝处理

(a)镀锌铁皮盖板　(b)预制混凝土盖板

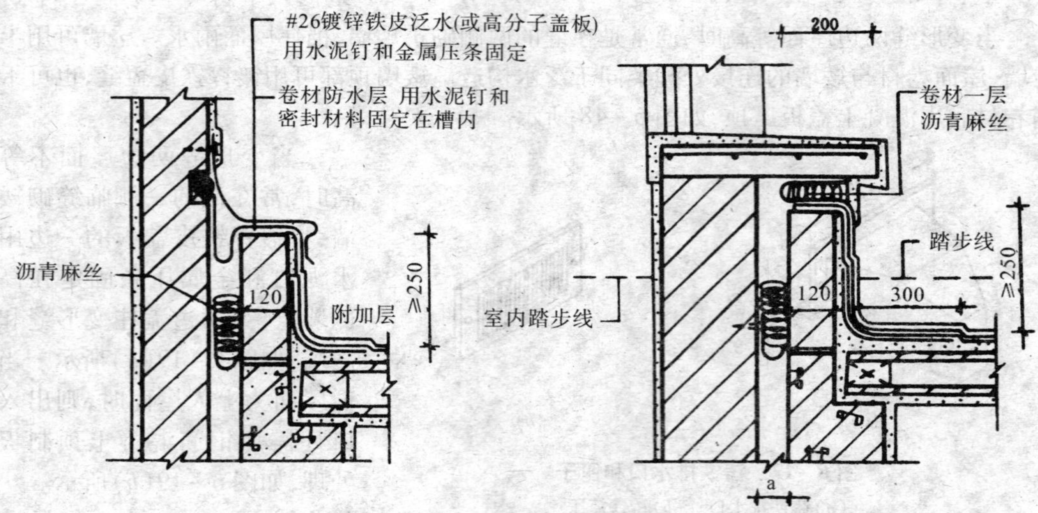

(a)　　　　(b)

图 6－19　屋面不等高时变形缝处理

(a)一般情况　(b)上人屋面出入口处理

刚性防水屋面要求基层变形小，一般不适宜用于没有松散材料保温层的屋面，也不能用于有较大振动或冲击的屋面及有不均匀沉降的屋面防水。

(一)刚性防水屋面的构造层次及做法

防水砂浆屋面的构造层次比较简单，防水砂浆用水泥、沙子并掺入适量的防水剂拌和而成，再通过分层均匀抹压提高砂浆的密实性和不透水性，从而达到防水的目的。防水砂浆防水层一般采用1∶2水泥砂浆加3%～5%的防水剂，厚度为25～30mm，分两道抹。由于砂浆本身干缩变形较大，屋面易发生龟裂、起壳，所以造成渗水的情况较多，目前仅在现浇整体式屋面板上采用；为了加强结合，应先在结构层上刷一道素水泥浆再做防水砂浆粉刷。

细石混凝土防水屋面是常见的刚性防水屋面，它的基本构造层次有：结构层、找平层、隔离层等，刚性防水屋面应尽量用结构找坡。

1. 结构层

结构层一般为钢筋混凝土屋面板，采用现浇整体式或预制装配式均可。结构层应有良好的整体性及足够的刚度，以免结构变形大而引起防水层开裂。

2. 找平层

为了处理预制屋面板在铺设施工过程中产生的不平整和缝隙，应该在结构层上用1∶3水泥砂浆做找平层，其厚度为20mm，找平后作为隔离层的基层。

3. 隔离层

隔离层又称为浮筑层，其作用是减少结构变形对防水层的不利影响。结构层在荷载作用下将产生挠曲变形，在温度变化作用下会产生胀缩变形；由于结构层比防水层厚，其刚度也相应大一些，当结构产生上述变形时容易将刚度较小的防水层拉裂。因此，宜在结构层与防水层间设一隔离层使二者分开。

隔离层可采用铺纸筋灰、低标号砂浆或在细砂层上干铺一层油毡等做法。

4. 防水层

细石混凝土防水层一般采用不低于C20的细石混凝土整体现浇而成，其厚度应不少于40mm。为了防止变形和挠曲等引起的裂缝，一般在整浇层内配置 ф3 @ 150 或 ф4 @ 200 的双向钢筋网；由于裂缝较易在面层出现，钢筋宜置于中层偏上，使上面有15mm的保护层即可。

为了提高混凝土的抗裂和抗渗性能，可采取以下措施。

(1)加防水剂或防水浆　防水剂由化学原料配制而成，通常为憎水性物质、无机盐或不溶解的肥皂，如硅酸钠(水玻璃)、氯化物或金属皂类制成的防水剂或防水浆。掺入砂浆或混凝土后，能与之生成不溶性物质，填塞毛细孔道，形成憎水性壁膜而达到防渗效果。

(2)加泡沫剂　利用泡沫剂形成的气泡的表面张力，使其形成封闭不贯通的细小空泡结构，从而破坏混凝土或砂浆内形成的毛细孔道。

(3)提高密实性　通过调整混凝土级配、严格控制水灰比，加强浇注时的振捣，或用高速喷射浇注等方法，可提高砂浆和混凝土的密实性和不透水性。还可以采用微膨胀混凝土(施工时用少量矾土水泥及石膏粉掺入普通水泥中制成)防水屋面，以抵消混凝土的收缩，提高其抗裂性，而达到防水效果。

细石混凝土刚性防水层面构造层次如图6－20所示。

(二)刚性防水屋面的细部构造

1. 屋面分格缝

分格缝又称分仓缝，是为防止不规则裂缝和适应屋面变形而设置的人工缝。分格缝的间距大小和设置部位均须按照结构变形和温度胀缩等需要确定。

分格缝应设置在屋面结构变形敏感的部位，以及温度变形许可的范围之内。一般屋面板结构变形敏感的部位为预制板的支承端，现浇和预制板相接处，预制板搁置方向变化处，以及两边支承与三边支承相接处等地方，如图 6－21 所示。

根据上述情况，通常刚性防水屋面的分格缝应设在屋面板的支承端、屋面转折处、防水层与突出屋面结构的交接处，并应与板缝对齐且其纵横间距不宜大于 6m。以图 6－22 刚性防水屋面为例：屋脊是屋面转折的界线，故此处应设一道纵向分格缝，屋脊与女儿墙的间距已超过 6m，所以中间应加设一道纵向分格缝；横向分格缝每开间设一道，并与装配式屋面板的板缝对齐；沿女儿墙四周的刚性防水层与女儿墙之间也应设分格缝，因为刚性防水层与女儿墙的变形不一致，所以刚性防水层不能紧贴在女儿墙上，一般留30mm宽

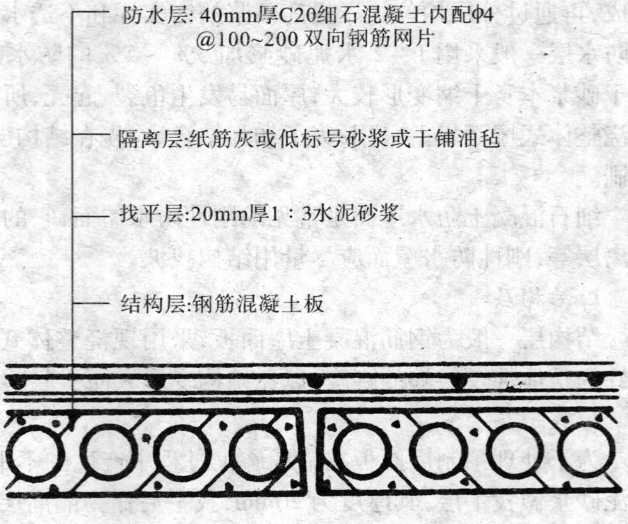

图 6－20　刚性防水屋面的构造层次

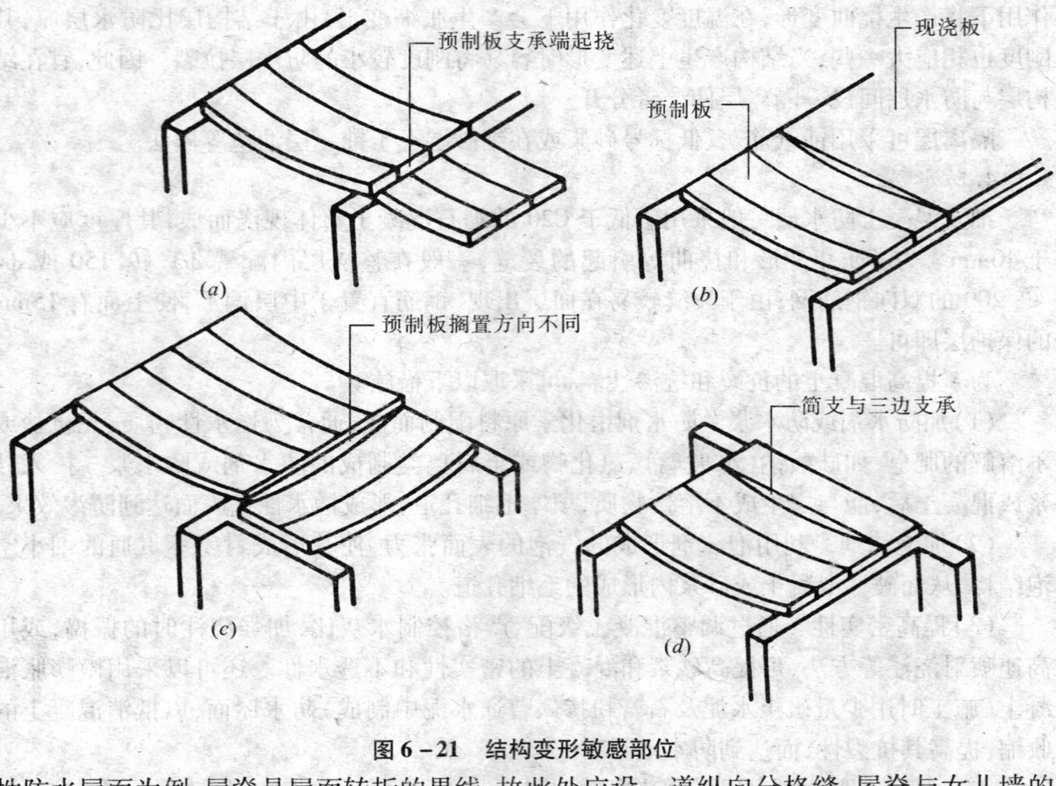

图 6－21　结构变形敏感部位

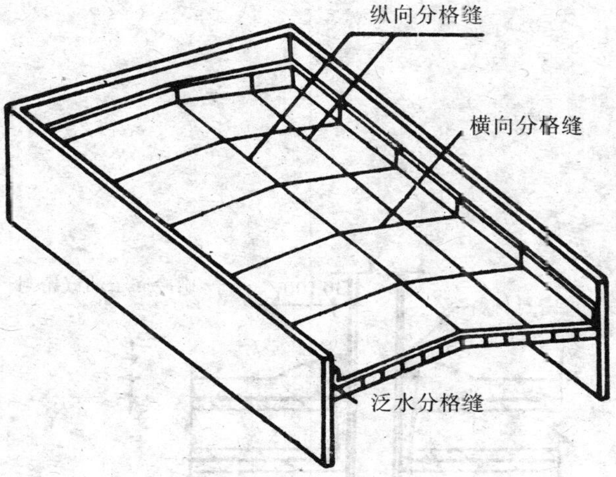

图 6－22　分格缝的位置

缝，缝内填嵌密封材料做柔性封缝处理。其他突出屋面的结构物四周都应该设置分格缝。

分格缝一般宽 20mm 左右，刚性防水层中钢筋必须切断；缝中应嵌填密封材料，在横向支座分格缝处常将两边的细石混凝土面层抹成凸出表面 30～40mm 高的梯形或弧形的分水线，以免分格缝积水，如图 6－23所示。

2. 泛水构造

由于女儿墙与刚性防水层之间留有分格缝，使细石混凝土防水层在收缩和温度变形时不受女儿墙的影响，可有效地防止其开裂。分格缝内用密封材料嵌缝，如图 6－24（*a*）所示。缝外用卷材附加层铺贴至泛水所需高度并做好压缝收头处理，以免雨水渗进缝内。变形缝等处的泛水处理也相类似。

伸出屋面的管道与刚性防水层之间亦应留有分格缝，其处理方法如图 6－24（*b*）所示。

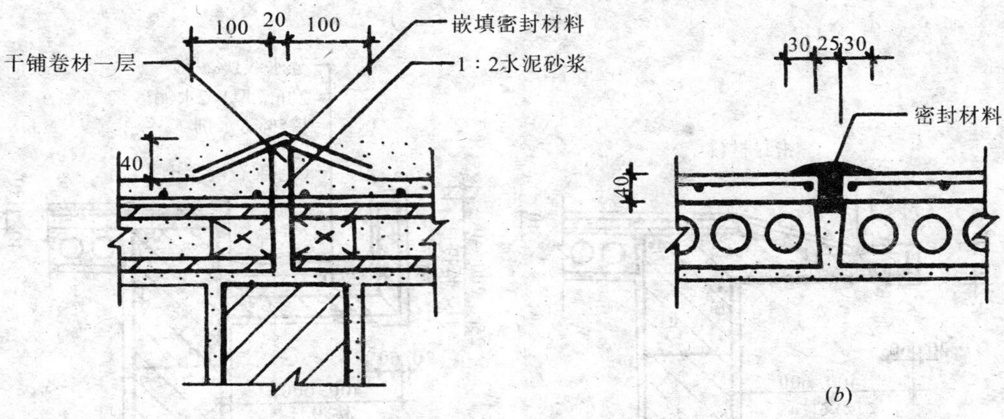

图 6－23　分格缝构造

（*a*）横向分格缝　（*b*）纵向分格缝

3. 挑檐口

挑檐口处应注意刚性防水层的收头处理，一般可用油膏等密封材料挤压密实封口，表面用 20 厚 1：2 防水砂浆覆面。图 6－25（*a*）为无组织排水时檐口的构造处理，挑檐板减薄以形成坡度，致使雨水快速下排；图 6－25（*b*）为有组织外排水中檐沟的构造处理，刚性防水层收头可与檐沟壁平或略挑入檐沟，连接处用密封材料嵌实，檐沟用防水水泥砂浆粉面。

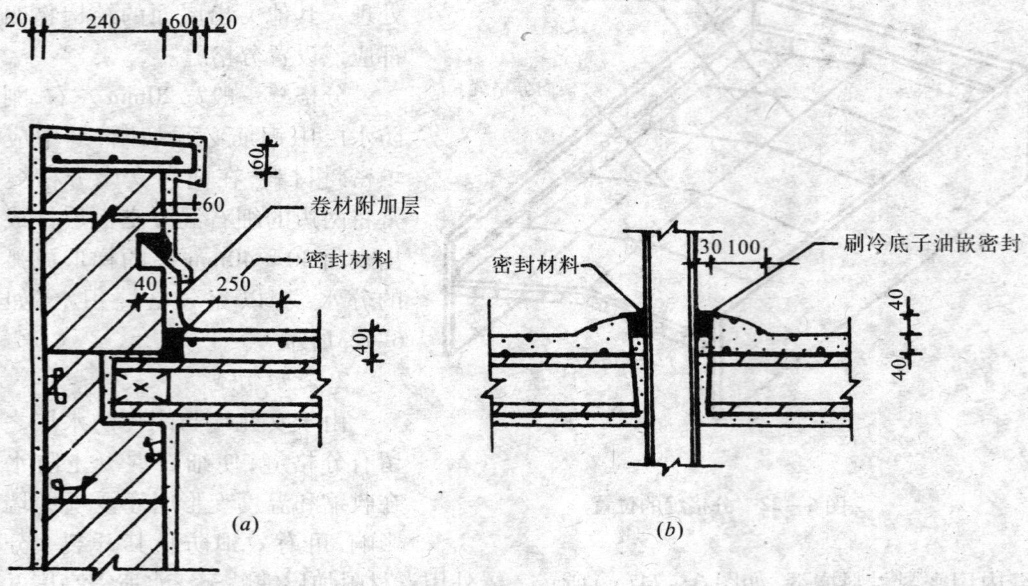

图 6－24　泛水构造

(*a*)女儿墙泛水　(*b*)透气管出刚性屋面

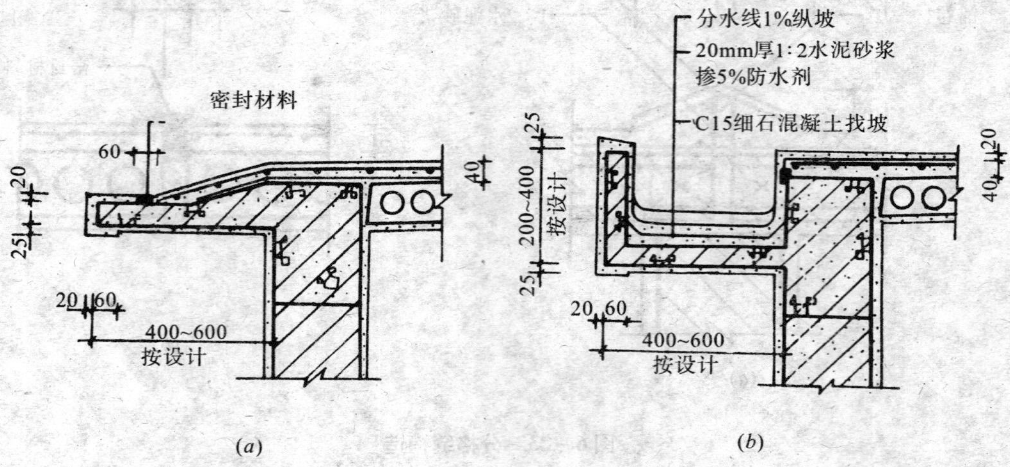

图 6－25　挑檐构造

(*a*)挑檐口　(*b*)挑檐沟

4. 雨水口

雨水口的形式及构造原理均与柔性防水屋面相同。当用于外檐沟或内天沟等处时，通常采用漏斗形铸铁定型雨水斗；为了防止连接处漏水，应在雨水口四周加铺宽度为200mm 的卷材附加层，并铺入雨水斗内用套管压紧，接缝处均用密封材料嵌填密实。当用于女儿墙外排水时，通常采用特制的弯管形雨水口穿过女儿墙，如图6－26 所示，在雨水口附近屋面上加铺一层卷材并延伸入雨水口内，雨水口周围用密封材料嵌填密实。

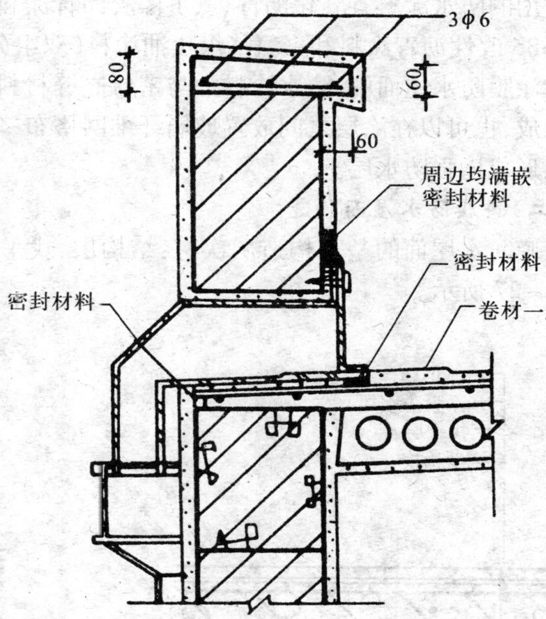

图6－26　刚性防水屋面女儿墙外排水雨水口

五、涂膜防水屋面

涂膜防水屋面是将防水涂料涂刷在屋面基层上，利用涂料干燥或固化以后的不透水性来达到防水的目的。涂膜防水层由于重量轻、施工方便、耐腐蚀、黏结力强，抗渗性能较好，已广泛用于各类防水工程中。

涂膜防水屋面主要适用于防水等级为Ⅲ、Ⅳ级的屋面防水，也可用做Ⅰ、Ⅱ级屋面多道防水设防中一道。

（一）防水涂料品种

按防水涂料的基本组成原料分类，可将防水涂料区分为沥青基防水涂料、高聚物改性沥青防水涂料和合成高分子防水涂料等三类。

沥青基防水涂料是以沥青为基料配制而成的水乳型或溶剂型防水涂料，其常用的分散剂为石棉和膨润土。这种涂料在耐水性、耐候性、稳定性和耐久性方面，优于一般乳化沥青。

高聚物改性沥青防水涂料是以石油沥青为基料，用合成高分子聚合物对其改性，加入适量助剂配制而成的水乳型或溶剂型防水涂料。与沥青基涂料相比，其柔韧性、抗裂性、强度、耐高温性能和使用寿命等方面都有很大改善。

合成高分子防水涂料是以合成橡胶或合成树脂为原料，加入适量的活性剂、改性剂、增塑剂、防霉剂及填充料等制成的单组分或双组分防水涂料，具有高弹性、防水性好、耐久性好、耐高低温的优良性能。如聚氨酯煤焦油涂料（又名851 涂膜防水胶），是以异氰酸脂为主料和以煤焦油为填充料而构成的双组份高分子涂膜防水材料。

防水涂料按其稀释剂类型可分为水乳型防水涂料（以水为稀释剂）及溶剂型防水涂料（以有机溶剂为稀释剂）等两种；按其成膜原理又可分为因稀释剂蒸发浓缩后自行交联

成膜和多组分反应成膜两类。

常用的防水涂料有乳化沥青、氯丁橡胶沥青涂料、再生橡胶沥青涂料、APP 防水冷胶涂料、SBS 改性沥青涂料和聚氨酯煤焦油涂料(双组分反应型)等。

在涂膜防水屋面中,防水涂料常与密封嵌缝材料配合使用。防水层一般由几层防水涂层组成,也可以在涂层之间放置玻璃纤维网格布、玻璃纤维毡、聚酯无纺布等胎体增强材料以形成增强防水层。

(二)涂膜防水屋面构造

涂膜防水屋面的基本构造层次有:结构层、找平层、涂膜防水层、隔离层、保护层等。如图 6-27 所示。

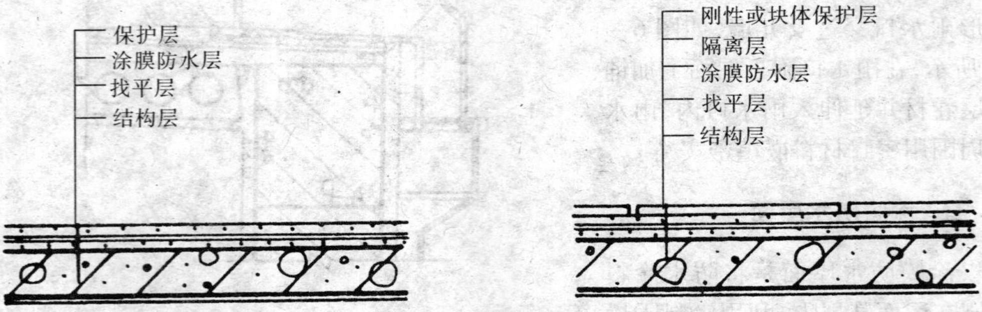

图 6-27　涂膜防水屋面的基本构造层次

1. 结构层

结构层一般采用现浇整体式或预制装配式钢筋混凝土屋面板。

2. 找平层

找平层作为涂膜防水层的基层,表面应平整光洁。当采用现浇钢筋混凝土屋面板时,可用 20mm 厚 1:3 水泥砂浆找平;当采用预制钢筋混凝土楼板时,为了加强其整体性,可用 40mm 厚 C20 细石混凝土整浇层作找平,内配 ϕ4ⓐ200 双向钢筋,表面粉平抹光。

无论采用何种找平层,均应设置分格缝,缝宽一般为 20mm,并嵌填密封材料。分格缝应留在结构板端处,其纵横间距不宜大于 6m,沿找平层分格缩缝应增设带胎体增强材料的空铺附加层,其宽度宜为 200~300mm。

3. 涂膜防水层

涂膜防水层对涂料品种的选择要求与防水卷材的选择要求相同,一般应依据屋面的防水等级、当地的自然条件和使用条件等情况做决定。当屋面坡度大于 25% 时(坡屋面),不宜采用沥青基防水涂料及成膜时间过长的涂料。对易开裂、渗水的部位,应留凹槽嵌填密封材料,并增设一层或一层以上带有胎体增强材料的附加层。水落管周围与屋面交接处,应做密封处理,并加铺两层有胎体增强材料的附加层,涂膜深入水落口的深度不得小于 50mm。

胎体增强材料一般采用玻璃纤维布,它的选用应与涂料性质相匹配。对于酸性涂料应使用低碱玻纤产品;对于碱性涂料则应使用无碱玻纤产品,以免在强碱涂料作用下,胎体增强材料因腐蚀而失效。

4. 保护层

涂膜防水层宜设置保护层。保护层的材料可采用细砂、云母、蛭石、浅色涂料、水泥砂浆或块材铺贴等。当采用水泥砂浆或块材时，应在涂膜与保护层之间设置隔离层，材料做法与前述相同。采用水泥砂浆做保护层时，厚度不宜小于20mm，为了防止砂浆开裂，可能砂浆内铺设钢丝网板。水泥砂浆保护层应设分格缝，其做法如前述。

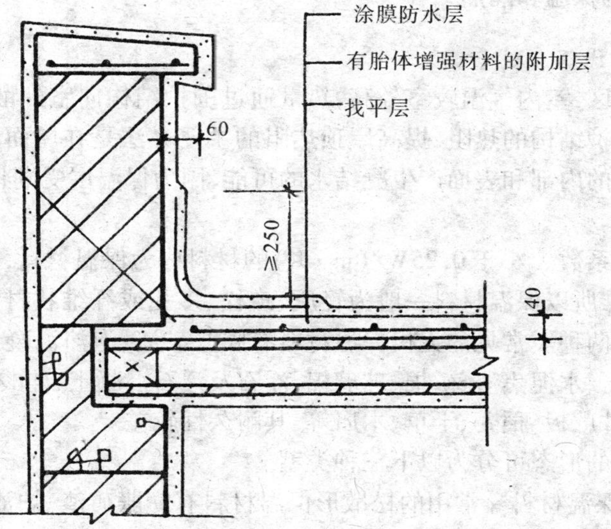

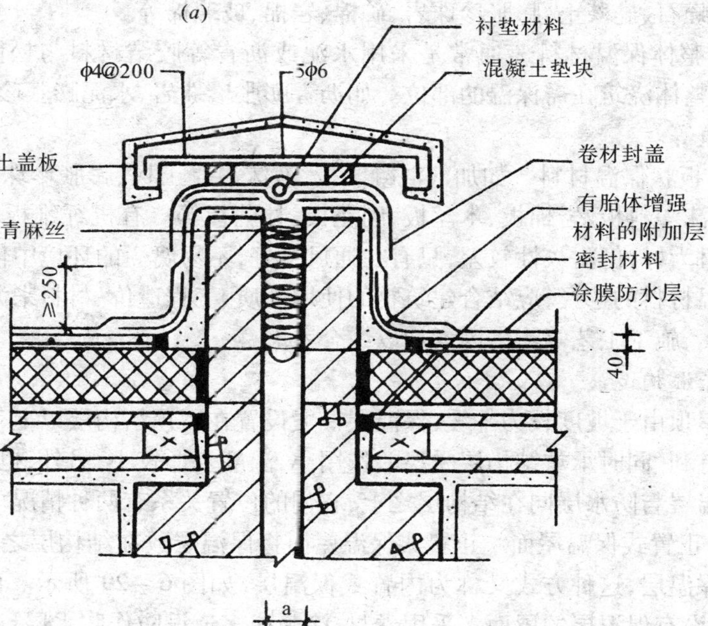

图6-28　涂膜防水屋面细部构造

(a)女儿墙泛水　(b)变形缝(屋面带保温片)

其他附加层如保温层、隔气层等的设置原则与防水卷材屋面相同。

涂膜防水屋面的细部构造要求及做法类同于卷材防水屋面，涂膜的附着力比卷材更好；但应注意薄弱环节必须加有胎体增强材料的附加层，防水层的收头应用密封材料封严。

图 6－28(a)为涂膜防水屋面女儿墙泛水构造，图 6－28(b)为变形缝构造。

六、平屋顶的保温和隔热

(一)平屋顶保温

冬季采暖地区，室内气温较室外高，热量通过围护结构向室外散失；减少热损失的主要措施是提高围护结构的热阻，提高屋顶热阻的主要办法是在屋面设置保温屋。同时也应防止围护构件的内部和表面产生凝结水的可能，因为保温层受潮将失去保温作用。

1. 保温材料

通常将导热系数 λ 小于 0.25W/(m·K)的材料称为保温材料，导热系数随材料孔隙率的增加而减少，所以保温材料一般为轻质、疏松、多孔或纤维状材料。按其成分有无机材料和有机材料两种。常见的无机保温材料有膨胀矿渣、泡沫混凝土、加气混凝土、膨胀珍珠岩、膨胀蛭石、水泥焦渣、矿棉、玻璃棉、浮石及浮石混凝土、硅酸盐制品等。有机保温材料如木丝板、甘蔗板、稻壳、干草、木屑等，其耐久性较差。

按保温材料的形态可分为以下三种类型。

(1)松散形保温材料　常用的松散形保温材料有膨胀矿渣、炉渣、粉煤灰、浮石、凝灰岩、膨胀蛭石、硅藻土、膨胀珍珠岩、矿棉、岩棉、玻璃棉等。

(2)整体保温材料　通常是采用水泥或沥青等胶结材料与松散状保温材料拌和而成，将其整体浇筑在需保温的部位。如沥青膨胀珍珠岩、水泥膨胀珍珠岩、水泥膨胀蛭石、水泥炉渣等。

(3)板状保温材料　如加气混凝土板、泡沫混凝土板、膨胀珍珠岩板、膨胀蛭石板、矿棉板、泡沫塑料板、岩棉板、木丝板、刨花板、甘蔗板等。有机纤维板材的保温性能一般较无机板材为好，但耐久性较差，只有在通风良好，不易腐烂的环境中使用。

保温材料的选择，应结合建筑物的使用性质、工程造价、材料来源、铺设的具体位置及构造方案、施工工艺等诸多因素加以综合考虑。

2. 保温构造

平屋顶由于坡度较为平缓，保温层一般设置在屋顶结构层以上，这样对室内的热稳定性较为有利，同时承重结构层受温差作用小，温度变形较小；另外，也比较符合受力情况。

保温层与防水层同在结构层之上，它们的位置关系有两种情况。

(1)正置式保温屋面　正置式保温屋面将保温层放在结构层之上，防水层之下，成为封闭的保温层，这种方式又称为内置式保温层，如图 6－29 所示。由于刚性防水层易开裂，所以设有保温层的屋面多采用卷材、涂膜或多道设防作防水层。

与非保温屋面构造相比，保温屋面增加了保温层和保温层上下的找平层及隔汽层。

保温层上设找平层是因为通常保温材料的强度较低，表面也不够平整，其上需经找平后才能铺贴防水卷材或涂刷防水涂料。

保温层下设隔汽层其因为冬季室内温度高于室外,室内空气中的水蒸气随热气流透过结构层孔隙向保温层渗透,使保温材料受潮而降低保温效果,严重时还会出现保温层冻结现象而导致屋面破坏。因此应在保温层下做一层隔蒸汽层,以阻止室内水汽进入保温层。隔汽层的常见做法是一毡一油,或涂二道沥青,或刷防水涂料一道。

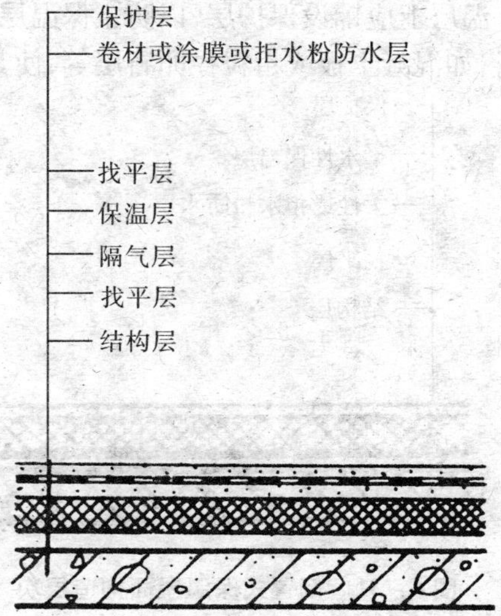

图 6－29　正置式保温屋面构造层次

利用卷材及涂膜防水的保温屋面设置隔汽层后,也带来一些不利因素。如保温层上下两面均被不透水的材料封住,内部残留的湿气反而排泄不出去,蒸汽压力将造成屋面防水层的破坏.所以必须采取相应措施,一般是在保温层中设置排气槽,槽内填塞大粒径的炉渣,既保温又通气,找平层相应位置也留有排气槽,并在其上干铺一层宽 200mm 的卷材,卷材用黏结剂单边点贴铺盖,如图 6－30(*a*)所示。排气槽应在整个屋面纵槽贯通,并与连通大气的排气孔相通,如图 6－30(*b*)所示。排气槽间距宜为 6m 左右,可与找平层分格缝兼用。排气孔的数量视基层潮湿程度而定,一般按屋面每 $36m^2$ 设置一个为宜。

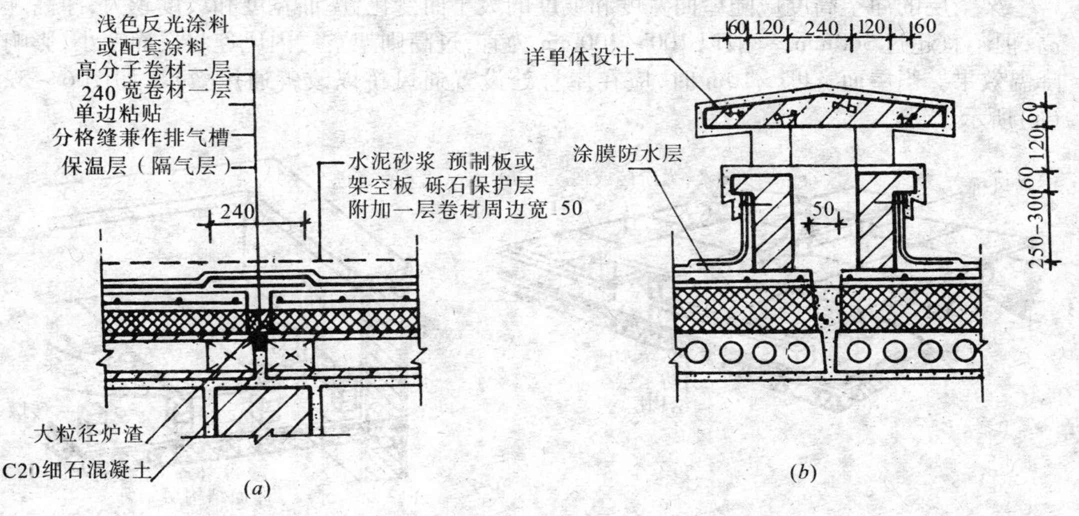

图 6－30　保温屋面排气措施

(*a*)排气槽构造、(*b*)排气孔构造

(2)倒置式保温屋面　是将保温层置于防水层之上,如图 6－31 所示,它的优点是能对防水层起到一个屏蔽和防护的作用,使之不受阳光和气候变化的影响,温度变形小,且不易受到来自外界的机械损伤。

倒置式保温屋面的保温材料应采用的吸湿性小的憎水材料,如聚苯乙烯泡沫塑料板、聚氨酯泡沫塑料板等,不宜采用如加气混凝土或泡沫混凝土这类吸湿性强的保湿材料。

保温层上应铺设保护层,以防止保温层表面破损和延缓其老化过程;应选择有一定重量的材料,如混凝土板或粗粒径卵石层等,使其足以压住保温层,而不致在下大雨时散乱或漂浮。

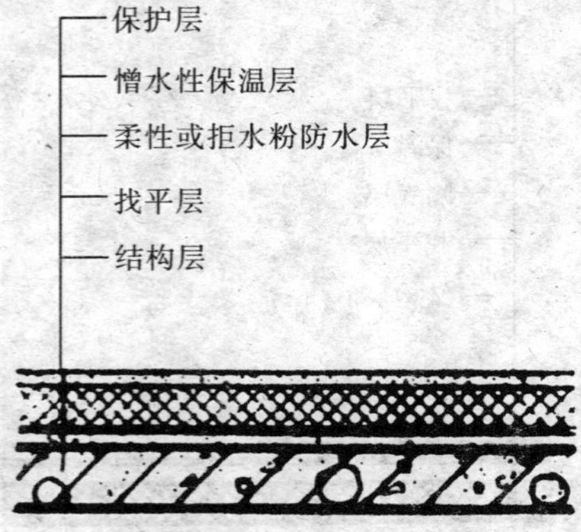

图 6-31 倒置式保温屋面构造层次

(二)平屋顶隔热

夏季炎热地区,太阳的辐射热导致了屋顶温度的剧烈升高,对房屋顶层的使用形成了较大的影响,因此应采取适当的构造措施解决屋顶的隔热和降温问题。常见的有下列方法。

1. 通风隔热屋面

通风隔热即在屋顶中设置通风间层,利用层间通风,不断带走热空气,使屋顶变成二次传热,从而减少传入室内的热量,达到隔热降温的效果。设置通风间层通常有两种方式:一种是在屋面上做架空隔热通风间层;另一种是在结构层下做吊顶设置通风间层。

(1)架空隔热通风间层　这种方式的通风层设置于防水层之上,对屋面有直接的保护作用。其架空层内空气可以自由流动,架空构件通常用砖、瓦、混凝土等预制品,其中用砖墩支承预制钢筋混凝土平板的做法最为普及,因为其具有混凝土平板预制简单,施工安装方便,砖墩高低可随意调节,适应性较强等优点。

架空层的净空高度应随屋面宽度和坡度的大小而变化:屋面宽度和坡度越大,净高越高,但不宜超过 360mm,一般以 100~300mm 为宜,过高则架空层内风速将反而变小,影响降温效果。当屋面宽度 > 10m 时,应在屋脊处设置通风桥以改善通风效果,如图 6-32(*a*)所示。

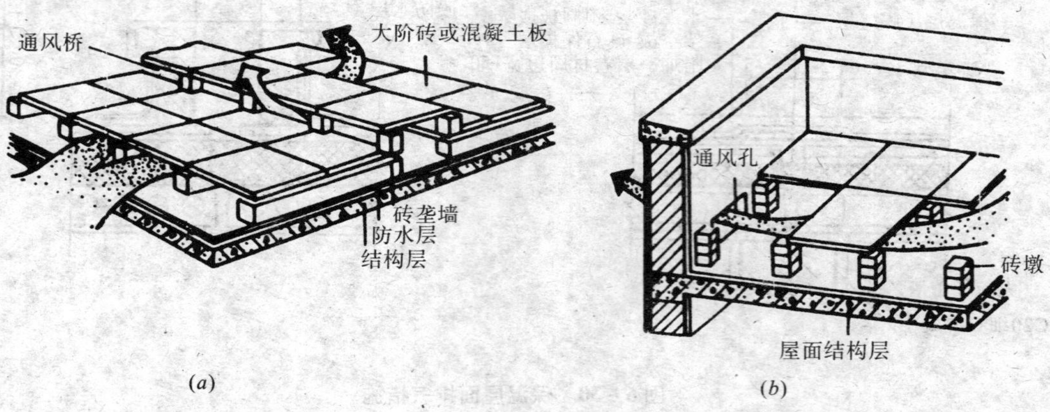

图 6-32 通风桥与通风孔

(*a*)架空隔热层与通风桥　(*b*)架空隔热层与女儿墙通风孔

当屋顶四周为女儿墙时,为了保证架空层内的空气流通顺畅,其周边应留设一定数量的通风孔,一般将通风孔留设在对着夏季主导风向的女儿墙上,如图 6-32(*b*)所示。如果在女儿墙上开孔有碍于建筑立面造型处理,也可以在屋顶周边离女儿墙 500mm 宽的范围内不铺架空板,以利于空气对流。

架空板的支承部分一般采用砖砌体，可以砌成条状砖垄墙，如图 6－32（*a*）所示，这时应尽可能将进风口布置在正压区，正对夏季白天主导风向，出口在负压区，使气流进出正负压关系明确，气流可更为通畅。但当通风孔不能朝向夏季主导风向时，应采用砖墩支承，如图6－32（*b*）所示，这种方式与风向无关，但通风效果不如前者。

（2）吊顶通风隔热间层　通风隔热间层设置在屋顶结构层之下，利用吊顶空间，并在檐墙上开设通风孔，以利于通风散热，如图 6－33 所示。吊顶通风隔热屋面通风效果好，但造价较高，一般在室内装修要求吊顶棚或顶棚内装有设备管道时，兼用做通风隔热间层。

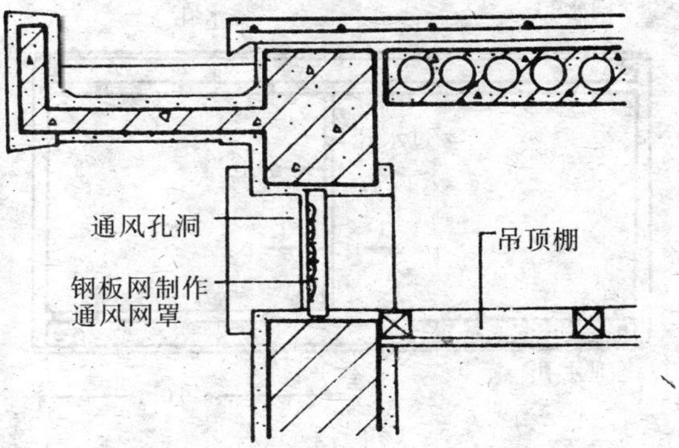

图 6－33　顶棚通风屋面

2. 实体材料隔热屋面

实体材料隔热屋面是利用实体材料的蓄热性能及热稳定性、传导过程中时间延迟、材料中热量的散发等性能，使其形成的隔热屋顶在白天太阳辐射情况下，内表面温度比外表面温度有较大的降低。采用的实体材料一般蓄热系数大，热稳定性较好，但自重大，当晚间气温降低时，再将白天吸收的热量释放出来。

这类屋面有蓄水隔热屋面、种植隔热屋面、大阶砖或混凝土板实铺上人屋面、砾石层隔热屋面等。

（1）蓄水隔热屋面　是在平屋顶上蓄一层水，利用水蒸发时，大量带走水层中的热量，从而降低屋面温度，起到隔热作用。水面还能反射阳光，减少阳光辐射对屋面的热作用。水层在冬季还有一定的保温作用。此外，如果采用细石混凝土刚性防水层，由于长期受到水的浸泡，混凝土处于水的养护中，不会干缩反而有较小的膨胀，可克服混凝土的干缩裂缝，使其强度和密实度有所提高，同时水也保护了密封膏等嵌缝材料，延缓其由于空气氧化作用引起的老化现象。由于水层的保护，防水层内外表面温差小，减少了防水层和基层的温度波动，克服了温度变形引起的裂缝。

蓄水屋面的构造设计应注意以下几点。

①蓄水屋面应全年蓄水，水层以保持天然雨水为主，补充少量自来水。水层厚度按屋面散热要求 50mm 即可，但太浅容易蒸发干，经常补充自来水造成管理麻烦，如若补充不及时，防水层暴晒将产生裂缝，造成渗漏。过深则会增加结构负担，一般选用 150～200mm 水深为宜。为了保证屋面蓄水深度均匀，蓄水屋面的坡度不宜大于 0.5%；可在现浇细石混凝土防水层时，随浇随抹出略微带坡的面层，目的是为了方便清扫屋面。

②蓄水屋面可用于刚性防水屋面，也可用于柔性防水屋面。用于刚性防水屋面较为普遍，应按规定做好分格缝。施工时可在细石混凝土整浇层内掺入 3%～5% 的防水剂，做成防水混凝土，防水层做好后应及时蓄水养护。

③蓄水屋面应根据屋面面积划分若干蓄水区段，称为分仓，以避免大风时引起波浪，并便于分区检修及清扫屋面。每个区段边长不宜超过 10m。

蓄水区段间用混凝土做成分仓壁，壁上留过水孔，使各蓄水区的水层相通，如图6－34（*a*）所示。如屋面有变形缝时，则两边设计或互不连通的蓄水区。

④为了检修或清扫屋面，应在每个蓄水区段内设1～2个泄水孔。为了便于排除屋面雨水，保持水层设计深度，应在蓄水池外壁上均匀布置若干溢水孔，通常间距3～4m，使水流入挑檐沟内，再排在雨水管中，如图6－34(*b*)所示。但是，屋面面积较小时或降雨量较少的地区，也可不设挑檐沟，溢水管和泄水管均通过女儿墙将水直接排入雨水管，如图6－34(*c*)所示。

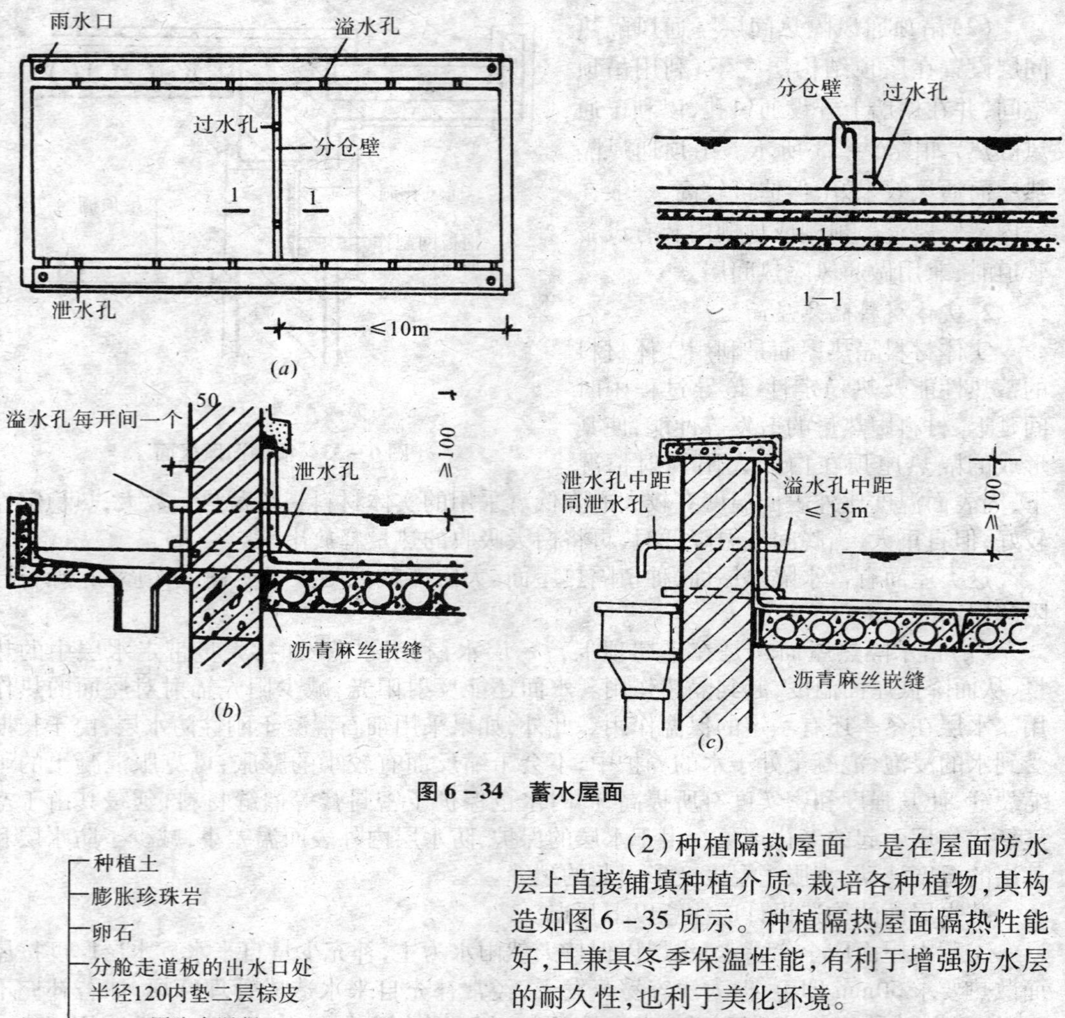

图6－34　蓄水屋面

（2）种植隔热屋面　是在屋面防水层上直接铺填种植介质，栽培各种植物，其构造如图6－35所示。种植隔热屋面隔热性能好，且兼具冬季保温性能，有利于增强防水层的耐久性，也利于美化环境。

种植隔热屋面应设人行道，四周应设围护墙及泄水孔、排水管。屋面为柔性防水层时，上部应设刚性保护层。

种植屋面的种植介质可分为有土种植和无土种植两类。有土种植即以土或土与其他轻质材料，如炉渣等的混合物为栽培介质。无土种植一般选用轻质材料作为栽培介质，以减轻屋顶负荷，常用的如谷壳、蛭石、陶粒、泥炭、锯末和珍珠岩等。

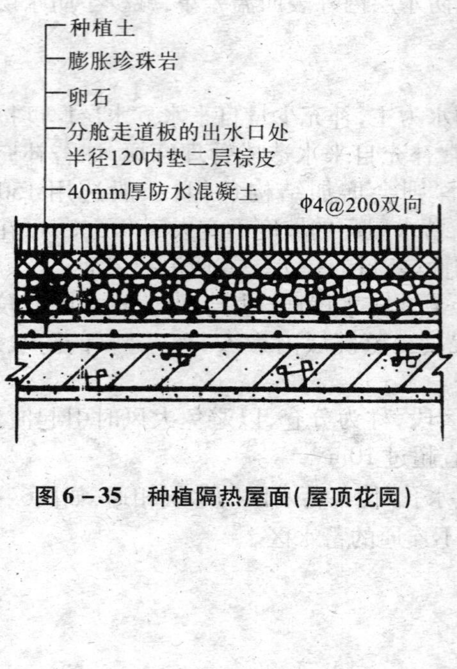

图6－35　种植隔热屋面(屋顶花园)

第三节　坡　屋　顶

一、坡屋顶的组成

坡屋顶是指排水坡度较大的屋顶。我国传统建筑较多地采用了坡屋顶，其常见式样可参见图 6－1。

坡屋顶的坡面组织是由房屋平面和屋顶形式决定的，对屋顶的结构布置和排水方式均有一定的影响。由于屋顶坡面交接的不同而形成了屋脊（正脊）、斜脊、斜沟、檐口、内天沟和泛水等不同部位和名称，如图 6－36 所示。水平的内天沟由于排水不畅、构造复杂，处理不当容易漏水，故应尽量避免。

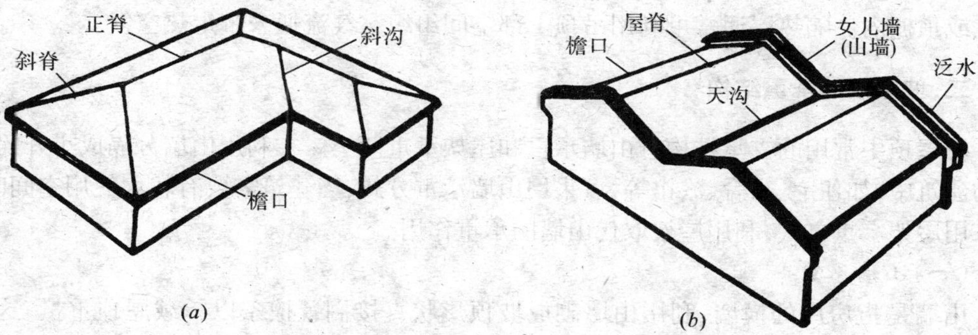

图 6－36　坡屋顶的坡面组织名称

(a)四坡屋顶　(b)并立双坡屋顶

坡屋顶一般由承重结构和屋面两个主要部分组成，视使用要求可附加吊顶及保温层、隔热层等辅助部分，如图 6－37 所示。

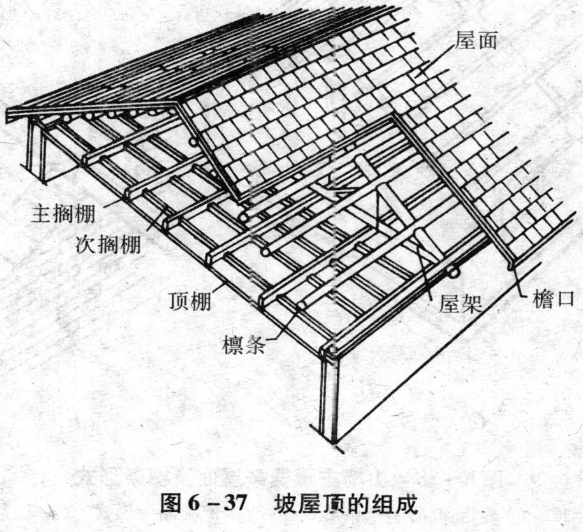

图 6－37　坡屋顶的组成

1. 承重结构

承重结构主要指屋架、屋面大梁或山墙等构件，它的主要作用是承受屋面荷载并将其传递给墙或柱。

2. 屋面

屋面是屋顶上部的覆盖层，它直接承受雨雪、风沙、太阳辐射等自然气候的作用。面层一般采用各类瓦材，瓦材下面是屋面基层，如椽子、望板、挂瓦条等，以保证瓦材铺设在可靠而平整的基面上。如果采用钢筋混凝土现浇和预制屋面板做基层，则表面可铺贴卷材防水、自防水或贴装饰瓦面层。

3. 吊顶

吊顶是坡屋顶下部的饰面层，它可使室内上部平整光洁，起保温、隔热和装饰作用。

4. 保温或隔热层

根据各地区的气候条件及视使用要求而定是否设保温层或隔热层。保温层可设在屋面上或顶棚内。隔热层通常可利用吊顶上部空间组织空气流通来带走热空气。

二、坡屋顶的承重结构

坡屋顶中常用的支承结构有山墙承重和屋架承重两类。在利用山墙分隔成小开间使用的建筑中，如住宅、宿舍、旅馆等，可采用山墙承重方式；当建筑需要有较大使用空间时，可采用屋架承重方式，利用屋架取代山墙的承重作用。

（一）山墙承重

山墙是指房屋的横墙，利用山墙砌成坡顶形状直接搁置檩条以承载屋顶重量，这种

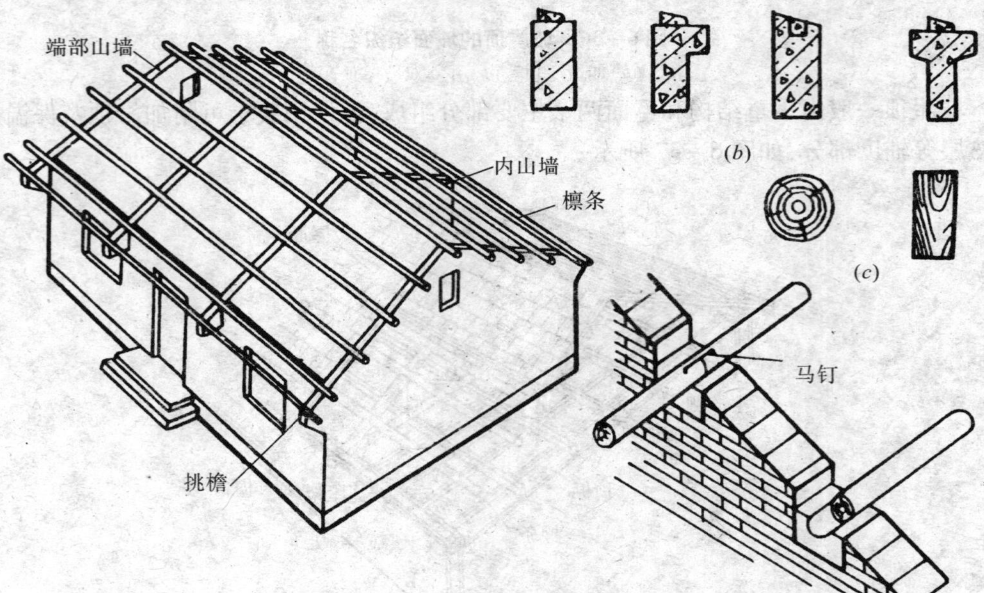

图 6－38　山墙支承檩条屋面及檩条形式

(*a*)山墙支檩屋顶　(*b*)钢筋混凝土檩条形式　(*c*)木檩条断面形式　(*d*)檩条下混凝土垫块

结构形式称为“山墙承重”或“硬山搁檩”,如图 6 - 38(*a*)所示。

山墙的间距即檩条的跨度,应尽可能统一,檩条常用钢筋混凝土或木材制作。

钢筋混凝土檩条跨度一般为 3 ~ 6m,其断面有矩形、L 形和 T 型,具体尺寸经结构计算确定,目前各地均有标准图集可供选用参考。钢筋混凝土檩条放置在山墙上时,应预先在山墙上搁置混凝土垫块。为了在檩条上固定瓦屋面木基层,常在钢筋混凝土檩条上预留 ф4 钢筋头再钉木条,木条断面呈梯形,尺寸为 40 ~ 50mm 的方木条对开,如图 6 - 38(*b*)所示。

木檩条的跨度一般应在 4m 以内,其断面多为圆形或矩形,断面尺寸须经计算确定。采用木檩条要注意搁置处的防腐处理。一般是在端头涂以沥青并在搁置点 *F* 设有混凝土垫块,以便荷载的均匀分布,如图 6 - 38(*c*)所示。

檩条之间的间距大小与屋面望板的厚薄或椽子的截面尺寸有关。直接在檩条上钉本望板者,檩条间距为 700 ~ 900mm;望板与檩条之间加钉椽子时,檩条间距可适当放大至 1 ~ 1.5m。

(二)屋架承重

屋架承重即利用屋架来架设檩条以支承屋面荷载,通常屋架搁置在房屋的纵向外墙或柱上,房屋中间没有墙或柱,扩大了建筑的使用空间。当房屋内部可以允许设置纵向承重墙或柱时,也可作为屋架的支撑点;如利用纵向走道的内墙,可设计成四支点的屋架。屋架的间距即房屋的开间尺寸,也是檩条的长度,一般应等开间排列,以便统一屋架类型和檩条尺寸。民用建筑屋架间距通常为 3 ~ 4.5m,需大跨度时可用 6m 左右。

屋架由上弦、下弦及腹杆组成。上弦处于屋架的顶部,左右各一根,构成人字形,当屋架承受垂直荷载时是受压构件;下弦为屋架的下部杆件,是受拉构件。除上、下弦外,其余杆件称腹杆,其中倾斜者为斜杆,垂直者为直杆。屋架各部分的组成名称如图 6 - 39 所示。

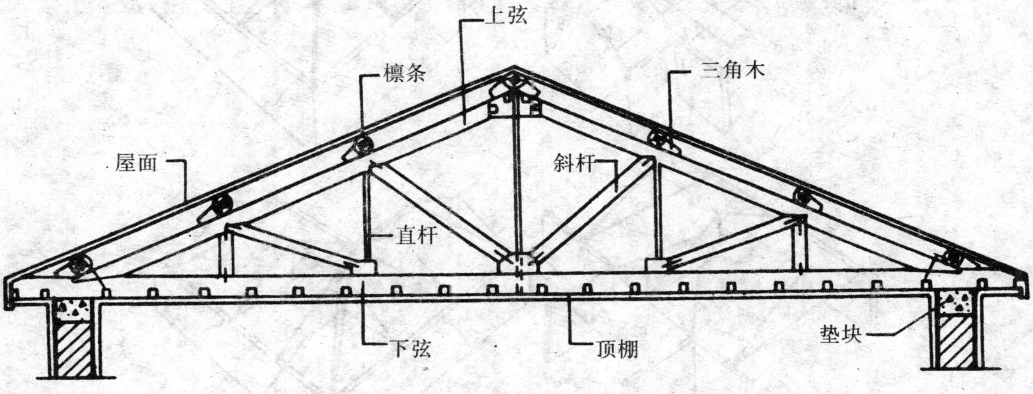

图 6 - 39 屋架组成

一般中、小跨度的屋架有用木、钢木或钢筋混凝土制作,大型屋架可采用钢或钢筋混凝土制作。屋架的形式有三角形、梯形、多边形、弧形等。屋架材料和形式的选择应根据房屋跨度、屋顶形式和屋面材料来考虑。三角形屋架构造及施工均较简单,无论何种瓦材均可适用,跨度小时全部构件可用木制,跨度大时则可将受拉杆件改为钢料成为钢木混合屋架,其中的霍式屋架是应用最为广泛的一种,如图 6 - 40 所示。

房屋垂直相交处，及四坡屋顶端部的结构布置，基本上有两种方法，第一种为檩条搁在檩条上，结构简单，施工方便，但不宜用于无吊顶的房屋，因结构部分不很整齐，常用在插入屋顶跨度不大的情况；另一种则为利用半屋架或斜大梁的情况，如图 6－41 所示。

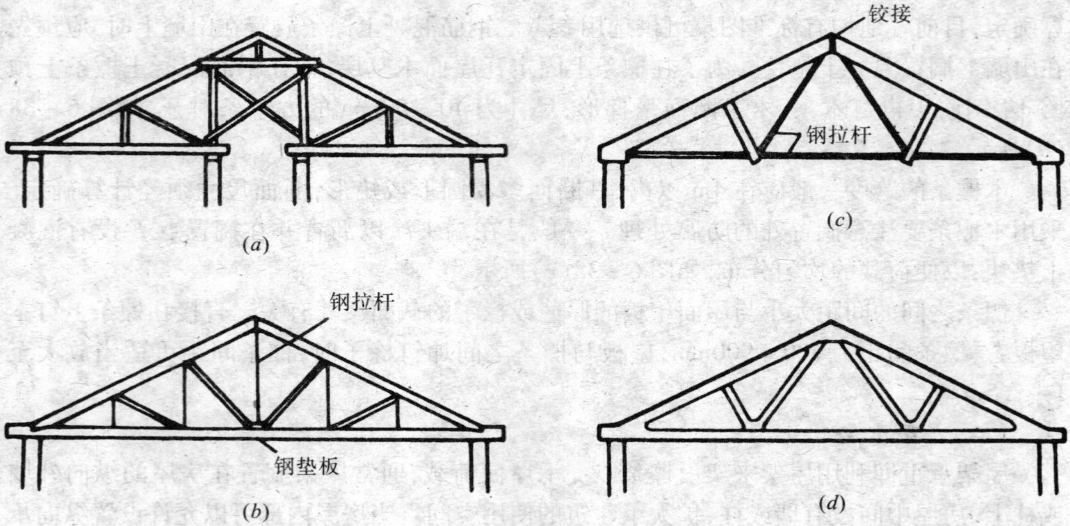

图 6－40　屋架形式

(*a*)四支点木屋架　(*b*)钢木组合霍式屋架　(*c*)、(*d*)预制钢筋混凝土屋架

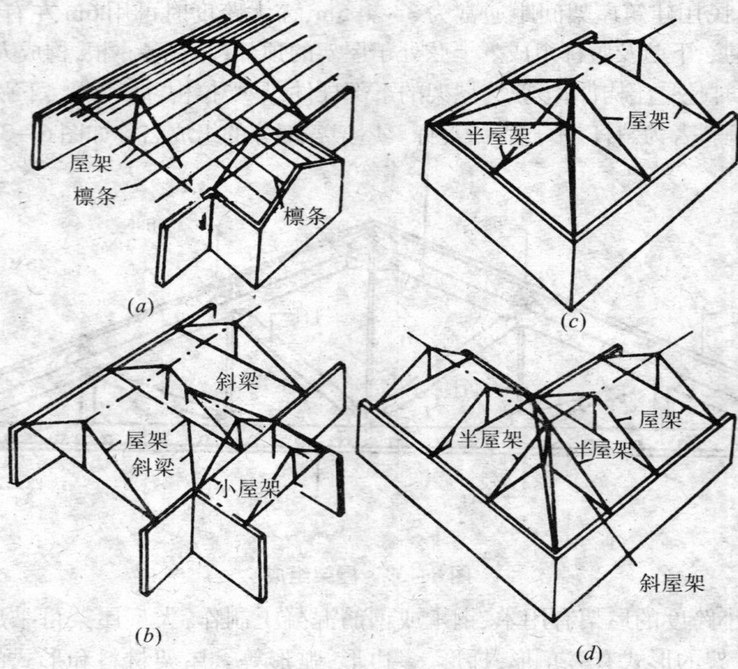

图 6－41　屋架布置示意

(*a*)房屋垂直相交　(*b*)房屋垂直相交斜梁搁在屋架上

(*c*)四坡顶端部，半屋架搁在全屋架上　(*d*)房屋转角处，半屋架搁在全屋架上

三、平瓦屋面

平瓦又称黏土瓦或机平瓦，它是用黏土压模制成后焙烧而成的瓦片。瓦的上表面留有沟槽作为排水之用，瓦的两边及上下留有槽口，以便瓦的相互搭接。瓦的背面有凸缘及小孔用以挂瓦及穿铁丝固定。其他如水泥瓦，硅酸盐瓦等，均基本仿照黏土平瓦的瓦形，在构造上没有区别，如图 6－42 所示。

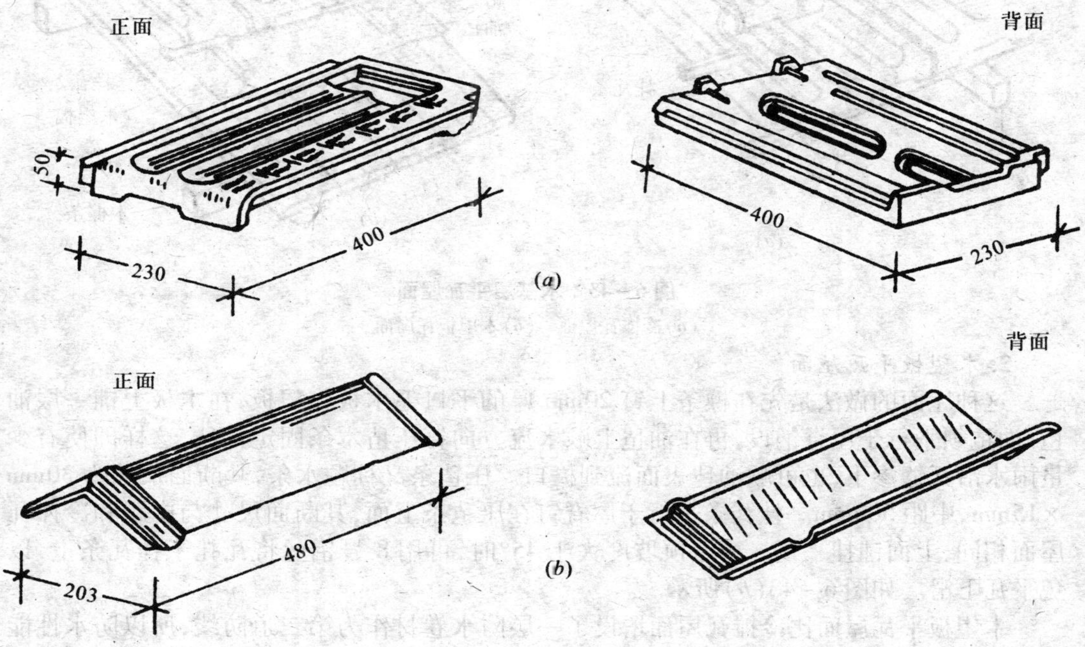

图 6－42　平瓦

(*a*)平瓦　(*b*)脊瓦

平瓦的规格尺寸各地不一致，大约为：长 380～420mm，宽 230～250mm，厚 50mm（净厚约 20mm）。由于每块瓦覆盖面积不大，接缝较多，应迅速排除雨水，屋面坡度要求在 1∶2 以上。

平瓦屋面造价比较便宜，易于就地取材，施工方便，因此在民用建筑中采用较普遍。但是，平瓦构件尺寸小，强度低，单块覆盖面积有限，因而形成了瓦、挂瓦条、椽子、檩条等重叠构造，而且平瓦屋顶耗用木材多，自重也大，所以目前大中城市里也较少用。

（一）平瓦屋面的做法

平瓦屋面根据基层的不同有三种常见做法：冷摊瓦屋面、木（或混凝土）望板瓦屋面、钢筋混凝土挂瓦板屋面。

1. 冷摊瓦屋面

冷摊瓦屋面先在檩条上顺坡方向钉木椽子，椽子的断面一般为 40mm × 60mm 或 50mm × 50mm 的方木条，也可用圆木或半圆木条，中距 400mm 左右；然后在垂直于椽子钉上挂瓦条，最后盖瓦。挂瓦条的断面尺寸一般为 30mm × 30mm，中距 330mm，如图 6－43(*a*)所示。

冷摊瓦屋面的基层构造较简单，一般用于南方不保温建筑物屋顶；由于风雪等易从瓦缝侵入室内，所以北方地区只能用于等级低的临时建筑。

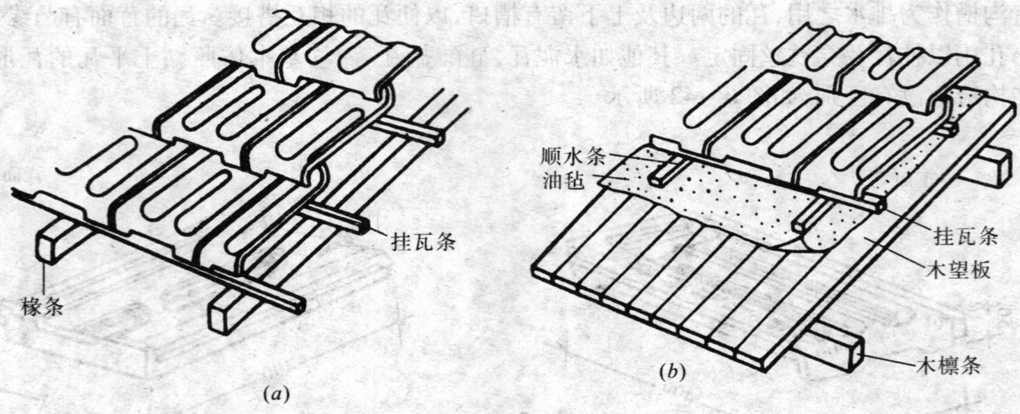

图 6－43　木基层平瓦屋面

(a)冷摊瓦屋面　(b)木望板瓦屋面

2. 木望板平瓦屋面

这种屋面的做法是先在檩条上钉 20mm 厚的平口毛木板作望板，在木板上铺一层油毡，油毡须平行于屋脊铺设，再在油毡上顺水流方向钉压毡木条固定油毡，这样即使有少量雨水沿瓦缝渗下，也可顺油毡表面流到檐口。压毡条又称顺水条，其断面尺寸为 30mm ×15mm，中距 500mm。挂瓦条平行于屋脊钉在压毡条上面，其断面尺寸与中距和冷摊瓦屋面相同，上面铺挂平瓦。当屋顶坡度大于 45°时，可用 8 号铝丝将瓦扎于挂瓦条上，以免平瓦下滑。如图 6－43(b)所示。

木望板平瓦屋面比冷摊瓦屋面增设了一层防水卷材作为第二道防线，所以防水性能更好；木椽子换成木望板后，既便于铺设油毡，同时也提高了屋顶的保温隔热性能。但它比冷摊平瓦屋面多耗用木材，也增加了造价。

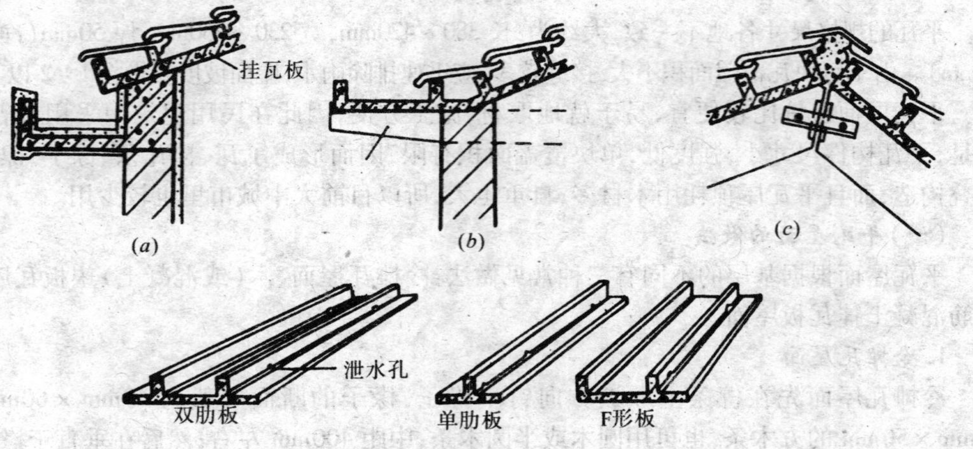

图 6－44　钢筋混凝土挂瓦板平瓦屋面

3. 钢筋混凝土挂瓦板平瓦屋面

这种屋面的特点是利用预制预应力或非预应力的钢筋混凝土挂瓦板，直接搁置在山墙或屋架上，可以代替一般平瓦屋面的檩条、椽子、木望板和挂瓦条等功能。在挂瓦板上直接铺挂平瓦，既节约了大量木材，又得到了平整的底平面，如图 6－44 所示。

挂瓦板的尺寸应与瓦的尺寸相符，通常有倒 T 形或倒 F 形断面形成。为了排除由瓦面渗漏至挂瓦板的雨水，须在板肋根部留泄水孔。挂瓦板间的缝隙应采用 1：3 水泥砂浆填嵌。挂瓦板与山墙或屋架的固定，可将挂瓦板两端预留小孔套入预埋在山墙或屋架上的钢筋，并用水泥砂浆窝牢。

挂瓦板屋面的坡度不宜小于 1：2.5。

（二）平瓦屋面的细部构造

1. 纵墙檐口

坡屋顶的檐口一般有挑檐和包檐两种。

（1）挑檐口　挑檐指屋面伸出外墙的部分，对外墙起保护作用。一般南方多雨，出挑较大；北方少雨，出挑少些。挑檐的构造与出挑长度有关。一般有下列几种方式：

①砖砌挑檐　出挑较少时可采用砖砌挑檐，即在檐口处将砖逐皮向外挑出一砖厚（60mm），直到挑出总长度不大于墙厚的一半为止，如图 6－45（*a*）所示。

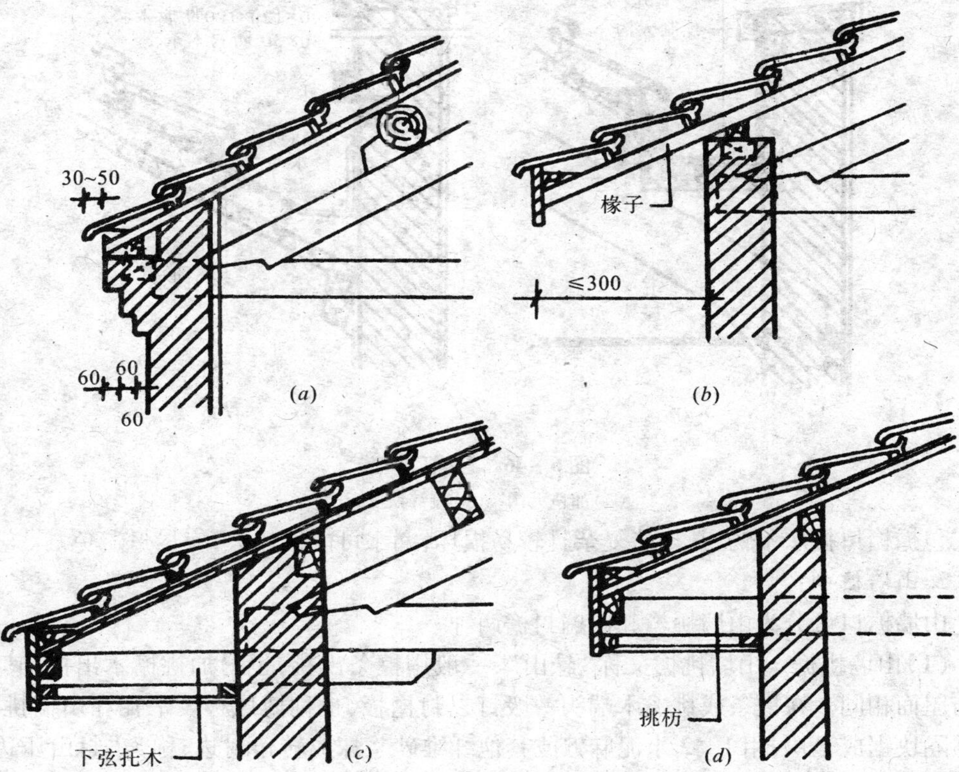

图 6－45　坡屋顶挑檐口构造

②挑椽挑檐　利用已有的椽子或另加椽子挑出作为檐口的支托，如图 6 –45(*b*)所示，挑出长度不宜超过 300mm。檐口处可将椽子外露或钉封檐板。

③挑檐梁挑檐　当出挑长度较大时，以上两种方法均不足以支承挑檐重量，必须在屋架下或横墙中设置木或钢筋混凝土挑檐梁，在挑檐梁上安放檩条，支承挑出的屋面，在挑出的椽子上钉 20mm 厚 200mm 高的木封檐板，使檐口外形挺直，并可封闭檐口顶棚，如图 6 –45(c)、(d)。

④钢筋混凝土檐沟挑檐　钢筋混凝土檐沟可采用现浇或预制装配两种方法。采用现浇方法一般与檐墙圈梁结合成一个整体，挑檐长度即檐沟的宽度，一般为 300 ~ 400mm，如图 6 –44(*a*)。采用挂瓦板的屋面常用钢筋混凝土挑檐梁来支承预制檐沟板，如图 6 –44(*b*)。檐口或檐沟板的出挑长度应根据需要和挑檐梁的承载能力而定。

(2)包檐口　包檐即将檐墙砌高出屋面形成女儿墙，以遮挡檐口。女儿墙与屋架或山墙交接处须架设天沟。开沟最好采用钢筋混凝土槽形天沟板，沟内铺设卷材防水层，并应将卷材一直铺到女儿墙上形成泛水，如图 6 –46(*a*)。另一种做法是采用镀锌铁皮制作檐沟，铁皮伸入瓦片下，并做好与女儿墙交接的泛水处理，如图 6 –46(*b*)。

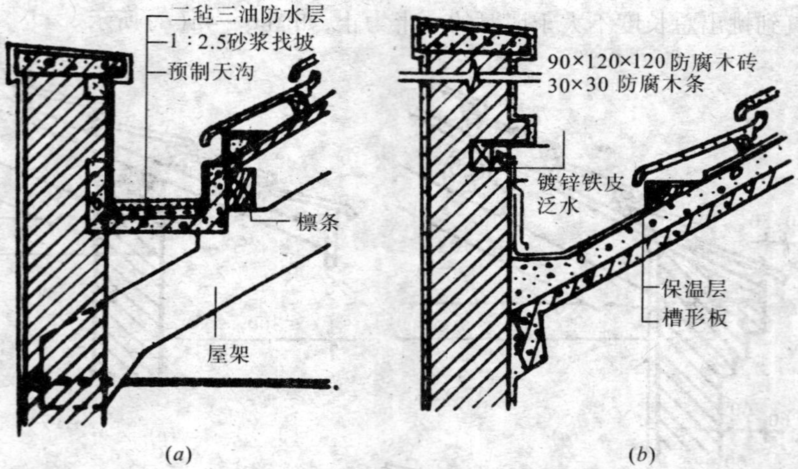

图 6 –46　包檐口构造

(*a*)油毡无沟　(*b*)镀锌铁皮天沟

包檐檐口排水不畅，其构造复杂且较易损坏，漏水可能性较大，应尽量避免。

2. 山墙檐口

山墙檐口可分为山墙挑檐和山墙封檐两种

(1)山墙挑檐　山墙挑檐又称“悬山”，一般用檩条出挑，也另加挑檐木出挑，其上做法与屋面相同。在檩条或挑檐木端头一般钉以封檐板，也称博风板。平瓦在山墙挑檐边必须隔块锯成半块，用 1：2 水泥麻刀或其他纤维砂浆抹成转角封边，称为“封山压边”或“瓦出线”。挑檐下也可以和纵墙挑檐一样在檩条下钉顶棚搁栅做檐口顶棚，如图 6 –47 所示。

(2)山墙封檐　山墙封檐包括硬山和出山。硬山的做法是屋面与山墙齐平，或挑出一二皮砖，然后用水泥砂浆抹压边瓦出线，如图 6－48（*a*）所示。

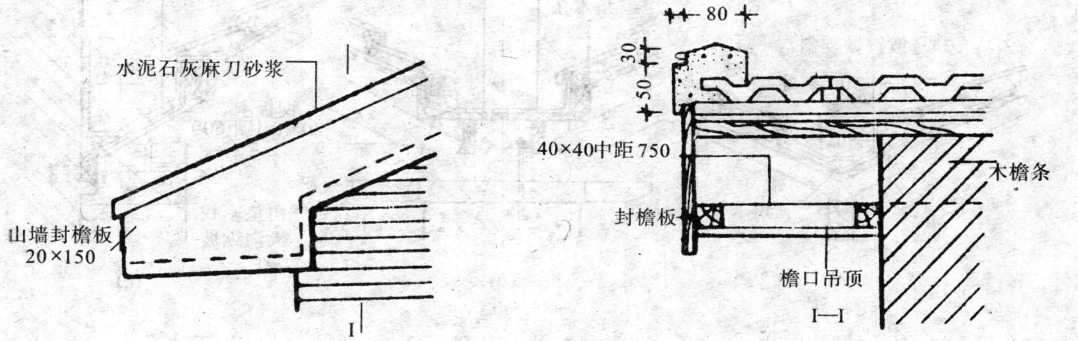

图 6－47　山墙挑檐构造

出山的做法是将山墙砌出屋面，高达 500mm 者可作封火山墙。山墙与屋面交界处的泛水，是容易漏水的关键地方，常见的构造处理方法有挑砖（或压顶）做砂浆抹灰泛水、用水泥纸筋灰砂浆窝小青瓦及采用镀锌铁皮泛水等，如图 6－48（*b*）、（*c*）所示。

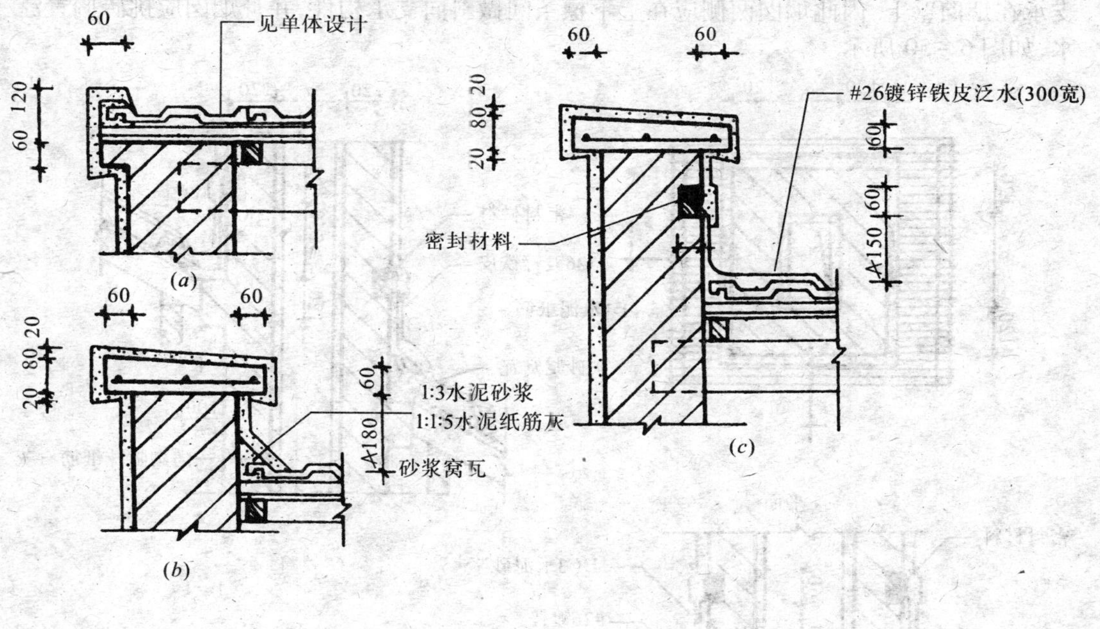

图 6－48　山墙封檐构造

（*a*）硬山　（*b*）、（*c*）出山

3. 天沟和斜沟

天沟是设在两跨屋面之间或高低跨屋面相交处的排水沟。斜沟则是由于两个坡屋面垂直相交时形成的 45°斜向沟。天沟和斜沟应有足够的截面积来负担屋面雨水量。沟内一般采用镀锌铁皮铺在木板上，应连接牢靠，镀锌铁皮伸入瓦片下应至少 150mm，如图 6－49 所示。

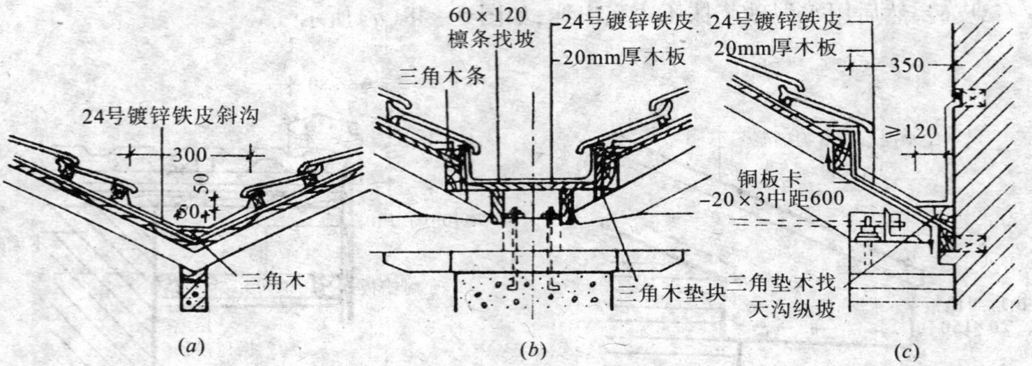

图 6－49　天沟、斜沟构造

（*a*）三角形斜沟　（*b*）矩形天沟（双跨屋面）　（*c*）高低跨屋面天沟

4. 烟囱泛水

烟囱穿过屋顶时，由于屋面木基层与烟囱接触时，容易引起火灾，故同时存在防火和防水问题。建筑防火规范要求木基层距烟囱外壁应保持足够距离（＞50mm），不能直接支承在烟囱壁上，因此烟囱两侧应在上下檩条间做斜向支承构件，并且烟囱应挑砖搁置泛水，如图 6－50 所示。

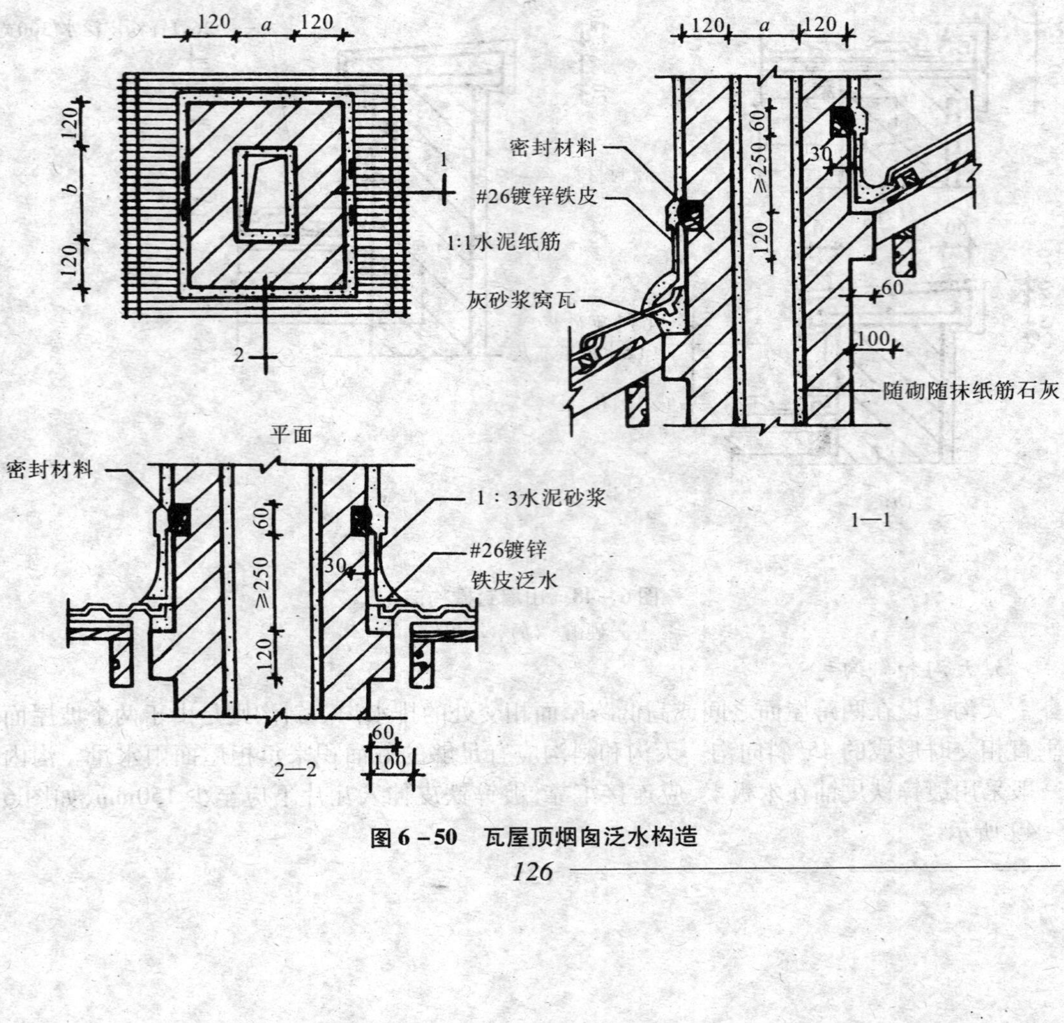

图 6－50　瓦屋顶烟囱泛水构造

复习思考题

1. 屋顶的设计要求有哪些?
2. 平屋顶通常由哪些构造层次组成?
3. 平屋顶找坡时结构找坡与材料找坡有何区别?
4. 目前常用的防水卷材有哪些?
5. 刚性防水屋面为何需设分格缝?

第七章

门 和 窗

门和窗在房屋中起着十分重要的作用。门主要用做交通联系；窗的主要功能是采光、通风及眺望等。门窗作为建筑物围护或分隔构件的重要组成部分，应能阻止风、雨、雪等自然因素的侵蚀，并须满足隔声要求。此外，门窗在建筑形象中，无论是对外观或室内装修，都起着很大的作用。

在设计门窗时，应根据有关规范和房屋的使用要求以及整体美观要求来决定它们的数量、大小、尺度、位置、开启方式和方向等；在构造上应保证其坚固耐用，开启方便灵活、关闭严密，便于维修和清洁。

门和窗在制作生产上，已基本实现了标准化、规格化和商品化；主要材料品种的门窗，全国和地方均有标准图集，因此要求设计中选用门窗时尺寸规格应统一，符合模数制要求，以适应工业化生产的需要。

除常用的普通门窗外，在某些建筑物中还须设置特殊用途的门窗，如保温门窗、隔声门窗、防火门窗、防盗门窗、防辐射门窗等。

门窗按制作材料可分为木门窗、钢门窗、铝合金门窗、塑料门窗、不锈钢门窗、玻璃钢门窗、涂色镀锌钢板门窗及其他一些材料的门窗。20 世纪 80 年代以前国内以采用木门窗和钢门窗为主，但木材易腐烂变形，且浪费森林资源；钢材易锈蚀，故耐久性均较差，且密闭性差，造型效果不尽如人意。随着建材工业的发展，目前的门窗品种变得丰富多彩，外门窗中采用较多的是铝合金门窗和塑料门窗，从耐久性、密闭性及造型效果上都有了较大的改善。木门窗则被较多地用于室内，用于取得亲切和谐的室内空间气氛。

第一节　门和窗的形式及尺度

一、门的形式及尺度

（一）门的形式

门的形式由它的开启方式决定，常见的有：平开门、弹簧门、推拉门、折叠门、转门、卷帘门等，如图 7－1 所示。

1. 平开门

平开门是水平开启的门,它的铰链装于门扇的一侧与门框相连,使门扇围绕铰链轴转动。其门扇有单扇、双扇和向内开、向外开之分。平开门构造简单,开启灵活,加工制作简便,易于维修,是建筑中最常见,使用最广泛的门。

2. 弹簧门

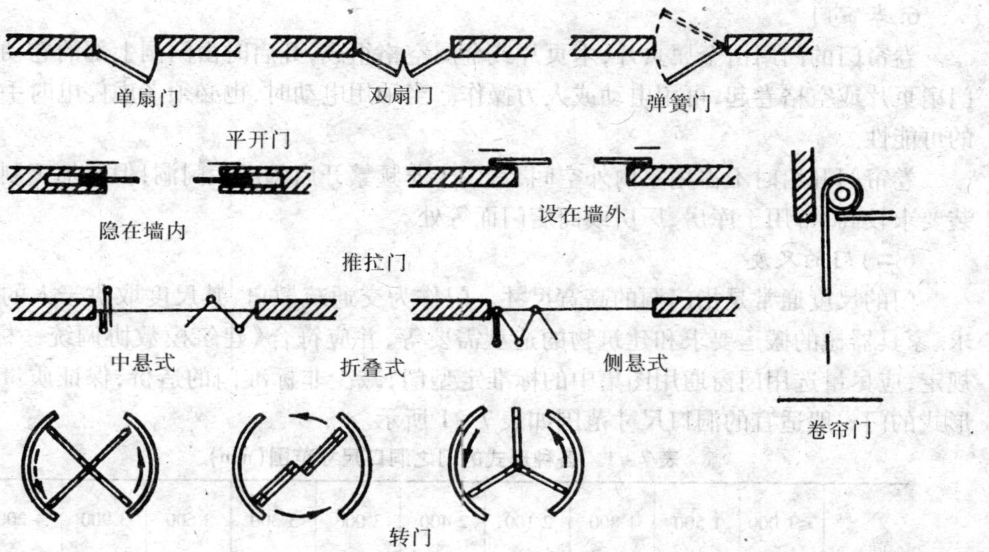

图 7-1 门按开关方式分类

弹簧门的形式与平开门相同。不同的是侧边用弹簧铰链代替普通铰链,或下面用地弹簧传动,借助弹簧的力量使门扇经常保持闭合。弹簧门根据所选用的弹簧铰链,可以结合使用要求做成单向开启或双向开启,单向开启称为单面弹簧门;双向开启称为双面弹簧门。弹簧门也可以是单扇或双扇。弹簧门的构造与安装比平开门复杂,大都用于人流出入较频繁或有自动关闭要求的场所。门上一般都安装玻璃,以免相互碰撞。

3. 推拉门

推拉门开启时门扇沿上下轨道左右滑行。可做成单扇或双扇,可以藏在夹墙内或贴在墙面外。推拉门一般可分为上挂式、下滑式两种,上挂式指采用门上导轨承受门的重量,一般用于门扇高度 $<4m$ 时;当门扇高度 $>4m$ 时多用下滑式,用下导轨承受门的重量。

推拉门开启时不占地方,门扇受力合理,不易变形;但安装及加工精度要求较高,关闭时难以密缝,构造较复杂。在比较高级的场所还经常采用自动传感控制的推拉门。

4. 折叠门

折叠门可分为侧挂折叠、侧悬折叠和中悬折叠三种类型。侧挂折叠式构造较简单,可使用普通铰链,门扇之间也用铰链相连,但一般一边只能挂两扇门,不适用于宽大的门洞。侧悬和中悬折叠门均须装滑轮及导轨,每一门扇之间连以铰链,开启时门扇通过滑轨沿着导轨移动。侧悬式的滑轮装在门扇一端,开启时比较灵活省力;中悬式的滑轮装在门扇上下边的中间位置,推动一扇可牵动多扇,开关时比较费力。

5. 转门

转门由三或四扇门扇连成风车形，在两个弧形的门套内旋转。这种门对防止室内外空气的对流有一定的作用，可作为寒冷地区有采暖建筑或有空气调节的建筑的外门，但不能作为疏散门，一般应在转门两侧另设平开或弹簧门作为疏散门。

转门的构造复杂、造价高，一般仅用在高级场所的门厅等处。

6. 卷帘门

卷帘门的门扇由金属页片，木页片或金属空格组成，开启时由门洞上部的卷动滚轴将门扇页片或空格卷起，可用电动或人力操作。当采用电动时，也必须考虑停电时手动操作的可能性。

卷帘门开启时不占用室内外空间，常用于非频繁开启的高大门洞，但对加工制作及安装要求较高，常用于库房、厂房或商店门面等处。

（二）门的尺度

门的尺度通常是指门洞的高宽尺寸。门作为交通疏散口，其尺度取决于人的通行要求、家具器械的搬运要求和建筑物的造型需要等，并应符合《建筑模数协调统一标准》的规定，应尽量选用门窗通用图集中的标准定型门，减少非标准门的造价，保证质量。各种形式的门一般适宜的洞口尺寸范围如表 7－1 所示。

表 7－1　各种形式的门之洞口尺寸范围（mm）

高＼宽	≤1 000	1 500	1 800	2 100	2 400	3 000	3 300	3 600	3 900	4 200
2 100	PTL	PTL2	PTL2	PTL2						
2 400	PTL	PTL2	PTL2	PTL2	PLF					
2 700	PTL	PTL	PTL	PT	PLF	PLDFS	PLDFSJ			
3 000		PL	PL	PL	PLF	PLDFS	PLDFSJ	LDFSJ		
3 300					PLF	LDFS	LDFSJ	LDFSJ		
3 600						LDFS	LDFSJ	LDFSJ	LDSJ	
4 200								LDFSJ	LDSJ	LDSJ
5 100										LDSJ

说明：P——平开门，T——弹簧门，L——推拉门，D——折叠门，F——上翻门，S——升降门，J——卷帘门，Z——转门。此表摘自建筑设计资料集（第二版）第 9 集。

1. 居住建筑中门的尺度

居住建筑中，门的宽度：单扇门为 700～1 000mm，其中户门取 1 000mm，房间取 900mm，阳台门及厨房门取 800mm，卫生间及储藏室等门取 700～800mm。双扇门一般为 1 200～1 500mm。如果阳台及客厅门采用多扇门或门连窗形式，则宽度根据实际需要定。

门的高度：一般为 2 000～2 200mm，如设有亮子（腰头窗），则高度应增加 300～600mm。住宅门的常见高度为 2 000～2 700mm。

2. 公共建筑中门的尺度

公共建筑中门的尺度应比居住建筑略大。一般单扇门洞口宽为 900～1 000mm，双扇门为 1 200～1 800mm；高度为 2 100～2 400mm，带亮子的应增加 300～900mm 高度。对外的主门可采用多扇，其尺度可根据使用和立面造型需要设计。

二、窗的形式及尺度

(一)窗的形式

窗的形式一般由其开启方式决定。而开启方式取决于窗扇的铰链安装位置和如何转动。通常有以下几种窗。

1. 固定窗

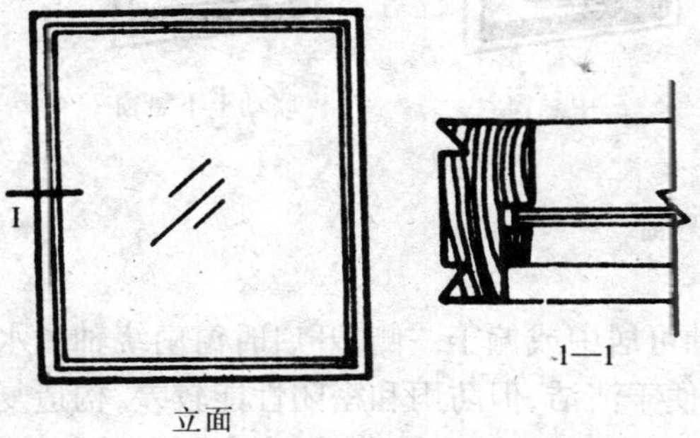

图 7-2　固定窗

固定窗是将玻璃直接镶嵌在窗框上,不能开启,没有窗扇,仅供采光、眺望而不能通风,如图 7-2 所示。固定窗构造简单、造价低,常用于只需要天然采光的地方,如外门的腰头窗或楼梯间的窗,也可以和一般的开启窗配合使用,做成可部分开启的窗,用于需要采光面积比通风面积大时的窗子。

2. 平开窗

平开窗的窗扇用铰链与窗框连接,可水平开启,有内开和外开之分;外开时不占室内空间,且窗扇与窗框的闭合处防水较易处理,可以避免雨水渗入室内,所以采用较多,如图 7-3 所示。窗子的大小按采光需要及建筑立面造型需要设计,可以有单扇、双扇或多扇,甚至做连续的带形窗。平开窗可与顶部或底部设亮子。

由于平开窗构造简单、开关灵活、使用和维修都很方便,所以在民用建筑中应用最为广泛。

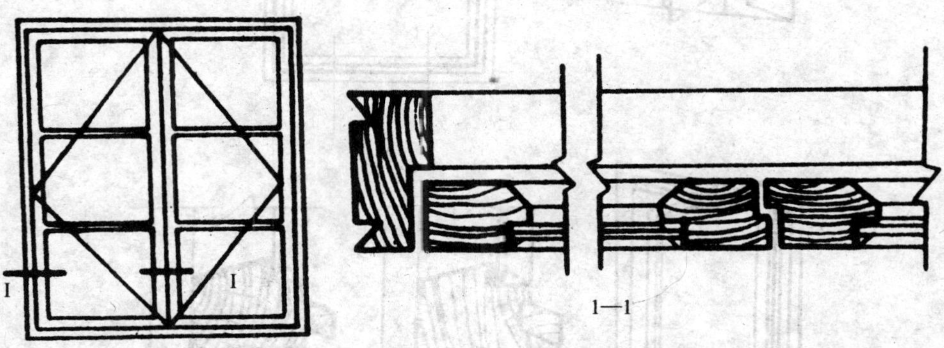

图 7-3　平开窗

3. 悬窗

悬窗根据其窗扇安装时铰链和转轴位置的不同,可分为上悬窗、中悬窗和下悬窗,如图 7-4 所示。上悬窗铰链安装在窗扇的上边,一般向外开,防雨好,多用做外门或外窗上的亮子。下悬窗铰链安在窗扇的下边,一般向内开,通风较好,不防雨,不能用做外窗,一般用于内门上的亮子。中悬窗是在窗扇两边中部装有水平转轴,开启时窗扇绕水平轴旋转，窗扇上部同内，下部向外，对挡雨、通风均有利，并且开启易于机械化，故常用做大空间建筑的高侧窗。上下悬窗联动的开启方式，也可用于外窗。

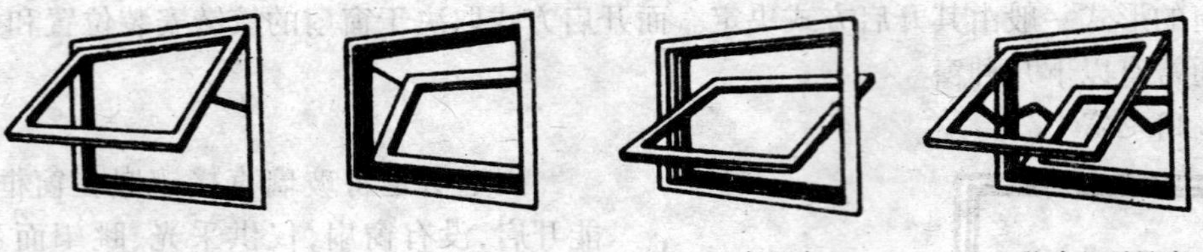

图 7-4　悬窗

4. 立转窗

立转窗在窗扇的上下两边设垂直转轴，转轴可居中或偏于一侧，开启时窗扇绕轴做水平方向旋转。立转窗开启方便，通风采光好，也便于清洁，但防雨和密闭性能较差，构造复杂，下部与窗框接缝处易向室内渗水，需要采取局部暗裁口的方法，一般窗扇外平，同时窗上部应有遮雨措施，如图 7-5 所示。

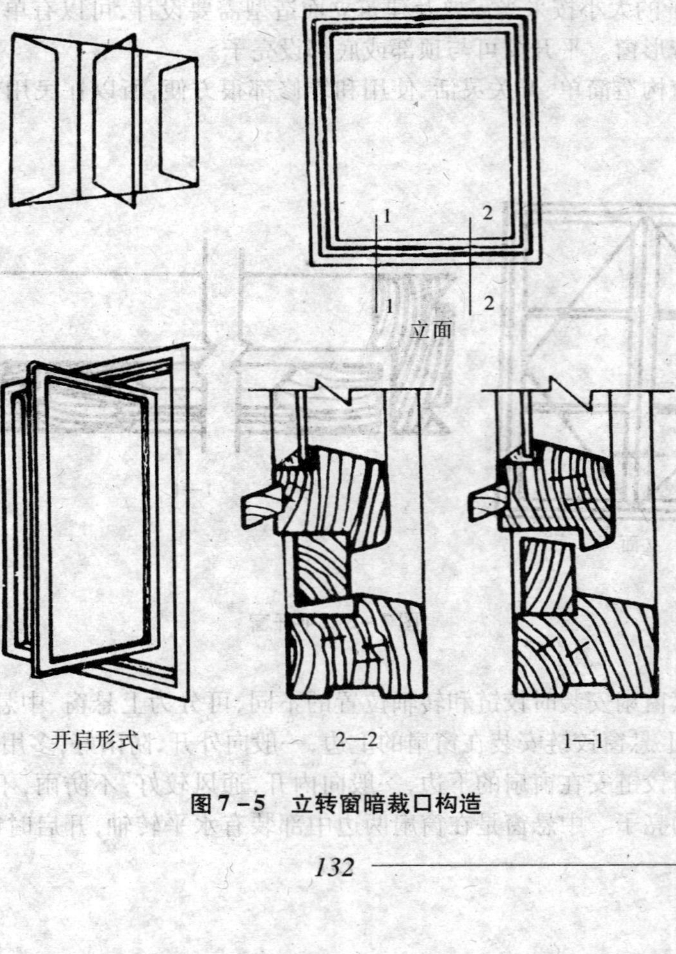

图 7-5　立转窗暗裁口构造

5. 推拉窗

推拉窗的窗扇沿导轨或滑槽进行推拉，分水平推拉和垂直推拉两种。推拉窗开启时不占空间，适宜用于内窗，如房间与走道之间的窗；用于外窗时，通风面积将减少一半。水平推拉窗的受力状态较好，适宜于安装大玻璃，木推拉窗构造较复杂，窗扇难以密闭，一般只用于内窗，目前应用较广泛的是铝合金和塑料水平推拉窗，其密闭性能好，窗扇面积大，视野开阔，并且有较好的造型效果，如图 7－6 所示。

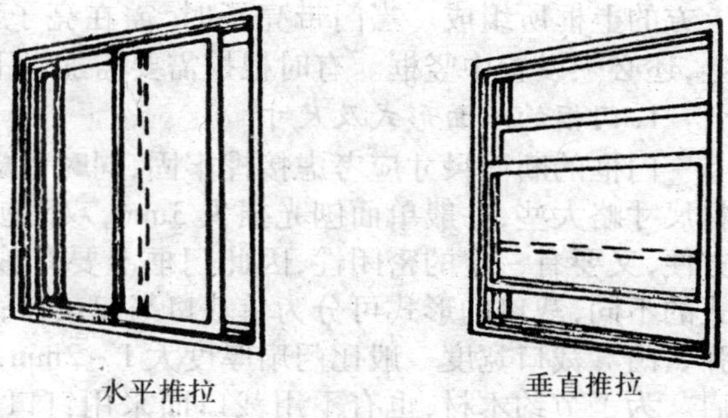

图 7－6　推拉窗

（二）窗的尺度

窗的尺度主要取决于房间的采光通风要求、建筑造型要求、窗的用料及形式等诸多因素，也应符合《建筑模数协调统一标准》的规定。一般平开木窗的窗扇高度为 800 ~ 1 200 mm，宽度不宜 >500mm，上下悬窗的窗扇高度为 300 ~ 600mm，中悬窗窗扇高不宜 >1 200 mm，宽度不宜 >1 000mm；推拉窗高宽均不宜 >1 500mm。

如果采用铝合金窗，则平开窗窗扇高度不宜 >1 400mm，宽度不宜 >600mm；推拉窗的高度不宜 >2 000mm，宽度不宜 >1 000mm 等。

第二节　木门窗构造

一、平开门的构造

（一）平开门的组成

木门一般由门框、门扇、亮子、五金零件及其附件组成。

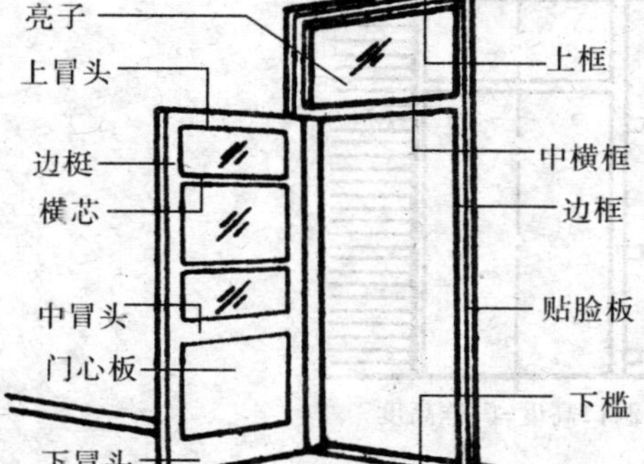

图 7－7　常用平开门各部分名称

门扇通常有镶板门、夹板门、拼板门、玻璃门、百页门和纱门等几种。

亮子又称腰头窗，处于门的上方，为辅助采光和通风之用，有平开及上、中、下悬等数种，与窗扇的构造基本相同。

门框是门扇及亮子与墙洞的连接构件。五金零件一般有铰链、插销、门锁、拉手、门碰头等。附件有贴脸板、筒子板等。平开木门的各部分名称如图 7－7 所示。

（二）门框

门框又称门樘，一般由两根竖直的边框及

上方的上框所组成。当门带亮子时，需在亮子和门扇之间设中横框；如果门超过二扇以上，还必须设置中竖框。有时根据需要需加设下槛、贴脸板、筒子板等附件。

1. 门框的断面形式及尺寸

门框的断面尺寸应考虑接榫牢固，同时考虑制作时刨光损耗，门框的毛料尺寸应比净料尺寸略大些，一般单面刨光损失 3mm，双面刨光损失 5mm。门框与门扇之间既要开启方便，又要有一定的密闭性，因此门框上要有裁口（或称铲口）。根据门扇层数与开启方式的不同，裁口的形式可分为单裁口与双裁口；单裁口用于单层门，双裁口用于双层门或弹簧门。裁口宽度一般比门扇厚度大 1～2mm，深度为 8～10mm，以利于安装和门扇的开启。为了节约木材，也有不用裁口而采用钉口的做法，即在门框枋木上钉小木条形成裁口，图 7－8 中虚线即表示钉口位置。钉口木条必须用防水胶粘贴后再钉钉子压实，否则容易产生翘曲，形成通缝。

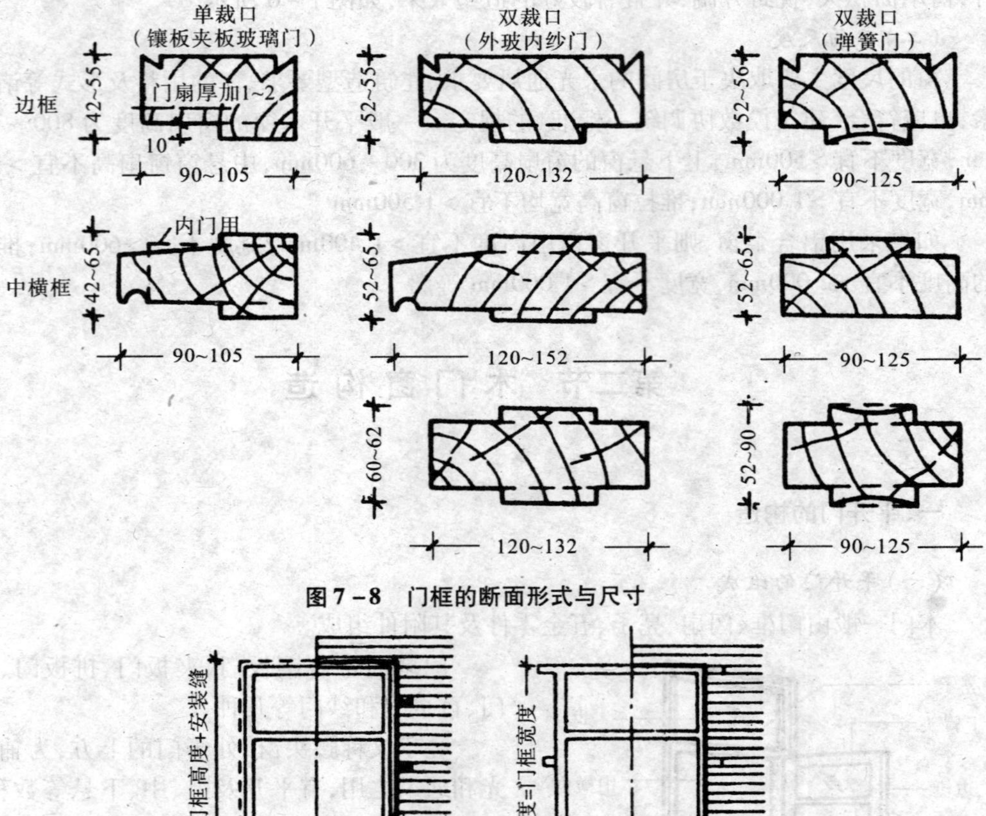

图 7－8　门框的断面形式与尺寸

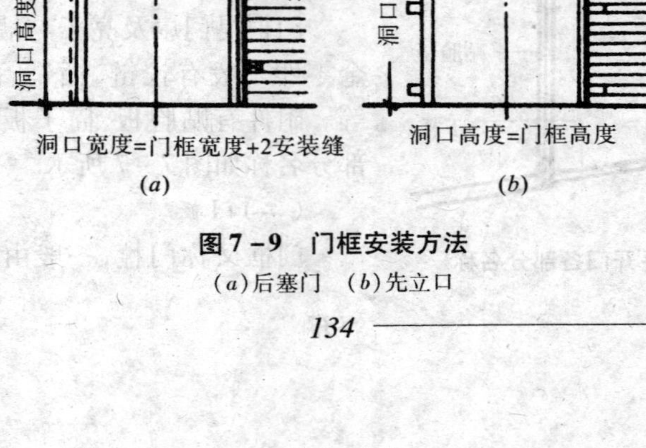

图 7－9　门框安装方法

(a)后塞门　(b)先立口

由于木门框靠墙一面容易受潮变形，常在该面开 1 ~ 2 道背槽，以免产生翘曲变形，同时也利于门框的嵌固。背槽的形状可为矩形或三角形，深为 8 ~ 10mm，宽为 12 ~ 20mm。

2. 门框的安装

门框安装时可分为后塞口和先立口两种方式，如图 7 - 9 所示。

(1) 塞口又称塞樘子，是在墙砌好后再安装门框。采用此法，洞口的宽度应比门框大 20 ~ 30mm，即留左右两条施工安装缝尺寸；洞口高度比门框大 10 ~ 20mm，留门顶安装缝尺寸。门洞口两侧砖墙上每隔 500 ~ 600mm 预埋木砖或预留缺口，以便用圆钉或水泥砂浆将门框固定，如图 7 - 10 所示。

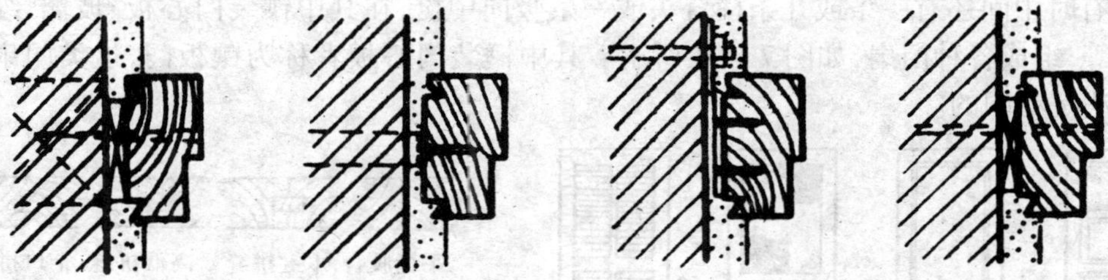

墙内预埋木砖、用圆钉钉固门框　　砖墙留缺口、铁脚伸入后用砂浆填实　　砖墙预埋螺栓，固定门框上的铁脚　　用⌀6钢筋钉直接钉入砖墙灰缝

图 7 - 10　门框与砖墙连接

后塞口安装门窗框的方法与砌墙工序不交叉，便于工厂成批生产、集中安装，有利于门窗定型化，各种墙体均可采用；其缺点是安装后墙与门窗框间的缝隙较大，一般可用沥青麻丝等嵌填。

(2) 立口又称立樘子，即在砌砖墙之前用支撑先立起门框，砌砖时使门框与墙紧密结合不留缝隙，同时也需要每隔 500 ~ 600mm 砌入防腐木砖，用钉钉牢。立口安装的缺点是仅适合于各种砌筑墙体，且砌墙时受门框安装的影响，施工不便，门框易受碰损或产生移位。

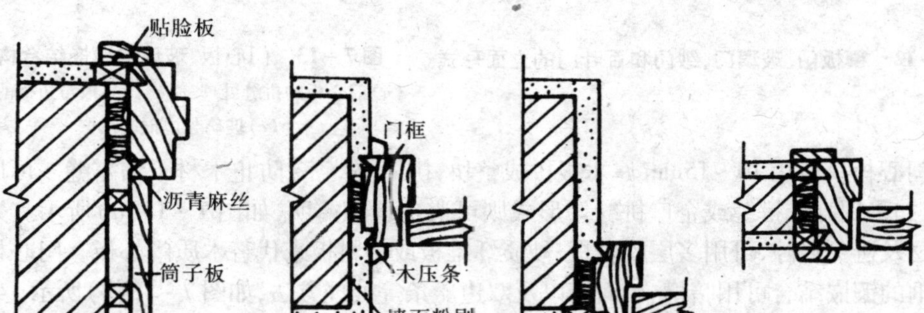

图 7 - 11　门框位置、门贴脸板及筒子板

(a)外平　(b)立中　(c)内平　(d)内外平

(3)门框在墙中的位置,可分为居中、内平或外平三种情况;如果是隔墙,墙体较薄,也可能内外平,如图 7-11 所示。与开启方向一侧平齐,可使开启角度最大,并尽量避免碰撞墙角,但门扇开启时占用净空较多。

由于门框四周抹灰极易开裂,宜做贴脸板,盖住缝隙,装修标准高的建筑还可在门洞两侧和上方设筒子板,如图 7-11(*a*)所示。

(三)门扇

1. 镶板门

镶板门是最常用的一种门扇形式,由边梃、上、中、下冒头组成骨架(如图 7-7 所示),有时中间还有一条或几条横冒头或一条竖向中梃,在其中镶装门心板、玻璃、纱或百叶板等,组成各种门扇,如图 7-12 所示。其中镶装门心板者称为镶板门,这类门扇的构造方法是相同的。

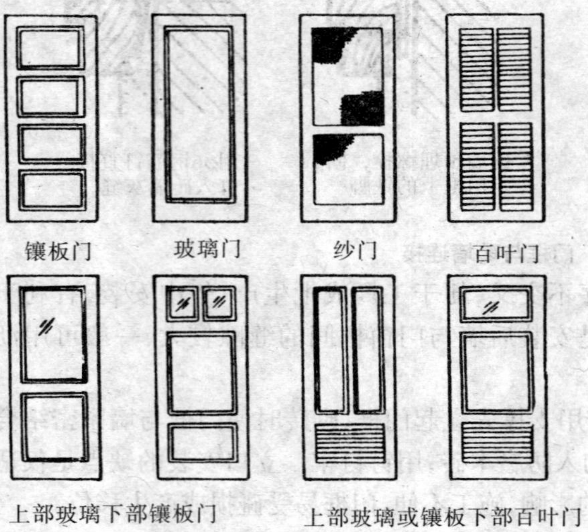

图 7-12　镶板门、玻璃门、纱门和百叶门的立面形式

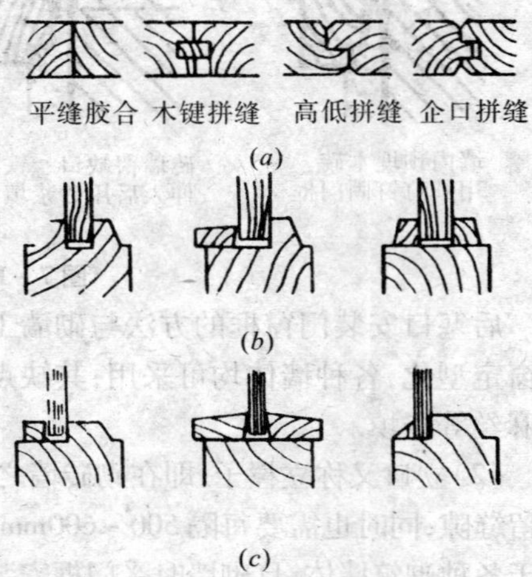

图 7-13　门心板、玻璃的镶嵌结合构造

(*a*)门心板的拼缝处理　(*b*)门心板与边框的镶嵌

(*c*)玻璃与边框的镶嵌

门心板一般用 10~15mm 厚木板拼成整块,拼缝要严密,防止木材干缩露缝。可用平缝胶合,如采用高低拼缝或企口拼缝等形式则可避免缝隙露明,如图 7-13(*a*)所示。为了节约木材及避免缝隙,可用多层胶合板、硬质纤维板或塑料板来代替木质门心板。门心板与门扇边框的镶嵌结合可用暗槽、单面槽以及双边压条等处理方法,如图 7-13(*b*)所示。

将门心板换成玻璃,则成为玻璃门,多块玻璃之间可与窗扇一样镶在芯子上。玻璃与边框的嵌固方法如图 7-13(*c*)所示。

门心板改为纱或百叶则成为纱门或百叶门。一般纱门的厚度可比镶板门薄 5~10mm。玻璃、百叶和门心板可根据实际需要组合;如上部装玻璃,下部镶门心板,或在镶板门的下部装百叶等。

门扇边框的厚度一般为 40~45mm,上冒头和两旁边梃的宽度为 75~120mm,下冒头为了踢脚和习惯,常比上冒头加大 50~120mm。中冒头和竖梃一般与上冒头和边梃等宽。图 7－14 为上部带亮子的玻璃与门心板组合的双层纤维板镶板门的构造示例。

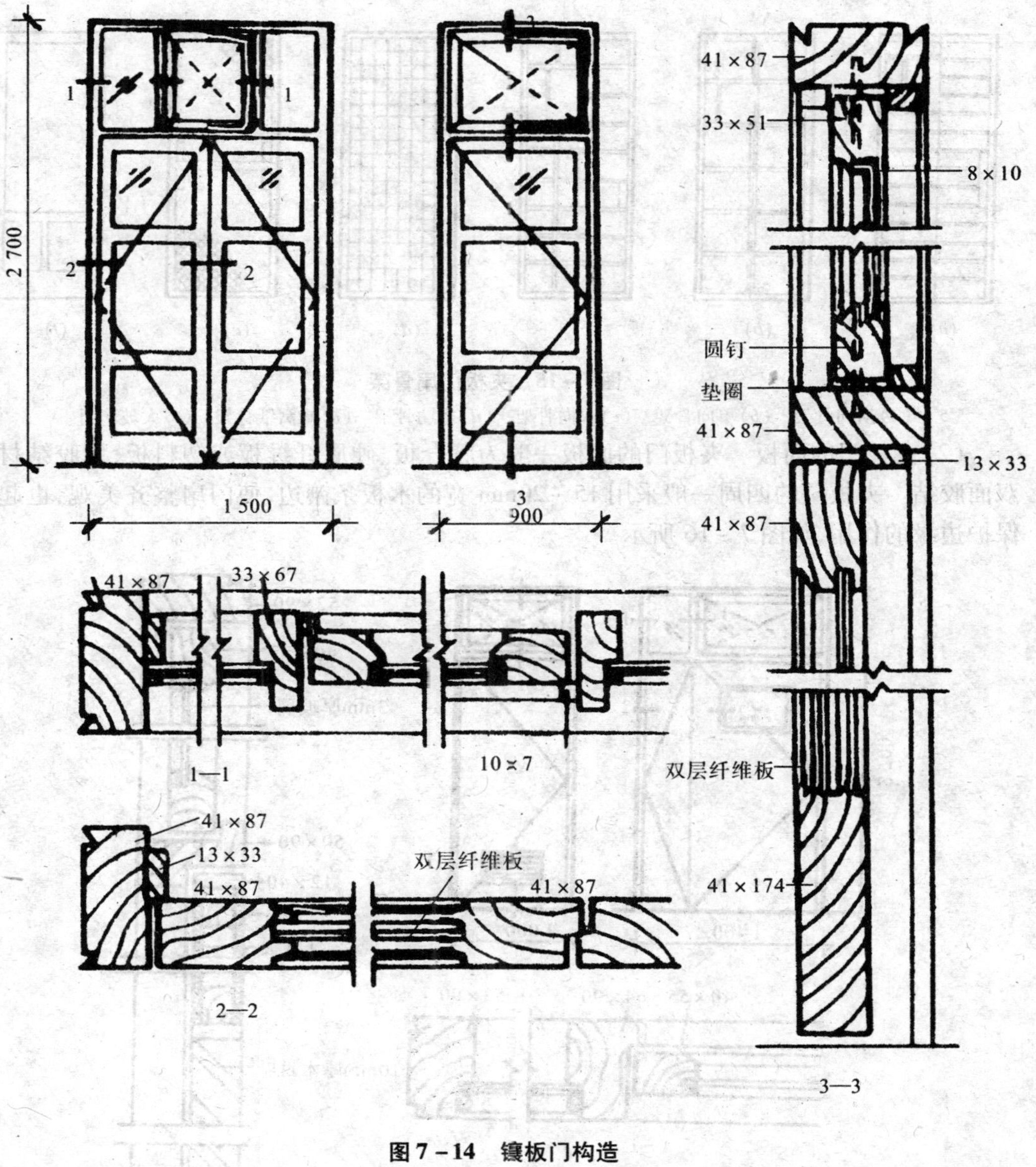

图 7－14　镶板门构造

2. 夹板门

夹板门以断面较少的方木条形成骨架，双面粘贴薄板做面板，四周用小本板条镶边。夹板门的面板不再是骨架的负担，而是和骨架形成一个整体，共同抵抗变形。骨架可利用小料、短料，节省木材，其自重轻，外形简洁，便于工业化生产。一般用于建筑中的内门较多，做外门时应选用防水的面板和粘贴材料。

(1)夹板门的 4 骨架　骨架一般用 32～35mm 厚，33～60mm 宽的木料打制边框；中间为格形纵横肋条，肋厚同边框，宽为 10～25mm，肋距为 200～400mm，装锁处须另加附加木。为了不使门格内温湿度变化产生胀缩，一般在骨架间设有通气孔。为了节约木材，也有用蜂窝形浸塑纸代替肋条。夹板门骨架形式如图 7－15 所示。

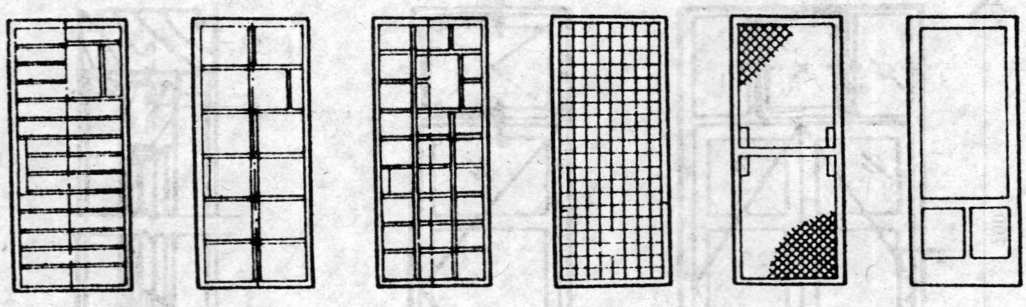

图 7－15　夹板门扇骨架

(a)横向骨架　(b)单向骨架　(c)双向骨架　(d)密肋骨架　(e)蜂窝纸骨架　(f)大玻璃门

(2)夹板门的面板　夹板门的面板一般为胶合板、硬质纤维板或塑料板，用胶结材料双面胶结。夹板门的四周一般采用 15～20mm 宽的木板条镶边，使门扇整齐美观，也起着保护边缘的作用，如图 7－16 所示。

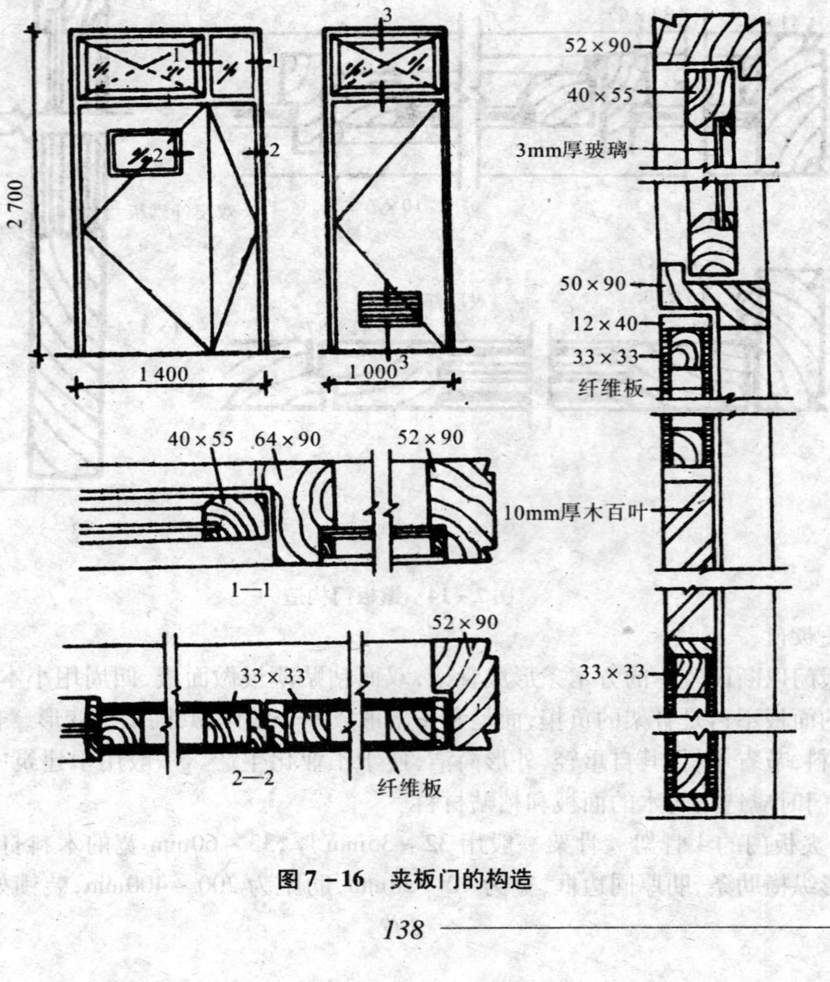

图 7－16　夹板门的构造

根据使用功能的需要，夹板门亦可加做局部玻璃或百叶，用做观察窗或通气口等。一般在镶玻璃及百叶处，均做一小框子，玻璃的两边需加压条。

二、平开窗的构造

窗主要由窗框和窗扇组成。窗扇有玻璃窗扇、纱窗扇和百叶窗扇等。窗扇和窗框之间为了固定及转动必须安装各种五金，如铰链、风钩、插销以及导轨、转轴、滑轮等。窗框与墙的交接处，根据不同的需要，有时须加设窗台板、贴脸板、筒子板及窗帘盒等。木窗的组成如图 7－17 所示。

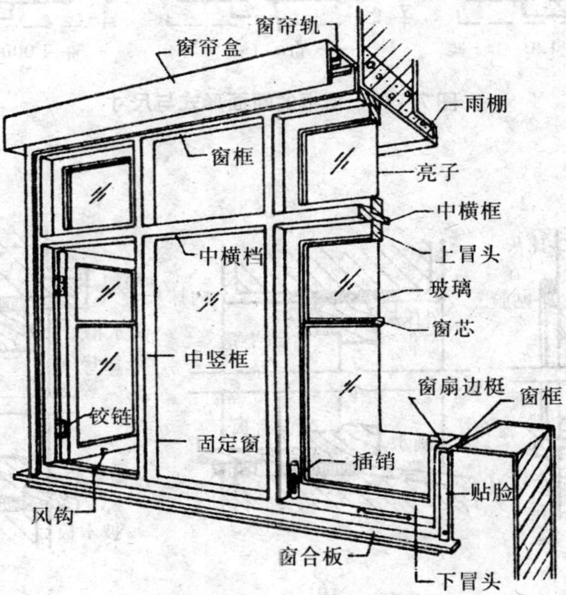

图 7－17 木窗的组成

（一）窗框

1. 窗框的断面形式及尺寸

窗框与门框一样，在构造上也有裁口及背槽处理（图 7－18）

窗框的断面尺寸要考虑到接榫牢固，一般单层窗窗框断面厚度为 40～60mm，宽度为 70～95mm；中横框上下均有裁口，断面高度应增加 10mm，由于做披水板，宽度须增加 20mm。中竖框由于左右带裁口，须比边框增加 10mm 厚度。双层窗窗框的断面宽度须比单层窗宽 20～30mm。常见窗框的断面形式及尺寸如图 7－18 所示。图中虚线尺寸指木框毛料尺寸，单面刨光时，减去 3mm；双面刨光时，减去 5mm。

2. 窗框的安装

窗框的安装与门框的安装方法相同，可分为后塞口和先立口两种方式。采用后塞口时洞口的高、宽尺寸应比窗框尺寸大 10～20mm。

窗框在洞口中的位置，有内平、外平或立中三种情况，如图 7－19 所示。内平是指与墙内表面平齐，一般安装时框应突出砖面 20mm，以便墙面粉刷后与抹灰面平。框与抹灰面交接处，应用贴脸搭盖，以阻止由于抹灰干缩形成缝隙后风透入室内，同时可增加美观，其形状尺寸与门贴脸板相同。

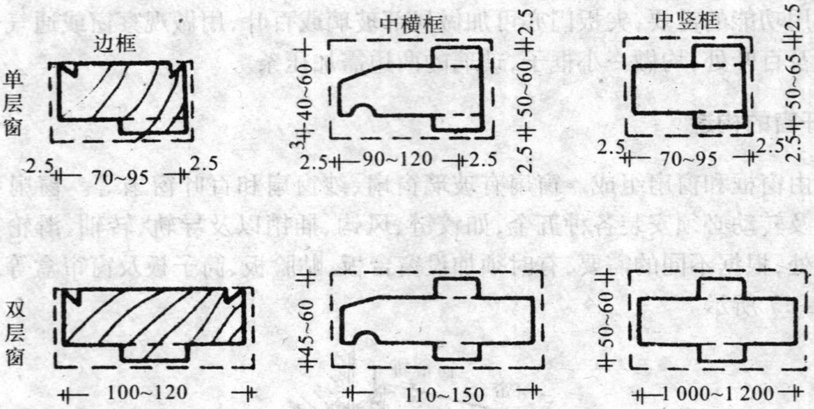

图 7-18　窗框的断面形式与尺寸

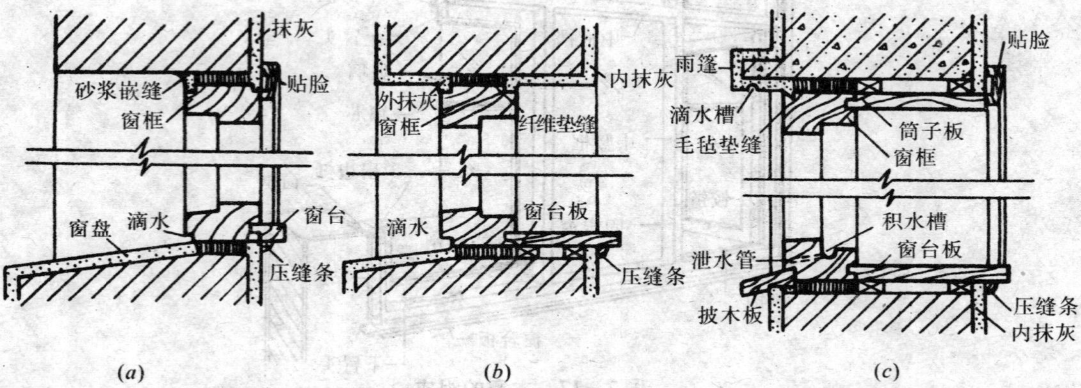

图 7-19　窗框在砖墙中的位置

(a)与墙内平　(b)墙中　(c)与墙外平

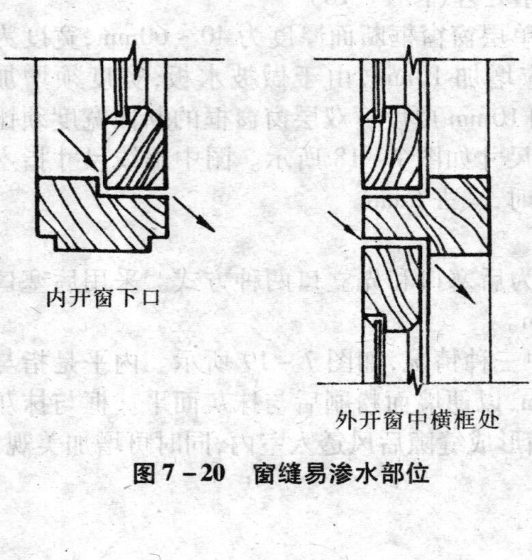

图 7-20　窗缝易渗水部位

当窗框立于墙中时，应内设窗台板，外设窗台，如图 7-19(c)。窗框外平时，应注意做好防雨水措施，窗洞应设窗套或顶部设雨篷以保护窗子，内开窗下部在窗下框或窗扇下冒头处做披水板，窗下框应改积水槽及泄水孔，以排除沿窗扇流下的雨水，如图 7-19(b)。窗台板可以用木板，也可以用水磨石或大理石等其他材料；要求较高的窗子可设筒子板和贴脸板。

3. 窗框与窗扇的防水措施

窗框与窗扇之间，要求关闭紧密，开启

方便，同时应能有效地防止雨水渗入。在内开窗的下口和外开窗的中横框处，都是防水的薄弱环节，如图 7－20 所示，仅设裁口条还不能防水，一般需做披水条和滴水槽，以防雨水内渗；在近窗台处做积水槽和泄水孔，以利渗入之雨水排出窗外，如图 7－21 所示。

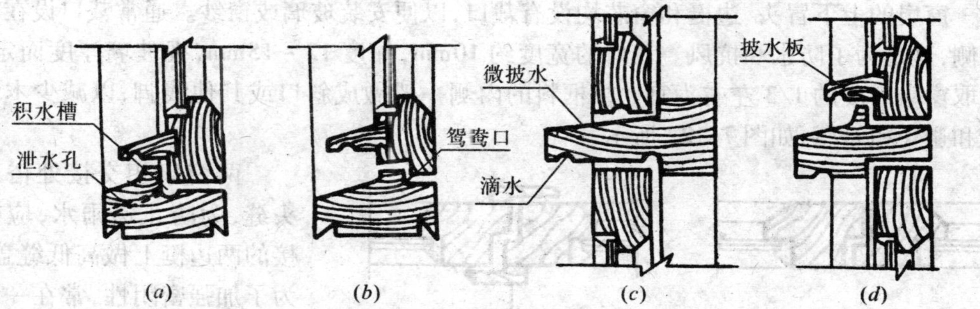

图 7－21　窗的披水板构造

(*a*)内开窗加披水板及排水槽　(*b*)内开窗做鸳鸯口　(*c*)外开窗中横框做披水　(*d*)内开窗中横框做滴水槽

(二)窗扇

1. 窗扇的组成和用料尺寸

窗扇由上、下冒头和边梃榫接成外框，中间用窗芯（又称窗棂）分格，格中镶装玻璃或窗纱，如图 7－22 所示。

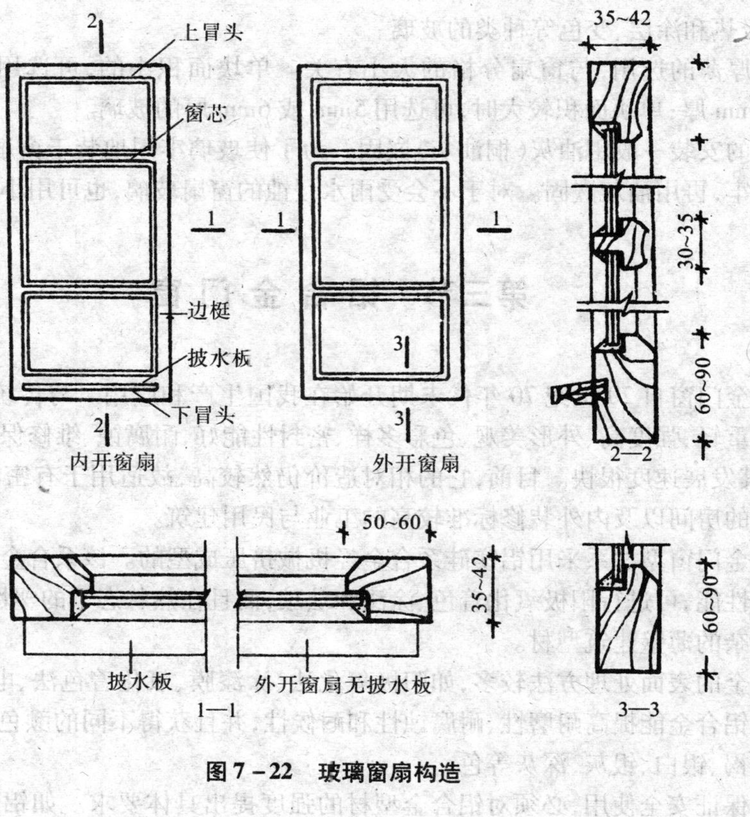

图 7－22　玻璃窗扇构造

窗扇的厚度不论冒头、边梃与窗芯均需一律平齐。一般厚度取 35 ~ 42mm，以采用 40mm 者较多。纱窗扇的框料厚度可小些，一般为 30mm 左右。上冒头与边梃的宽度取 50 ~ 60mm，下冒头视需要可适当加宽 10 ~ 30mm。窗芯的宽度以 27 ~ 35mm 较多。

窗扇的上下冒头、边梃和窗芯均设有裁口，以便安装玻璃或窗纱。通常裁口设在窗的外侧，这是为了防水和抗风。裁口的宽度约 10mm，深度 12 ~ 15mm，视玻璃厚度而定，一般取窗扇厚度的 1/3 左右为宜。窗框料的内侧一般做成斜口或其他线脚，以减少木料挡光和避免粗笨感，如图 7 – 22 所示。

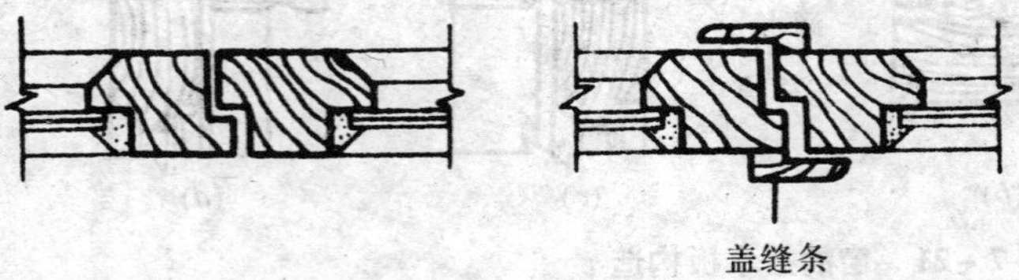

图 7 – 23　两窗扇交缝构造

两窗扇相交接处俗称碰头缝，为防止透雨水，应在相接的两边梃上做高低缝盖口，为了加强密闭性，常在一面或两面加钉盖缝条，如图 7 – 23 所示。

2. 玻璃的选择与安装

选择玻璃应兼顾使用要求及窗的美观要求。大量民用建筑中以普通平板玻璃最为广泛，因其制作简单、价格便宜且光线的透过能力较好。一些有特别需要的建筑可选择有相应功能的玻璃，如为了保温或隔声需要，可选用双层中空玻璃；需遮挡或模糊视线的，可选用磨砂玻璃或压花玻璃；为了安全可采用夹丝玻璃、钢化玻璃或有机玻璃；为了防晒可采用有色、吸热和涂层、变色等种类的玻璃。

玻璃厚薄的选用，与窗扇分格的大小有关。单块面积小的，可选用薄的玻璃，一般 2mm 或 3mm 厚；单块面积较大时，可选用 5mm 或 6mm 厚的玻璃。

玻璃的安装一般用油灰（桐油灰）嵌固。为了使玻璃牢固地装于窗扇上，应先用小钉将玻璃卡牢，再用油灰嵌固。对于不会受雨水侵蚀的窗扇玻璃，也可用小木条镶钉。

第三节　铝 合 金 门 窗

铝合金门窗自 20 世纪 70 年代末期开始在我国生产和应用。与传统材料门窗相比，它具有自重轻、强度高、外形美观、色彩多样、密封性能好、耐腐蚀、维修保养比较方便等优点，所以其发展速度很快。目前，它的相对造价仍然较高，故适用于有密闭、保温、空调等使用要求的房间以及内外装修标准较高的工业与民用建筑。

铝合金门窗型材系采用铝镁硅系合金经机械挤压成型的。该系合金具有良好的耐蚀性和工艺性能，可进行阳极氧化着色、涂漆和珐琅，而且在热状态下的塑性很高，适合于挤压结构复杂的薄壁建筑型材。

铝合金的表面处理方法较多，如阳极氧化法、涂漆膜、氧化着色法、电镀法等；经过表面处理的铝合金能提高耐磨性、耐腐蚀性和耐候性，并且获得不同的颜色，如浅茶、青铜 、黑、金黄、褐、银白、银灰、深灰等色。

为了保证安全使用，必须对铝合金型材的强度提出具体要求。如铝合金门窗型材壁厚不得小于0.8mm，地弹簧门型材壁厚不得小于2mm。外门窗型材壁厚一般为1.0～1.2mm，基本风压≥0.7kPa之地区，则不应小于1.2mm等。

一、铝合金门

铝合金门有平开门、推拉门、地弹簧门等三类形式，地弹簧门又有有框和无框之分。

（一）铝合金门的组成材料

与木门一样，一般铝合金门主要也是由门框和门扇两部分组成。如果从组成材料及其构造作用来分，可有以下几个部分：

1. 铝合金型材

铝合金型材是构成铝合金门窗骨架的基本材料。常用型材均有固定的截面尺寸，虽然各个地区有微小差异，但对使用影响很少。为了整体协调，通常铝合金型材根据它的截面构造尺寸来统一形成系列，如表7－2所示。

表7－2　铝合金型材常用截面尺寸系列（mm）

代　号	型　材　截　面　系　列
40	40系列（框料截面宽度40）
45	45系列（框料截面宽度45）
50	50系列（框料截面宽度50）
60	60系列（框料截面宽度60）
70	70系列（框料截面宽度70）
80	80系列（框料截面宽度80）
90	90系列（框料截面宽度90）
100	100系列（框料截面宽度100）

铝合金门的称谓是由其框料的系列及门的形式所共同组成的。如：平开门门框厚度（即截面宽度）构造尺寸为50mm宽，即称为50系列铝合金平开门；铝合金推拉门的门框厚度构造尺寸为90mm，即称为90系列铝合金推拉门等。

铝合金门所需要的尺度越大，则所选择的框料截面尺寸与型材壁厚也应相应增大。各类铝合金门的最大洞口尺寸和最大开启扇尺寸如表7－3所示。

表7－3　铝合金门最大洞口尺寸、最大开启扇尺寸（mm）

门的形式	系　列	最大洞口尺寸（宽×高）	最大开启扇尺寸（宽×宽）
平开门	50	1 800×2 700	900×2 400
	55	1 800×2 700	950×2 350
	70	1 800×2 700	900×2 400
推拉门	70	1 800×2 100	893×2 033
	90	3 600×3 000	1 000×2 350
有框地弹簧门	70	3 900×3 300	1 000×2 350
	100	3 700×3 300	1 800×2 400
无框地弹簧门	70	4 800×2 100	1 000×2 100
	100	4 800×2 100	1 000×2 100

注：摘自《建筑设计资料集》第9集。

2. 玻璃

各类铝合金门扇通常均采用平板玻璃或铝合金扣板来作为门心板。铝合金门常用的玻璃品种及厚度如表 7－4 所示。

表 7－4　铝合金门的玻璃品种及厚度(mm)

门型种类	系　列	普通平板玻璃	浮法玻璃	夹层玻璃	钢化玻璃	中空玻璃
平开门	50	5、6	5、6	5、6	5、6	19(5+9+5)
	55	5、6	5、6	5、6	5、6	19(5+9+5)
	70	5、6	5、6	5、6	5、6	22(6+10+6)
推拉门	70	5、6、8	5、6、8	5、6	5、6	
	90	5、6、8	5、6、8	5、6	5、6	
有框地弹簧门	70	5、6、8	5、6、8	5、6	5、6	
	100	5、6、8	5、6、8	5、6	6	
无框地弹簧门	70	8、10	8、10	8	8	
	100	8、10、12	8	8	8	

注:5mm 厚以上的浮法玻璃及 6mm、8mm 厚的嵌网(丝)玻璃中,均包括吸热玻璃。6mm 厚以上的浮法玻璃中包括热反映玻璃。

3. 密封材料

为了保证连接安全可靠及防止雨水渗透、空气渗透,在玻璃与边框之间、门框与墙体之间等连接处均需要加柔性的垫片、密封条、密封胶等,以加强连接的严密性和可靠性。

4. 连接紧固件

连接紧固件用于拼装、固定和连接各个部分。如连接件、钢钉、膨胀螺栓、铆钉、焊条等。

5. 五金配件

五金配件如合叶、插销、门锁、把手、滑轮、地弹簧、防拆卸装置、限位器、闭门器等。

(二)铝合金门的构造

铝合金门窗属于高档门窗,所以对其装配加工的精度要求较高,除了规定生产厂家必须具有专业加工许可证外,国家还制定了比较详细的行业标准来保证产品质量。如允许合格品尺寸偏差范围为:门窗框高度与宽度≤±2.0mm,门窗框对角线≤2.5mm,装配间隙≤0.5mm 等。

门窗所采用的型材必须符合国家标准 GB5237 所规定的质量要求。门窗所用的小五金零件均须由铝合金门窗制造厂统一配套。窗玻璃一般系用 5mm 厚,门玻璃为 6mm 厚,如风压较大,玻璃厚度可参考国标 GB8481《推拉铝合金窗》玻璃最大允许面积表取用。门窗玻璃安装时应保证玻璃的镶嵌深度以及与嵌槽之间的间隙,门窗扇下部的嵌槽内应加弹性垫块,不允许玻璃与框直接接触,四周应用橡胶密封条或密封胶压牢或填满。

以下以平开门和无框地弹簧门为例说明铝合金门的构造做法。

1. 平开门

铝合金平开门具有密封性能好,隔音防尘的特点,并可带纱门。它适用于做高级住宅、小别墅、宾馆、酒店和办公写字楼等房间的内外门。

图 7－24 为 70 系列铝合金平开门常用型材的截面积形状和尺寸。其中 L07001、L070011、L070503 常用做外框，L070002 可用做外上框或中横框，L070013 与 L070014 常用做内边框，L070015 用做内上下框，L070016 用做内中横框，L070539 与 L070540 常用做拼接件，L070F01 常用做内外框连接件，L070F07、L070F05、L070F10 常用做玻璃或装饰板的嵌固压条。

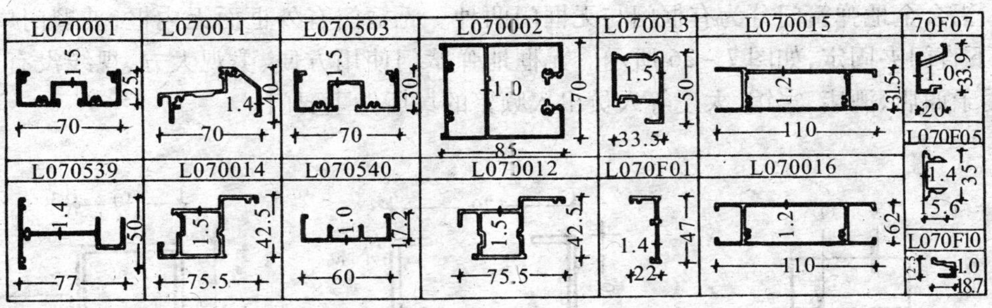

注：资料来源：国家建筑标准设计92SJ605

图 7－24　70 系列铝合金平开门常用型材截面开头和尺寸

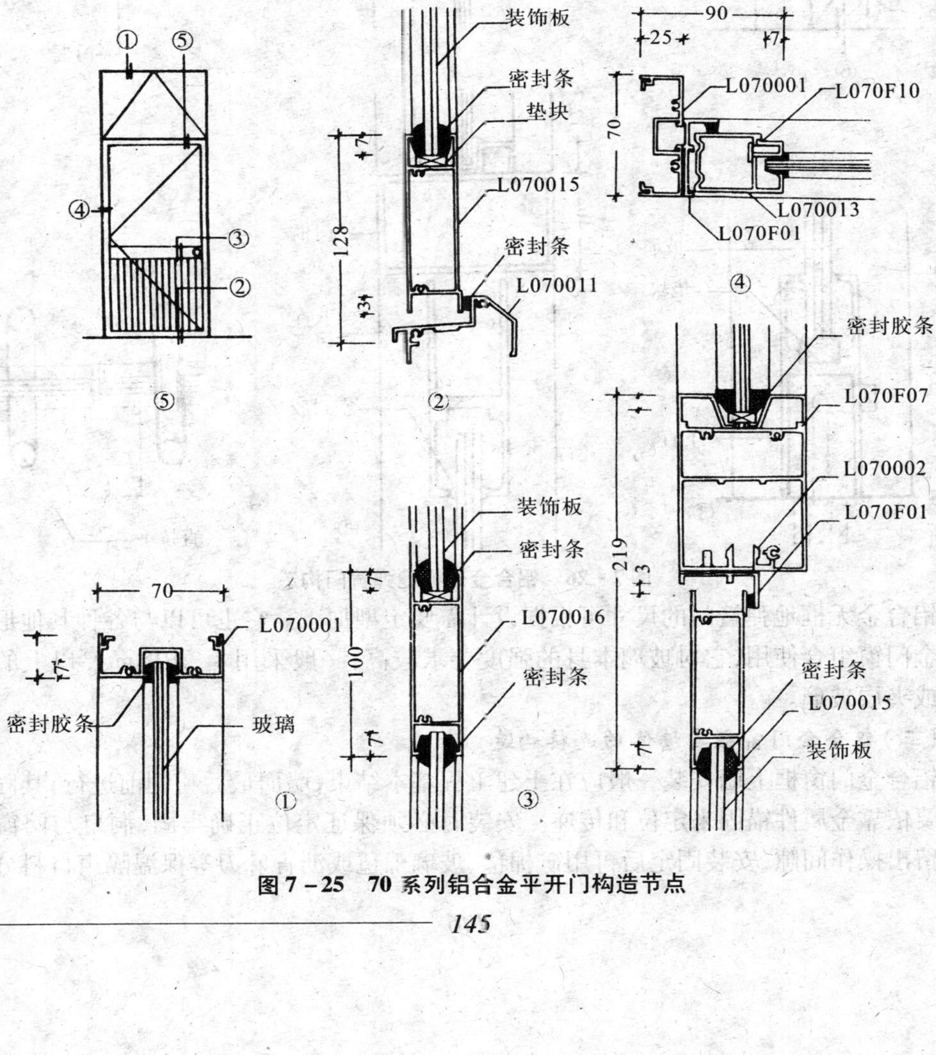

图 7－25　70 系列铝合金平开门构造节点

图 7－25 为 70 系列单扇外开铝合金平开门的节点构造。

2. 无框地弹簧门

铝合金地弹簧门装有向内、向外均可开启的地弹簧。当门扇向内或向外开启角度不到 90°时，能使门扇自动关闭；当开启到 90°时，门扇可固定不动。关门速度可调节，不需铰链配合，朝一个方向或两个方向开启的门扇都可以应用。

铝合金地弹簧门分为有框门与无框门两种。无框门有外框而无内框，玻璃门扇通过上、下直门夹固定，如图 7－26 所示。无框地弹簧门使用方便、美观大方、视线没有遮挡，常用于商店、酒店、宾馆、大厦等人员出入频繁的场所做主要门。

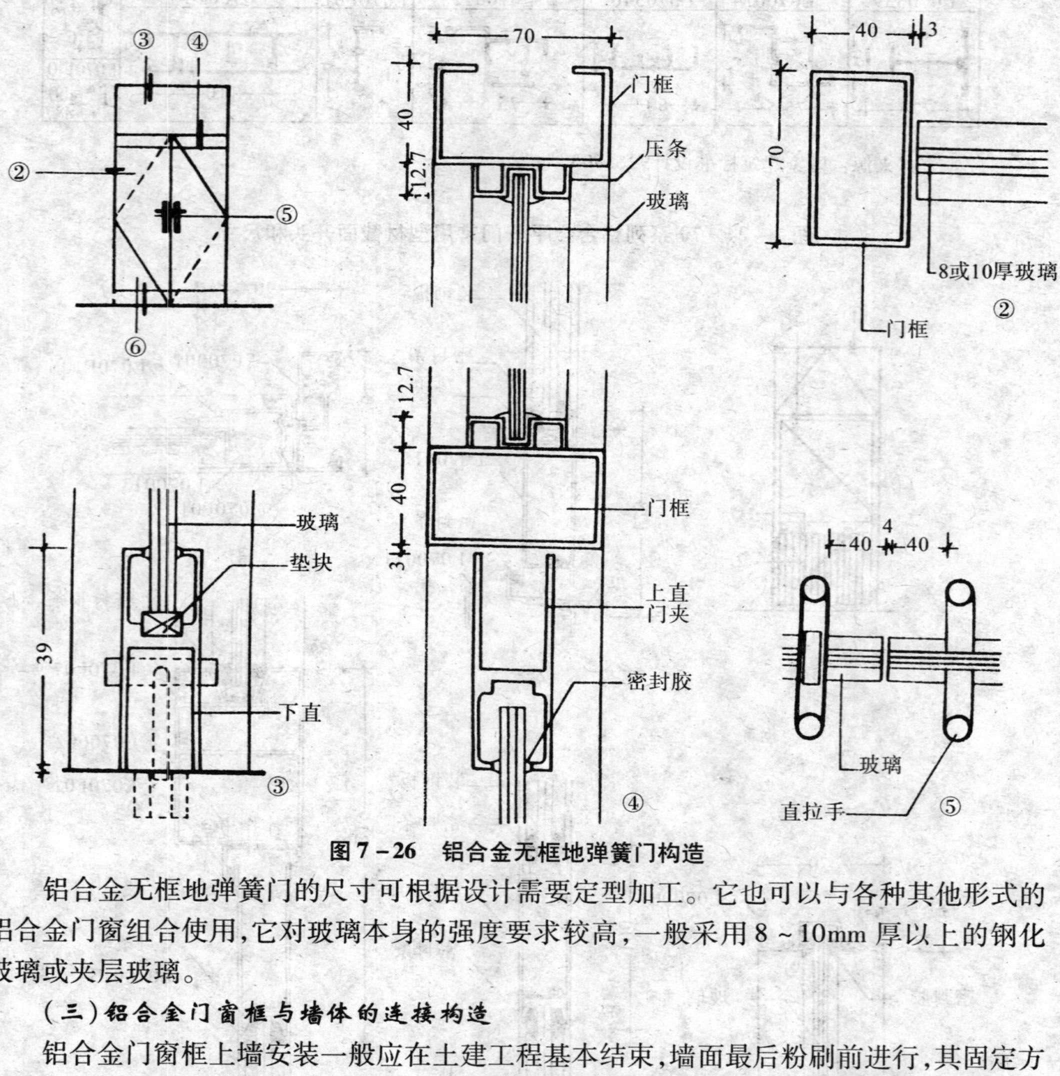

图 7－26　铝合金无框地弹簧门构造

铝合金无框地弹簧门的尺寸可根据设计需要定型加工。它也可以与各种其他形式的铝合金门窗组合使用，它对玻璃本身的强度要求较高，一般采用 8～10mm 厚以上的钢化玻璃或夹层玻璃。

（三）铝合金门窗框与墙体的连接构造

铝合金门窗框上墙安装一般应在土建工程基本结束，墙面最后粉刷前进行，其固定方式主要依靠金属件锚固来定位和传递。安装时必须保证定位正确牢固，洞口与门窗框外侧应留出操作间隙，安装固定后再用矿棉毡、玻璃棉毡或沥青麻刀等保温隔声材料分层填满，但不能用水泥砂浆作为填充材料，以免腐蚀铝合金，门窗框四周应留出 6 ~ 8mm 深的槽口再用建筑密封膏封实，如图 7 － 27 所示。

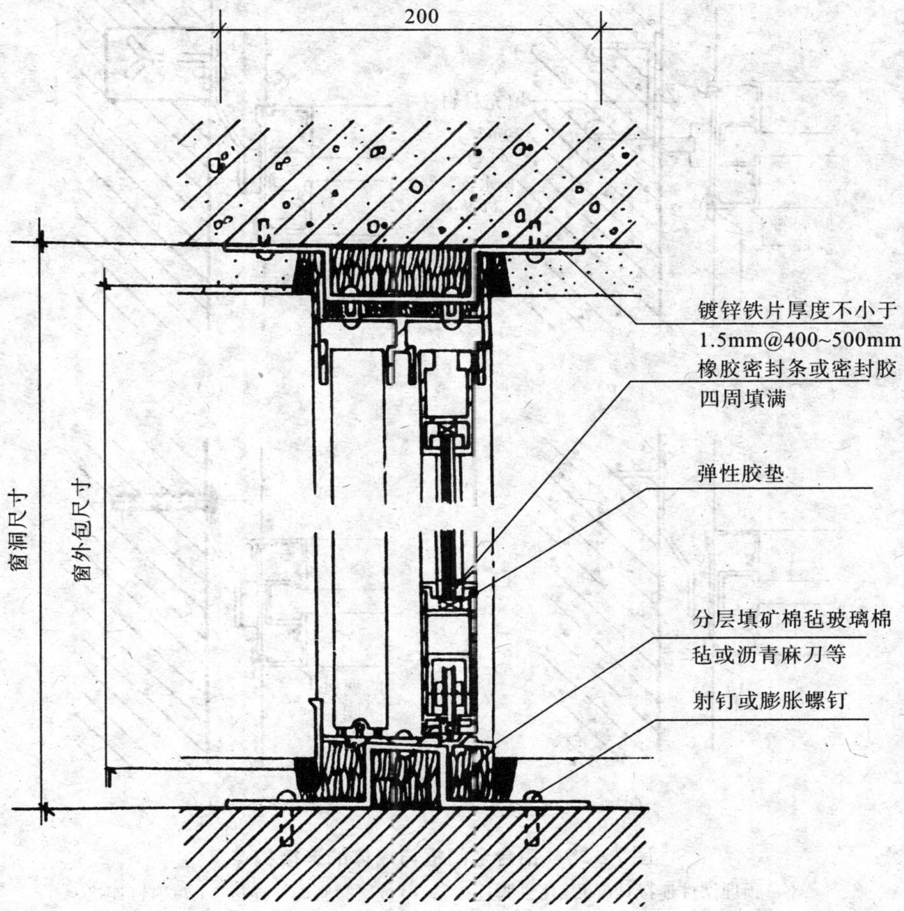

图 7 － 27 铝合金窗安装构造

门窗安装前应先检查有无弯曲和变形，如有变形应立即更换，安装时要注意门窗的开启方向及安装孔位置，检查埋件是否埋设牢固。

门窗框料及组合拼接件，除不锈钢外，均不能与其他金属直接接触，以免产生电腐蚀现象.所有门的加强件及紧固件均须做防腐处理，一般可采用沥青防腐漆满涂，或镀锌处理。

门窗框固定铁件，除四周离边角 150mm 设一点外，一般间距不大于 400 ~ 500mm。其连接方法有：采用墙上预埋铁件连接；墙上预留孔洞埋入燕尾铁脚连接；采用金属膨胀螺栓连接；采用射钉固定，如图 7 － 28 所示。锚固铁件用厚度不小于 1.5mm 的镀锌铁片。

门窗固定时不能用金属锤打敲击，以防止击伤或变形，门窗四周要先埋木条抹灰，然后将木条取出，再灌建筑密封膏，应避免灰浆直接粘到门窗表面，一旦发现，则不能用金属物刮落，应用水或油刷擦洗干净，待工程竣工后方可剥去门窗外包胶膜。门窗固定要做到横平竖直，高低一致。

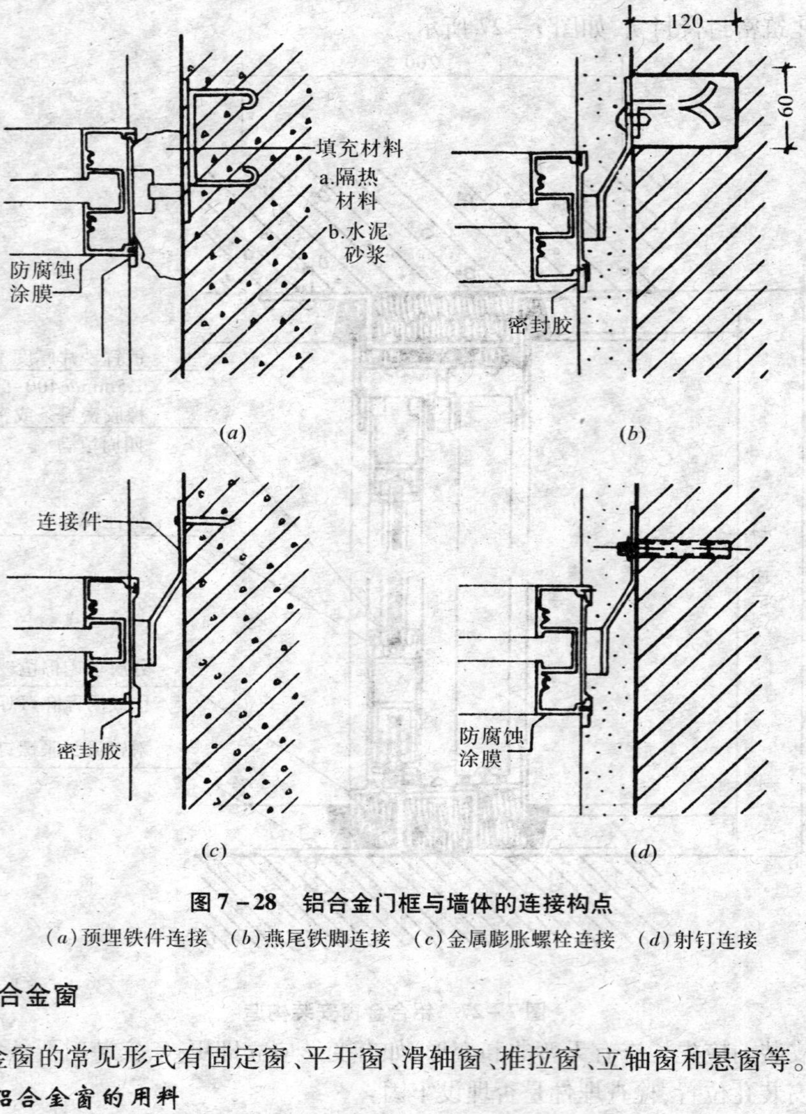

图7-28 铝合金门框与墙体的连接构点

(a)预埋铁件连接 (b)燕尾铁脚连接 (c)金属膨胀螺栓连接 (d)射钉连接

二、铝合金窗

铝合金窗的常见形式有固定窗、平开窗、滑轴窗、推拉窗、立轴窗和悬窗等。

(一)铝合金窗的用料

与铝合金门一样,铝合金窗框料的系列名称,也是以窗框的厚度尺寸来区分各种铝合金窗的称谓的。如平开窗窗框厚度构造尺寸为50mm宽,即称为50系列铝合金平开窗;推拉窗窗框厚度构造尺寸为90mm宽,即称为90系列铝合金推拉窗等。铝合金基本窗的最大洞口尺寸及最大开启扇尺寸与窗的形式及框料的用材有关,见表7-5所示。

表7-5 铝合金窗最大洞口尺寸、最大开启扇尺寸(mm)

窗型种类	系列	最大洞口尺寸($B\times H$)	最大开启扇面积($b\times h$)
平开窗 滑轴窗	40	1 800×1 800	600×1 200
	50	2 100×2 100	600×1 400
	70	2 100×1 800	600×1 200

续表

窗型种类	系列	最大洞口尺寸($B \times H$)	最大开启扇面积($b \times h$)	
推拉窗	55	2 400×2 100,3 000×1 500	845×1 500	
	60	2 400×2 100,3 000×1 800	900×1 750	
	70	3 300×1 800,2 000×$\frac{2\,000}{2\,700}$	1 000×2 000	
	90	3 000×2 100	900×1 800	
	90-1	3 000×2 100	900×1 800	
固定窗	40	1 800×1 800		
	50	2 100×2 100		
	70	2 100×2 100		
	90	3 000×2 100		
立轴、中悬窗	70 立	1 200×2 000	1 200×2 000	
	70 中	1 200×600	1 200×600	
百叶窗	80	1 400×2 000	700×2 000	非开启
	100	1 400×2 000	(700+700)×2 000	

铝合金窗所采用的玻璃根据需要可选择普通平板玻璃、浮法玻璃、夹层玻璃、钢化玻璃及中空玻璃等。一般用5~6mm厚的玻璃,如果采用中空玻璃,则中间有6mm或12mm宽的间隔,总厚度为16mm或22mm。

铝合金窗还需要各类密封材料如密封条、密封胶等。密封条有如橡胶密封条、橡塑密封条和改性PVC密封条等,用于嵌装玻璃时,可直接压入,施工方便,并可兼作防水。密封胶有如硅酮密封胶、聚氨酯胶和高压聚乙烯密封胶等。与密封胶配合使用的隔垫材料,由于要求与密封胶不粘合,且填充玻璃与窗框间的缝隙时,还要求容易压缩,所以往往采用聚乙烯发泡体。垫块是用做支垫玻璃的,常用较高硬度的橡胶制作,截面常为矩形。

此外,铝合金窗还必须有各种五金,如合叶、滑轴、立轴、执手、滑轮、窗锁、防拆卸装置及限位器等,根据不同形式的窗和不同的要求分别选用。

(二)铝合金窗的构造

1. 固定窗

铝合金固定窗的采光面积大,外形简洁、美观,用料省,成本低,并且有优良的气密性及水密性,隔声性能好。

铝合金固定窗常用于仅需采光、眺望,不需通风的场所,或者可以与各种开启型的铝合金窗组合使用。铝合金固定窗的构造如图7-29(a)所示。利用组合杆件可形成较大的组合窗,如图7-29(b)。铝合金隔断的构造方法也基本相同。

2. 平开窗

平开窗及滑轴平开窗有较好的密闭防尘性能,它开启后通风面积较大,对夏季炎热地区有较好的适应性。如果做成双层窗框平开窗,则将大大提高建筑物的保温隔热性能,对节约能源非常有效。

图7-30为50系列铝合金单层平开窗的节点构造。

3. 推拉窗

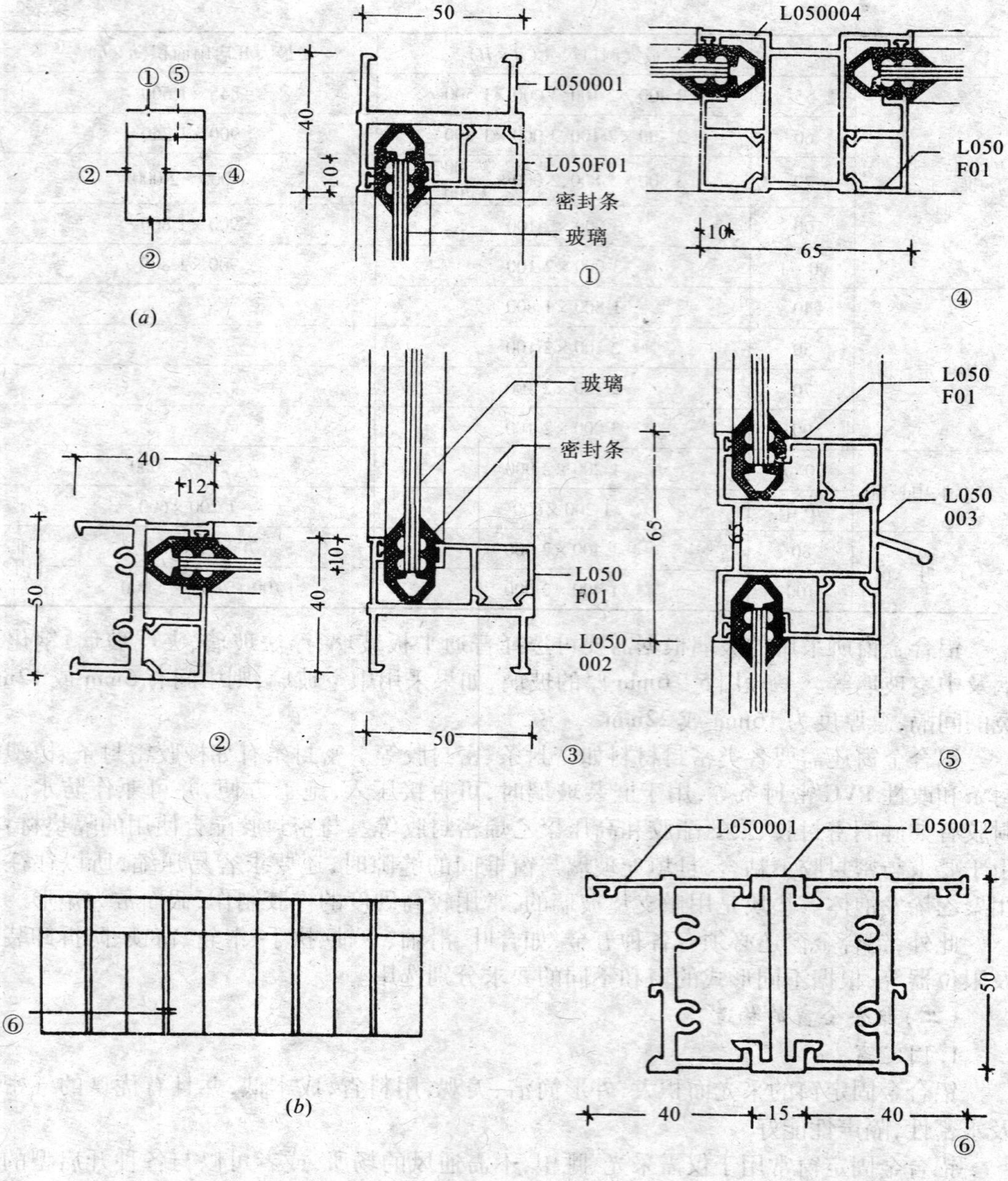

图 7-29　50 系列固定窗构造

(a)固定窗　(b)组合固定窗

铝合金推拉窗的外形美观,采光面积大,且开启不占空间,防水及隔音均佳,且有良好的气密性和水密性,因此被广泛应用于宾馆、高级住宅、别墅、办公、图书馆和疗养院及其他标准要求较高的民用及工业建筑中。但推拉窗的通风面积受到限制,所以不宜用于对自然通风要求较高的场所。

铝合金推拉窗可与其他形式的铝合金窗或门组合使用,可装配各种形式的内外纱窗,也可以根据需要加做防拆卸装置，防碰撞装置等。

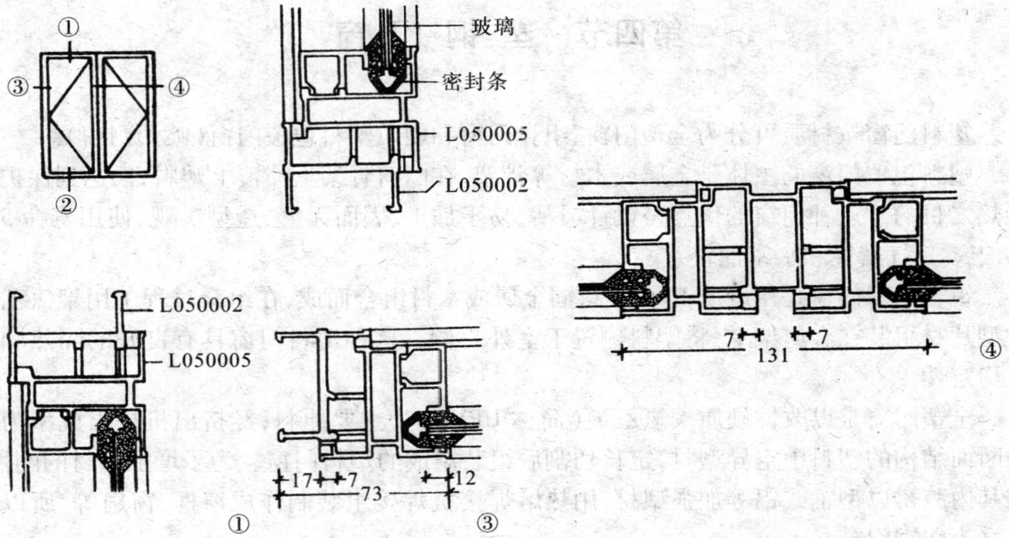

图7－30　50系列单层平开窗构造

图7－31为55系列铝合金推拉窗的节点构造。

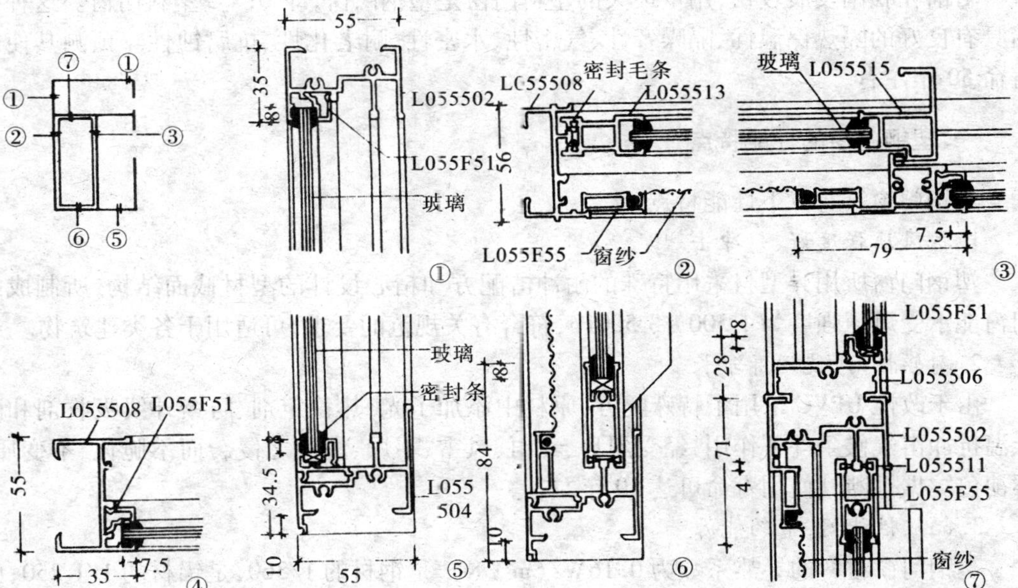

7－31　55系列铝合金推拉窗构造

第四节 塑钢门窗

塑料门窗按材质可分为全塑门窗、组合门窗和硬质塑料包覆门窗(喷塑门窗)。

塑料包覆门窗的主体是金属或木材等骨架,在门窗骨架上喷覆上塑料,以达到保护和隔热之目的。这种门窗的优点是设计灵活、易于加工、表面无缝、造型美观、使用寿命5~10年。其气密性和水密性较差。

组合塑料门窗是用硬质PVC塑料同金属或木材组合而成,在组合过程中用聚氯乙烯异型片材组装在金属架上,将塑料侧置于室外一侧。这种塑料门窗具有良好的隔热和形状稳定性。

全塑门窗是以改性硬质聚氯乙烯(简称UPVC)为主要原料,经挤出机挤出成型为各种断面结构的塑料中空异型材,定长切割后组装制成的塑料门窗。为了增加型材的刚性,在其内腔衬以型钢或铝等加强型材,用热熔焊接机焊接组装制作成窗框、窗扇等,所以又称之为塑钢门窗。

PVC塑料门窗是20世纪50年代中期发展起来的一种新型建筑材料,它比木门窗和钢门窗耐腐蚀,不需油漆维护保养;比铝窗和钢窗隔热性、隔声性、密封性好。而且外观绚丽多彩,可与各类建筑物相协调,原料资源丰富,节约木材,节约能源,价格适中。塑料门窗在欧美推广较早且应用广泛。

目前在我国发展较快,用量最大的塑料门窗是塑钢门窗,即UPVC塑料门窗。这种门窗具有良好的隔热保温性、隔噪音性、气密性、水密性、耐老化性、抗腐蚀性。预测其使用寿命50年左右。

一、塑钢门窗的性能特点

塑钢门窗具有以下性能特点。

1. 抗风压强度好、耐冲击

塑钢门窗所用异型材采用特殊的耐冲击配方和精心设计的型材截面结构,所制成的门窗能承受风压强度为1 500~3 500Pa,符合有关规范的要求,可适用于各类建筑物。

2. 耐候性好,使用寿命长

由于改性UPVC采用了特殊配方,原料中添加了光、热稳定剂、防紫外线吸收剂和耐低温抗冲击气候条件下作用,经受烈日、暴雨、风雪、干燥、潮湿之侵袭而不脆化、不变质、不褪色。据推断其使用寿命可达50年左右。

3. 隔热性能好,节约能源

塑钢门窗材料的导热系数为0.16W/(m·K),是钢材的1/360,是铝材的1/1 250;此外,塑钢门窗用异型材均为中空多腔室结构,隔成数个小空间,密封的空气间层,可使热传导率相对降低,其隔热性能与同面积、同玻璃的钢、铝金属窗相比,可节省能源消耗30%以上,为最佳节约能源的门窗材料。

4. 气密性好

塑钢门窗框与扇搭接紧密,各缝隙处装有耐久性的弹性密封条或毛刷条和阻风板,防雨水渗漏及空气渗透的性能极佳。对没有空洞和采暖的建筑物节能有较大意义。

5. 水密性好

由于塑钢门窗材料本身的吸水率小于0.1%,其结构又精心设计,门窗框、扇各搭接处均装有永久性弹性密封条,防雨、水渗漏性佳。并于框材适当位置开设排水槽孔,能将雨水完全排出室外。

6. 隔音性能好

由于所用型材为多腔室中空结构,而且框扇搭接密封紧密,其一般隔声量可达25~30dB。

7. 耐腐蚀

硬质PVC材料不受任何酸、碱、废气、盐分及潮湿所腐蚀,耐腐蚀性优于木窗、钢窗和铝窗。可适用于多雨、潮湿的沿海地区,盐雾和腐蚀性烟雾场所。但要避免与发烟硫酸、硝酸、丙酮、二氯乙烷、四氯化碳及甲苯等直接接触。

8. 防火性能好

硬质PVC塑钢门窗材料为防火阻燃材料,本身不自然,不助燃,离火能自熄,是公认的优良安全建筑材料。

9. 电绝缘性能好

10. 尺寸精密度高

UPVC塑料异形材外形尺寸精度高,机械加工性能好,可锯、切、铣、钻等;组装门窗时,型材机械切割、热熔焊接后制造的成品门窗尺寸精度较高。

11. 外观精致、保养容易

塑钢窗型材表面光洁干滑,装配门窗采用熔接方法,外表绝无缝隙及凹凸不平,整体门窗造型挺拔透丽、线条流畅,其色质内外一致,较易与建筑物总体协调,且无需油漆或涂料着色和维护保养。脏污时,清洁也比较容易。

二、塑钢门窗构造

塑钢门窗框是由各种不同断面结构形状的硬质聚氨乙烯塑料异型材,用拼装的方法组合而成。不同断面的异型材及其组配形式,可组装成不同种类及其使用功能的门窗框。

门窗框所需要的异型材包括主异型材,用以构成门窗框和门窗扇;辅助异型材,有固定玻璃的异型材(简称玻璃压条)、密封条(密封玻璃和窗扇)、密缝条(密封窗框与窗扇之间的缝隙),纱扇异形材,排水异型材;拼接异型材(简称连接件),金属增强异型材等。

设计门窗框异型材断面结构形状时,应满足如下几点:

(1)有适当的断面安装固定铁件,月以同墙体连接固定;

(2)对固定窗的窗框,要设计安装玻璃、密封条和玻璃压条的沟槽;

(3)对开启的窗和门,其框的异型材为满足气密、水密、五金安装、排水、连接等功能,设计时要带有沟槽、凸面、内腔加强筋等特殊结构。

对门窗扇异型材的要求是:

能安装固定玻璃异型材(压条)和嵌入密封条;

能安装固定密缝条与门窗框密接；

能安装固定铰链、执手及其他附件；

推拉门窗扇还必须安装固定滑轮、执手锁和毛刷条。

塑钢门窗型材采用挤出成型工艺，为了节约原材料，异型材一般是中空的，为了提高门窗框、扇的热阻值，将排水孔道与补筋空腔分隔，可以做成为双腔室，以至多腔室，如图7－32所示。其截面造型可以比较复杂，为嵌装密封条、辅型材创造充分条件。

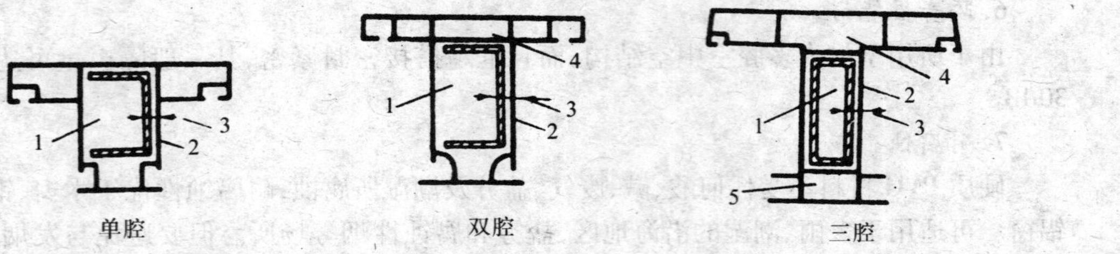

图7－32　型材空腔的构造

1. 主腔　2. 加强筋　3. 自攻螺钉　4. 排水腔　5. 隔热腔

由于塑料型材膨缩值高，其门窗扇关闭时，不是采取木或钢门窗的嵌入式，而是采取嵌入与搭接（盖口）相结合的方式。图7－32为平开窗启扇与窗框异型材搭接的情况。图7－33(*a*)窗扇是凹入式的，其窗框异形材的底面有凹槽可用来安装固定铁件，为了提高窗的气密性，在框扇闭合缝隙处设两道弹性密封条。图7－33(*b*)窗扇与窗框在外侧相平，其断面的中间部位有一凸起与窗扇上的密封条密接。

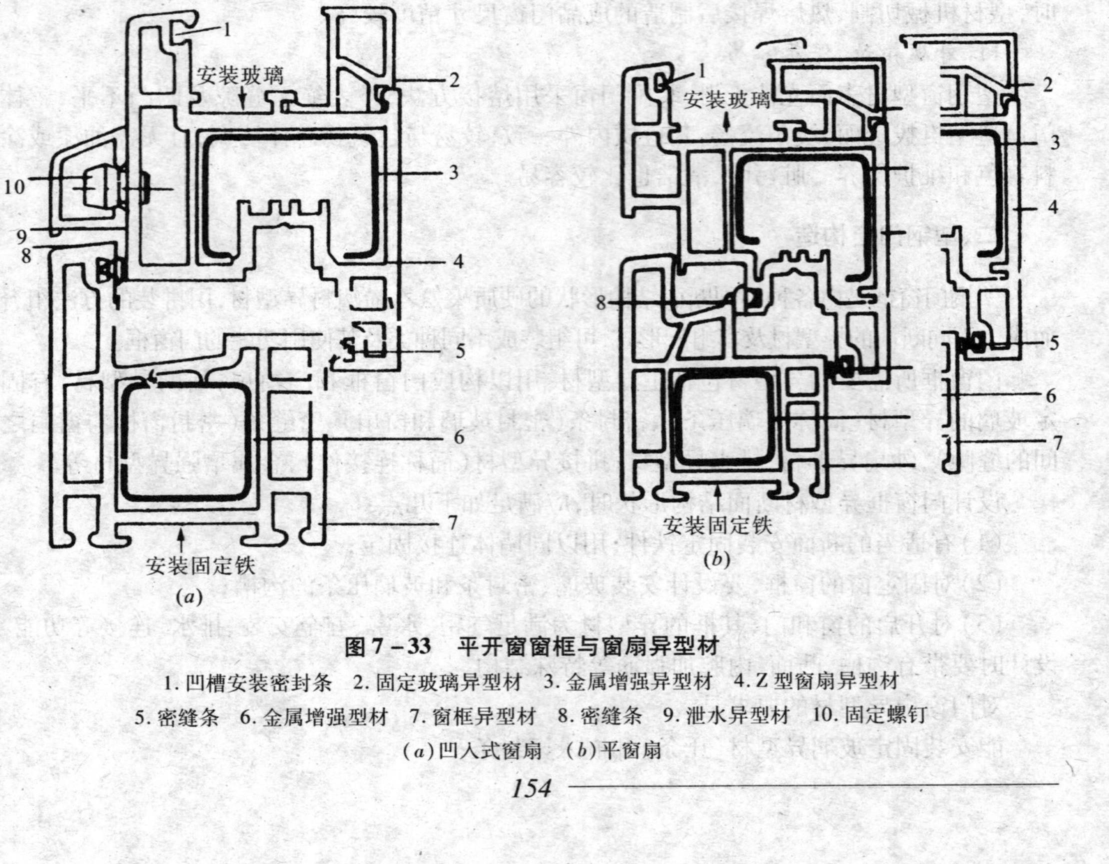

图7－33　平开窗窗框与窗扇异型材

1. 凹槽安装密封条　2. 固定玻璃异型材　3. 金属增强异型材　4. Z型窗扇异型材

5. 密缝条　6. 金属增强型材　7. 窗框异型材　8. 密缝条　9. 泄水异型材　10. 固定螺钉

(*a*)凹入式窗扇　(*b*)平窗扇

在辅助异型材中，固定玻璃异型材（简称玻璃压条）是由与门窗框、扇相同的硬质聚氯乙稀原料挤出成型的，它有各种尺寸规格和结构形状，以适合于安装单层、双层或三层玻璃。

用橡胶或橡胶改性聚氯乙烯制成的弹性密封条，及用橡胶改性软质聚氯乙烯与硬质聚氯乙烯复合共挤出制成的复合密封条，它的形状要与直异型材的结构相匹配。塑钢平开窗用的密封条一般有两种，一种是安装玻璃用的密封条，为了使其与玻璃贴紧，增加接触面积，防止雨水、风砂进入玻璃嵌槽，安装玻璃密封条常作成锯齿状（简称 K 型条）。另一种是框扇间用的密封条，常用成空心或空心带尾的（简称 O 型条）。推拉窗用密封条也有两种，安装玻璃用的与平开窗相同，框扇间密封采用尼龙毛刷条。

塑钢窗的拼接异型材是用与窗框相同的硬质聚氯乙烯原料挤出成型的异型材，其作用是用于与窗间的组合连接；其结构形状有中空也有开放式的，复杂多样。

为了提高硬质聚氯乙烯中空异型材的刚性和窗扇窗框的抗风压强度，在塑料窗用主型材内腔中放入钢质或铝质异型材增强。金属增强型材的形状和尺寸规格，根据主型材主腔结构而定，由于主型材的型腔尺寸不同，所以金属增强型材的形状尺寸也有数种，如图 7－34 所示。钢质增强件应采用镀锌的钢板，厚度为 1.5～2.5mm，在切口处应涂防锈漆，铝质增强件无需特别处理。塑料型材的结构应能保证将增强衬筋装入封增长的空腔内，腔内不能有水渗入。增强衬筋装入塑料型材的方式有三种，参见图 7－35。

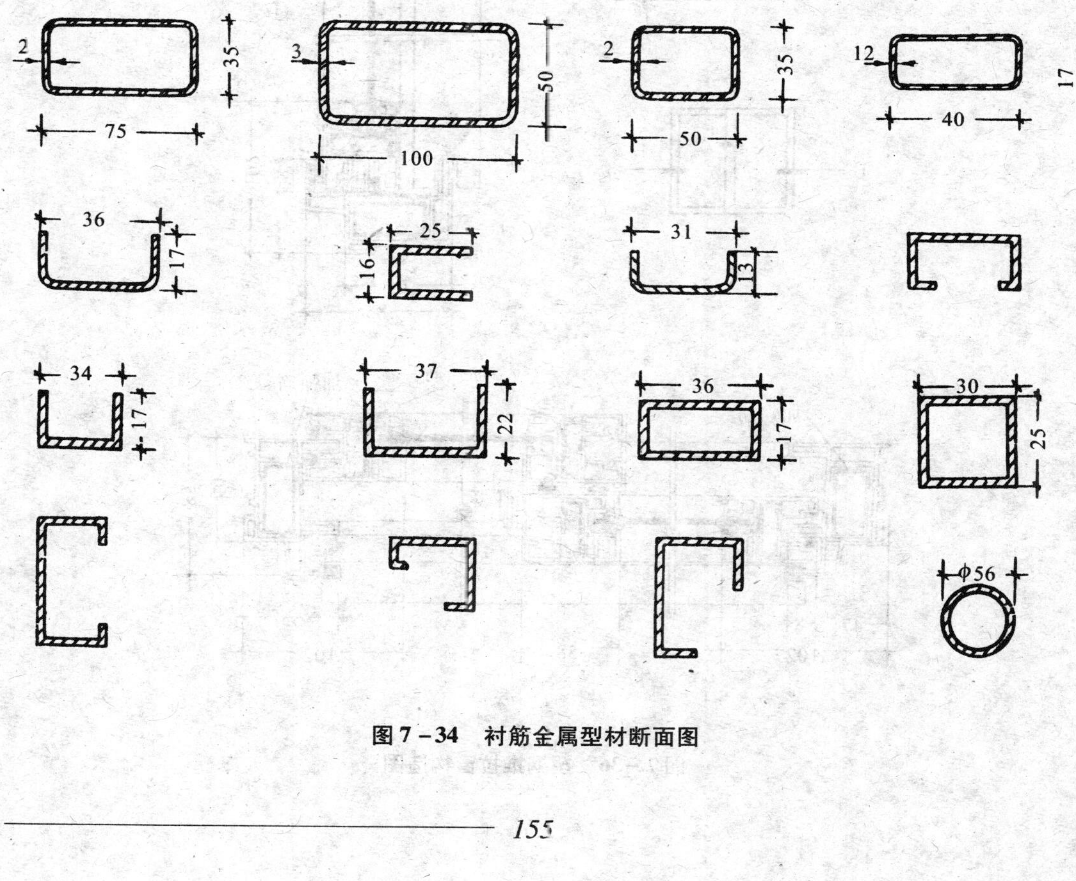

图 7－34　衬筋金属型材断面图

(1)金属增强件和塑料型型材内壁以平面接触的方式插入,这种方式存在着产生高度导热性的危险,因为热以充的平面接触方式由塑料传给钢增强件,特别是单腔异型材的导热问题更为严重,如图 7-35(*a*)所示。

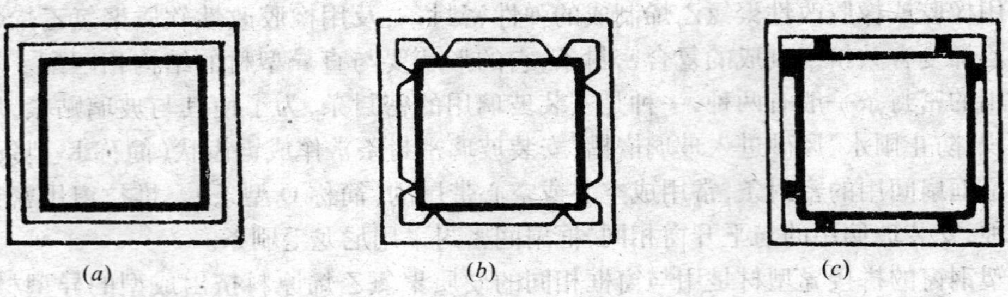

图 7-35 金属性增强件装入型材的几种方式

(*a*)衬筋型材表面都是平面的平插入方式 (*b*)衬筋外表面为平面,塑料型材内表面有凸起内筋 (*c*)衬筋外表面有凸起滑条

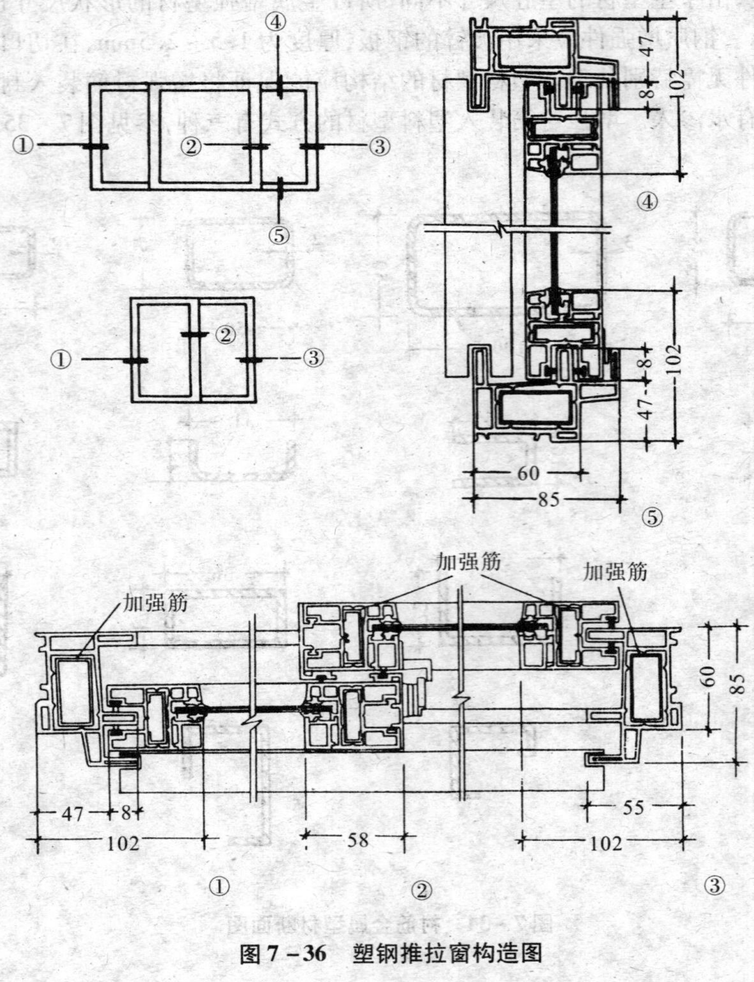

图 7-36 塑钢推拉窗构造图

(2)可以在塑料型材腔室内壁设置小内凸筋,钢衬筋尺寸应做到:使衬筋将刮掉小内凸筋的尖角部而与内凸筋紧密接触且与型材内腔又能有一段间隙(约1~1.5mm)为宜,如图7-35(*b*)所示。

(3)特种增强衬筋断面上带有小凸起滑条,和塑料型材内壁以点线相接触,如图7-35(*c*)所示。这种方式只有在铝制衬筋件上才有可能实现。

目前常用的塑钢门有平开门、弹簧门与推拉门。常用的塑钢窗有固定窗、平开窗、水平悬窗与立式悬窗及推拉窗等。图7-36为塑钢推拉窗的构造图。

塑钢窗在两个部位存在排水问题,其一是玻璃镶嵌槽(即窗扇的排水),其二是窗框的排水,所以无论是平开窗和推拉窗的框、扇型材都应该设置有排水腔,以使流入窗扇内的雨水和冷凝水可以排出室外。排水腔应该设置在安装玻璃压条槽的相反一侧,这样,安装玻璃可在室内进行。排水腔要和主腔隔开,以防止水流入主腔内、腐蚀加强衬筋。

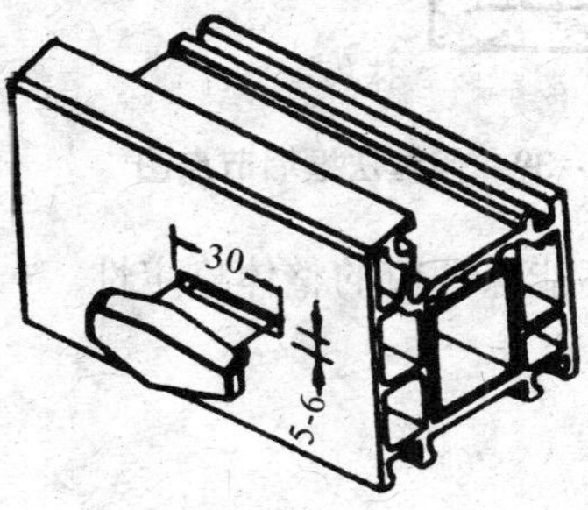

图7-37　排水孔封盖

玻璃镶嵌槽的排水最好是由外腔直接向外排放,也可以通过排水腔向下到框排水道排出。开设的排水孔特别要注意它的密闭性,室外要加排水孔封盖,如图7-37所示。

窗框排水腔的排水方式也可直接向外排出或通过前腔向下排出,最好采用向下排出的方式。图7-38(*a*)、(*b*)为平开窗和推拉窗的排水示例。

塑钢门窗框与墙体的连接方法有以下三种。

1.假框法

做一个与塑钢门窗框相配套的镀锌铁金属框,框材厚一般为3mm,预先将其安装

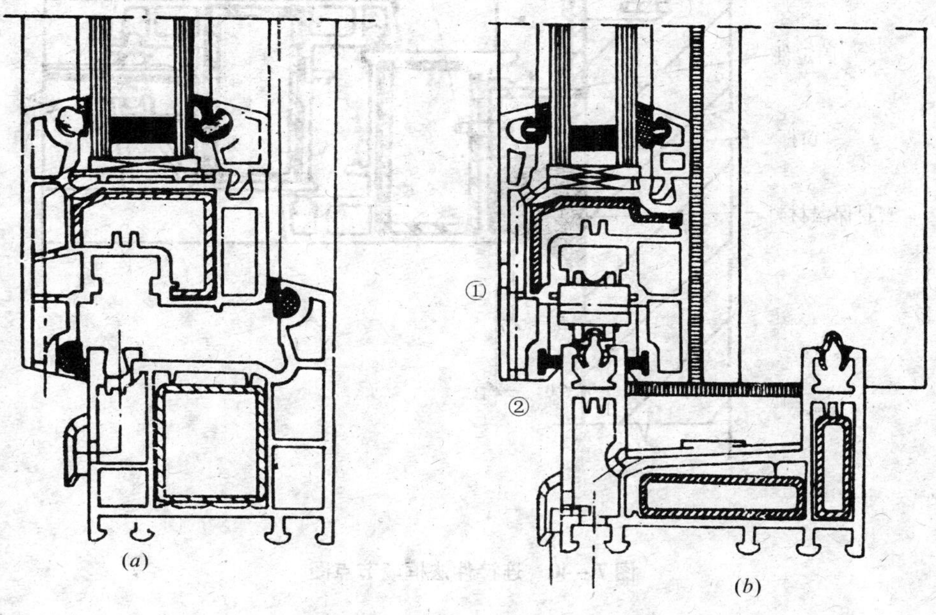

图7-38　塑钢窗排水示意图

(*a*)平开窗　(*b*)推拉窗

在门窗洞口上，抹灰装修完毕后再安装塑钢门窗。安装时将塑钢门窗送入洞口，靠住金属框后用自攻螺钉紧固，如图 7－39 所示。此外，旧木门窗，钢门窗更换为塑钢门窗时，可保留木框或钢框，在其上安装塑钢门窗，并用塑料盖口条装饰。

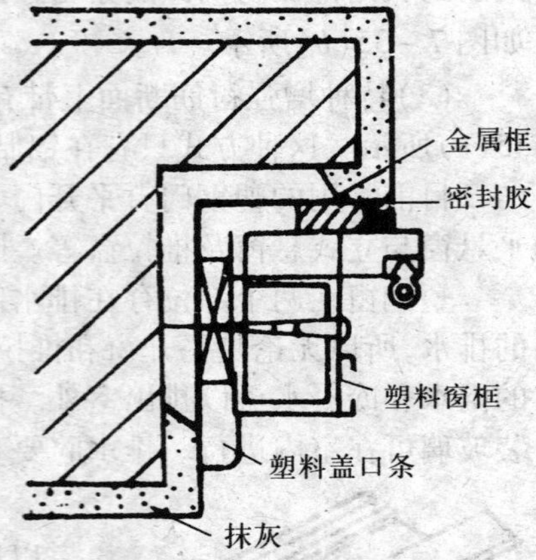

图 7－39　假框法框墙节点图

2. 固定件法

门窗框通过固定铁件与墙体连接，先用自攻螺钉将铁件安装在门窗框上，然后将门窗框送入洞口定位。于定位设置的连接点处，穿过铁件预制孔，在墙体相对位置上钻孔，插入尼龙胀管，然后拧入胀管螺钉将铁件与墙体固定，如图 7－40 和图 7－41 所示。也可以在墙体内预埋木砖，用木螺钉将固定铁件与木砖固定。这两种方法均须注意，连接窗框与铁件的自攻螺钉必须穿过加强衬筋或至少穿过门窗框型材两层型材壁，否则螺钉易松动，不能保证窗的整体稳定性。

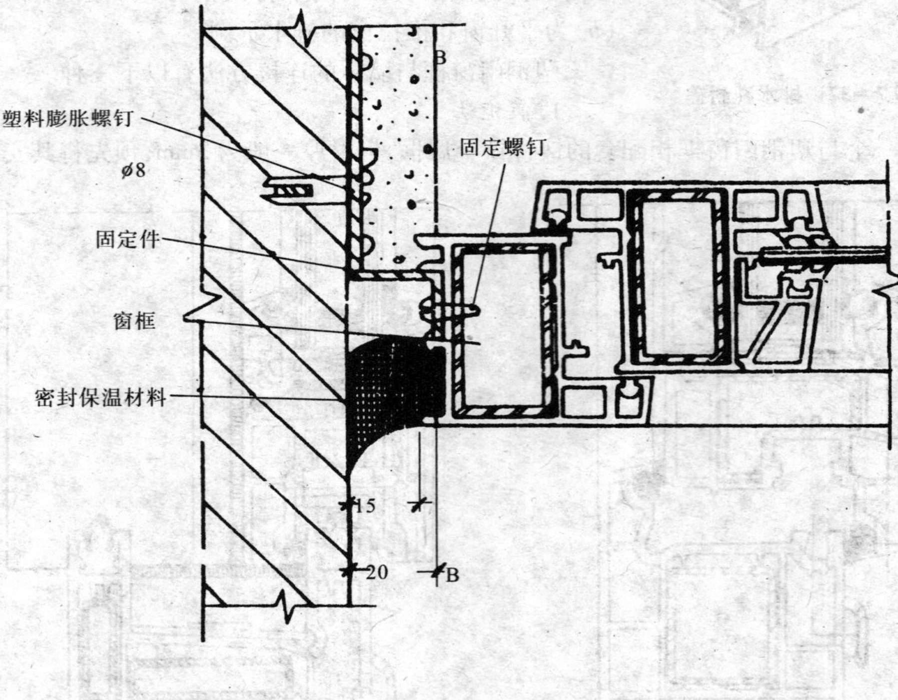

图 7－40　连接件法框墙节点图

3. 直接固定法

即在墙体内预埋木砖，将塑钢门窗框送入窗洞口定位后，用木螺钉直接穿过门窗框型材与木砖连接，如图 7－42 所示。

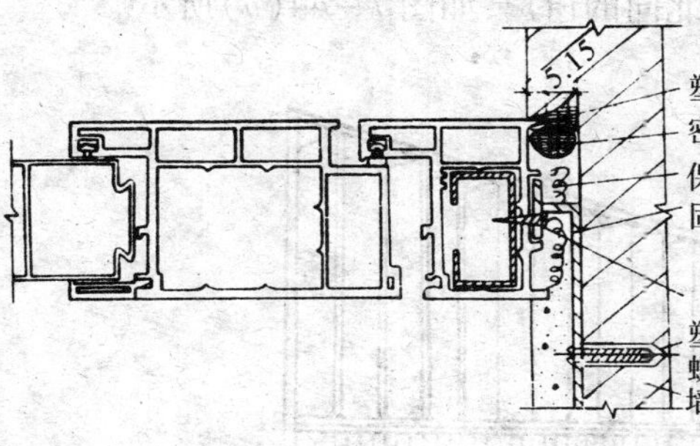

图 7－41　门框与墙体的连接节点图

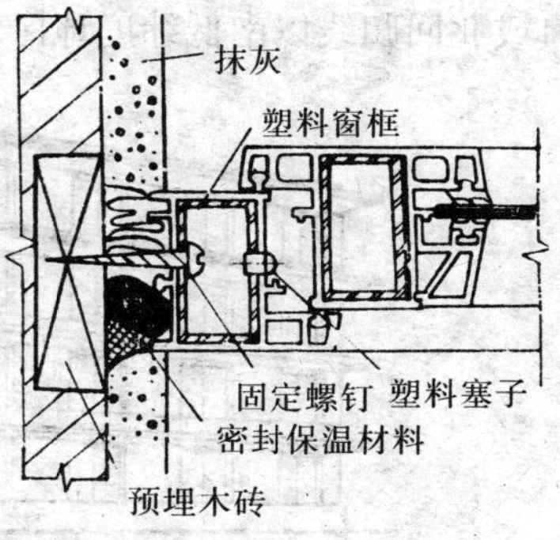

图 7－42　直接固定法框墙节点图

第五节　遮　　阳

在夏季炎热地区，阳光如果直射室内，会使房间内局部过热，并产生眩光，严重影响人们的生活和工作。窗户遮阳是为了防止直射阳光进入室内，减少太阳辐射热的影响，避免眩光，并保护物品而采取的一种建筑措施。

遮阳虽然隔热效果比较明显，但往往也会对窗户的采光和通风功能造成一定影响，在实际使用时应结合房间的造型要求，合理选择和设计形式。

传统遮阳的形式多种多样，如可以利用挑檐、挑廊，即挡雨又遮阳；也可以利用搭设棚架、种植攀缘植物或种植阔叶树来遮阳。还可以利用苇席、布篷、百叶窗、竹帘等制成简易遮阳。简易遮阳取材和制作均较为方便，但不易持久，如图 7－43 所示。

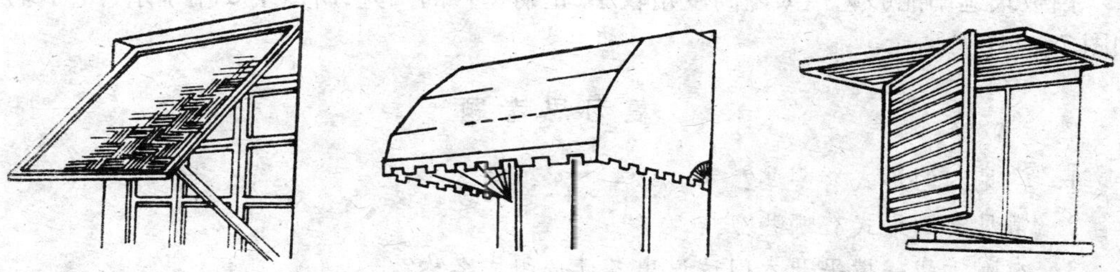

(*a*)　(*b*)　(*c*)

图 7－43　简易活动遮阳

(*a*) 苇席遮阳　(*b*) 篷布遮阳　(*c*) 木百叶遮阳

目前建筑中采用较多的是钢筋混凝土遮阳，它往往结合立面处理及窗顶过梁而处理，成为建筑物的永久组成部分。这种遮阳美观耐久，并可兼用挡雨，但设计时应慎重考虑建筑物所处的地理位置、朝向角度及使用功能等诸多因素，做到切实有效。

窗户遮阳板按其形状及效果可分为四种基本形式：水平式、垂直式、综合式和挡板式。

水平式遮阳能够挡太阳高度角较大、从窗上方照射的阳光，适用于南向及接近南向的窗口或北回归线以南低纬度地区之北向及接近北向的窗户，如图 7 - 44(*a*)所示。

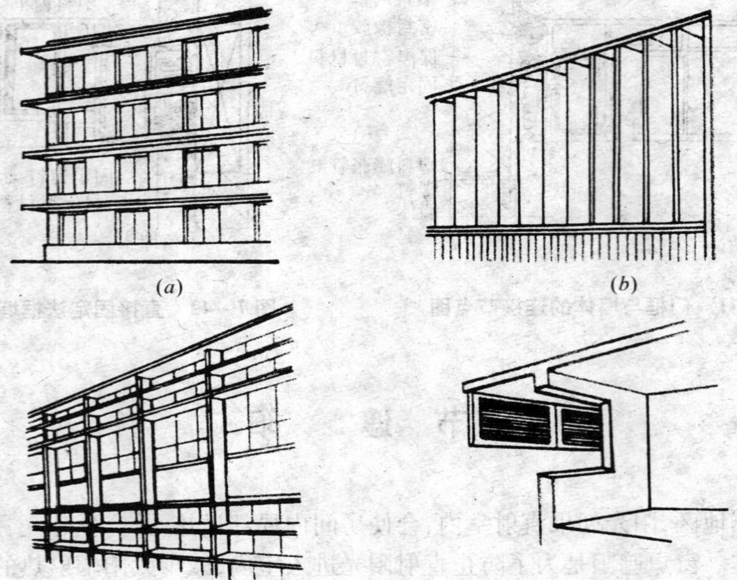

图 7 - 44　遮阳形式

(*a*)水平式　(*b*)垂直式　(*c*)综合式　(*d*)挡板式

垂直式遮阳能够遮挡太阳高度角较少、从窗口侧边斜射的阳光，而对正面阳光没有遮挡作用；所以，主要适用于偏东、偏西的南向或北向窗户，如图 7 - 44(*b*)所示。

综合式遮阳即是水平式和垂直式的综合形式，能够遮挡窗口上方和两侧射来的阳光。主要适用于南、东南及西南向窗户，如图 7 - 44(*c*)所示。

挡板式遮阳能够遮挡太阳高度角较小、正射窗户的阳光，所以主要用于东、西向窗户，如图 7 - 44(*d*)所示。

复习思考题

1. 常见门的形式有哪些？
2. 常见窗的形式有哪些？
3. 在附近找一樘平开木门试说出各部分组成名称？
4. 木门窗框安装时后塞口和先立口有何区别？
5. 试概括铝合金门窗和塑钢门窗的优缺点。

下　篇

建筑装饰构造

第八章

建筑装饰构造概述

建筑装饰构造是指建筑物除主体结构以外，使用建筑装饰材料对建筑物内外与人接触的部分，以及看得见的部分进行装潢和修饰的构造做法。

建筑装饰构造是一门综合性的技术学科，它应该与建筑、艺术、结构、材料、设备、施工、经济等方面密切配合，提供合理的建筑装饰构造方案，既作为建筑装饰设计中综合技术方面的依据，又是实施建筑装饰设计至关重要的手段，而且它本身就是建筑装饰设计的组成部分。

第一节　建筑装饰构造设计的重要性

一、建筑装饰的重要性

随着人民生活水平的提高，人们对自己所处的建筑空间已不仅仅单纯从数量上提出了更高的要求，而且从质量上也提出了更高的要求，要求环境美观、有一定的舒适度。由于有着各种使用要求的建筑物经二次装饰后，都赋予了其各自鲜明的性格特征，如住宅、歌舞厅和商场等，建筑装饰因此也就成为现代建筑工程中的一个不可缺少的重要组成部分，其重要性是不言而喻的。如果说建筑主体工程构成了建筑物的骨架，那么通过装饰后的建筑物则形成了有血有肉的有机整体，最终以丰富的、完善的面貌呈现在人们的面前。

虽然建筑装饰工程是建筑主体结构工程的配套完善工程，但是它所涉及的建筑装饰材料的品种却十分繁多，所采用的构造方法细致而又复杂多样，装饰后所形成的效果往往是在使用过程中才被人们直接观察到、感受到甚至触摸到的。特别是建筑物的外装饰，对建筑总体形象及环境气氛的形成，具有十分重要的作用。例如，同样一个主体框架，采用两种不同风格的装饰手法，可以获得截然不同的两种效果。

建筑装饰水平的高低，是人们评价一个建筑物总体乃至其内部质量优劣的重要依据。优秀的建筑装饰设计及施工，能够完善一个建筑设计的总体构想，甚至弥补某些不足之处；欠佳的建筑装饰设计及施工，可能会完全改变一个建筑设计方案的初衷，效果会适得其反，甚至影响正常使用。

二、建筑装饰构造设计的重要性

建筑装饰构造设计是建筑装饰设计中的一个不可缺少的重要组成部分，是建筑装饰设计落到实处的具体细化处理，是构思转化为实物的技术手段。没有良好的、切合实际的建筑装饰构造方案设计，即使有最好的构思，用最好的装饰材料，也不可能构成一个完美的空间。最佳的建筑装饰构造设计，应该充分利用各种建筑装饰材料的有关特性，结合现有的施工技术，用最少的成本、最有效的手法，来达到构思所要表达的效果。

第二节　建筑装饰构造设计的相关因素

建筑装饰构造设计是建筑装饰设计的最后一道工序。至此，建筑装饰设计构思将通过建筑装饰施工图的方式准确无误地表达出来。在这一阶段，很多初步设计时未及考虑的因素，如不同工种的协调、具体材料的选用与连接、细部尺寸的量化、施工的方式方法等，都必须一一考虑到。这是一项细致而又复杂的工作，没有相应的基础知识及实际经验，一般是很难胜任的。而建筑装饰构造设计的最终成功与否，也必须通过使用来检验。我们周围有很多成功的典范，但也不乏失败的例证。许多建筑装饰工程交付使用时毫无破绽，但是时间一久，问题百出。例如，大厅的吊天棚由于基层处理不周而开裂；高级宾馆客房靠卫生间的一面墙壁防潮处理不善而发霉等，都是经常遇见的问题。因此，建筑装饰设计人员，应该具有良好的职业道德，本着“客户至上”的原则，精心设计，坚决杜绝不负责任、敷衍了事的现象发生。

在进行建筑装饰构造设计时，应考虑下列相关因素。

一、功能性因素

（一）建筑空间的使用要求

建筑装饰构造设计应该把满足人们日常生活、生产或工作的要求放在首位。建筑物主要是供人使用的，如何创造一个既舒适，又能满足人们的各种生理要求，同时还能给人以美感的空间环境，是建筑装饰构造设计的永恒课题。

当然，由于人类活动的多样化，人们会根据使用需要建造不同类型的建筑空间，这也就带来了建筑装饰的多样化。大到各种类型的公共建筑，如餐厅、舞厅、展览厅、商场、酒店等，它们的使用要求不同，装饰效果也各异；小到一个家庭中的组成房间，如卧室、起居室、卫生间、厨房等，装饰时都会根据其用途的不同而选用不同的装饰材料，并做不同的构造设计处理。同样是卧室，由于使用对象不同，也会造成较大的差异。例如，老年人喜欢安详宁静，青年人喜欢现代气息，而儿童则喜欢五彩缤纷的世界。另外，由于每一个人的气质修养不同、民族文化背景不同、生活习惯不同，也都会对自己所处的环境提出相应的要求。

使用要求对建筑装饰的这种影响，在某些特殊的空间中表现得是非常明显的。例如，影剧院观众厅的内墙壁与顶棚的装饰，通常是由其声学要求来决定的，不同的部位需要采用不同的装饰材料以及相应的构造措施；电子计算机房，为了便于管道布线，通常将地面装饰成可拆装的活动夹层地板，但是地板必须进行防静电处理。

（二）保护建筑主体结构免受损害

建筑是百年大计，如何延长建筑物的使用年限，从古到今都是人们所关心的问题。如果建筑主体结构直接暴露在空气中，木、竹等有机纤维材料就会由于微生物的侵蚀而腐朽；石块、砖就会风化；水泥制品就会疏松；钢铁构配件就会由于氧化而锈蚀。所以，在建筑上常常采用油漆、抹灰等覆盖式的装饰构造进行处理。这样，一方面能提高防水、防火、防锈、防酸、防碱的能力；另一方面，可以保护建筑主体结构不直接受到机械外力的磨损。在一些重点部位，还需要特殊处理。例如，外墙近地面处的勒脚；内墙近楼地面处的踢脚、墙裙；阳角处的护角线；窗台、门窗套等。当覆盖层受到破坏时，可以不更换结构构件而直接重做装饰，使建筑物焕然一新。

（三）给人以美的享受

人类生活离不开建筑，建筑也是最为昂贵的消费品之一。从孩提时代开始，人们就会精心地策划、描绘自己的家，这足以看出人们对美好家园是多么的憧憬。建筑被誉为“凝固的音乐”，而建筑设计师正是创造优美乐章的人。可以说，建筑本身就是艺术品，是一件放大了的、特殊的艺术品。建筑艺术的特殊性主要表现在两个方面：一是建筑有实用功能；二是有四度空间。所谓四度空间，就是加入时间的概念，人们可以随着时间的推移、视点的移动，从不同的角度和空间去欣赏一个建筑物。

建筑艺术的这种表现力，也被称为“建筑的精神功能”。建筑形象是功能、技术和艺术的综合体，它能反映出人们所处的时代和生活。建筑空间通过装饰，可以形成某种气氛或体现出某种意境。例如，住宅是温馨的；政府办公楼是端庄严肃的；银行、保险公司应该是稳固而可信赖的；娱乐场所则是欢快而又热烈的。建筑的室内外装饰设计，分别从不同的角度表达和完善了设计师的意图，而装饰构造设计则是运用材料和技术手段将这些想法落到了实处。

由于建筑空间有内部空间和外部空间之分，所以建筑装饰也相应地划分为内部装饰和外部装饰。由于功能要求不同，限制性条件和出发点不同，它们从用料选择到细部构造的设计，也就不尽相同。例如，花岗石、大理石均为高级装饰用石材，但由于花岗石质地坚硬、耐久性能较好，因而室外装饰时经常选用花岗石。内部空间装饰因部位不同，主要可分为地面装饰、墙面装饰和天棚装饰。室外空间装饰的重点，一般是对外墙立面的处理；同时，还必须考虑屋顶、檐口、地面等处，以便使整个环境和谐一致。

当然，对于一座建筑物的室内外空间处理，绝不能单纯地割裂开来。例如，由于工期等原因，一个工程被分成若干块承包给不同的装饰公司，从设计过程起就缺乏交流、沟通，最后整体效果面目全非，势必与期望值相去甚远，这是不足取的一种方法。相反，若能统筹兼顾、全盘考虑，从整体到局部、从外部到内部空间都精心设计、一气呵成，就会创造出较好的效果。南京中山陵就是这种由外及里精心设计的成功例证。

二、安全耐久性因素

建筑是百年大计，建筑空间是人类自我保护、赖以生存的场所。如果没有安全保障，建筑的其他功能就会荡然无存。虽然建筑装饰可以不断更新,但是建筑物一旦竣工并投入使用后,要使它停止正常运转(如发现质量问题影响居住安全,再想修改)往往很不容易,此外还会带来一定的经济损失。这一点对于一些重要的公共场所来说,尤为重要。所以,延长装饰使用的耐久性,对使用者来说具有非常重要的现实意义。

(一)建筑装饰材料的合理选择

根据使用部位和作用的不同,在选择不同强度和刚度的建筑装饰材料时,材料的性能必须安全可靠,有一定的耐久性。对建筑装饰材料的基本性能一知半解而滥用建筑装饰材料,或者对建筑装饰材料以次充好,都是事故发生的隐患。

(二)结构方案处理合理可靠

首先,必须处理好建筑装饰结构方案与建筑主体结构的关系。由于装饰所用的材料,大多依附于建筑主体结构之上,所以必须先确定主体结构是否能承受得住这些附加荷载。例如,花岗石楼面的荷载要比普通木楼面大得多,如果主体结构计算时楼面荷载所留余地较小,就不能使用。

其次,必须将附加荷载通过合适途径传递给主体结构。例如,吊天棚、玻璃幕墙等选用什么材料做骨架,需要多大尺寸,以及如何与主体连接等,都必须通过计算后做出合理安排。

再者,必须避免在装饰过程中对主体结构构件的破坏。例如,随意拆除墙体、在楼面上加隔墙或在楼板上乱打孔洞等,都会在一定程度上造成建筑主体结构的损害。

(三)构造节点处理合理可行

为了保证建筑装饰的安全、可靠、经久耐用,人们在长期的生产实践中,根据所使用的材料的特性以及所处部位的不同,已经摸索出了许多行之有效的构造连接做法。这些做法经过科学分析后,整理成书面资料被推广应用,通常称之为“标准做法”。建筑装饰设计人员在掌握了其原理后,可以选用标准做法或加以改造,应用到具体工程中去。当然,标准做法不可能包罗万象,而且它本身也在随着建筑装饰业的发展而不断地得到改进和更替。例如,玻璃幕墙技术,在我国直到20世纪80年代后期才开始被普遍采用。

构造节点处理的合理性,是建立在精心设计的前提之下的。它需要设计人员在统筹全盘的基础上,对细节问题做出详尽的安排。例如,天棚与墙面交接处;墙面与地面交接处;各类变形缝处等。

(四)满足消防、疏散要求

首先,必须注意建筑装饰设计与原建筑设计的协调一致。如果在建筑装饰中对原建筑设计中的交通疏散、消防处理随意改变,将会带来严重后果。例如,加隔墙会减少疏散口或延长疏散通道;减隔墙会增加防火分区面积;装饰处理会减窄疏散通道或楼梯宽度、移动或遮挡消防设备等,这些都会成为事故隐患。

其次,建筑装饰方案必须符合有关消防规范,并征得消防部门的同意。现代装饰特别是高档装饰,较多地使用了木材、装饰布、不锈钢等易燃或易导热的材料,故应按消防规范的要求采取调整或处理措施。

三、建筑装饰材料因素

建筑装饰材料是建筑装饰工程的物质基础，也是表现室内装饰效果的基本要素。丹麦著名的设计师卡雷·克林特曾这样说："用正确的方法去处理正确的材料，才能以率真和美的方式去解决人类的需要。"可以说，建筑装饰工程的质量、效果和经济性及其各种构造方法的选择，在很大程度上取决于对建筑装饰材料的选择及其合理使用。

建筑装饰材料由于受产量、产地、加工难易程度和产品性能等诸多因素的影响，其价格档次不同。中低档价格的建筑装饰材料，普及率较高，应用广泛；高档价格的建筑装饰材料，特别是名贵建筑装饰材料，在装饰中一般起点缀作用，常用于视觉中心等重点部位。高档价格的建筑装饰材料的运用关键在于构思和创意，简单堆砌并不能形成一个好的建筑，相反会使人产生"暴发户"的联想；中低档价格的建筑装饰材料，只要运用得当、搭配合理，也能达到雅俗共赏的装饰效果。我国地大物博，各地区都有丰富的、独具特色的建筑装饰材料。因此，利用产地优势，就地取材，是创造建筑装饰特色、节省投资的好渠道。

目前，人工合成的建筑装饰材料层出不穷、大量涌现。由于它们具有性能优良、轻质高强、色泽丰富、易于加工、价格适中等众多优点，因而应用十分广泛。这些种类繁多的人工合成建筑装饰材料，不仅给建筑装饰行业带来了广阔的发展前景，改变了原来品种单调、挑选余地少的局面，同时也给建筑装饰设计师插上了飞翔的翅膀。另外，人工合成建筑装饰材料已部分地取代了传统的天然材料，因而使有限的自然资源得以有计划地开采，同时也降低了造价。例如，各种拼花面砖和人造大理石等取代天然大理石；人造板材取代天然木材；塑料代替金属制品等。在外墙面装饰上，近年来国内较多地使用面砖和马赛克，原意在一劳永逸，实际上陈旧后不易更新，而且重量大、运输成本高，制作时费去大量好土，因此它有可能逐步被外墙涂料取代。

建筑装饰材料的加工性能，是建筑装饰构造的设计依据之一。建筑装饰材料的发展更新，也带来了建筑装饰构造方法的变更。例如，各种胶粘材料的出现、尼龙或金属膨胀螺栓的运用，可以代替预埋件、预留孔的复杂构造，从而大大地简化了固定装饰的方法。

四、协调好各工种与构件之间的关系

建筑装饰过程可以说是对建筑空间的再创造过程。特别是室内装饰，其设计工作在以前可以由一个或若干个室内设计师或艺术家统揽，但是在今天就已经变得很不现实了。这是因为，建筑已经变得日益复杂，并且逐渐成为一个现代技术的综合体，其中充满着各种各样的现代化设备。尤其是一些大中型的公共建筑，它们的结构空间大、功能要求多、装饰标准高，各种设备之间的关系错综复杂。因此，建筑装饰的目的之一，就是要把各种设施有机地组织在一起。例如，给排水设施、采暖通风与空调设施、照明与各类用电设施、通讯设施等，它们各有各的技术要求，建筑装饰设计师必须通过构造手法，处理好它们之间以及它们与装饰效果之间的关系，并且合理安排好各类外露部件如出风口、灯具等的位置，采取相应的固定、连接措施，使它们与主体结构相辅相成、融为一体。

五、施工技术因素

建筑装饰施工是整个建筑工程中的最后一道主要工序。通过施工,构想变为现实。构造细部设计正是为正确施工而提供可靠依据的。只有将细部构造交待清楚,施工操作才能准确无误。从另一个角度讲,施工也是检验构造设计合理与否的主要标准之一。因此,建筑装饰设计人员必须深入现场,通过观察实践,了解常见的和最新的施工工艺和技术,并结合现实条件构思设计,才能形成行之有效的构造方案,避免不切实际和不必要的浪费。这对于保证工程质量、缩短工期、节省材料、降低总造价,具有十分重要的意义。

六、经济因素

人们经常用"大兴土木"来形容建造、装饰房屋不是一件轻而易举的事情,它需要耗费大量的人力、物力和财力。由于建筑物的不同,使用性质、使用对象、经济条件的不同,使得不同单体的建筑装饰造价标准差异很大。这种差异,比起主体结构的土建造价之间的差异,要大得多。因此,如何掌握建筑装饰标准并控制整体造价,是建筑装饰设计人员必须必虑的问题。

当然,少花钱多办事是最好的原则,装饰并不意味着多花钱和多用贵重材料。但是,节约也不是单纯地降低标准。正因为如此,建筑装饰构造不仅要解决各种不同建筑装饰材料的选择和使用问题,更为重要的是在相同的经济和建筑装饰材料的条件下,甚至是用最少的造价和最低档的建筑装饰材料,通过不同的构造处理手法,取得丰富的装饰效果,创造出令人满意的环境。

第三节　建筑装饰构造的类型

概括而言,建筑装饰构造可以划分为饰面构造和配件构造两大类。

一、饰面构造

饰面构造,又称"覆盖式构造",是指覆盖在建筑构件表面,起保护和美化构件作用的构造。饰面构造主要是处理好面层与基层的连接构造方法,它在装饰构造中占有相当大的比重,是一个普遍性的问题。例如,木墙裙与砖墙的连接;木楼面与钢筋混凝土楼板的连接;吊天棚与结构层之间的连接等,都属于此类问题。

(一)饰面构造与位置的关系

饰面总是附着于建筑主体结构构件的外表面。一方面由于构件的位置不同,外表面的方向不同,使得饰面具有不同的方向性,构造处理也就随之不同。例如,顶棚处于楼板、屋面板的下部,墙饰面处于墙的内外两侧,因此顶棚、墙面的饰面构造都具有防止脱落伤人的要求;地面饰面铺贴于楼地面结构层的上部,构造处理要求耐磨、易清洁等,如图 8 - 1 所示。另一方面,由于所处部位的不同,虽然选用相同的材料,构造处理方法也会不一样。例如,大理石墙面要求采用钩挂式的构造方法,以保证连接牢靠;大理石楼地面由于处于结构层上部，一般不会构成威胁，只要采用铺贴式构造即可。因此，正确处理好饰面构造与位置的关系是至关重要的。

（二）饰面构造的基本要求

1. 连接牢靠

饰面层附着于结构层，如果构造措施处理不当，面层材料与基层材料膨胀系数不一，黏结材料的选择不当或受风化，都将会使面层剥落。饰面的剥落不仅影响美观和使用，还有可能伤人。因此，饰面构造首先要求装饰材料在结构层上必须附着牢固、可靠，严防开裂剥落。

大面积现场施工抹灰面，如各种砂浆、水刷石、水磨石、剁假石等，往往会由于材料的干缩或冷缩出现开裂；手工操作，也容易形成色彩不匀、表面不平等缺陷。因此，在进行构造处理时，往往要设缝或加分隔条，使其分为大小合适的若干块，既方便施工，又有利于日后的维修。

2. 厚度与分层

饰面构造往往分为若干个层次。由于饰面层的厚度与材料的耐久性、坚固性成正比，因而在构造设计时必须保证它具有相应的厚度。但是，厚度的增加又会带来构造方法与施工技术的复杂化，这就需要对饰面层进行分层施工或采取其他的构造加固措施。例如，抹灰类墙面，一般抹灰层的总厚度：外抹灰平均为 15 ~ 25mm；内抹灰平均为 15 ~ 20mm。

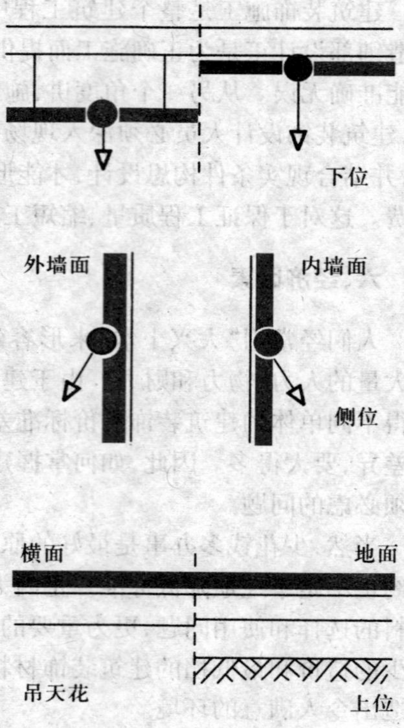

图 8－1　饰面部位和构造要求

为了保证抹灰牢固，表面平整，避免裂缝、脱落，便于操作，在标准较高的建筑装饰中，抹灰分底层、中层、面层抹灰三部分。底层抹灰主要起与基层黏结和初步找平的作用；中层抹灰主要起找平及结合的作用；面层抹灰主要起装饰及保护的作用。在大量的民用建筑装饰中，一般只做底层抹灰和面层抹灰即可。

3. 均匀与平整

饰面的质量标准，除要求附着牢固外，还应该是均匀、平整，色泽一致，清晰美观。要达到这些效果，必须从选料到施工，都要严把质量关，严格遵循有关规范条例操作。

（三）饰面构造的分类

根据建筑装饰材料的加工性能和饰面部位的特点不同，饰面构造可分为罩面类饰面构造、贴面类饰面构造和钩挂类饰面构造三大类。

1. 罩面类饰面构造

罩面类饰面构造分为涂刷和抹灰两类。

（1）涂刷类饰面　涂刷类饰面又分为涂料饰面与刷浆饰面。涂料饰面是指将建筑涂料涂敷于建筑构配件表面，并能与基层材料很好地黏结而形成完整的保护膜（又称"涂层”或“涂膜”)。目前,建筑涂料品种繁多,根据自然状态的不同可将其分为溶剂型涂料、乳液型涂料、水溶性涂料及粉末涂料等几类,在建筑装饰工程中,经常需要根据使用部位、基层材质、使用要求、施工周期及涂料特点等因素来分别选用。刷浆类饰面是用水质涂料涂刷到建筑物抹灰层或基层表面所形成的饰面。

(2)抹灰类饰面　抹灰饰面是大量的民用建筑物中用以保护与装饰主体工程而采用的最基本的装饰手段之一,根据部位的不同可将其分为外墙抹灰、内墙抹灰和顶棚抹灰。抹灰砂浆的常见组成成分有胶凝材料、细骨料、纤维材料、颜料、胶料及各类掺合剂等。

2. 贴面类饰面构造

(1)铺贴　常用的各种贴面材料有瓷砖、面砖、陶瓷锦砖等。为加强黏结力,常在其背面开槽用水泥砂浆粘贴在墙上;地面可用20mm×20mm的小瓷砖至500mm见方的大型石板用水泥砂浆铺贴。

(2)裱糊　饰面材料呈薄片或卷材状,如粘贴于墙面的塑料壁纸、复合壁纸、墙布、绸缎等。地面粘贴油地毡、橡胶板或各种塑料板等,可直接贴在找平层上。

(3)钉嵌　自重轻或厚度小、面积大的板材,如木制品、石棉板、金属板、石膏、矿棉、玻璃等,可直接钉固于基层或加助压条、嵌条、钉头等固定,也可用涂料粘贴。

3. 钩挂类饰面构造

钩挂的方法有系挂和钩挂两种。系挂用于较薄的石材或人造石等材料,厚度为20~30mm。在板材上方的两侧钻小孔,用铜丝、钢丝或镀锌铁丝将板材与结构层上的预埋铁件连接,板与结构间灌砂浆固定。

花岗石等饰面材料,如果厚度在40~150mm,常在结构层包砌。块材上口可留槽口,用与结构固定的铁钩在槽内搭住,这种方法称“钩挂”。

二、配件构造

配件构造,又称“装备式构造”“型构造”,是指通过各种加工工艺,将建筑装饰材料制成装饰配件,然后再现场安装,以满足使用和装饰要求的构造。根据建筑装饰材料的加工性能,配件的成型方法有三种:

(一)塑造与铸造

1. 塑造

塑造,是指对在常温、常压下呈可塑状态的液态材料,经过一定的物理、化学变化过程的处理,使其逐渐失去流动性和可塑性而凝结成固体。

目前,建筑装饰上常用的可塑材料有水泥、石灰、石膏等。这一类材料取材方便,能在常温下进行物理、化学变化,还可与砂石等地方材料胶凝成整体。塑造时可根据使用要求,做成具有不同强度、不同色彩、不同性能(如防火、防水、吸声等)的预制构件。

2. 铸造

生铁、铜、铝等可熔金属常采用铸造成型的工艺,在工厂制成各种花饰、零件,然后到现场进行安装。

(二)加工与拼装

木材与木制品具有可锯、刨、削、凿等加工性能,还能通过粘、钉、开榫等方法,拼装成各种配件。一些人造材料，如石膏板、碳化板、矿棉板、石棉板等具有与木材相类似的加工性能与拼装性能。金属薄板（铝板、镀锌钢板、各种钢板网等）具有剪、切、割的加工性能，并兼有焊、钉、卷、铆的结合拼装性能。

结合是拼装工序中的主要构造方法，常见做法参见图 8－2。

类别	名称	图形		附注
黏结	高分子胶	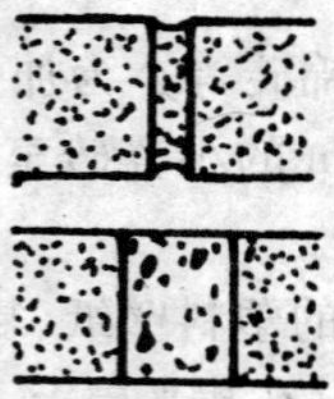	常用高分子胶有环氧树酯、聚氨酯、聚乙烯醇缩甲醛、聚醋酸乙烯等	水泥、白灰等胶凝材料价格便宜，做成砂浆应用最广。各种黏土、水泥制品多采用砂浆结合。有防水要求时，可用沥青、水玻璃等结合。目前，高分子胶价格较高，只在特殊情况下应用
	动物胶		如皮胶、骨胶、血胶	
	植物胶		如橡胶、淀粉、叶胶	
	其他		如沥青、水玻璃、水泥、白灰、石膏等	
钉合	钉			钉结合多用于木制品、金属薄板等，以及石棉制品、石膏、白灰或塑料制品
	螺栓	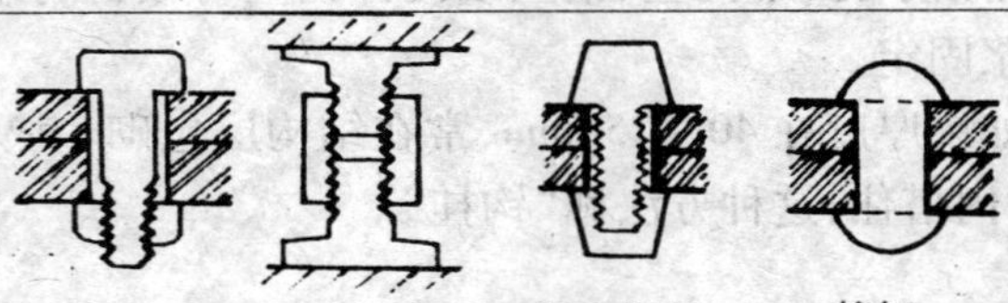		螺栓常用于结构及建筑构造，可用来固定、调节距离、松紧。其形式、规格、品种繁多
	膨胀螺栓	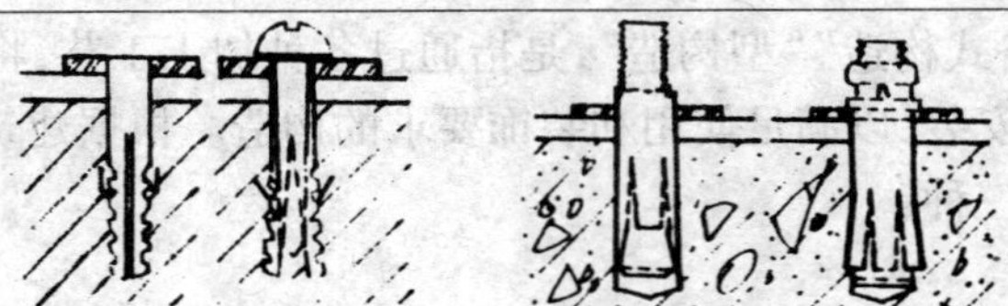		膨胀螺栓可用来代替预埋件。构件上先打孔，放入膨胀螺栓，旋紧时膨胀固定
榫接	平对接	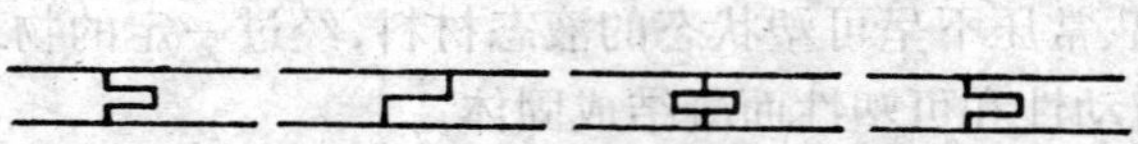		榫接多用于木制品。但装修材料如塑料、碳化板、石膏板等也具有木材的可凿、可削、可锯、可钉的性能，也可适当采用
	转角顶接	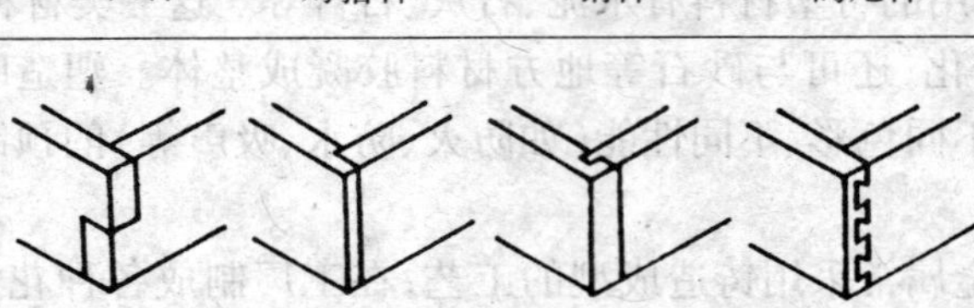		

<table>
<tr><td rowspan="2">其他</td><td>焊接</td><td>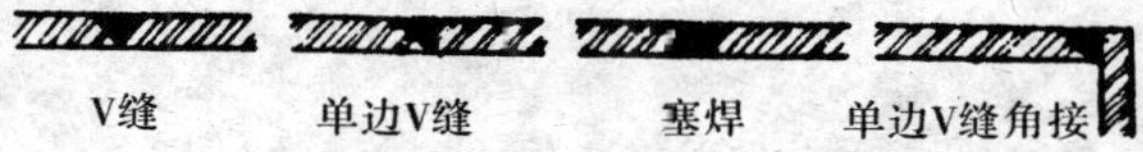
</td><td>用于金属、塑料等可熔材料的结合</td></tr>
<tr><td>卷口</td><td>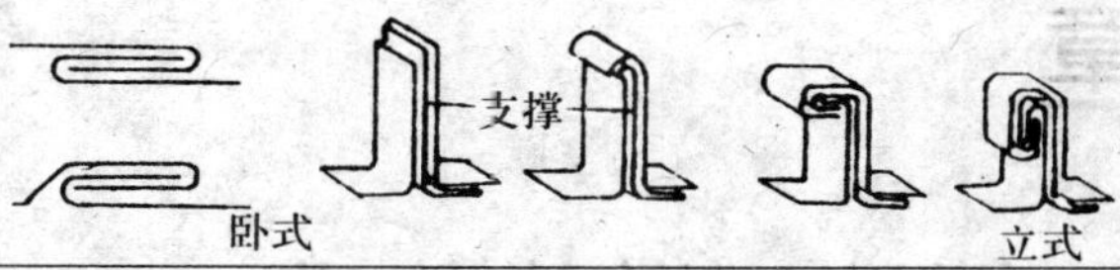
</td><td>用于薄钢板、铝皮、铜皮等的结合</td></tr>
</table>

图8-2　常见结合构造方法

（三）搁置与砌筑

水泥制品、陶土制品、玻璃制品等，往往通过一些黏结材料，将这些分散的块材，相互搁置垒砌，并胶结成完整的砌体。建筑装饰上常用搁置与砌筑构造的配件，主要有花格、隔断、窗台、窗套、砖砌壁橱、搁板等。

复习思考题

1. 建筑装饰构造设计有何重要性？
2. 建筑装饰构造设计的相关因素有哪些？应如何理解？
3. 建筑装饰构造可分为哪两类？
4. 配件构造拼装工序中常用的结合构造法有哪些？试举例说明。

第九章

楼地面装饰构造

第一节　楼地面的功能、组成及分类

楼地面,是对楼层地面(简称“楼面”)和底层地面(简称“地面”)的总称。它是建筑装饰中的一个重要部位。

楼面与地面由于使用要求基本相同,在基本构造组成上又有很多共同之处,所以人们常把楼面也称为“地面”。但是,楼面与地面支承结构的性质不同,因而它们又各有特点。楼板结构的弹性变形较小,地面承重层的弹性变形较大。

一、楼地面的功能

(一)保护支体结构物

楼地面在一定程度上缓解了外力对结构构件的直接作用,起到一种保护套的作用。对于地面而言,由于基层(一般为素土夯实)的抗集中荷载能力小且易变形,为保证并提高地面基层的承重强度,还必须设置垫层。垫层是承受并传递地面上部荷载的必不可少的构造层。

从结构承重的角度上看,楼板的面层与地面的面层不尽相同,因此楼板的面层应尽量减轻其自重。例如,砖、石块和混凝土板面层等,均不宜用做楼板面层。但是,楼板必须依靠面层来解决诸如耐磨损、防磕碰以及防止水渗漏引起楼板内钢筋锈蚀等问题。

(二)满足正常使用要求

人们使用房层的楼面和地面,因房间的不同而有不同的要求,一般要求坚固、耐磨、平整、不易起灰和易于清洁等。对于居住和人们长时间停留的房间,要求面层具有较好的蓄热性和弹性;对于厨房和卫生间等房间,则要求耐火和耐水等。此外,对一些标准较高的建筑物以及特殊用途的空间,往往还会有其他更加严格的要求。

1. 隔声要求

隔声主要是对楼面而言的。在大量的居住建筑里,隔声要求要依经济条件及特殊要求而定。某些大型建筑,如医院、广播室、录音室等要求安静和无噪声,因此需要考虑隔声问题。

隔声包括隔绝空气传声和固体传声两个方面，其中后者更为重要。一般来说，由上层房间传至下层房间的噪声，主要是楼层构件的固体传声。楼层构件的隔声量要求在40～50dB。

空气传声的隔绝方法，首先是避免地面有裂缝、孔洞，其次还可增加楼板层的容重，或采用层叠结构。层叠结构处理恰当，可以收到隔绝空气传声和固体传声的综合效果。

至于隔绝固体传声，首先应是防止在楼板上出现太多的冲击能量。在有特殊要求的公共建筑里，可利用富于弹性的铺面材料做面层（即"弹性地面"），如橡皮、软木砖、地毯等，使它吸收一些冲击能量；同时，在结构或构造上，也可采取间断的方式来隔绝固体传声。

2. 吸声要求

在标准较高、使用人数较多的公共建筑中，有效地控制室内噪声具有积极的作用。一般来说，表面致密光滑、刚性较大的地面，如大理石地面等，对于声波的反射能力较强，基本上没有吸声能力；各种软质地面，可以起到较大的吸声作用，如化纤地毯的平均吸声系数达到55%。

3. 防水、防潮要求

对于一些特别潮湿的房间，如浴室、卫生间、厨房等，如果防潮、防渗漏问题处理不好，不仅影响到自身的卫生和坚固性，也会给相邻房间的使用带来不利影响，所以要求楼面具有不透水性。为此，除支承构件采用钢筋混凝土外，尚可设置具有防水性能的各种铺面，如水磨石、锦砖等。

4. 热工要求

水磨石、大理石等地面的热传导性较高，而木地面、塑料地面的热传导性较低。在不采暖建筑中，一般楼层构造不考虑热工问题。但是，起居室、卧室等房间，从满足人们卫生和舒适需要的角度出发，无论楼面还是地面的铺面材料，均不宜采用蓄热系数过小的材料，如水磨石、缸砖、锦砖等。因为这些材料，在冬季容易传导人们足部的热量而使人感到不舒服。

在采暖或空调建筑中，当上、下两层温度不同时，应在楼地面垫层中放置保温材料，以减少能量损失，并使楼地面的温度与该房间的温度相差不超过规定的数值。

5. 弹性要求

当一个不太大的力作用于一个刚性较大的物体如混凝土楼板时，根据作用力与反作用力的原理可知，此时楼板将作用于它上面的力全部反作用于施加这个力的物体之上。与此相反，如果是有一定弹性的物体如橡胶板等，则反作用力要小于原来所施加的力。因此，一些装饰标准较高的建筑室内地面，如演出舞台和篮球比赛场等，应尽可能地采用具有一定弹性的材料作为地面的装饰面层，以便使人产生安全感和舒适感。

至于一般性的住宅、办公、教学等建筑，若因经济条件限制而不可能采用弹性地面时，也应尽可能采用具有一定弹性的材料做地面. 这样做会使人感觉比较舒适。

（三）满足美观要求

楼地面装饰往往是一个装饰工程中的重点部位。因为它离人们最近，人们时刻可以看到它、感受它。

楼地面的美观与否，是由多方面的因素共同促成的。因此，必须考虑到诸如空间的形态、整体的色彩协调、装饰图案、质感效果、家具饰品的配套，人在空间中的活动规律、心理感受等因素。

地面因使用上的需要一般不做凹凸质感或线型。铺陶瓷锦砖、水磨石、拼花木地板的地面或其他软地面，表面光滑平整而且又有独特的质感，能获得良好的装饰效果。

二、楼地面的组成

楼地面一般由基层、垫层和面层三部分组成，如图9－1所示。

图9－1　楼地面的基本构造组成

(*a*)底层地面的组成　(*b*)楼层地面的组成

(一)基层

基层的作用是承受其上面的全部荷载，它是楼地面的基体。因此，要求基层要坚固、稳定。地面的基层多为素土或加入石灰、碎砖的夯实土，应分层夯实，一般每铺300mm厚应夯实一次。楼面的基层是楼板。

(二)垫层

垫层位于基层之上、面层之下，是承受和传递面层荷载的构造层。楼层的垫层，还具有隔声和找坡的作用。根据材料性质的不同，垫层分为刚性垫层和非刚性垫层（又称"柔性垫层"）两种。

刚性垫层的整体刚度好，受力后不产生塑性变形。刚性垫层一般采用C 7.5～C10混凝土。这种垫层多用于整体面层下面或小块的块料面层下面。

非刚性垫层无整体刚度，受力后会产生塑性变形。它一般由松散的材料组成，如砂、碎石、炉渣、矿渣、灰土等。

(三)面层

面层，又称"表层"或"铺地"，是楼地面的最上层。它是供人们生活、生产或工作直接接触的结构层次，也是地面承受各种物理、化学作用的表面层。因此，根据不同的施工要求，面层的构造也各不相同。但是，无论何种构造的面层，都应具有耐磨、不起尘、平整、热工、隔声、防水、防潮等性能。

三、楼地面的分类

楼地面可以根据其饰面层所采用材料的不同来命名和分类，如水泥地面、水磨石地面、大理石地面等。这种分类方法比较直观易懂，但由于材料品种繁多，因而显得过细过多，缺乏归纳性。

楼地面也可以根据构造方法和施工工艺的不同来分类，可分为整体地面、块料地面、木地面和人造软制品地面等。例如，现浇水磨石地面属于整体地面，而预制水磨石板材地面则属于块料地面。

本书先以后一种方法归类，再在分类中根据面层材料的不同，有选择地加以介绍。为了叙述方便，以下将楼地面统称为“地面”

第二节　整体地面的装饰构造

一、水泥地面

水泥地面构造简单、坚固、能防水、造价较低，在一般的民用建筑中采用较多。但是，水泥地面的吸热系数大，冬天感觉冷，在空气相对湿度较大时容易产生凝结水，而且表面起灰，不易清洁。

水泥地面最简单的做法，通常又称之为“随捣随抹光法”，是在混凝土垫层浇好后，用铁辊压浆，待水泛到表面时再撒干水泥，然后用铁板抹光。这种做法很经济，但是水泥表面较薄，容易磨损。

水泥地面经常采用的做法是：在结构层上抹水泥砂浆，一般有双层和单层两种。双层的做法是：用 15 ~ 20mm 厚 1∶3 水泥砂浆打底做结合层，面层用 5 ~ 10mm 厚 1∶1.5 ~ 2 水泥砂浆抹面。单层的做法是：只在基层上抹一层 15 ~ 20mm 厚 1∶2.5 水泥砂浆，抹平后待其终凝前，再用铁板抹光。双层的施工虽较复杂，但开裂较少。

在水泥中掺入一些颜料，可以做成不同颜色的地面，但是由于普通水泥本身呈灰色，因而做出的地面颜色都较深。

图 9 - 2 是掺有氧化铁红的矾红水泥地面的构造。

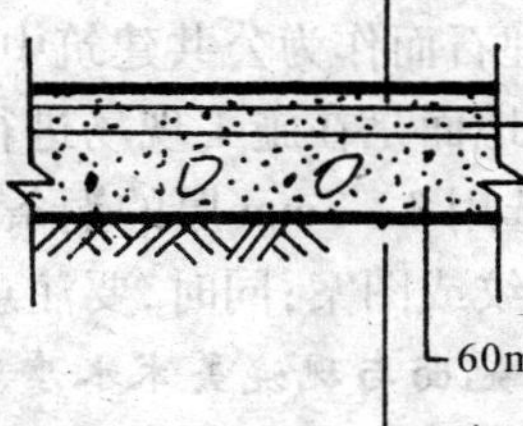

图 9 - 2　矾红水泥地面构造

为了提高水泥地面的耐磨性和光洁度（有时可用来代替磨石地面），通常用干硬性水泥做原料，有的还用磨光机磨光或者另以石屑做骨料，即水泥石屑地面（又称“瓜米石地面”或“豆石地面”）。此外，还可以在一般水泥地面上涂抹氟硅酸或氟硅酸盐溶液，称为“氟化水泥地面”；也可涂一层塑料涂料，如过氯乙烯涂料等。

一些有防滑要求的水泥地面，可将面层做成各种纹样的粗糙表面。这种地面，称为“防滑水泥地面”。

二、现浇水磨石地面与现浇美术水磨石地面

（一）现浇水磨石地面

水磨石地面，又称“磨石子地面”，它是将天然石料（大理石或中等硬度的石料，如白云石等）的石屑，用水泥浆拌和在一起，抹浇结硬再经磨光、打蜡而成的。

水磨石地面具有与天然石料近似的耐磨性、耐久性、耐酸碱性，表面光洁，不易起灰，有良好的抗水性，但是导热性强，并且比水泥地面更易反潮。

水磨石地面常用于厕所、厨房或公共的门厅、过道、楼梯和有关房间。

现浇水磨石地面的构造，一般分为两层：底层用1：3～1：4水泥砂浆做成12～20mm厚找平打底，面层是由85%的石屑和15%的水泥浆构成，如图9－3所示。现浇水磨石地面的厚度，应随着石子粒径的变化而变化。当石子粒径为4～12mm时，其厚度为10～15mm；当石子粒径在12mm以上时，厚度也随着增加。另外，现浇水磨石地面也可用大于30mm的石粒，甚至用破碎大理石构成不同风格的花纹。水磨石面层不得掺砂，否则容易出现孔隙。

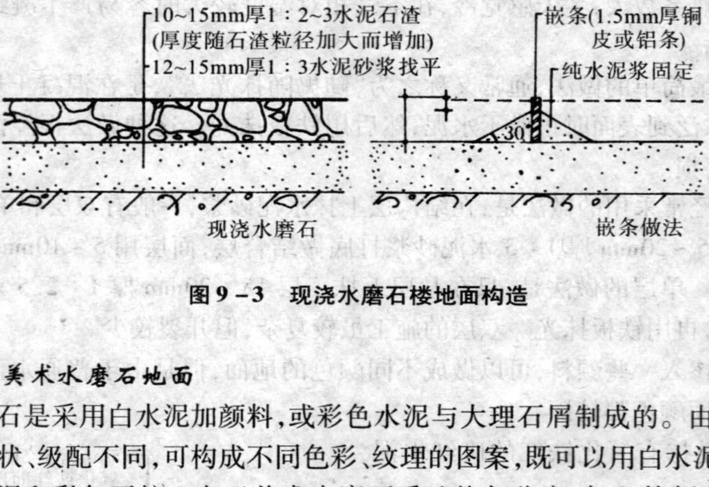

图9－3　现浇水磨石楼地面构造

（二）现浇美术水磨石地面

美术水磨石是采用白水泥加颜料，或彩色水泥与大理石屑制成的。由于所用石屑的色彩、粒径、形状、级配不同，可构成不同色彩、纹理的图案，既可以用白水泥、彩色石粒，也可以用彩色水泥和彩色石粒。由于美术水磨石质地均匀稳定，加工简便，价格低于天然石，所以常常代替大理石而作为公共建筑中人流较多的门厅地面或墙面装饰。

现浇美术水磨石地面是在施工现场进行拌料、浇抹、养护和磨光而成的。现浇时，采用嵌条进行分格，可选用2～3mm厚的铜条、铝条或玻璃条，分格大小随设计而异，亦可按设计要求做成各种花纹或图案；同时，要注意防止因气温而产生不规则裂缝。

（三）现浇水磨石地面与现浇美术水磨石地面的优缺点

现浇水磨石地面与现浇美术水磨石地面的优点是：厚度小，自重轻，分块自由，造价低。

现浇水磨石地面与现浇美术水磨石地面的缺点是：现场工期长，劳动量大。

三、菱苦土地面

菱苦土的主要成分是氧化镁。把菱苦土轧成粉末后用氯化镁溶液来调剂，即可制作菱苦土地面。

菱苦土地面是用菱苦土、木屑、氯化镁溶液、滑石粉及矿物颜料掺配，铺抹在垫层上，经压光、养护、磨光、打蜡而成的。菱苦土与木屑之比为1∶2，厚为12～15mm。如采用分层做时，上层厚度应为8～10mm，下层厚度应为12～15mm，下层菱苦土与木屑之比为1∶4。菱苦土地面分为单层、双层和预制块等三种，其构造如图9－4所示。

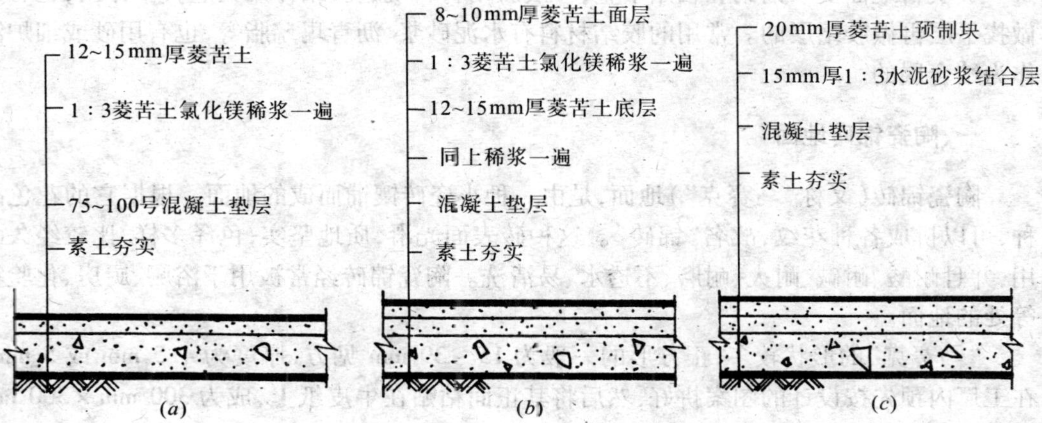

图9－4　菱苦土地面构造

(*a*)单层构造　(*b*)双层构造　(*c*)预制块构造

菱苦土地面应采用刚性垫层，一般情况下可采用混凝土垫层。楼层面层采用菱苦土地面时，可以直接做在钢筋混凝土楼板上；若是楼板面不平时，可用1∶3水泥砂浆做找平层，然后再在其上铺菱苦土面层。

菱苦土地面保温性能较好，有一定弹性，耐火，不导电，不易起尘，而且具有能钉、易施工等优点，适用于人们经常活动的房间以及有弹性要求的房间。但是，它不耐水，故不宜用在有水或各种液体经常作用及地面温度经常处于36℃以上的房间。

菱苦土本身呈微黄色，所以地面可做成红色、黄色。地面制作好待硬化稳定后，用磨光机磨光打蜡，十分光洁美观。但是，由于其中的氯离子可起漂白作用，故容易褪色。

菱苦土地面制作较困难，况且不容易保证质量，因此应用不广。

第三节　板块料地面的装饰构造

板块料地面，是指用胶结材料将预加工好的板块状地面材料，如预制水磨石板、大理石板、花岗石板、缸砖、陶瓷锦砖、水泥砖等，用铺砌或粘贴的方式，使之与基层连接固定所形成的地面。它具有花色多、品种全,经久耐用,易于保持清洁等优点,但是通常又具有造价偏高、工效偏低等缺点。

板块料地面属于中、高档装饰,目前在我国应用十分广泛。但是,在应用中应注意这类地面系刚性地面,不具有弹性、保温、消声等性能。因此,虽然板块料地面的装饰等级比较高,但是必须要根据其材质特点而使用。

板块料地面通常用于人流较大、耐磨损、保持清洁等方面要求较高的场所,或者用于经常比较潮湿的地方。一般来说,除在南方较炎热的地区外,不宜用于居室、宾馆客房,也不适宜用于人们要长时间逗留、行走或需要保持高度安静的地方。

板块料地面要求铺砌和粘贴平整,一般胶结材料既起胶结作用又起找平作用,也有先做找平层再做胶结层的。常用的胶结材料有水泥砂浆、沥青玛瑞脂等,也有用砂或细炉渣作为结合层的。

一、陶瓷锦砖地面

陶瓷锦砖(又称“马赛克”)地面,是由一种小瓷砖镶铺而成的地面。根据它的花色品种,可以拼成各种花纹,故名“锦砖”。这种砖表面光滑,质地坚实,色泽多样,比较经久耐用,并且耐酸、耐碱、耐火、耐磨、不透水、易清洗。陶瓷锦砖经常被用于浴厕、厨房、化验室等处的地面。

“马赛克”的形状较多,正方形的一般为 15 ~ 39 mm 见方,厚度为 4.5 mm 或 5 mm。在工厂内预先按设计的图案拼好,然后将其正面粘贴在牛皮纸上,成为 300 mm × 300 mm 或 600 mm × 600 mm 的大张,块与块之间留有 1 mm 的缝隙。

在施工时,先在基层上铺一层 15 ~ 20 mm 厚的 1 : 3 ~ 4 水泥砂浆,将拼合好的“马赛克”纸板反铺在上面,然后用滚筒压平,使水泥砂浆挤入缝隙。待水泥砂浆初凝后,用水及草酸洗去牛皮纸,最后剔正,并用白水泥浆嵌缝即成,如图 9 - 5 所示。

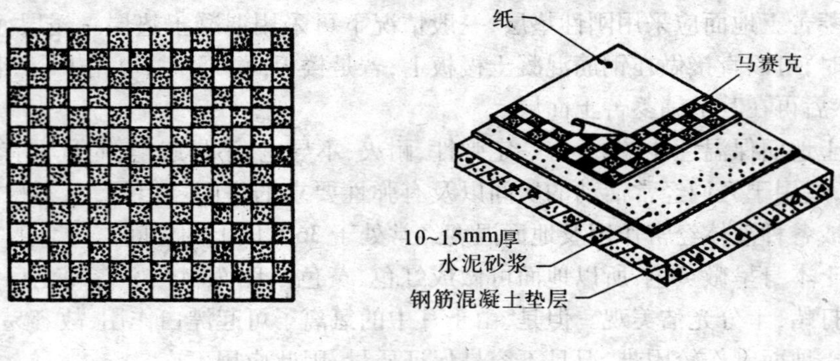

图 9 - 5　马赛克地面

此外,“马赛克”也可用沥青玛瑞脂粘贴,但是很容易把“马赛克”表面弄脏,因此施工时必须留心。

二、陶瓷地面砖地面

陶瓷地面砖,是用瓷土加上添加剂经制模成型后烧结而成的。它具有表面平整细致、质地坚硬、耐磨、耐压、耐酸碱、吸水率小；可擦洗、不脱色、不变形；色彩丰富，色调均匀，可拼出各种图案等特点。新型的仿花岗石地砖，还具有天然花岗岩石的色泽和质感，经削磨加工后，表面光亮如镜，而且面砖的尺寸精度高，边角加工规整，因而是一种高级瓷砖地面材料。

陶瓷地面砖不仅适用于各类公共场所，而且也逐步被引入家庭地面装饰。经抛光处理的仿花岗岩地砖，具有华丽高雅的装饰效果，可用于中、高档室内地面装饰。陶瓷地面砖的性能及适用场合，见表9－1。

表9－1 陶瓷地面砖的性能及适用场合

品 种	性 能	适用场合
彩釉砖	吸水率不大于10%，炻器材质，强度高，化学稳定性、热稳定性好，抗折强度不小于20MPa	室内地面铺贴，以及室内外墙装饰
釉面砖	吸水率不大于22%，精陶材质，釉面光滑，化学稳定性良好，抗折强度不小于17MPa	多用于厨房、洗手间
仿石砖（包括广场砖）	吸水率不大于5%，质地酷似天然花岗岩，外观似花岗石粗磨板或剁斧板。具有吸音、防滑和特别装饰功能，抗折强度不低于25MPa	室内地面及外墙装饰，庭园小径地面铺贴及广场地面
仿花岗岩抛光地砖	吸水率不大于1%，质地酷似天然花岗岩，外观似花岗石抛光板，抗折强度不低于27MPa	适于宾馆、饭店、剧院、商业大厦、娱乐场所等室内大厅走廊的地面、墙面
瓷质砖	吸水率不大于2%，烧结程度高，耐酸耐碱，耐磨度高，抗折强度不小于25MPa	特别适用人流量大的地面、梯级铺贴
劈开砖	吸水率不大于8%，表面不挂釉的，其风格粗犷，耐磨性好；有釉面的则花色丰富，抗折强度大于18MPa	室内外地面、墙面铺贴，釉面劈开砖不宜用于室外地面
红地砖	吸水率不大于8%，具有一定吸湿防潮性	适宜地面铺贴

陶瓷地面砖分无釉哑光、彩釉抛光两大类。它的形状也很丰富，以正方形与长方形比较多见。正方形的一般边长为150～300 mm，厚度为8～15 mm，砖背面有凹槽，使砖块能与结构层黏结牢固。房间四周踢脚板可用陶瓷地面砖制成。陶瓷地面砖铺贴时，所用的胶结材料一般为1∶3水泥砂浆，厚15～20 mm，砖块之间有3 mm左右的灰缝。铺砌时，必须注意平整，保持纵横平直，并以水泥砂浆嵌缝，如图9－6所示。

三、预制板、预制块地面

常见的预制板、预制块地面，主要有预制水磨石板、混凝土块、大阶砖及水泥花砖等。其尺寸一般为(200～500)mm×(200～500)mm，厚20～50 mm。图9－7为预制水磨石板，它与现浇水磨石相比，能够提高施工机械化水平，减轻劳动强度，提高质量，缩短现场工期，但是它的厚度较大、自重大，价格也较高。

预制板、预制块与基层的连接方式，一般有两种：一是当预制板、预制块尺寸大而厚时，往往在板块下干铺一层20～40mm厚沙子，待校正平整后，于预制板、预制块之间用沙子或砂浆填缝，如图9－8(a)所示；另一种是当预制板、预制块小而薄时，则采用12～

20 mm厚的1∶3水泥砂浆胶结在基层上,胶结后再以1∶1水泥砂浆嵌缝,如图9-8(b)所示。前者施工简便,易于修换,造价较低,但不易平整;后者则坚实、平整,但造价较高。

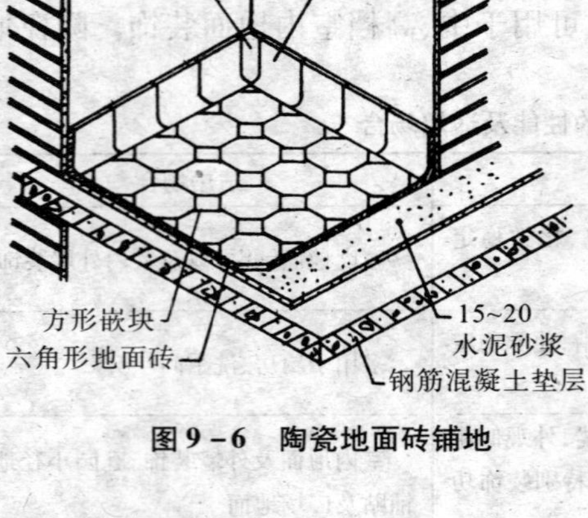

图9-6　陶瓷地面砖铺地

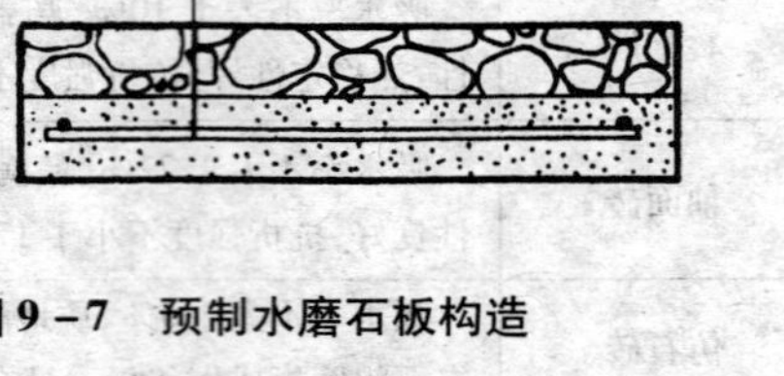

图9-7　预制水磨石板构造

四、花岗石地面

花岗石与大理石等天然石材,一般具有抗拉性能差、容重大、传热快、易产生冲击噪声、开采加工困难、运输不便、价格昂贵等缺点,但是由于它们具有良好的抗压性能和硬度、质地坚实、耐磨、耐久、外观大方稳重等优点,所以至今仍为许多重大工程所使用。花岗石属于高档建筑装饰材料。

用于室外地面的花岗石,为了防滑,一般不进行磨光,而是选用凿琢成点状或条纹的表面。由于花岗石硬度大,加工缓慢,铺贴困难,因此它是价格最昂贵的地面铺材之一,多用于纪念性建筑或人流很多的公共建筑主出入口等处。

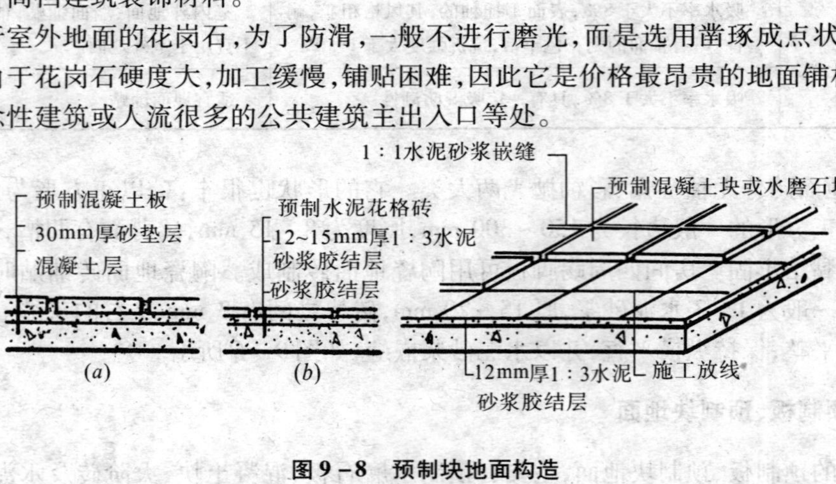

图9-8　预制块地面构造

花岗石常加工成条形或块状,厚度较大,约50~150mm,其面积尺寸是根据设计分块后进行定货加工的。花岗石在铺设时,相邻两行应错缝,错缝为条石长度的1/2~1/3,其砌式如图9-9(a)所示。

铺设花岗石地面的基层有两种:一种是砂垫层,另一种是混凝土或钢筋混凝土基层。混凝土或钢筋混凝土面常常要求用砂或砂浆找平层,厚为30~50mm。砂垫层应在填缝以前进行洒水拍实整平,如图9-9(b)所示。

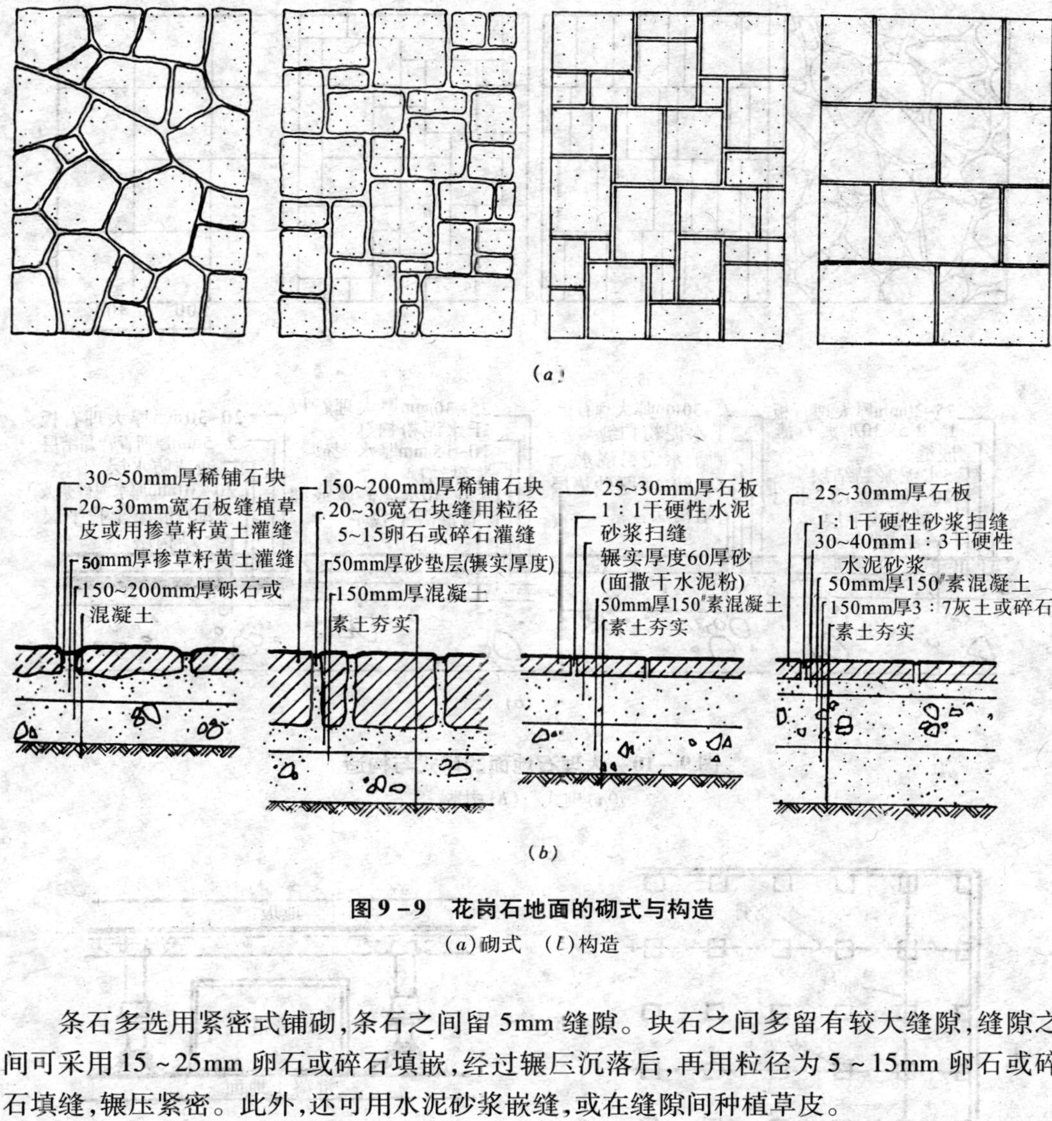

图9－9　花岗石地面的砌式与构造

(a)砌式　(b)构造

条石多选用紧密式铺砌，条石之间留 5mm 缝隙。块石之间多留有较大缝隙，缝隙之间可采用 15 ~25mm 卵石或碎石填嵌，经过辗压沉落后，再用粒径为 5 ~ 15mm 卵石或碎石填缝，辗压紧密。此外，还可用水泥砂浆嵌缝，或在缝隙间种植草皮。

五、大理石地面

大理石具有斑驳纹理，色泽鲜艳美丽。大理石的硬度比花岗石稍差，所以它比花岗石易于雕琢磨光。

当大理石暴露于大气中时，由于空气中的二氧化硫遇水时将生成亚硫酸，然后变成硫酸，与大理石中的主要成分方解石起反应，表面生成石膏易溶于水，使大理石表面很快失去光泽，变得粗糙多孔而降低了硬度。因此，大理石不宜用于室外装饰。如果把大理石用于室外装饰，其表面应加涂层处理。

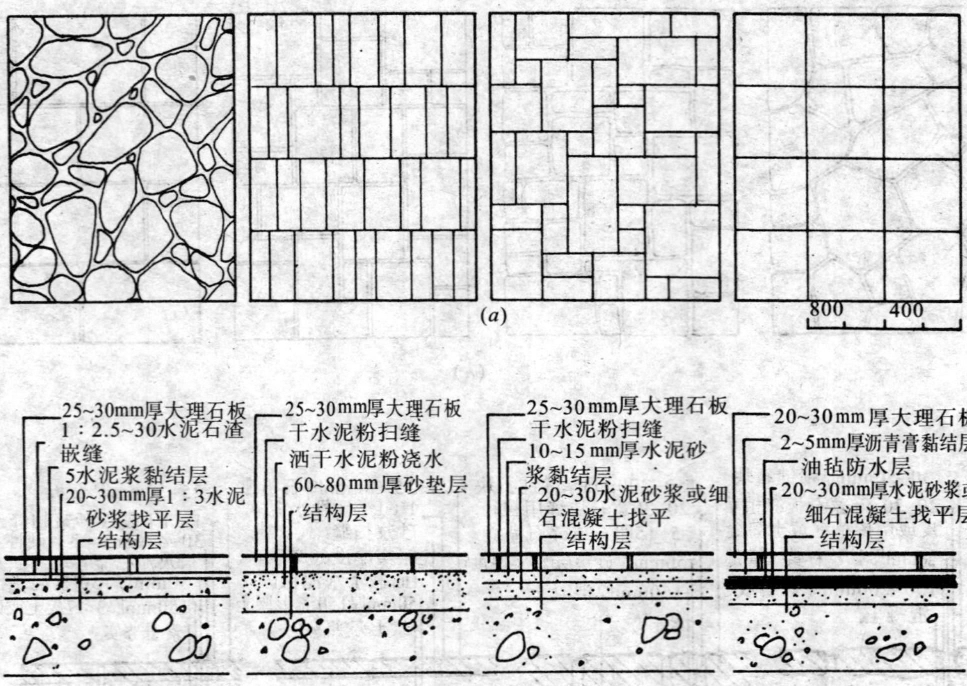

图9-10 大理石地面的砌式与构造

(a)砌式 (b)构造

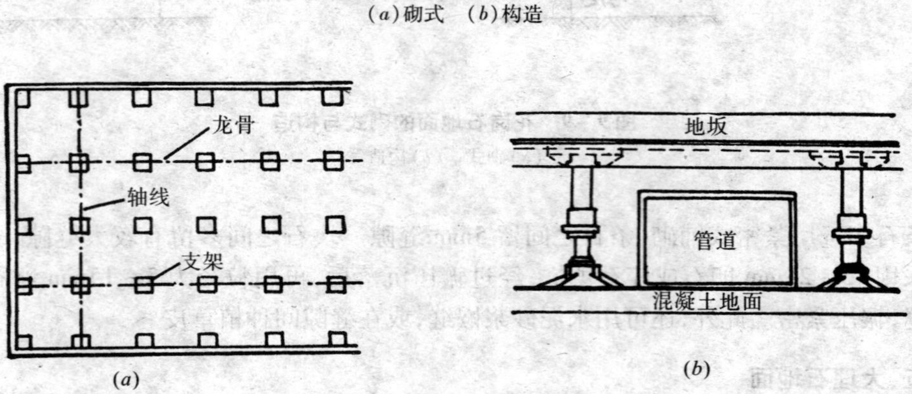

图9-11 活动夹层地板布置示意图

(a)平面 (b)剖面

大理石可根据不同色泽、纹理等组成各种图案。通常在工厂加工成20～30mm厚的板材，每块大小一般为300mm×300mm～500mm×500mm。方整的大理石地面，多采用紧拼对缝，接缝不大于1mm，铺贴后用纯水泥扫缝；不规则形的大理石铺地接缝较大，可用水泥砂浆或水磨石嵌缝，如图9-10(a)(b)所示。大理石铺砌后，表面应粘贴纸张或覆盖麻袋加以保护，待结合层水泥强度达到60%～70%后，方可进行细磨和打蜡。

六、活动地板

活动地板，又名“装配式地板”，是由各种不同规格、型号和材质的面板块、搁栅（龙骨）、支架等组合拼装而成的架空地面，如图 9－11 所示。活动地板的架空空间可敷设各种电缆、管线、空调静压送风，并能设置通风口。活动地板平整、光洁、装饰性好，预制、安装、拆卸方便。它适用于仪表控制室、计算机房、变电所控制室、广播、邮电用房、自动化办公室以及高级宾馆会议厅等。

活动夹层地板与支架的连接方法，如图 9－12 所示。其中，拆装式与固定式支架，对地面荷载有较大的限制。

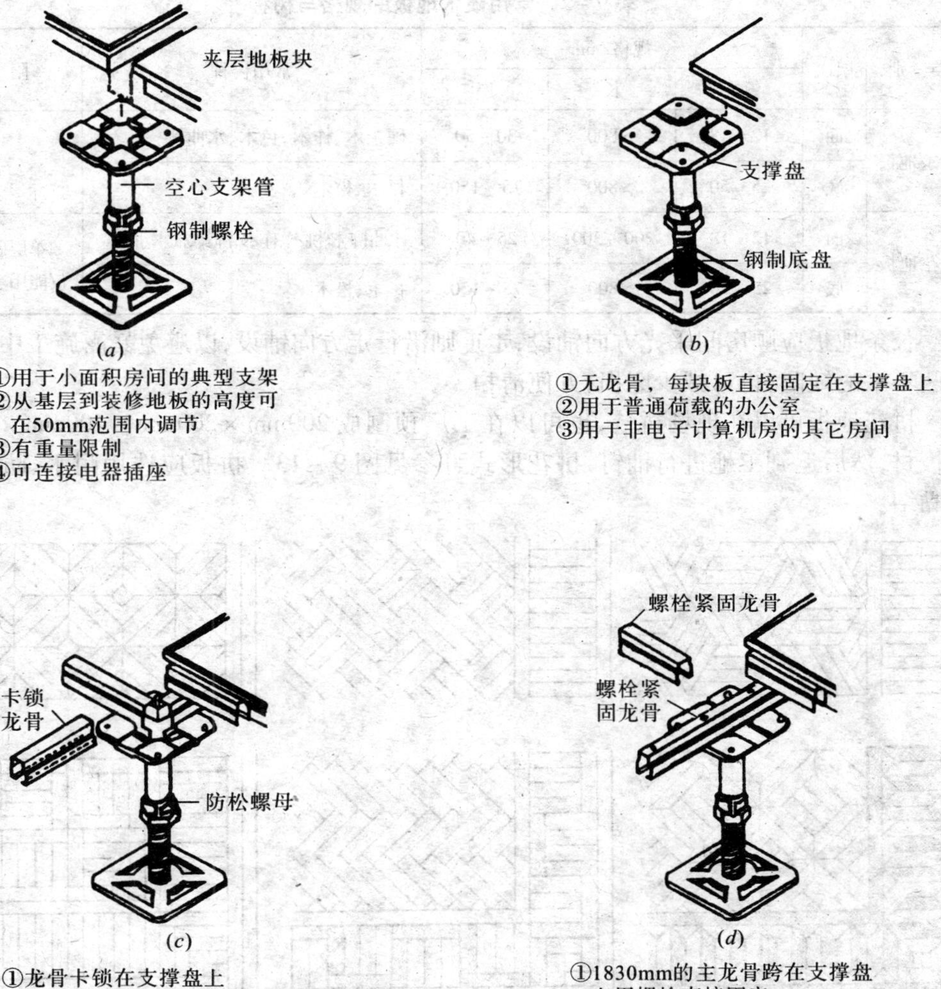

图 9－12　活动夹层地板支架

(*a*)拆装式支架　(*b*)固定式支架　(*c*)卡锁搁栅式支架　(*d*)刚性龙骨支架

第四节　木地面的装饰构造

木地面，是指表面由木板铺钉或胶合而成的地面。它不仅具有良好的弹性、蓄热性和接触感，而且还具有不起灰、易清洁、不反潮等特点，所以常用于高级住宅、宾馆、剧院舞台等室内装饰中。

木地面有普通条木地面、硬条木地面和拼花地面三种。常用的硬木地板的规格与树种，参见表9－2。

表9－2　常用硬木地板的规格与树种

类　别	层次	规格/mm			常用树种	附　注
		厚	长	厚		
长条地板	面	12～18	>800	30～50	硬杂木、柞木、色木、水曲柳	
	底	25～50	>800	75～150	杉木、松木	
拼花地板	面	12～18	200～300	25～40	水曲柳、核桃木、柞木、柳安、柚木、麻栎	单层硬木拼花仅能用于实铺法
	底	25～30	>800	75～150	杉木、松木	

长条地板应顺房间采光方向铺设，走道则沿行走方向铺设，以避免暴露施工中留下的凹凸不平的缺陷，也可减少磨损，方便清扫。

拼花地板可以在现场拼装，也可以在工厂预制成200mm×200mm～400mm×400mm的板材，然后运到工地进行铺钉，拼花形式可参见图9－13。拼板应选用耐水、防腐的胶水黏结。

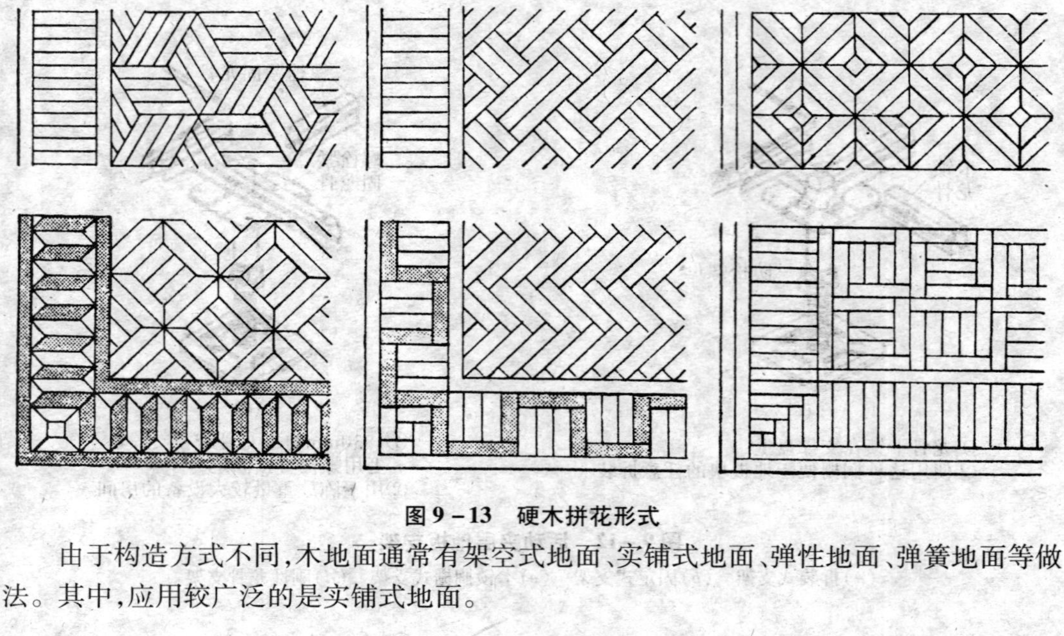

图9－13　硬木拼花形式

由于构造方式不同，木地面通常有架空式地面、实铺式地面、弹性地面、弹簧地面等做法。其中，应用较广泛的是实铺式地面。

一、架空式木地面

架空式木地面，主要是指支承木地面的搁栅架空搁置，使地面下有足够的空间便于通风，以保持干燥，防止搁栅腐烂损坏。当房间尺寸不大时，搁栅两端可直接搁在砖墙上；当房间尺寸较大时，为了减少搁栅挠度，充分利用小料或短料以节约木料，常在房间地面下增设地垄墙或柱墩支承搁栅，如图 9－14 所示。

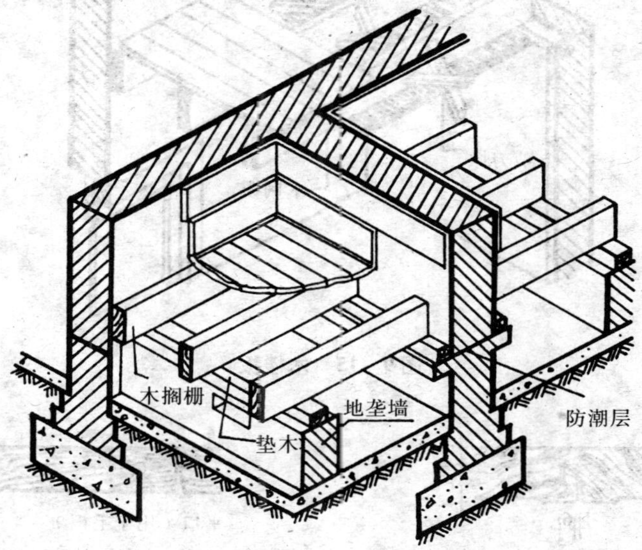

图 9－14　架空式木地板

搁栅可以用圆木，也可以用方料，其截面尺寸：圆木直径为 φ100～φ120mm；方木为（50～60）mm×（100～120）mm，中距 400mm。为了保证搁栅端头均匀传力，需在搁栅支点处垫一通长的垫木（又称“沿游木”），在柱墩处垫木改用 50mm×120mm×120mm 的垫块。为防止垫木腐烂，需做防腐处理，并于垫木下干铺油毡一层。

木楼面的处理如同架空木地面，木搁栅跨度常在 3～4.5m，再大者需另设横梁支承搁栅。搁栅多为方料，其截面尺寸为（50～75）mm×（200～300）mm，中距 400mm。为加强木搁栅的稳定性和整体性，常在搁栅之间沿跨度方向每隔 1.2～1.5m 用 35mm×35mm 的木条交叉成剪刀状钉于搁栅之间，俗称“剪刀撑”，如图 9－15 所示。

搁栅上铺钉木地板，用料规格参考表 9－2 选用。板与板的拼缝有企口缝、销板缝、压口缝、平缝、截口缝和斜企口缝等形式。为了防止木板翘曲，在铺钉时应于板底刨一凹槽，并尽量使向心材的一面向下，如图 9－16 所示。木板需用暗钉，以便于表面刨光或油漆。所有板端的接头均需在搁栅上，不得悬空。

当面层采用拼花硬木地面时，需采用双层木板铺钉，下层板称为“毛板”，可采用普通木料，截面一般为 20mm×100mm，最好与搁栅呈 45°方向铺钉，也可成 90°铺钉。毛板与面板之间可衬一层油纸，作为缓冲层。硬条木双层地面毛板构造亦同。

在地面与墙面交接处，需钉高为 150～180mm、厚为 20mm 木踢脚板。墙内预埋木砖，

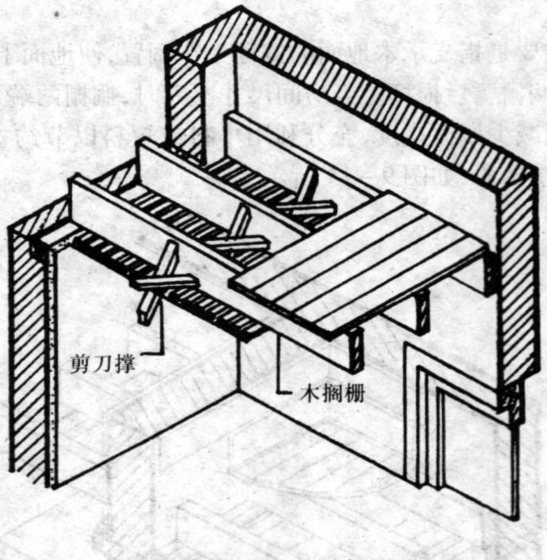

图 9－15　木楼板

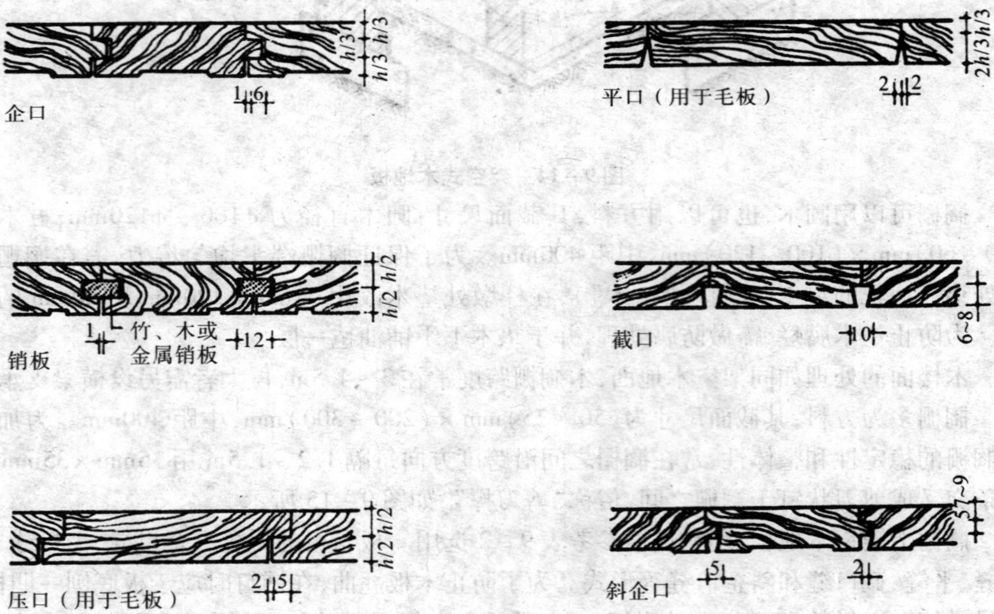

图 9－16　板的拼缝形式

间距 1.2～1.5mm，以便将踢脚板钉牢。在踢脚板与地板折角处需钉盖缝条。

为防止地面的潮气上升而致使木材腐烂，应在架空的下部地表面上满铺一层防潮层。防潮材料有灰土、碎砖三合土或混凝土，厚度要视不同材料而定，约为 80～150mm。

为使底层地面下的空间获得较好的通风，必须在外墙脚处开设通风洞（又称“出风洞”）。当房间开间较小时，每间设 1 个通风洞；当开间较大时，则要求每 3～5m 设 1 个通风洞，面积为 $0.06\sim0.15m^2$。洞口应以生铁篦、混凝土篦带钢丝网相隔，以防虫鼠钻入地板下。洞口应使空气前后对流，进出风通畅。当木地面靠外墙一面或中间及其他地面时，需在其下埋设沟管引导通风。在北方严寒季节，可在洞口处以铁盖板或木盖板将洞遮盖起来，以免冷空气流入而使地面过冷；若处理不当，还可能在搁栅周围形成冷凝水。

二、实铺式木地面

实铺式木地面，是指直接在实体基层上铺设的木地面。例如，在钢筋混凝土楼板上或混凝土基层上直接做木地面。这种做法构造简单，结构安全可靠，节约木材，所以被广泛采用。

实铺式木地面有搁栅式与粘贴式两种方法。

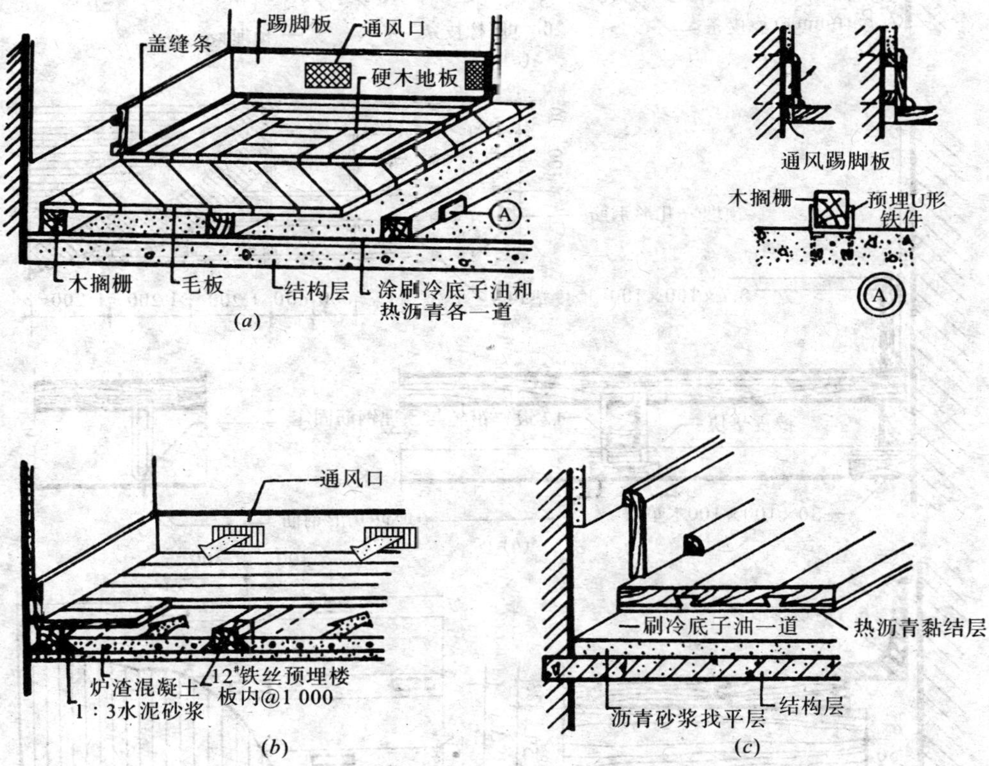

图 9－17 实铺式木地面

(*a*)、(*b*)搁栅式 (*c*)粘贴式

(一)搁栅式实铺木地面

搁栅式实铺木地面是在结构基层找平的基础上，固定梯形或矩形的木搁栅。搁栅截面较小，如为矩形，截面一般为 50mm × 50mm，中距为 400mm。搁栅借预埋在结构层内的U形铁件嵌固或镀锌铁丝扎牢。底层地面为了防潮，需在结构找平层上涂刷冷底子油和

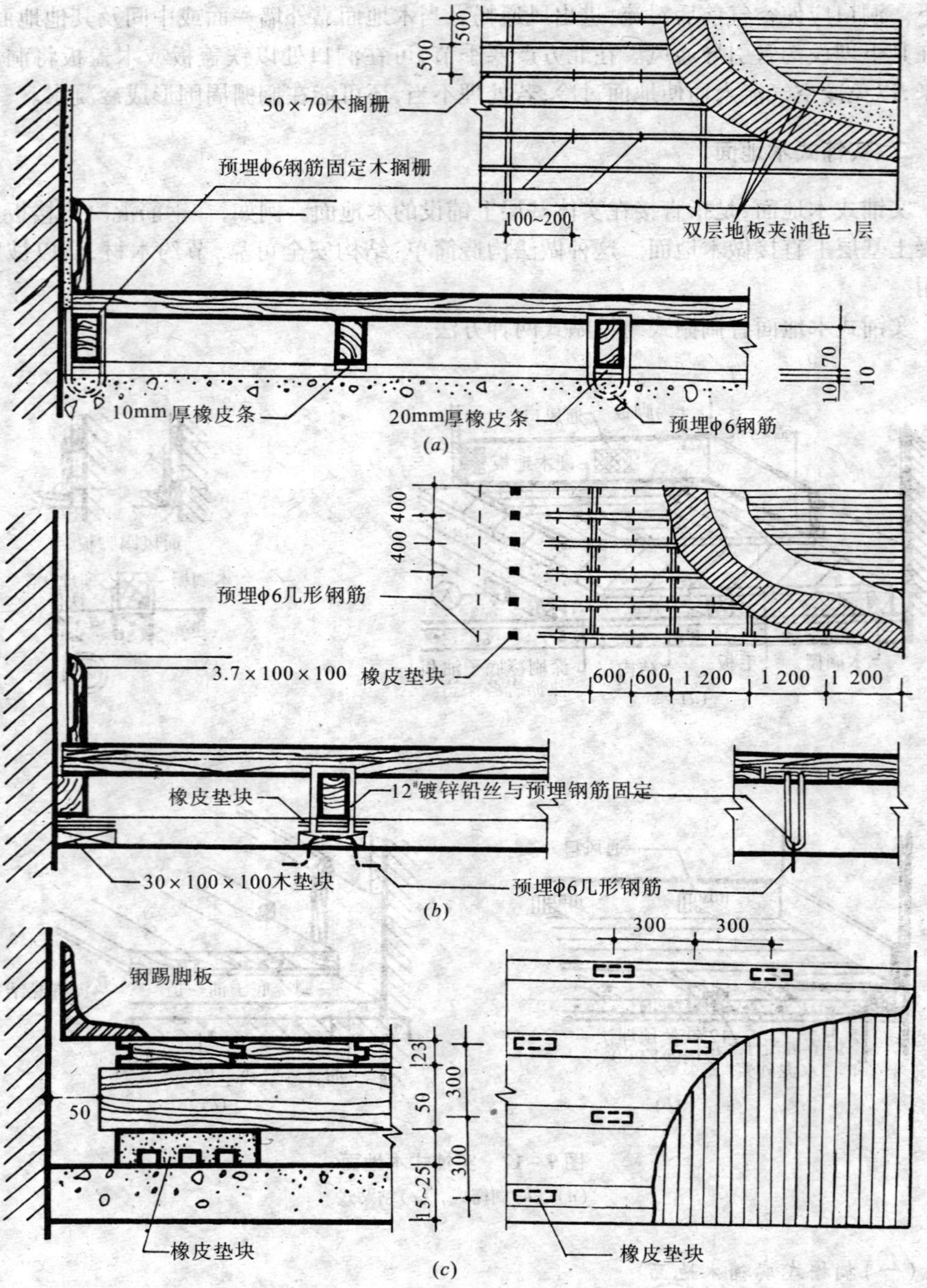

图 9－18　橡皮衬垫弹性木地板构造

(*a*)设橡皮条　(*b*)设橡皮垫块　(*c*)设成型橡皮块

热沥青各一道。为保证木搁栅层通风干燥,通常在木地板与墙面之间留有 10 ~ 20mm 的空隙,踢脚板或木地板上,也可设通风洞或通风篦子,如图 9 - 17(*a*)(*b*)。搁栅式实铺木地面可以单层铺钉或双层铺钉。

(二)粘贴式实铺木地面

粘贴式实铺木地面是在钢筋混凝土楼板上做好找平层,然后用黏结材料,将木板直接贴上,如图 9 - 17(*c*)所示。粘贴地面省去了搁栅和毛板,与一般单、双层木地面相比,可以节约木材 30% ~ 50%。因此,它具有结构高度小、经济性好等优点,但是地板的弹性差,使用中维修困难。

粘贴式木地板构造首先要求铺贴密实,防止木板的脱落。其有效措施是控制木板的含水率和基层的干燥、清洁。有时可采用沥青砂浆代替水泥砂浆做找平层,表面刷冷底子油。粘贴木板的胶结料一般有石油沥青、环氧树脂、聚胺酯或过氯乙烯胶泥等。

石油沥青具有粘结力强、防潮耐蚀性好、价格低廉、操作简便等优点,而且地板底部用沥青封闭,可以防止白蚁危害,因此应用较多。在操作时,应适当控制沥青温度,如果沥青的温度过高,就容易使木板和基层中的水分大量蒸发而出现起泡现象。另外,所用木板还应进行防腐处理,板的背面涂满沥青或木材防腐油。

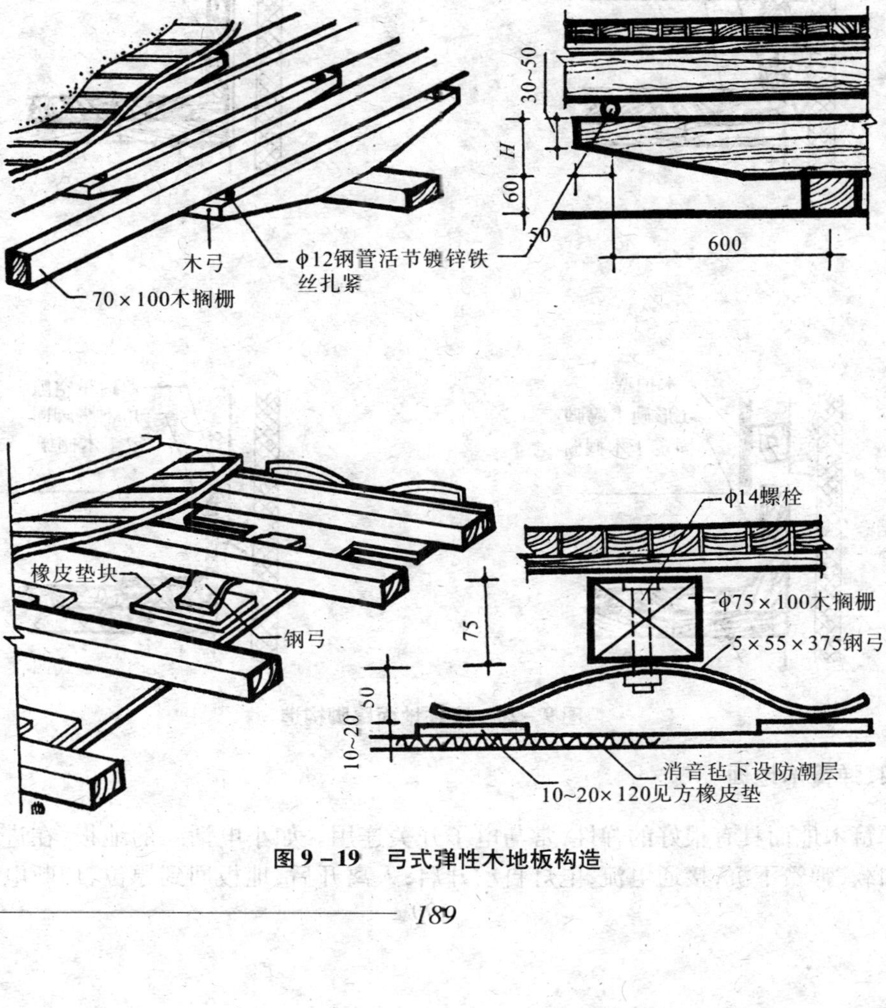

图 9 - 19　弓式弹性木地板构造

三、弹性木地面

在一些对地面弹性有较高要求的空间场合，如体育建筑的比赛场地、舞蹈和杂技排练厅和舞台等，需要做成弹性木地面。

弹性木地面从构造上，可以分为衬垫式与弓式两类。衬垫式弹性木地面做法简便，可以选用橡胶、软木、泡沫塑料或其他弹性好的材料做衬垫。衬垫可以按条形或块状布置，如图 9－18 所示。弓式分钢弓与木弓，如图 9－19 所示。

弹性木地面主要是利用木搁栅增加它的弹性。如木弓式弹性地面是利用扁担木弓架托搁栅，木弓下设通长垫木，用螺栓或钢筋固定于结构基层。木弓长为 1 000～1 300mm，高度 H 通过试验决定。木弓的两端放置金属圆管作活动支点，上面再布置搁栅，以增加搁栅弹性。最后做毛板、油纸和硬木地板。

弹性地面四周沿墙应留有足够空隙，踢脚做法参见图 9－20。

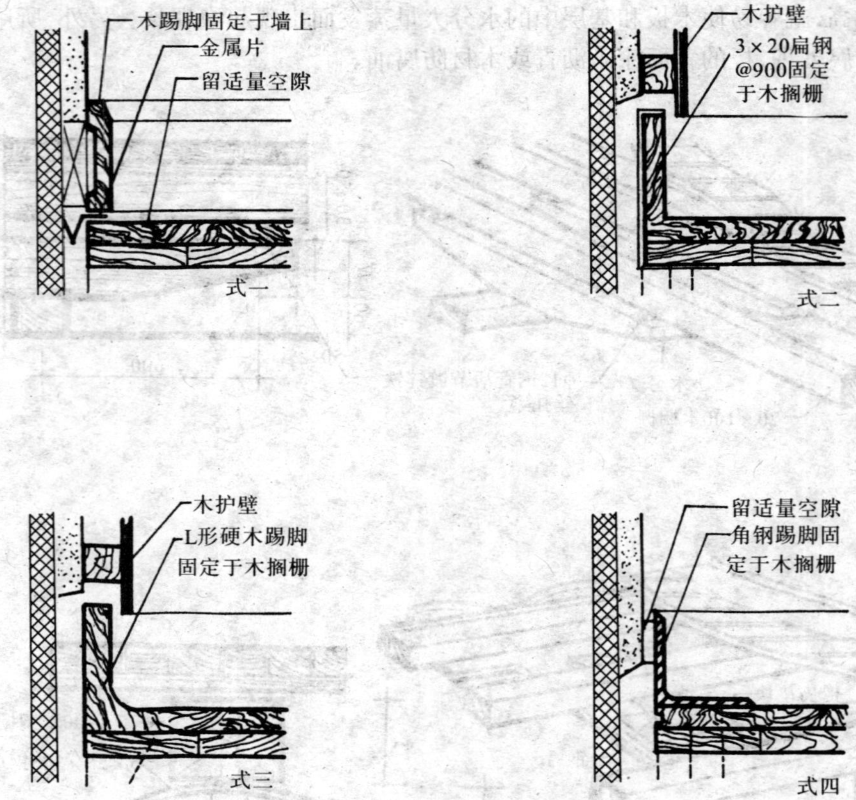

图 9－20　弹性地面踢脚构造

四、弹簧木地面

弹簧木地面具有很好的弹性，常与电子开关连用。如小电话间的地板，在进入之后，地板加载，弹簧下沉，接通电流，电灯自动开启；人离开后，地板回到原位，切断电流，电灯自动熄灭，如图 9－21 所示。弹簧安装时应先做弹力试验。

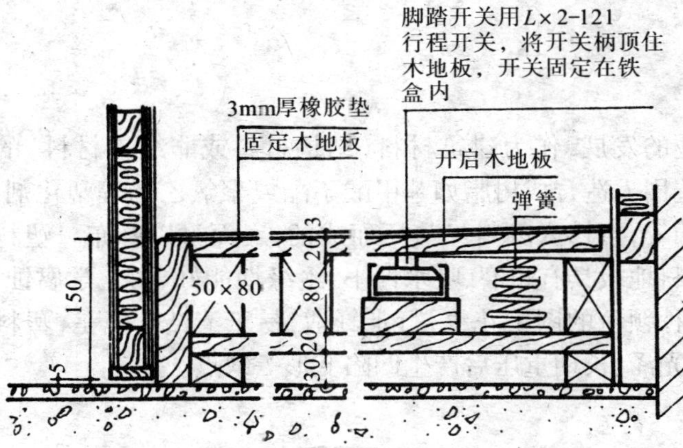

图 9－21　弹簧地板构造

五、软木及木制品地面

软木是一种天然树木，多产于我国广西。由于软木含有许多束状小气柱，因而具有良好的隔热、隔声、消声等性能。软木经过加工制作成板材，表面可以抛光打蜡，或用聚合树脂类材料处理，成为光而不滑、柔韧舒适的地面，它特别适用于要求安静和温暖的房间。

另外，利用木材加工厂的废料制成制品，如木纤维板等，均可以代替木材做地板。施工时，可采用尿醛水泥胶粘剂粘贴，用木屑水泥砂浆做找平层，表面选用聚醋酸乙烯乳液打底，然后再用清漆罩面、打蜡。

第五节　人造软质制品地面的装饰构造

常见的人造软质制品，主要有油地毡、塑料制品、橡胶制品及地毯等几类。按制品成型的不同，人造软质制品可分为块材和卷材两种。块材可以拼成各种图案，施工灵活，修补简单；卷材施工繁重，修理不便，适用于跑道、过道等连续的长场地。这些材料自重轻，柔韧，耐磨、耐腐蚀，而且美观。

一、油地毡

油地毡，是在帆布或麻织物上涂抹特制的胶状涂料做成的。这种胶状涂料是由植物油（松节油、亚麻仁油、桐油等）掺入掺和料（木屑、软木屑或滑石粉等），再加适量的稳定矿物颜料和催化剂（氧化铝、氯化铝），混合加热胶化成泥状而形成的。

油地毡多制成卷材，可根据需要制成各种厚度和宽度，厚度为 2～5mm；宽度可分阔幅与窄幅：阔幅为 1.6～2.0m，窄幅为 0.5～1.6m；长度为 20m。

油地毡表面光而不滑，具有一定的弹性、韧性和耐热性，可制成各种色彩或图案。油地毡隔绝固体声的效果较好，常用于居住建筑、医院、实验室等地方。

粘贴油地毡可用沥青油膏或酪素胶等。在混凝土结构层不很平整的情况下，必须先做水泥砂浆找平层。

二、塑料地面

随着现代工业的发展，作为建筑材料（结构材料或非结构材料）的塑料工艺日益成熟。塑料地板是选用人造合成树脂如苯甲酸丁酯或聚氯乙烯等塑化剂，加入适量填充料如石粉、木粉、石棉等，再掺入颜料经热压而成的，底面衬以麻布。塑料地板柔韧不易断裂。作为地面，塑料地板具有耐磨、吸水性小、绝缘性能好、耐化学腐蚀等优点，而且有一定弹性，能做成各种颜色的图案花纹，行走舒适，易于清洁。但是，塑料地板也有自然老化、日久逐渐失去光泽、长期重压后产生凹陷变形等缺点。

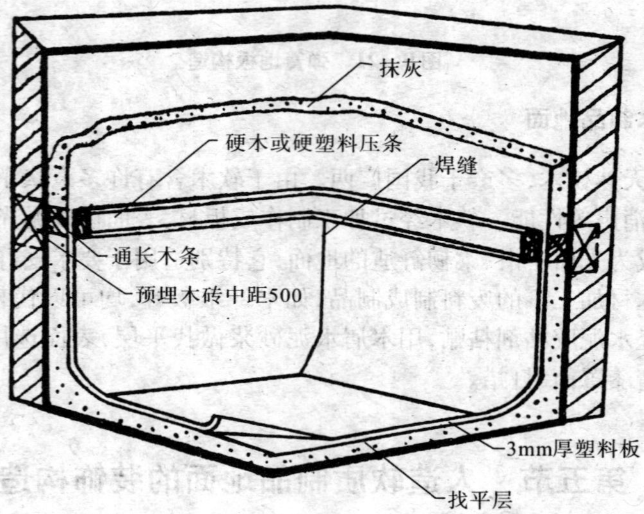

图 9－22　塑料地面构造示意

目前，塑料地板的品种、花色众多，如软质聚氯乙烯、聚乙烯、聚丙烯地板、半硬质聚氯乙烯地板、硬质聚氯乙烯地板、石棉乙烯地面砖等。其中，以软质及半硬质聚氯乙烯地板为最普遍。图 9－22 为塑料地面构造示意。

（一）软质聚氯乙烯地面

软质聚氯乙烯地面，是由聚氯乙烯（PVC）树脂、增塑剂、稳定剂、填充料和颜料等制成的热塑性塑料制品。其幅面宽一般为 1 800mm 或 2 000mm。这类软质卷材地面粘贴时，应选用与制品相应配套的黏结剂。黏结剂的黏结强度应不小于 $2kg/cm^2$，对面板与基层均不能有腐蚀性，便于施工。当处在 60℃ 以下的温度时，黏结剂应具有良好的稳定性。

在施工时，首先应进行基层处理。即要求水泥砂浆找平层平整、光洁、无突出物、灰尘、砂粒等，含水量应在 10% 以下。如在施工前刷一道冷底子油，可增加黏结剂与基层的附着力。

卷材应先在地面上松卷摊开，静置一段时间，使其充分收缩，以免横向伸长产生相碰翘边。然后，根据房间尺寸和卷材宽度及花纹图案划出铺贴控制线，卷材按控制线铺平后，对准花纹条格剪裁。施工准备完毕后，即可涂黏结剂，从一面墙开始，涂刷厚度要求均匀，接缝边沿留 5cm 暂不涂刷。涂刷后约 3 ~ 5min，使胶淌平，待部分溶剂挥发后再进行粘贴，先粘贴一幅的一半，再涂刷、粘贴另一半。铺贴后，由中间往两边用滚筒赶压铺平，排除空气，如图 9 – 23 所示。

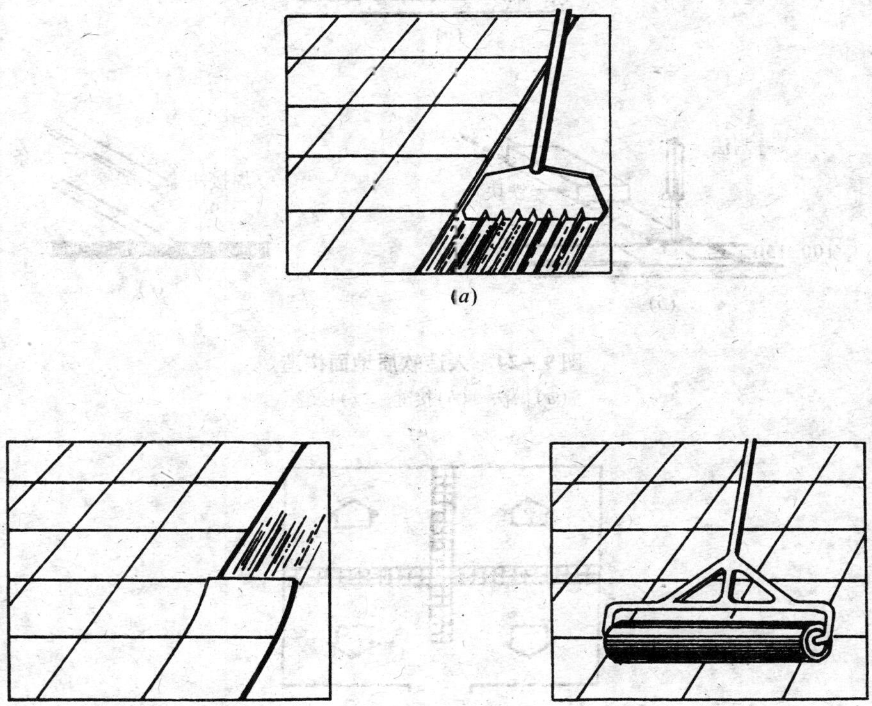

(*a*)　(*b*)　(*c*)

图 9 – 23　人造软质地面的铺贴

(*a*)刷胶　(*b*)粘贴　(*c*)滚压

铺第二幅卷材时，为了接缝密实，可采用叠割法。其方法是：在接缝处搭接 2 ~ 5cm，然后居中弹线，用钢板尺压在线上切割两层叠合卷材，或用铁块紧压切割，再撕掉边条补涂胶液，压实粘牢，用滚筒滚压平整，如图 9 – 24 所示。

软质卷材地板也可以不用黏结剂，采用拼焊法铺贴。其方法是：将地板边切成斜口，用三角形塑料焊条和电热焊枪进行焊接，如图 9 – 24 所示。采用拼焊法可将塑料地面接成整张地毯，空铺于找平层上，四周与墙身留有伸缩缝隙，以防地毯热胀拱起。

（二）半硬质聚氯乙烯地板

半硬质聚氯乙烯地板，是采用聚氯乙烯及其共聚体为树脂，加入填充料和少量的增塑剂、稳定剂、润滑剂、颜料而制成。它一般为块材，以长方形和正方形比较常见，边长通常为 100～500mm。粘贴前，必须做好清理基层及划线定位等准备工作。一般以房间几何中心为中心点，划出相互垂直的两条定位线，通常有十字形、交叉形和 T 形等划分方式，如图 9－25 所示。

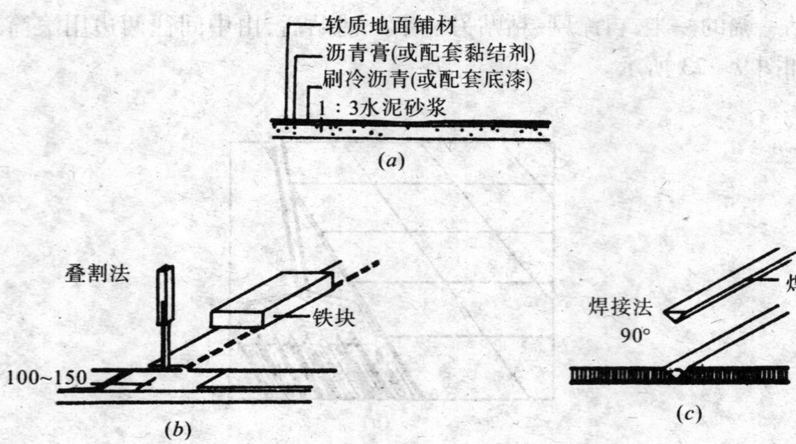

图 9－24　人造软质地面构造

(a)做法　(b)接缝　(c)接缝

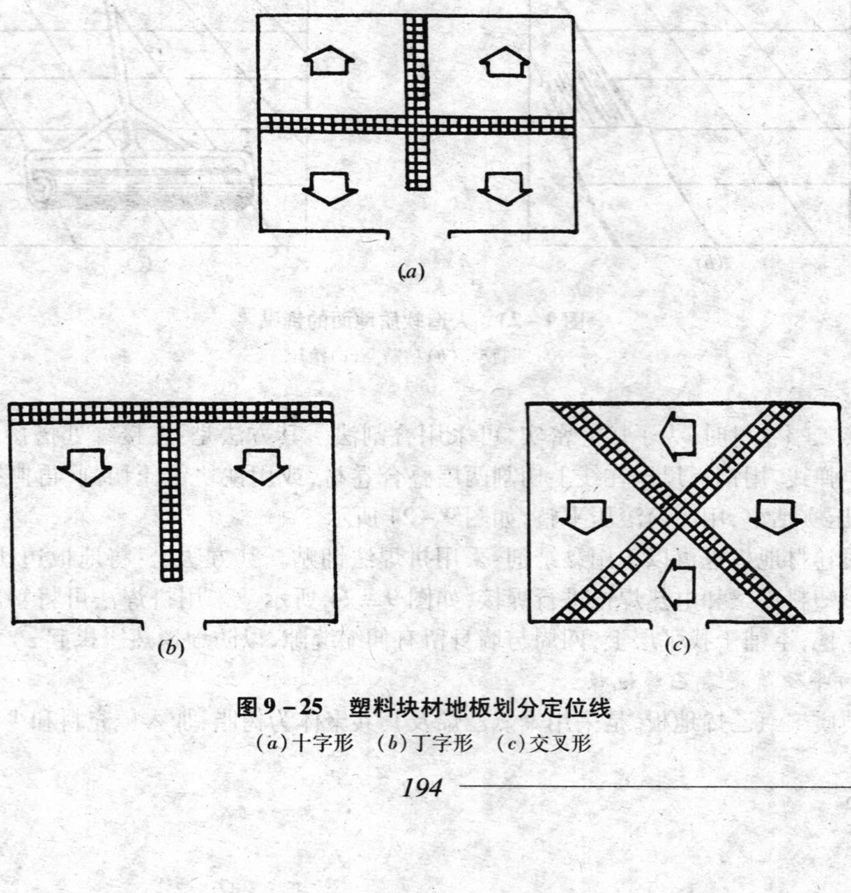

图 9－25　塑料块材地板划分定位线

(a)十字形　(b)丁字形　(c)交叉形

铺贴通常从中心线开始,逐排进行。T形可从一端向另一端铺贴。排缝一般为0.3～0.5mm。常选用聚氨酯或氯丁橡胶作为胶粘剂,涂刷时厚度不宜超过1mm,涂刷面积不宜过大;对位粘上后,用橡胶滚筒或橡皮锤,从板中央向四周滚压或锤击,以排除空气,压严锤实,并及时将板缝内挤出的胶液用棉纱头擦净。

(三)聚氯乙烯石棉地砖地面

聚氯乙烯石棉地砖地面主要是由聚氯乙烯树脂掺入石棉纤维做填充料制成的。它的成本低,耐火性能好。其规格通常为300mm见方,厚1.5～3mm。聚氯乙烯石棉地砖可采用沥青基的黏结剂粘贴。

(四)"现浇"塑料地面

"现浇"塑料地面,是用环氧沥青漆或聚醋酸乙烯乳液等制剂与填充料(细砂、石英粉、石英砂等)配制成一种塑料砂浆,在清理基层后,刷一层冷底子油(可相应地用环氧沥青漆或聚醋酸乙烯乳液),然后抹上3mm厚的这种塑料砂浆,经养护后再刮抹,用相应的材料(聚醋酸乙烯乳液加石英粉)做成塑料腻子,最后在表面刷色浆或面漆而制成。这种地面由于是现场制作,整体施工,因而没有缝隙。

三、橡胶地面

橡胶地面,是指在橡胶中掺入适量的填充料制成的地板铺贴而成的地面。这些填充料有烟片胶、氧化锌、硬脂酸、防老化粉和颜料等。橡胶地板表面可做成光平或带肋,带肋的橡胶地板多用于防滑走道上,厚度为4～6mm。橡胶地板可制成单层或双层,也可根据设计制成各类色彩和花纹。

橡胶地面具有良好的弹性,双层橡胶地面的底层如改用海绵橡胶则弹性更好。橡胶地面耐磨、保温、消声性能均较好,表面光而不滑,行走舒适,比较适用于展览馆、疗养院、阅览室、实验室等公共场合。

四、地毯地面

地毯是一种高级地面装饰材料。高档地毯具有吸音、隔声、蓄热系数大、防滑、质感柔软、行走舒适等众多优点,而且色彩图案丰富,本身就是工艺品,能给人以华丽、高雅的感觉。一般地毯也具有较好的装饰和实用效果,而且施工及更新方便。因此,地毯广泛用于各种重要的建筑空间地面装饰。

地毯的品种众多。根据材质的不同,地毯可分为真丝地毯、纯羊毛地毯、混纺地毯(羊毛中掺15%的锦纶)、化纤地毯(聚酰胺纤维、聚丙烯腈纤维、聚丙烯、聚酯纤维等)、麻纺地毯(剑麻)、橡胶绒地毯(天然橡胶)、塑料地毯(聚氯乙烯树脂)等几种。根据编织方法的不同,地毯可分为手工打结地毯、机织地毯、簇绒地毯和无纺织地毯等几种。

簇绒地毯是以簇绒机为工具生产的地毯。由于簇绒地毯品种丰富、质感良好而且价格适中,因而被广泛采用。在生产加工过程中,采用不同的工艺方法,可以形成表面质感各不相同的三种形式,即圈绒地毯、割绒地毯和平圈割绒地毯。圈绒地毯耐磨性较好,但弹性不足,脚感略硬,多用于厅堂、走廊、通道等人流量较大的场合;割绒地毯绒毛长,弹性较好,感觉柔软,但耐磨性不好,适用于客房等人流量不多的场所;平圈割绒地毯介于二者之间，适用面较广。

地毯铺设可分为满铺与局部铺设两种，铺设方式有固定与不固定式之分。

（一）固定式铺设

固定式铺设，是指将地毯裁边、黏结拼缝成为整片，摊铺后四周与房间地面加以固定的方式。固定式铺设有两种方法：一种是用倒刺板固定，即在房间地面周边钉上带朝天小钉的倒刺板，将地毯背面挂住、固定；另一种是粘贴固定，即用地毯胶粘剂将地毯背面的周边与地面粘合在一起。前者先在地面上铺海绵波垫或杂毛毡垫垫层后，再铺地毯；后者，则是把地毯直接粘合在地面上。

1. 倒刺板固定

倒刺板一般用 4 ~ 6mm 厚、24 ~ 25mm 宽的三夹板条或五夹板条制作，板上钉两排斜铁钉，如图 9 – 26 所示。

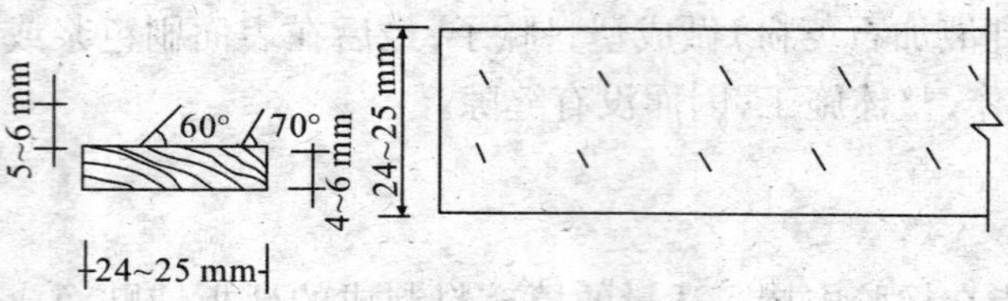

图 9 – 26　夹板倒刺板

倒刺板应固定于距墙面踢脚板外 8 ~ 10mm 处，以做地毯掩边之用。一般用水泥钉直接固定在混凝土或水泥砂浆基层上；若地面太硬或松散，可先埋下木楔，再将倒刺板钉在上面。当地毯完全铺好后，用剪刀裁去墙边多出部分，再用扁铲将地毯边缘塞入踢脚板下预留的空隙中，如图 9 – 27 所示。

房间门口处地毯的固定和收口，是在门框下的地面处，采用 2mm 厚的铝合金门口压条，如图 9 – 28 所示，将 21mm 宽的一面用螺钉固定在地面内，再将地毯毛边塞入 18mm 宽的口内，将弹起压片轻轻敲下，压紧地毯。

外门口或地毯与其他地面材料交接处，则采用铝合金"L"形倒刺条、锑条或其他铝压条，将地毯端边固定和收口，如图 9 – 29 所示。

2. 粘贴法固定

用粘贴法固定地毯时，地面一般不再铺垫层，地毯通过胶粘剂的作用，直接固定在地面基层上。刷胶采用满刷与部分刷胶两种方法。人流多的公共场所的地面，应采用满刷胶液；人流少而搁置器物较多的房间地面，可部分刷胶。胶粘剂应选用地板胶，用油刷将胶液涂刷在地面上，静停 5 ~ 10min 待溶剂挥发后，即可铺设地毯。部分刷胶铺设地毯时，应根据房间尺寸裁割地毯。先在房间中部地面涂一块胶，地毯铺设时，用撑子往墙边拉平，再在墙边刷两条胶带将地毯压平，并将地毯毛边塞入踢脚板下。需拼接的地毯，在接缝处刮一层胶拼合密实。走廊可顺一个方向铺设地毯。

（二）不固定式铺设

当采用卷材地毯时，不固定式铺设地毯的裁割、接缝、缝合，与固定式铺设相同。地毯

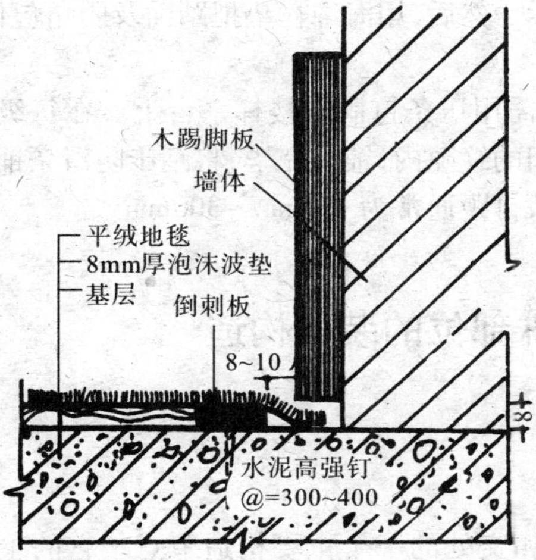

图 9-27　倒刺板、踢脚板与地毯的固定

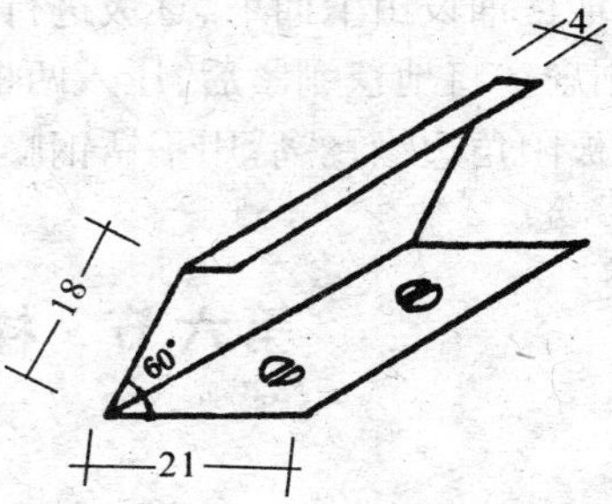

图 9-28　铝合金压条

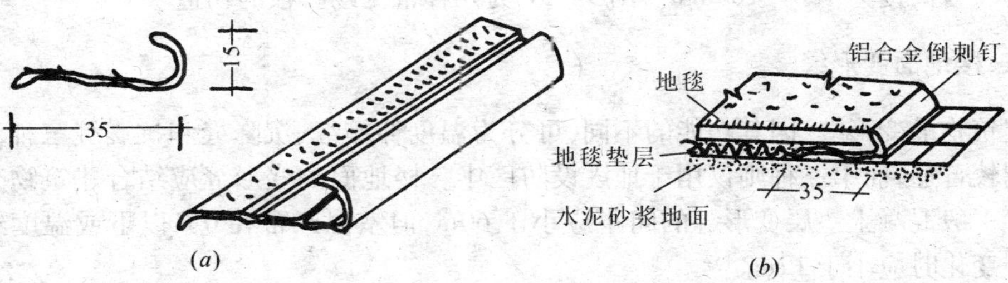

图 9-29　地毯收口固定示意

(a)铝合金"L"形倒刺收口条　(b)固定地毯示意

拼成整块后，直接干铺在洁净的地面上，不与地面粘贴。在铺设沿踢脚板下的地毯时，应塞边压平。不同材质的地面交接处，应选用合适的收口条收口。如同一标高的地面，可采用铜条或不锈钢条衔接收口；如两种地面有高低差时，则选用"L"形铝合金收口条收口。小方块地毯，一般本身较重，铺设时应在地面上弹出方格线，并从房间中央开始铺设。块与块之间，只要相互挤紧服帖，一般不会卷起。

（三）楼梯地毯铺设

铺设楼梯踏步处地毯时，先将倒刺板钉在

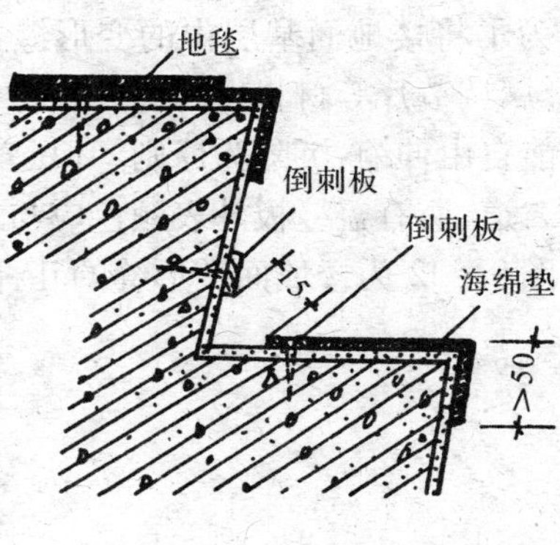

图 9-30　踏步板钉倒刺板

踏步板和挡脚板的阴角两边，两条倒刺板顶角之间应留出地毯塞入的间隙（一般约15mm），朝天小钉倾向阴角面，如图9－30所示。然后，用海绵衬垫把踏面及阴角包住，衬垫超出转角不小于50mm。

地毯铺设由上而下，逐级进行。顶级地毯需用压条钉固于楼梯平台上。在每级阴角处，用扁铲将地毯绷紧后，压入两根倒刺板之间的缝隙内；铺设完毕，将踏步防滑条铺钉在踏步板阳角边缘，然后用不锈钢膨胀螺钉固定，钉距通常为150mm～300mm。

第六节　楼地面特殊部位的装饰构造

一、踢脚板

踢脚板，又称"踢脚线"，是楼地面和墙面相交处的一个重要构造节点。它的主要作用是遮盖楼地面与墙面的接缝；保护墙面，以防搬运东西、行走或做清洁卫生时将墙面弄脏。

踢脚板的材料与楼地面的材料基本相同，所以在构造上常将其与地面归为一类。踢脚板的一般高度为100～180mm。图9－31为几种常见踢脚板的构造。

二、楼地面变形缝

建筑物的变形缝，因其功能的不同，可分为温度伸缩缝、沉降缝和抗震缝三种。前两种运用较普遍，而第三种则仅用于地震设防区中。楼地面的变形缝应结合建筑物变形缝设置。一般混凝土垫层变形缝的间距应小于60m，但室温经常在0℃以下或温度经常产生剧烈变化时应小于12m。

变形缝在构造上，应要求从基层脱开，贯通地面各层，其宽度在面层不得小于10mm；在混凝土垫层内不小于20mm。楼板变形缝宽度应根据计算来确定。对于沥青类材料的整体面层和铺在砂、沥青玛瑞脂结合层上的板材、块材面层，可只在混凝土垫层或楼板中设置变形缝。

为了将楼地面基层中的变形缝封闭，常采用可以压缩变形的沥青玛瑞脂、沥青木丝板、金属调节片等材料做封缝处理。一般在面层处需覆以盖缝板，在构造上应以允许构件之间能自由伸缩、沉降为原则。但是，所有金属铁件，均需满涂防锈漆一道，外露面加涂调和漆二道；所有盖缝板外表颜色应与地面一致。

图9－32为楼地面变形缝的几种构造。图9－33为楼地面抗震缝的几种构造。

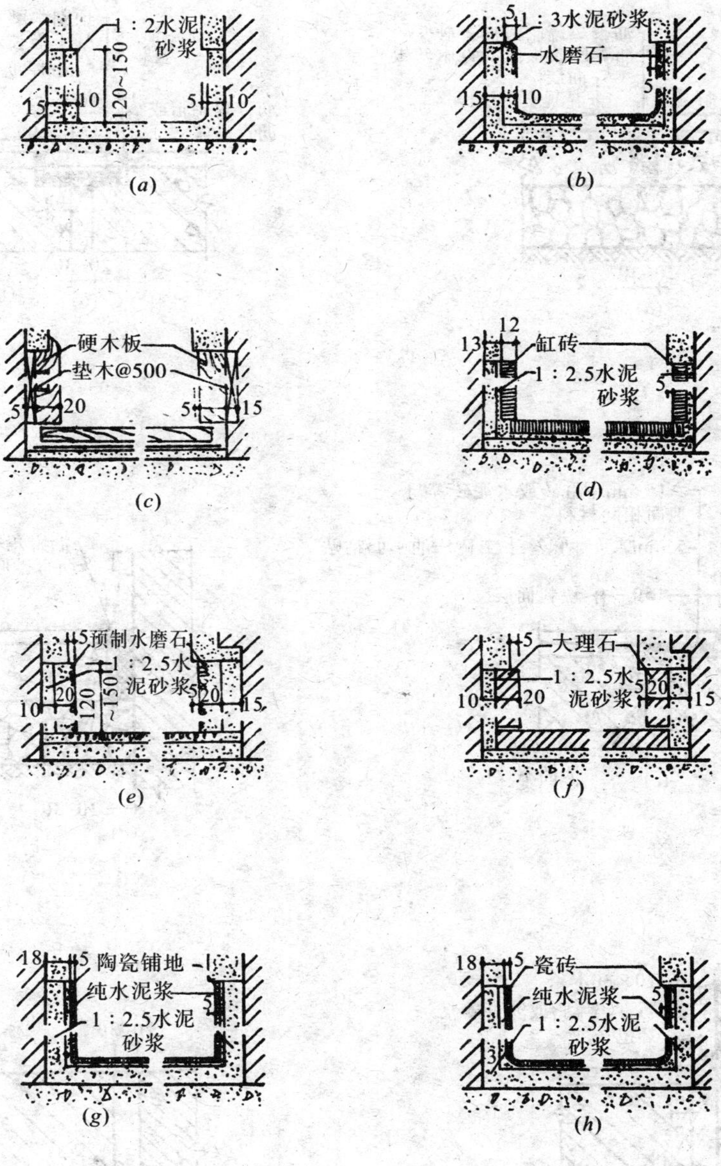

图 9－31　几种常见踢脚板构造

(*a*)水泥砂浆　(*b*)水磨石　(*c*)硬木板　(*d*)缸砖　(*e*)预制水磨石
(*f*)大理石　(*g*)陶瓷锦砖　(*h*)瓷砖

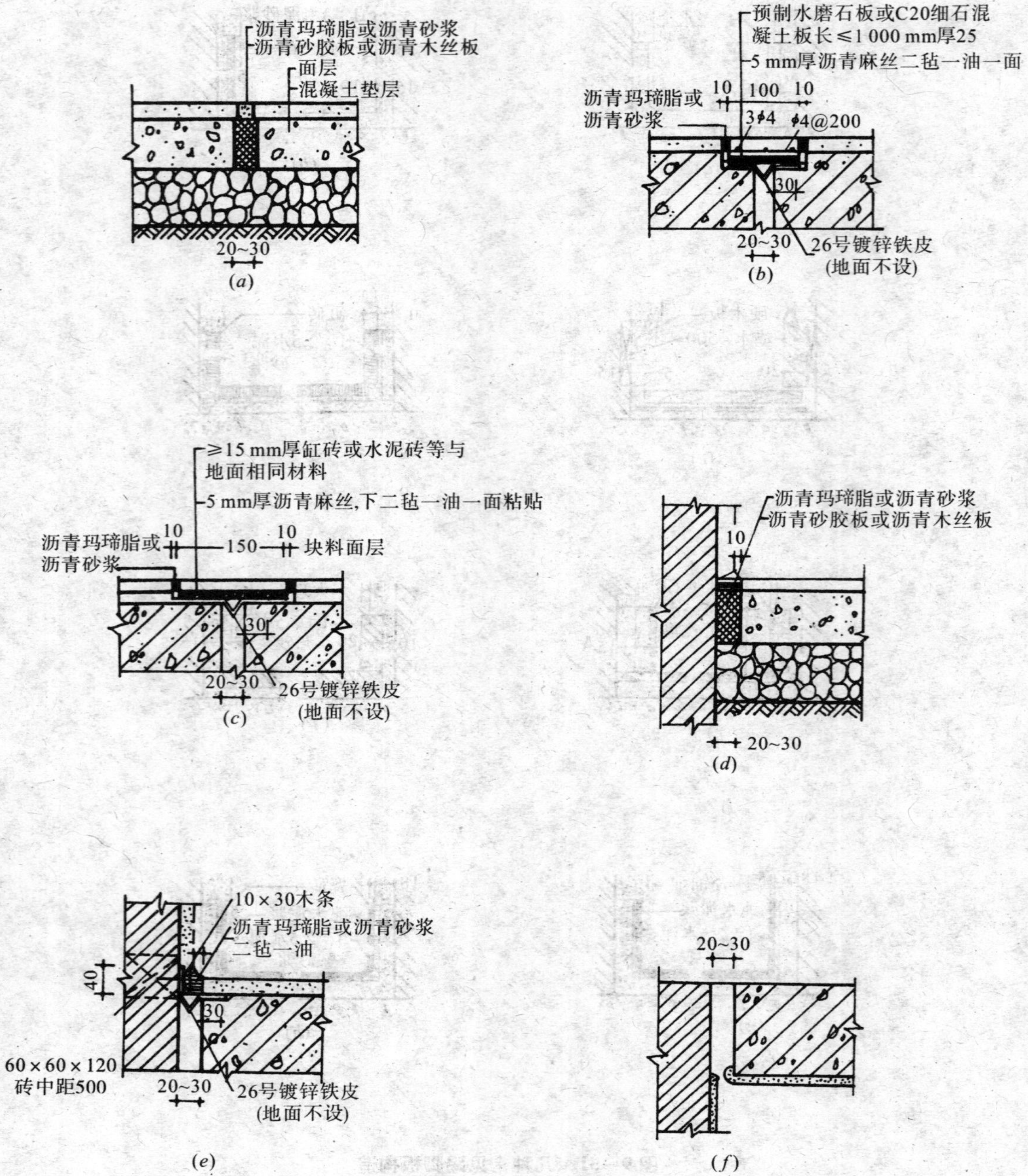

图 9-32　楼地面变形缝构造举例

(*a*)地面　(*b*)楼地面　(*c*)楼地面　(*d*)地面　(*e*)楼地面　(*f*)平顶

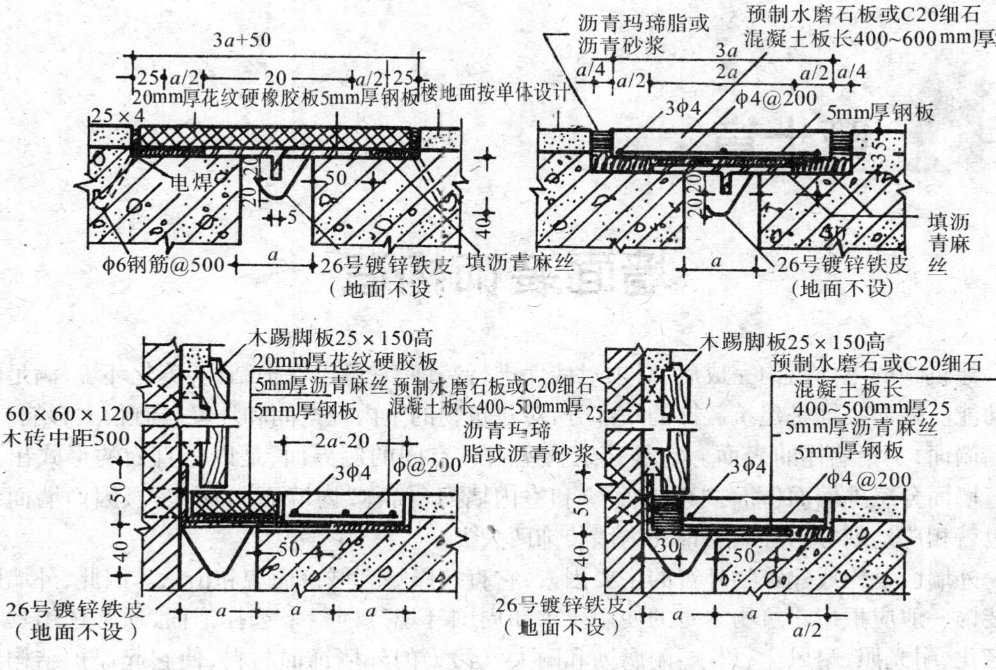

图9-33　楼地面抗震缝构造举例

复习思考题

1. 楼地面装饰有哪些作用？
2. 试画出楼地面的基本构造组成层次。
3. 现浇水磨石地面与预制水磨石板地面有何不同？
4. 什么是“美术水磨石”？
5. 板块料地面有何构造特点？
6. 大理石为何不宜用于室外地面装饰？
7. 架空式木地面与实铺式木地面在构造上有何区别？
8. 实铺木地面有哪两种？它们之间有何不同之处？
9. 试表述如何铺贴半硬质聚氯乙烯地板。
10. 固定式铺设地毯时，为何需要设置“倒刺板”？
11. 踢脚板有何作用？试画出几种常用踢脚板的构造图。

第十章

墙面装饰构造

建筑物的主体结构完成后，必须对墙面进行装饰，它可以保护结构，美化环境，满足使用功能。墙面装饰是建筑装饰的一部分，对建筑物的室内外空间和环境具有很大影响。

墙面，是指墙体的表面。它是建筑物室内外空间的侧界面，是以垂直面的形式出现的。墙面分室外墙面（简称“外墙面”）和室内墙面（简称“内墙面”）两大类，因而墙面装饰也就相应地划分为外墙装饰和内墙装饰两大类。

外墙面是构成建筑物外观的主要因素，它直接影响到城市面貌和街景。因此，外墙面的装饰一般应根据建筑物本身的使用要求和周围环境等因素来选择饰面，通常选用具有抗老化、耐光照、耐风化、耐水、耐腐蚀和耐大气污染的外墙饰面材料，使它起保护结构作用，并保持外观清新。

室内是人们生活、工作、活动的空间。因此，内墙面的装饰应根据不同的使用要求而选择饰面，一般是选择易清洁、接触感好、光线反射能力强的饰面。

第一节　墙面装饰的功能及分类

一、外墙面装饰的基本功能

（一）保护墙体

外墙除有时作为承重墙，承担一部分结构荷载外，还是建筑物的主要外部围护构件之一。所以，人们希望外墙能够遮挡风雨、隔绝噪声、防火、保温隔热，而且应具有一定的耐久性。

外墙面装饰，在一定程度上能保护墙体不受外界的侵袭和影响，提高墙体防潮、防老化、抗腐蚀的能力，增强墙体的坚固性和耐久性。对一些重点部位，如勒脚、窗台、檐口或女儿墙压顶等部位，在装饰时应采取相应的构造措施。

（二）改善墙体物理性能

外墙作为围护结构，往往会由于材料、气候条件、功能要求等因素的影响而不能满足全部使用需要，这时可通过墙面装饰处理加以弥补。一些隔热要求比较高的建筑，如果外墙面用白色反光性强的装饰材料，就可以进一步减少太阳辐射热对室内温度的影响，节约制冷能源。现代建筑中大量采用的吸热和热反射玻璃，能吸收或反射太阳热辐射能的50%～70%。

（三）美化建筑立面

由于建筑物的立面是人们在正常视线视野中所能观赏到的一个主要面，所以外墙面的装饰处理，对烘托气氛、美化环境、体现建筑物的性格，具有十分重要的作用。正因为如此，建筑装饰设计师在进行一个建筑物的总体装饰设计时，必须考虑到这一点。只有充分利用建筑装饰材料的质感、颜色、搭配，并结合构图法则，采取相应的构造措施，才能取得令人满意的效果。所以，成功的建筑装饰立面设计，是建立在对各种饰面构造及其最终效果充分了解的基础上的。

二、内墙面装饰的基本功能

（一）保护墙体

建筑物的内墙面装饰与外墙面装饰一样，通常都有保护墙体的作用。内墙面装饰可以避免外来不利因素对墙体的直接侵害。在一些重点部位，还必须采取相应的构造措施加以处理。例如，厨房、浴室、卫生间等高湿度房间，必须装饰成耐水性好的饰面，以保护墙身不受潮湿的影响；门厅、过厅、走道等处，由于人流较多，必须在合适的高度上做墙裙，内墙阳角处一般做护角线加以保护等。

（二）满足使用要求

为了保证人们在室内正常的学习、工作和生活，内墙面应当是易于保持清洁的，并且具有较好的反光性，使室内的亮度比较均匀，远离窗口的一端不致光线太暗。由于墙体本身一般是不能满足这些要求的，这就要通过内墙面装饰来弥补这方面的不足。例如，砖墙墙体表面抹灰喷白浆，就是保护房间基本使用条件的常用手段。

内墙饰面一般不承担墙体的热工性能，但是当墙体本身热工性能不能满足使用要求时，也可以在其内侧面通过抹保温砂浆等方法加以弥补。

内墙面抹灰层通过它的“呼吸”作用，能调节室内空气湿度，改善使用环境的卫生条件。当室内空气的相对湿度偏高时，抹灰层能吸收空气中的一些水蒸气，使墙面不致出现凝结水；当室内过于干燥时，则又能释出一定水分调节房间的湿度。而一些基本不透气的饰面，就起不到这方面的作用。

内墙面装饰的另一个重要功能，就是辅助墙体的声学功能。例如，反射声波、吸音、隔声等。音乐厅、影剧院、播音室等场合，往往通过在墙面、顶棚上合适的位置，布置相应的吸声材料或反射材料，来达到控制混响时间、改善音质的目的。人群集中的公共场所，也是通过饰面层吸音来控制噪声、减轻嘈杂程度的。有一定厚度和重量的抹灰层，具有避免声桥、提高隔墙隔声性能的作用。涂塑壁纸平均吸音系数可达0.05，墙绒为0.5。平均20mm厚的双面抹灰砂浆的吸音系数，随墙体本身单位重量大小而异，可提高隔墙的隔声量1.5～5.5dB。

对于一些有特殊要求的空间，还必须选用不同材料的饰面，来满足防尘、防腐蚀、防辐射等方面的需要。

现代室内装饰中经常会用到木材、化纤产品等易燃材料，这就给消防带来了诸多不利因素，特别是在高层建筑中更是如此。所以，在进行内墙面装饰时，应尽量不选高度易燃的装饰材料；否则，应对其进行防火构造处理。对燃烧后会产生大量烟雾或有毒气体的装饰材料，应坚决杜绝使用。

（三）美化室内环境

建筑物的内墙面装饰，能不同程度地起到装饰、美化室内环境的作用。建筑物的级别及装饰档次越高，这种作用就越明显。

由于内墙面多数是在近距离上看的，甚至有可能和人体直接接触，所以应选择一些质感、接触感较好的装饰材料来进行内墙装饰。此外，内墙面装饰和外墙面装饰不一样，它所强调的是墙、地、顶饰面和家具、灯具及其他陈设相结合的综合效果，因此在选定内墙面装饰的构造、质感、色彩时，应予以全面考虑。

三、墙面装饰的分类

根据所采用的装饰材料、施工方式和本身效果的不同，墙面装饰可划分为六类。

(1)抹灰类饰面装饰　包括一般抹灰和装饰抹灰饰面装饰。

(2)涂刷类饰面装饰　包括涂料和刷浆等饰面装饰。

(3)贴面类饰面装饰　包括陶瓷制品、天然石材和预制板材等饰面装饰。

(4)裱糊类饰面装饰　包括壁纸和墙布饰面装饰。

(5)镶板类饰面装饰　包括竹木制品、石膏板、矿棉板、人造革、有机玻璃、塑料和玻璃等饰面装饰。

(6)其他材料类饰面装饰。

第二节　抹灰类饰面装饰的构造

一、墙面抹灰概述

抹灰类墙面，即抹灰类饰面，又称“水泥灰浆类饰面”“砂浆类饰面”，是用各种加色的、不加色的水泥砂浆，或者石灰砂浆、混合砂浆、石膏砂浆、石灰浆以及水泥石渣浆等，做成的各种装饰抹灰层。它除了具有装饰效果外，还具有保护墙体、改善墙体物理性能等功能。这种饰面因其造价低廉、施工简便、效果良好，目前在国内外建筑装饰中的应用最为广泛。

（一）墙面抹灰的分类

(1)根据部位的不同，墙面抹灰可分为外墙抹灰和内墙抹灰。

(2)根据使用要求的不同，墙面抹灰可分为一般抹灰和装饰抹灰。

（二）墙面抹灰的组成

墙面抹灰通常由底层抹灰、中层抹灰和面层抹灰三部分组成，如图 10 - 1 所示。

1. 底层抹灰

底层抹灰主要起与基层黏结和初步找平的作用。底灰砂浆应根据基本材料的不同和受水浸湿情况而定，可分别用石灰砂浆、水泥石灰混合砂浆（简称“混合砂浆”）或水泥砂浆。

一般来说，室内砖墙多采用1∶3石灰砂浆，或掺入一些纸筋、麻刀，以增强黏结力并防止开裂；需要做涂料墙面时，底灰可用1∶2∶9或1∶1∶6水泥石灰混合砂浆。室外或室内有防水、防潮要求时，应采用1∶3水泥砂浆。混凝土墙体应采用混合砂浆或水泥砂浆。加气混凝土墙体内墙可用石灰砂浆或混合砂浆，外墙宜用混合砂浆。窗套、腰线等线脚应用水泥砂浆。北方地区外墙饰面不宜用混合砂浆，一般采用的是1∶3水泥砂浆。底层抹灰的厚度为5～10mm。

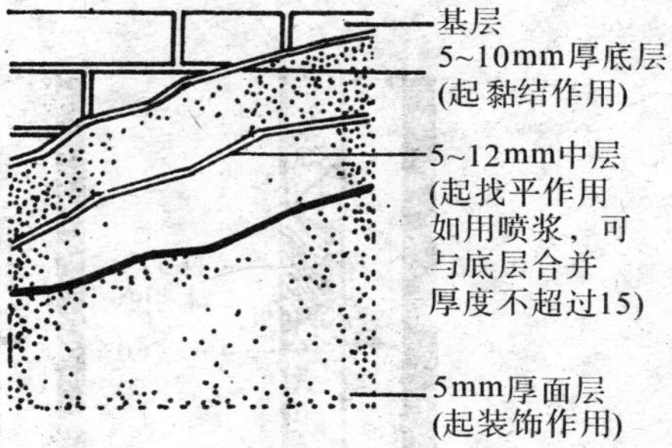

图10－1　抹灰的构成

2. 中层抹灰

中层抹灰主要起找平和结合的作用。此外，还可以弥补底层抹灰的干缩裂缝。一般来说，中层抹灰所用材料与底层抹灰基本相同，厚度为5～12mm。在采用机械喷涂时，底层与中层可同时进行，但是厚度不宜超过15mm。

3. 面层抹灰

面层，又称“罩面”。面层抹灰主要起装饰和保护作用。根据所选装饰材料和施工方法的不同，面层抹灰可以分为各种不同性质与外观的抹灰。例如，选用纸筋灰罩面，即为纸筋灰抹灰；水泥砂浆罩面，即为水泥砂浆抹灰；在水泥砂浆中掺入合成材料的罩面，即为聚合砂浆抹灰；采用木屑骨料的罩面，即为吸声抹灰；采用蛭石粉或珍珠岩粉做骨料的罩面，即为保温抹灰等。

由于施工操作方法不同，抹灰表面可以抹成平面，也可以拉毛或用斧斩成假石状，还可采用细天然骨料或人造骨料（如大理石、花岗石、玻璃、陶瓷等加工成粒料），采用手工涂抹或机械喷射成水刷石、干粘石、彩瓷粒等集石类墙面。

彩色抹灰的做法有两种：一种是在抹灰面层的灰浆中掺入各种颜料，色匀而耐久，但颜料用量较多，适用于室外；另一种，是在做好的面层上，进行罩面喷涂料时加入颜料，这种做法比较省颜料，但是容易出现色彩不匀或褪色现象，多用于室内。

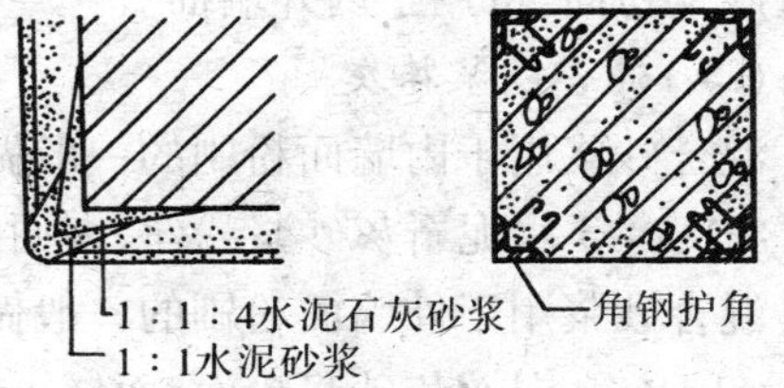

图10－2　墙和柱的护角

（三）墙面抹灰的特点

墙面抹灰的优点是价格便宜、施工方法简单、材料来源丰富；缺点是容易受灰尘污染、现场劳动量大。

另外，由于抹灰砂浆强度较差，阳角处很容易碰坏，通常在抹灰前先在内墙阳角、门洞转角、柱子四角等处，用强度较高的1∶2水泥砂浆抹出或预埋角钢做成护角，如图10－2所示。护角高度从地面起，为1.5～2m，然后再做底层及面层抹灰。

再者，由于外墙面抹面一般面积较大，为施工操作方便以及满足立面处理的需要，通常将抹灰层事先进行嵌木条分格，做成引条，如图 10－3 所示。

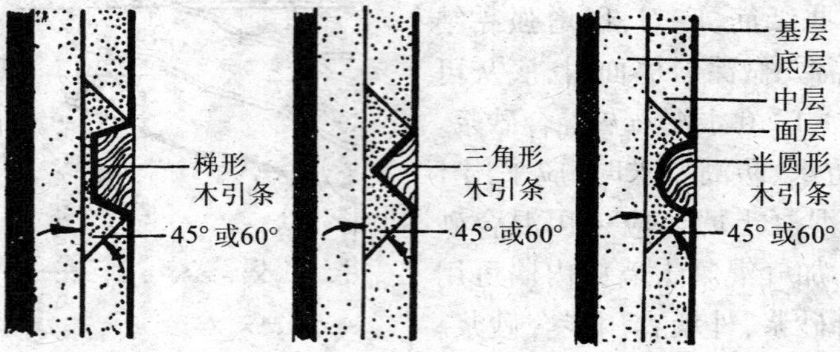

图 10－3 抹灰木引条做法

二、一般抹灰饰面做法

根据抹灰质量的不同，一般抹灰分普通抹灰、中级抹灰和高级抹灰三种标准。

普通抹灰适用于简易住宅、大型临时设施和非居住性房屋，以及建筑物中的地下室、储藏室等。其构造是：一层底灰、一层面灰，或者不分层一遍成活。普通抹灰的内墙厚度为 18mm，外墙厚度为 20mm，勒脚及突出墙面部分为 25mm，石墙厚度为 35mm。

中级抹灰适用于一般住宅、公共建筑、工业建筑以及高级建筑物中的附属建筑。其构成是：一层底灰、一层中间灰、一层面灰。中级抹灰的内墙厚度为 20mm，外墙厚度为 20mm，勒脚及突出墙面部分为 25mm，石墙厚度为 35mm。

高级抹灰适用于大型公共建筑物、纪念性建筑物以及有特殊功能要求的高级建筑物。其构成是：一层底灰、多层中灰、一层面灰。高级抹灰的内墙厚度为 25mm，外墙厚度为 20mm，勒脚及突出墙面部分为 25mm，石墙厚度为 35mm。

（一）石灰砂浆抹灰

石灰砂浆抹灰的一般做法是：先用 12mm 厚 1∶3 石灰砂浆打底，再用 8mm 厚 1∶2.5 石灰砂浆粉面，可用于内外墙面。

（二）混合砂浆抹灰

混合砂浆用于内墙面粉刷的一般做法是：15mm 厚 1∶1∶6 水泥石灰砂浆打底，5mm 厚 1∶0.3∶3 水泥石灰砂浆粉面，表面可加涂内墙涂料。

混合砂浆用于外墙面粉刷的一般做法是：12mm 厚 1∶1∶6 水泥石灰砂浆打底，8mm 厚 1∶1∶6 水泥石灰砂浆粉面；面层可用木蟹磨毛，呈银灰色。

抹灰饰面施工时，应先清理基层，除去浮尘，有时还需用水冲洗，以保证底层浆与基层黏结牢固。对于吸水性较大的砖墙，在抹灰前须将墙面浇湿，以免抹灰后过多吸收砂浆中水分而影响黏结。

混凝土基层、加气混凝土基层由于本身与抹灰砂浆黏结性较差，所以在抹灰前必须做预处理。其方法是：混凝土墙、柱面先刷一道素水泥浆（内掺水重 3%～5% 的 107 胶）；硅酸盐加气混凝土砌块墙体先刷一道 107 胶水泥浆（配比为：107 胶∶水泥∶水＝1∶1∶4），填补及打底需用加气砂轻质砂浆（系废加气混凝土加工成的细粒径轻质砂浆配成），压实抹光，与基底黏结牢固。

（三）水泥砂浆抹灰

水泥砂浆抹灰的一般做法是：12mm 厚 1∶3 水泥砂浆打底，8mm 厚 1∶2.5 水泥砂浆粉面。水泥砂浆抹灰一般呈土黄色，具有一定的抗水性。水泥砂浆抹灰做外抹灰时，面层用木蟹磨毛；作为厨房、浴厕等受潮房间的墙裙时，面层应用铁板抹光。

（四）纸筋（麻刀）石灰抹灰

纸筋（麻刀）石灰粉刷的一般做法如下：

当基层为砖墙时，用 15mm 厚 1∶3 石灰砂浆打底，2mm 厚纸筋（麻刀）石灰粉面。

当基层为混凝土墙时，须先做基层处理，然后用 15mm 厚 1∶3∶9 水泥石灰砂浆打底，用 2mm 厚纸筋（麻刀）石灰粉面。

当基层为加气混凝土砌块墙时，先按要求做基层处理，再用 5mm 厚 1∶3∶9 水泥石灰砂浆打底，划出纹理，然后用 9mm 厚 1∶3 石灰砂浆抹中层，最后用 2mm 厚纸筋（麻刀）石灰罩面。

纸筋（麻刀）石灰抹灰通常用于内粉刷。表面可以喷刷大白浆等其他内墙涂料，也可以直接作为内墙饰面。

（五）石膏灰抹灰

石膏灰抹灰的一般做法是：先用 13mm 厚 1∶2～1∶3 麻刀灰砂浆打底抹平，要求分两遍抹完，表面平整垂直；再用 2～3mm 厚 13∶6∶4（石膏粉∶水∶石灰膏）石膏灰浆罩面，也要求分两遍抹完，在第一遍未收水时即进行第二遍抹灰，随即用铁抹子修补压光两遍，最后用铁抹子溜光至表面密实光滑为止。石膏灰浆不宜抹在水泥砂浆或混合砂浆的底灰上，因石膏与水泥中的铝酸三钙化合引起膨胀，使基层产生裂缝，导致石膏面层产生裂缝、空鼓而脱壳，影响质量。

石膏灰浆罩面，颜色洁白，表面细腻，不反光，可以与室内石膏制作的装饰性线脚配套，取得统一的效果。石膏还具有隔热、保温、不燃、吸声、结硬后不收缩等性能，所以适宜作高级装饰的内墙面抹灰和顶棚的罩面。

（六）水砂灰抹灰

水砂即沿海地区的细砂，平均粒径 0.15mm。在使用时，要用清水淘洗，去掉污泥杂质，含泥量不超过 2% 为宜。

水砂灰粉刷的一般做法是：用 13mm 厚 1∶2～3 纸筋（麻刀）灰打底，分两遍抹成，要求表面平整垂直；然后用水砂灰浆抹面，也分两遍抹成，应在第一遍砂浆略有收水时即抹第二遍，第一遍竖向抹，第二遍横向抹，总厚度控制在 3～4mm 内。水砂灰浆的配比为：热灰浆∶水砂 = 1∶0.75。

水砂灰抹灰一般适用于较高级的住宅或办公楼的内墙抹灰。其特点是表面光洁细腻，黏结牢固，耐久性强，防水性能好，表面做涂料或油漆方便，而且用料简单。

（七）膨胀珍珠岩灰浆抹灰

膨胀珍珠岩灰浆，是指以膨胀珍珠岩为骨料，以水泥或石灰膏为胶凝材料，按一定比例配制而成的灰浆。它具有容重轻、导热系数低、保温效果好等特点，一般用于保温、隔热要求较高的内墙抹灰。膨胀珍珠岩灰浆抹灰广泛用做加气混凝土条板、现浇混凝土墙体的内墙面饰面。

膨胀珍珠岩灰浆的配比为:石灰膏:膨胀珍珠岩:纸筋:聚醋酸乙烯乳液 = 100 : 10 : 10 : 0.3(松散体积比),或者为:水泥 : 石灰膏 : 膨胀珍珠岩 = 100 : 10 ~ 20 : 3 ~ 5(重量比)。

膨胀珍珠岩灰浆抹灰的构造做法与石膏灰抹灰基本相同,面层要随抹随压直至表面平整光滑为止,厚度越薄越好,通常为 2mm 左右。

膨胀珍珠岩罩面与纸筋灰罩面相比,具有容重轻、粘附力好、不易龟裂、操作简便等特点,可降低造价 50% 以上,能提高工效 1 倍左右。

三、装饰抹灰饰面做法

装饰抹灰除了具有与一般抹灰相同的功能外,还有其本身装饰工艺的特殊性,所以其饰面往往有鲜明的艺术特色和强烈的装饰效果。

(一)拉条饰面

拉条饰面是用杉木板制作的刻有凹凸形状的模具,沿贴在墙面上的木导轨,在抹灰面层上通过上下拉动而形成的。其底灰与中层灰的处理与一般抹灰类相同。根据所拉条形的粗细,面层砂浆有不同的配比。细条形拉条灰抹面层用水泥 : 细纸筋石灰膏 : 砂 = 1 : 0.5 : 2 的纸筋混合砂浆;粗条形拉条灰抹面层分两层不同配比,底层砂浆为水泥 : 细纸筋石灰膏 : 砂 = 1 : 0.5 : 2.5 的水泥纸筋石灰膏,面层为水泥 : 细纸筋石灰膏 = 1 : 0.5 的水泥纸筋石灰膏,两者均需分多次加浆抹平、拉模而成。

拉条饰面干燥后,可刷乳胶漆或 106 涂料等上色。

(二)拉毛、洒毛饰面

拉毛分为用棕刷操作的小拉毛和用铁抹子操作的大拉毛两种,外墙还有先拉出大拉毛再用铁抹子压平毛尖的做法。

拉毛面层一般采用普通水泥掺适量石灰膏的素浆。小拉毛灰掺入水泥用量 10% ~ 20% 的石灰膏,大拉毛掺入水泥用量 30% ~ 50% 的石灰膏。素水泥石灰浆容易龟裂,一般还掺入适量的沙子和少量的细纸筋,如需加颜料时可用白水泥配。

除水泥拉毛外,还有油漆拉毛饰面。油漆拉毛又可分石膏拉毛和油拉毛,通常多用于室内抹灰。石膏拉毛是将石膏粉加入适量水,进行不停地搅拌,待过了水硬期后用刮刀平整地刮在做好的垫层上,然后进行拉毛工序,干燥后上油漆或涂料。油拉毛是将石膏粉加入适量入,不停地搅拌,待水硬期过,加入油料(如光油、鱼油、干性油等)均匀拌和,然后刮在做好的垫层上,约 3 ~ 5mm 厚,再进行拉毛工序,待干燥后上油漆或其他涂料。

洒毛墙面用 1 : 3 水泥砂浆打底,表面找平搓毛,中层灰一般采用彩色水泥砂浆,两层砂浆厚度一般不超过 13mm。洒毛砂浆一般采用带色的 1 : 1 水泥砂浆,用竹丝小帚将洒毛砂浆洒到带色的中层灰面上,由上往下,洒到墙面的砂浆呈云朵状。

(三)聚合物水泥砂浆的喷涂、滚涂、弹涂饰面

所谓聚合物水泥砂浆,就是在普通砂浆中掺入适量的有机聚合物,以改善原来材料性能方面的某些不足。例如,掺入聚乙烯醇缩甲醛胶(107 胶)、聚醋酸乙烯乳液等。

1. 喷涂

聚合物水泥砂浆喷涂饰面，是用挤压式砂浆泵或喷斗将砂浆喷涂于墙体表面而形成的装饰层。从质感上分，有表面灰浆饱满呈波纹状的波面喷涂和表面布满点状颗粒的粒状喷涂。

2. 滚涂

聚合物水泥砂浆滚涂饰面是将砂浆抹在墙体表面，用滚子滚出花纹，再喷罩甲基硅醇钠疏水剂而形成的装饰层。滚涂操作分干滚、湿滚两种方法。前者滚涂时滚子不蘸水，滚出的花纹较大，工效较高；后者滚涂时滚子反复蘸水，滚出的花纹较小，操作时间长，花纹不匀能及时修补，但工效低。

3. 弹涂

聚合物水泥浆弹涂饰面是在墙体表面刷一道聚合物水泥色浆后，用弹涂器分几遍将不同色彩的聚合物水泥浆，弹在已涂刷的涂层上，形成 3～5mm 大小的扁圆形花点，再喷罩甲基硅树脂或聚乙烯醇缩丁醛酒精溶液而形成的装饰层。不同颜色的组合和浆点所形成的质感，使这种做法有近似于干粘石的装饰效果。

（四）扒拉灰与扒拉石饰面

扒拉灰饰面是在底灰或其他基层上，抹 10mm 厚 1∶1 水泥砂浆，然后用露钉尖的木块作为工具（钉耙子）挠去水泥浆皮而形成的装饰层。

扒拉石的面层抹灰采用 10mm 厚 1∶2 的水泥细石浆，其他做法与扒拉灰饰面相同。由于能显露出细石渣的颜色，质感明显，因而扒拉石装饰效果比扒拉灰要好。

（五）假面砖饰面

假面砖饰面是采用掺氧化铁红、氧化铁黄等颜料的彩色水泥砂浆做面层，通过手工操作达到模拟面砖装饰效果的饰面做法。由于使用的工具不同，故有两种模拟做法：一种是用铁梳子拉假面砖，彩色水泥砂浆面层的厚度一般抹 3～4mm，待抹灰收水后，先用铁梳子顺靠尺板由上向下划纹，深度不宜超过 1mm，然后按面砖宽度用铁钩子或铁皮刨子沿着靠尺板横向划沟，深度为 3～4mm，露出中层抹灰；另一种，是用铁辊滚压刻纹代替铁梳子，其他工具与操作方法均与前一种相同。假面砖饰面的操作工具，如图 10－4 所示。

（六）假石饰面

1. 斩假石饰面

斩假石饰面，又名“剁假石饰面”“人造假石饰面”。这种饰面一般是以水泥石渣浆做面层，待凝结硬化具有一定强度后，用斧子及各种凿子等工具，在面层上剁斩出类似石材经雕琢的纹理效果的一种人造石料装饰方法。其质感分立纹剁斧和花锤剁斧两种，可根据需要选用。

斩假石墙面的构造做法是：先用 12mm 厚 1∶3 水泥砂浆打底，然后刷一道素水泥浆（内掺水重 3%～5% 的 107 胶），随即抹 10mm 厚配比 1∶1.25 的水泥石渣浆。石渣用粒径 2mm 的白色米粒石，内掺 30% 粒径在 0.3mm 左右的白云石屑。为了达到不同的效果，也可以在面层配料中加入各色骨料或颜料。面层采取防晒措施养护一段时间，以水泥强度还不大、容易剁得动而石渣又不易剁掉的程度为宜，用剁斧将石渣表面水泥浆皮剁去。为便于操作和提高装饰效果，一般在阴阳角及分格缝周边留 15～20mm 边框线。边框线处也可以和天然石材处理方式一样，改为横方向剁纹。

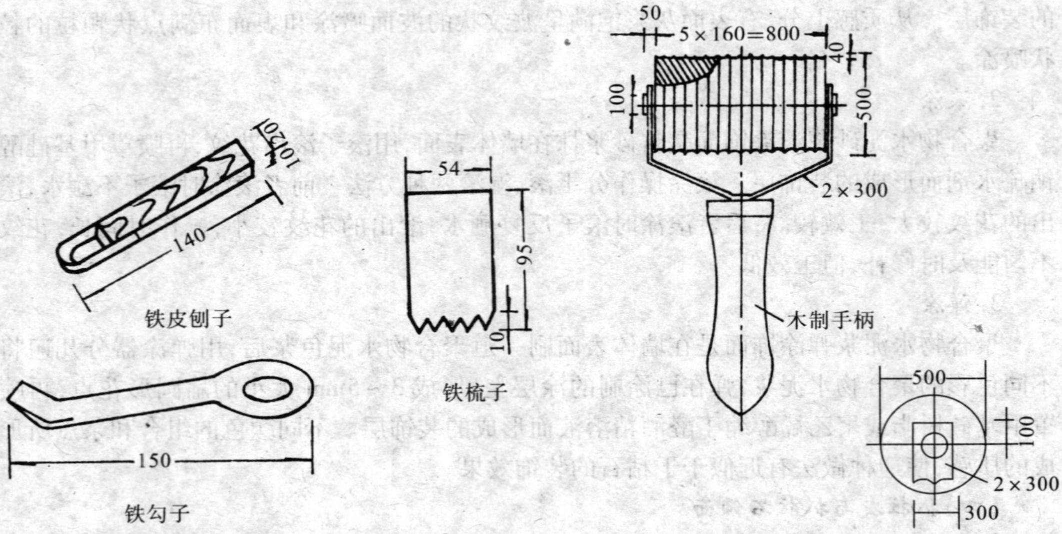

图 10－4　假面砖饰面的操作工具

斩假石的装饰效果较好，很多重要工程如人民大会堂、革命历史博物馆均采用这种饰面做法，并且取得了较好的效果。这种做法非常接近天然石材表面剁斧的质感，感觉典雅、稳重，耐久性也很好，但是由于手操作，所以工效低、劳动强度大，因此在应用上有一定局限性。另外，由于斩假石饰面的造价偏高，因而实际上也是一种中高档饰面做法。

2. 拉假石饰面

拉假石饰面的底灰处理与斩假石相同，面层常用的配比是：水泥∶石英砂（或白云石屑）=1∶1.25，厚度一般为8～10 mm。由于石英砂比较硬，故在剁假石工艺中不能用。操作时，待面层收水后用靠尺检查平整度，然后用木抹子搓平、顺直，再用钢皮抹子压一遍。最后，待水泥终凝后，用抓耙依着靠尺按同一方向挠刮，除去表面水泥浆露出石渣，如图 10－5 所示。

图 10－5　拉假石做法示意

这种做法有类似剁假石的装饰效果，但相比之下，其劳动强度大大降低，工效明显提高。由于操作的工艺特点不同，拉假石饰面表面露石渣的比例较小，水泥的颜色对整个饰面色彩的影响较大，所以往往在水泥中加颜料，以增强其色彩效果。对此，应注意整个墙面颜色的均匀一致，并要选择耐光、耐气候、不易褪色的品种。

（七）水刷石饰面

水刷石的底灰处理与斩假石相同。面层水泥石渣浆的配比依石渣粒径而定，一般为：1∶1（粒径8mm）、1∶1.25（粒径6mm）、1∶1.5（粒径4mm）；厚度通常取石渣粒径的2.5倍，依次为20mm、15mm、10mm。

面料如果用彩色石渣浆，则需要白水泥掺入颜料，造价会相应增加，一般多用于高级装修中。

喷刷应在面层刚开始初凝时进行，分两遍操作。第一遍先用软毛刷子蘸水刷掉面层水泥浆，露出石粒；第二遍接着用喷雾器将四周邻近部位喷湿，然后由上往下喷水，把表面的水泥浆冲掉，使石子外露约为粒径的1/2，再用小水壶从上往下冲洗，冲水时不宜过快或过慢。大面积冲洗后，应用甩干的毛刷将分格缝上沿处滴挂的浮水吸去。装饰要求高的工程，还要用稀草酸溶液洗一遍，再用清水冲净。总的目的都是为了使石渣表面更洁净。

（八）干粘石饰面

干粘石的选料一般采用小八厘石渣（粒径4mm）。由于粒径较小，所以在黏结砂浆上易于密实排列，露出的黏结砂浆少。在使用前，石渣应用水冲洗干净，去掉尘土及粉屑。

干粘石饰面用12mm厚1∶3水泥砂浆打底，并扫毛或划出纹道；中层用6mm厚1∶3水泥砂浆；面层为黏结砂浆。其常见配比为：水泥∶砂∶107胶=1∶1.5∶0.15或水泥∶石灰膏∶沙子∶107胶=1∶1∶2∶0.15。冬季施工应采用前一配比，为了提高其抗冻性和防止析白，还应加入水泥量2%的氯化钙和0.3%的木质素磺酸钙。

黏结砂浆抹平后，应立即开始撒石粒。手甩粘石的主要工具是拍子和托盘。先甩四周易干的部位，然后甩中间，要求做到大面均匀，边角不漏粘。待到黏结砂浆表面均匀粘满石渣后，用拍子压平拍实，使石渣埋入黏结砂浆1/2以上。

干粘石操作简便，由于在黏结砂浆中掺入了适量的107胶，使得黏结层与基层、石渣与黏结层之间黏结牢度大大提高，从而进一步提高了耐久性和装修质量。与水刷石相比，它可提高工效50%，节约水泥30%，节约石子50%，已基本上取代了水刷石的做法。

为了解决干粘石饰面完全手工操作、劳动强度较大的难题，一种被称为"喷粘石"的工艺正在被推广应用。喷粘石的主要特点是：用压缩空气带动喷斗喷射石渣代替手甩石渣，部分工序实现机具操作，从而进一步提高了工效。其装饰效果与手工粘石相同。

喷石屑是喷粘石工艺与干粘砂做法的发展。喷石屑所用的石屑粒径小，先喷上墙的石屑之间所留空隙易于被其后的石屑所填充，喷成的表面显得更密实；石屑粒径小，同样重量或体积的石屑可以比小八厘石渣所能覆盖的面积多几倍，从而弥补了手持式喷斗在上料方面的不足。

黏结砂浆可以手抹，也可以机喷。由于石渣粒径缩小可以同时将黏结层砂浆减薄，只需相当于石渣粒径的2/3～1，即2～3mm就可以了，这为应用挤压式砂浆泵喷涂黏结层砂浆提供了可能性。

对于要求饰面颜色淡雅、明亮的较高级工程,其黏结砂浆可以采用白水泥。为提高面层的耐污染性能,还可以在黏结砂浆中掺入甲基硅醇钠疏水剂。

喷石屑饰面的主要优点是:省工、省料、自重轻、造价低,有可能实现各主要工序的机具操作,是现代饰面发展方向之一,可以大力推广应用。其不足之处是:表面凹凸,质感没有干粘石明显。

粘石类饰面除了常用天然石渣外,还可以采用人工烧制的彩色瓷粒代替。由于瓷粒颗粒较小(粒径 1.2 ~ 3mm)、自重轻,使饰面厚度大大减薄,因此特别适用于高层建筑。其做法可采用粘石类饰面的常用方法。

第三节　涂刷类墙面装饰的构造

涂刷类饰面,是指将建筑涂料涂刷于构配件表面并与之较好地黏结,以达到保护、装饰建筑物,并改善构配件性能的装饰层。

涂刷类饰面是建筑内外墙饰面的重要组成部分之一。与其他种类饰面相比,涂刷类饰面具有工效高、工期短、材料用量少、自重轻、造价低等优点。涂刷类饰面的耐久性略差,但维修、更新很方便,而且简单易行。

由于石油化学工业的发展,使涂料产品的原料摆脱了天然植物油脂的限制而得到广泛的来源。目前,建筑涂料由于量大面广正日益受到重视,在质量和耐久性方面也都有较大的改善。

在涂刷饰面装饰中,涂料几乎可以配成任何需要的颜色。这是它在装饰效果上的一个优点,也是其他饰面材料所不及的,它可为建筑设计提供灵活多样的表现手段。由于涂料饰面中涂料所形成的涂层较薄,较为平滑,即使采用厚涂料或拉毛等做法,也只能形成微弱的麻面或小毛面,所以除可以掩盖基层表面的微小瑕疵使其不明显外,不能形成凹凸程度较大的粗糙质感表面。涂刷饰面的本身效果是光滑而细腻的,要使涂饰表面有丰富的饰面质感,就必须先在基层表面创造必要的质感条件。所以,外墙涂料的装饰作用主要在于改变墙面色彩,而不在于改善质感。

为了便于理解,本书将参照有关规范的分类方法,将涂刷类饰面分为涂料饰面和刷浆饰面两大部分。

一、涂料饰面

传统的涂料,主要是指油漆,它是以油料为原料配制而成。目前,以合成树脂和乳液为原料的涂料,已大大超过油料;以无机硅酸盐和硅溶胶为基料的无机涂料,也已被大量应用。

根据状态的不同,建筑涂料可划分为溶剂型涂料、水溶性涂料、乳液型涂料和粉末涂料等几类。

根据装饰质感的不同,建筑涂料可划分为薄质涂料、厚质涂料和复层涂料等几类。

根据建筑物涂刷部位的不同，建筑涂料可划分为外墙涂料、内墙涂料、地面涂料、顶棚涂料和屋面涂料等几类。

（一）外墙涂料

根据装饰质感的不同，外墙涂料可以划分为薄涂料、厚涂料和复层涂料。

（1）常用外墙厚涂料和复层涂料的品种及性能，见表10－1。

（2）常用外墙薄涂料的品种及性能，见表10－2。

（二）内墙涂料

常见内墙、顶棚涂料的品种和性能，见表10－3。

（三）特种涂料

常见特种涂料的品种及性能，见表10－4。

表10－1　常用外墙厚涂料和复层涂料的品种及性能

名　　称	主要成分及性能特点	适用范围及施工注意事项
PG－838浮雕漆厚涂料	主要成分为丙烯酸酯。具有鲜明的浮雕花纹，耐水性：1 500h；耐碱性：1 500h；耐冻融性：>30次；耐紫外线：>100h；遮盖力：1～1.1kg/m²	用于水泥砂浆、混凝土、石棉水泥板、砖墙等基层。可用喷涂施工。涂层干燥后再罩一遍面层罩光涂料。施工温度：5℃；表干：30min；实干：24h
彩砂涂料	主要成分为苯乙烯、丙烯酸酯。该涂料无毒、不燃、耐强光、不褪色，耐水性：500h；耐碱性：500h；耐冻融：50次；耐老化：100h	用于混凝土、水泥砂浆等基层。喷涂施工，本品严禁受冻，风雨天禁用。最低施工温度：5℃
乙－丙乳液厚涂料	主要成分为醋酸乙烯、丙烯酸酯。该涂料的涂层厚实、外观质感好，耐候性好，耐水性：24h；耐碱性：24h；耐冻融性：5次；使用寿命8年	用于水泥砂浆、加气混凝土、石棉水泥板等基层。可用喷、滚、刷施工法。如果涂料太稠可用水进行稀释。最低施工温度：8℃；干时：30min
各色丙烯酸拉毛涂料	主要成分为苯乙烯、丙烯酸酯。该涂料具有较好的柔韧性和耐污染性，黏结强度高，耐水性：96h；耐碱性：96h；使用寿命8年	适用于水泥砂浆基层或顶棚，滚、弹施工均可。最低施工温度：5℃；表干：30min；实干：24h
JH8501无机厚涂料	主要成分为硅酸钾。本品无毒、无味、无公害，涂膜强度及黏结强度高，耐候性、耐冻融性好，耐水性：1 440h；耐碱性：720h；耐老化：1 000h	用于外墙装饰。喷、滚涂均可，应先在基层上喷涂或刷涂封底浆料。最低施工温度：0℃；大风、雨天不得施工
8301水性外用建筑涂料	主要成分为过氯乙烯等。本品耐酸、耐碱、耐冲刷、耐污染，耐冻融性：50次；遮盖力：350～400g/m²	用于水泥砂浆、石棉水泥板、砖墙等基层。刷、喷施工均可。最低施工温度：5℃

表 10－2　常用外墙薄涂料的品种及性能

名　　称	主要成分及性能特点	适用范围及施工注意事项
建 81 外墙涂料	主要成分为苯乙烯、丙烯酸酯。本品无毒、无味，耐水性：＞1 000h；耐碱性：＞500h；耐酸性：＞300h；耐冻融性：30 次	用于外墙。喷、刷涂施工均可。要求基层平整，无灰土及粘附物。最低施工温度：5℃；干时：2h
SA－1 型乙－丙外墙涂料	主要成分为醋酸乙烯、丙烯酸。本品无毒、无味、耐老化，耐水性：1 440h；耐碱性：1 172h；耐洗刷：100 次；遮盖力：$200g/m^2$	适用于水泥砂浆，混凝土墙面。喷、刷、滚、淋施工均可。两次涂饰施工间隔 4h 以上。最低施工温度：0℃；干时：＜2h
865 外墙涂料	主要成分为磷酸铝。本品抗紫外线优良，遮盖力强，耐冻，耐水性：1 000h；耐碱性：1 000h；人工老化：2 000h	适用于外墙。喷、滚、刷施工均可。要求基层平整、干净。最低施工温度：0℃；表干：4h；实干：8h
有机无机复合涂料	主要成分为硅溶胶。本品耐污染，耐水性：100h；耐碱性：100h；耐洗刷性：1 000 次；耐冻融性：50 次；人工老化：1 000h	适用于内、外墙面饰面。喷、刷施工均可。最低施工温度：2℃
107 外墙涂料	主要成分为聚乙烯醇。本品属水溶性涂料，无毒无味，耐水、耐碱、耐热、耐污染，遮盖力：$<300g/m^2$	适用于外墙面。最低施工温度：10℃；表干：1h；实干：24h
高级喷磁型外墙涂料	涂料饰面由底、中、面三层复合而成。底、面为防碱底漆（溶剂型）；中层为弹性类涂料。本品装饰质感好，耐酸、耐碱、耐水性良好，耐磨性：500 次；人工老化：250h	适用于混凝土、砂浆、石棉瓦楞板、预制混凝土等墙面。底层涂料：喷涂、滚涂；中层涂料：喷涂、滚涂、刷涂均可；面层涂料：必须在中层涂料充分干燥后进行。最低施工温度：5℃

二、刷浆饰面

刷浆饰面，是将水质涂料喷刷在建筑物抹灰层或基体等表面上，用以保护墙体、美化建筑物的装饰层。水质涂料的种类较多，适用于室内刷浆的有石灰浆、大白粉浆、可赛银浆、色粉浆等；适用于室外刷浆工程的有水泥避水色浆、油粉浆、聚合物水泥浆等。

（一）水泥避水色浆

水泥避水色浆，又名“憎水水泥浆”。这种涂料在白水泥中掺入消石灰粉、石膏、氯化钙等无机物作为保水和促凝剂，另外还掺入硬脂酸钙作为疏水剂，以减少涂层的吸水性，延缓其被污染的进程。这种涂料的重量配合比是：325# 白水泥∶消石灰粉∶氯化钙∶石膏∶硬脂酸钙＝100∶20∶5∶0.5～1∶1。

表 10-3 常用内墙、顶棚涂料的品种和性能

名 称	主要成分及性能特点	适用范围及施工注意事项
LT-1 有光乳胶涂料	主要成分为苯乙烯、丙烯酸酯。本品无臭、无着火危险,施工性能好,能在潮湿的表面施工,保光性和耐久性较好	用于混凝土、灰泥、木质基面,刷、喷施工均可。使用时严禁掺入油料和有机溶剂。最低施工温度:8℃;相对湿度≤85%
SJ 内墙滚花涂料	主要成分为苯乙烯、丙烯酸酯。耐水性:2 000h;耐碱性:1 500h;耐刷洗性:>1 000次	适用于内墙面滚花涂饰。要求基层平整度较好,小孔凹凸等应批嵌平整
JQ-831、JQ-841 耐擦洗内墙涂料	主要成分为丙烯酸乳液。本品无毒、无味、耐酸、不易燃、保色,耐水性:500h;耐擦洗性:100~250 次	适用于内墙装饰及家具着色。刷、喷施工均可。若涂料太稠可用水稀释,不能与溶剂及溶剂型涂料混合。最低成膜温度:5℃
乙-乙乳液彩色内墙涂料	主要成分为聚乙烯醇。本品无毒、无味、涂膜坚硬、平整光滑 耐水性:168h;遮盖力:<300g/m²	用于水泥砂浆、石灰砂浆、混凝土、石膏板、石棉水泥板等基层。喷、刷、滚施工均可,盛器不宜用铁桶。最低施工温度:10℃
乙-丙内墙涂料	主要成分为醋酸乙烯、丙烯酸酯。本品具有耐久、保色、无毒、不燃、外观细腻等特点	适用内墙面。喷、滚、刷施工均可,可用水稀释,一般一遍成活。最低施工温度:15℃;表干:≤30min;实干<24h
803 内墙涂料	主要成分为聚乙烯醇缩甲醛。无毒、无臭、涂膜表面光洁,耐水性:24h;耐刷洗性:100 次;遮盖力:<300g/m²	用于水泥墙面,新旧石灰墙面。采用刷涂施工,不可加水或其他涂料。最低施工温度:10℃;表干:30min;实干:2h
彩色滚花涂料	主要成分为聚乙烯醇。本品无毒、无味、质感好,类似墙布和塑料壁纸,耐水性:48h;耐碱性:48h;耐擦洗:200 次	可在 106 内墙涂料上进行滚花及弹涂装饰
膨胀珍珠岩喷浆涂料	主要成分为聚乙烯醇、聚醋酸乙烯。该涂料的质感好,类似小拉毛、可拼花、喷出彩色图案	适用于天花板、木材、水泥砂浆等基层。采用喷涂施工,涂料不能长期置于铁桶中,也不宜长期暴露于空气中。最低施工温度:5℃
206 内墙涂料	主要成分为氯乙烯、偏氯乙烯。本品无毒、无味、耐水、耐碱、耐化学性能,各种气体、蒸汽等只有极低的透过性	适用于内墙面。可在稍潮湿的基层上施工。本涂料分两部分,配比为:色浆:氯-偏清漆=4:1
过氯乙烯内墙涂料	主要成分为氯乙烯树脂。属溶剂型涂料,具有较好的防水,耐老化性	适用于内墙面。本品有刺激性气味,故不宜用喷涂施工
水性无机高分子平面状涂料	主要成分为硅溶胶。本品外观平滑无光,具有消光装饰作用,耐水性:96h;耐碱性:48h;耐洗刷性:300 次	适用于厨房、卫生间 走廊。喷涂施工。最低施工温度:5℃
乳胶漆内墙涂料	主要成分为高分子黏结剂、合成乳液。本品无刺激性气味,耐水性:24h;耐洗刷性:200 次	用于新旧石灰、水泥基层。刷、滚施工均可。最低成膜温度:0℃;表干:2h;实干:6h

表10－4 常用特种涂料的品种及性能

名　称	主要成分及性能特点	适用范围及施工注意事项
AAS隔热防水涂料	主要成分为丙烯酸丁酯、苯乙烯、丙烯腈共聚乳液。本品具有隔热、防水、浅色、降温、装饰效果好、无毒、耐污染等特点，耐水性：360h；耐碱性：360h；耐冻融性：30次	适用于屋面板、折板、冷库屋顶、外墙等。基层要求坚实、平整、干净，涂料成膜前，防止水淋和大风吹，中午烈日下不宜施工。喷、刷、涂施工均可。最低成膜温度：4℃
铝基反光隔热涂料	本品具有反光、隔热、防水、防腐蚀、耐风雨、防老化等优点	主要用于各种沥青基防水材料组成的屋面防水层，纤维瓦楞板等。基层应干燥，无油斑、无锈迹。本品易燃，施工时应远离火种
JS内墙耐水涂料	主要成分为聚乙烯醇缩甲醛、苯乙烯、丙烯酸酯等。本品耐擦洗、质感细腻、装饰效果好，适用于潮湿基层施工，耐水性：3 600h；耐碱性：72h；耐老化：500h	适用于浴室、厕所、厨房等潮湿部位的内墙。刷涂施工，先应在基层上刮水泥浆或防水腻子
有机硅建筑防水剂	主要成分为甲基硅酸钠。本品透明无色，保护物体色彩不退，具有防水、防潮、防尘、防渗漏、防腐蚀、防风化开裂、防老化等特点	适用于土壁、石墙、文物、浴室、厕所、厨房墙面及天花板的罩面。刷、喷施工均可，施涂后24h内防止雨淋。以水为稀释剂
各色丙烯酸过氯乙烯厂房防腐漆	主要成分为丙烯酸树脂、过氯乙烯树脂。本品快干、保色、耐腐蚀、防湿热、防盐雾、防霉	用于厂房内外墙防腐与涂刷装修。喷、刷、滚均可。表干：20min；实干：30min
钢结构防水涂料	主要成分为无机胶蛭石骨料。涂层厚度：2.8cm；耐火极限：3h；涂层厚度2.0～2.5cm时，满足一级耐火等级	适用于钢结构和钢筋混凝土结构的梁柱，墙和楼板的防火阻挡层。采用抹涂或喷涂。最低施工温度：5℃
CT－01－03微珠防火涂料	主要成分为无机空心微珠。本品防火、隔热、耐高湿，耐火度：1 200℃，喷火60min不燃，耐水性：960h；耐碱性：170h；耐酸性：170h	用于钢木结构、混凝土结构。喷、刷施工均可
106预应力混凝土楼板防火隔热涂料	主要成分为黏结剂、珍珠岩、硅酸铝纤维。预应力混凝土楼板上喷涂5mm，耐火极限可提高到2h	用于预应力混凝土楼板梁。喷涂施工，厚度为5mm，宜喷3遍。最低施工温度：5℃
B67－1阻尼涂料	主要成分为丙烯酸树脂、环氧树脂。具有减振、隔声、绝热、密封等特点，耐水性：24h	用于隔声。刷、喷均可，一般涂厚为基板的2倍或钢板重量的20%左右，其阻压效果最好
水性内墙防霉涂料	主要成分为氯－偏乳液。本品无毒、无味、不燃，防霉性：0级；耐水性：720h；耐碱性：720h；耐洗刷性：300次	适用于易霉变的内墙，以水泥砂浆基层为宜。刷涂施工程序为：清洁→杀菌→批嵌→刷涂。应避免涂料与铁器接触。最低施工温度：5℃

续表

名　称	主要成分及性能特点	适用范围及施工注意事项
WS－1 型卫生灭蚊涂料	主要成分为聚乙烯醇、丙烯酸树脂、复合杀蚊剂。本品无臭、无毒、对人畜无害，可触杀蚊蝇、蟑螂，速杀效果达 100%，有效期 2 年	用于城乡住宅、医院、宾馆、宿舍，以及有卫生要求的商店、工厂的内墙粉刷。一般两遍即可
1$^{\#}$、2$^{\#}$丙烯酸文物保护涂料	主要成分为甲基丙烯酸、聚乙烯醇缩丁醛。本品耐候、耐热、防霉、抗风化、渗透性好	用于室内多孔性文物和遗迹的保护。滴、淋、刷、喷施工均可。1$^{\#}$、2$^{\#}$可以单独使用，也可配合使用。配合用时，先涂 1$^{\#}$，再涂 2$^{\#}$，其效果比单独用更佳

根据需要可以适当掺入颜料，但大面积使用时往往不易做匀。这种涂料的涂层强度比石灰浆高，但配制时材料成分太多，量又很少，在施工现场不易掌握。硬脂酸钙如不充分混匀，涂层的疏水效果不明显，耐污染效果就不会显著改进。由于砖墙析出的盐碱较一般砂浆、混凝土基层更多，对涂层的破坏作用也就更大，效果也差，但是比石灰浆更好。

（二）聚合物水泥浆

聚合物水泥浆的主要组成成分为：水泥、高分子材料、分散剂、憎水剂和颜料。目前，常用的聚合物水泥浆有两种配比，见表 10－5 所示。

表 10－5　聚合物水泥色浆配合比

白水泥	107 胶	乙－顺乳液	聚醋酸乙烯	六偏磷酸钠	木质素磺酸钙	甲基硅醇钠	颜料
100	20			0.1	（0.3）	60	适量
100		20～30	（20）				

注：1. 乙－顺乳液可用聚醋酸乙烯代替（用量加括号）。
2. 六偏磷酸钠和木质素磺酸钙均为分散剂，两者选用其一。

聚合物水泥浆比避水色浆的强度高，耐久性也好，施工方便，但其耐久性、耐污染性和装饰效果，都还存在着较大的局限性。在大面积使用时，会产生颜色深浅不匀的现象。墙面基层的盐、碱析出物，很容易析出在涂层表面而影响装饰效果。因此，这种涂料只适用于一般等级工程的檐口、窗套、凹阳台墙面等水泥砂浆面上的局部装饰。

（三）石灰浆

石灰浆是由熟石灰（消石灰）加水调和而成的。保证这种涂料质量的关键，是使用充分消化而又尚未开始其变化过程的熟石灰。如果将消化不完全的石灰刷上墙，则会因为它的继续消化、膨胀而引起开裂、起鼓和脱落。因此，在调制石灰浆涂料时，必须事先将生石灰块在水中充会浸泡。

石灰浆涂料作为室内墙面粉刷是一种传统做法。为提高附着力，防止表面掉粉和减少沉淀现象，有加入少量食盐和明矾的做法。但总的来看，还是易脱落掉粉、易增灰、不耐用。

石灰浆涂料也可用做外墙面的粉刷，比较简单的方法是掺入一定量所需的颜料，混合均匀后即可使用。由于石灰浆本身呈较强的碱性，因此在配制色浆时，必须动用耐碱性好的颜料，如氧化铁黄、氧化铁红及甲级红土子等矿物颜料。

石灰浆涂料耐水性较差,它的涂层表面孔隙率高,很容易吸入带有尘埃的雨水,形成污染,所以用做外墙饰面时,耐久性也较差。

(四)油粉浆

油粉浆是利用生石灰熟化时发热将熟桐油乳化配制而成的。桐油掺量为生石灰的10% ~30%不等,掺量为30%时质量较好。常用的配比为:生石灰∶桐油∶食盐∶血料∶滑石粉=100∶30∶5∶5∶30~50;生石灰∶柚油∶食盐∶滑石粉∶水泥=100∶10∶10∶75∶40,并加适量颜料,水适量,浆过筛。第一种配比用于室内较高级刷浆,第二种配比用于外刷浆。由于桐油分子分布在涂层内,改善了涂层的柔韧性和耐水性,因此油粉浆比普通石灰浆涂料有较好的耐久性。

(五)大白粉浆

大白粉,也称“白垩粉”“老粉”“白土粉”,它是有一定细度的碳酸钙粉末,本身没有强度和黏结性,在调制涂料时,必须掺入胶结料。

大白粉浆,简称“大白浆”,以前常用的胶结料是以龙须菜、石花菜等煮熬而得的菜胶及火碱面胶。为了防止大白粉浆干后掉粉,采用菜胶时可另掺入一些动物胶。火碱面胶是将面粉与水调和后加入火碱(即烧碱),利用火碱在水中溶解时释放出的热量,使面粉“熟”化成黏稠的糊状物,再将此糊状物与已用水调和的大白粉混合均匀,即成涂料。目前,多采用107胶或聚醋酸乙烯乳液代替菜胶、面胶作为大白粉浆的胶结料,不仅简化了配制手续,而且在一定程度上提高了大白浆的性能。大白粉浆的配合比及调制方法,见表10-6所示。

表10-6 大白浆配合比及调制方法

名 称	配合比(重量比)	调 制 方 法
龙须菜大白浆	大白粉∶龙须菜∶动物胶∶水=100∶3~4∶1~2∶150~180	将龙须菜浸入水中4~8h,待龙须菜涨胖后洗净加水(1∶13)熬烂过滤冷冻后用其汁液,加少量水与大白粉(先加少量水拌成稠浆状)拌均匀,用筛过滤即成,用时加少量清水和动物胶以防脱粉。每配一次1天用完,以免降低黏性
火碱大白浆	大白粉∶面粉∶火碱∶水=100∶2.5~5∶0.2~3∶1∶150~180	先将面粉用水调稀,再加入火碱溶液制成火碱面粉胶,然后将其兑入已用水调稀的大白粉浆中
乳胶大白浆	大白粉∶聚醋酸乙烯乳液∶六偏磷酸钠∶羧甲基纤维素=100∶8~12∶0.05~0.5∶0.2~0.1	先将羧甲基纤维素浸泡于水,比例为:羧甲基纤维素∶水=1∶60~80,浸泡12h左右,待完全溶解成胶状后过箩加入大白粉浆
107胶大白浆	大白粉∶107胶=100∶0.15~0.2	将107胶放入水中配成溶液,再与大白粉拌匀即可
聚乙烯醇大白浆	大白粉∶聚乙烯醇∶羧甲基纤维素=100∶0.5~1∶0.1	将聚乙烯醇放入水中加温溶解后倒入浆料中拌匀,再加羧甲基纤维素即可
田仁粉大白浆	大白粉∶田仁粉∶牛皮胶∶清水=100∶3.5∶2.5∶150~180	在容器中边放开水边搅动,放100~120kg开水,需田仁粉4kg,太厚还可以加开水,搅动要快,撒粉不致联结,使用前1天冲调效果较好

大白浆经常需要配成色浆使用，应注意所用的颜料要有好的耐碱性及耐光性。在刷色浆时，要从披腻子开始就加入颜料，腻子至浆料的颜色可由浅至深，最后一遍浆料的颜色应与要求的一致，这样比较容易均匀。

大白浆的盖底能力较高，涂层外观较石灰浆细腻洁白，而且货源充足、价格很低，操作使用和维修更新都比较方便，因此它的应用较为普遍。

（六）可赛银浆

可赛银浆是以碳酸钙、滑石粉等为填料，以酪素为黏结料，掺入颜料混合而成的粉末状材料，也称"酪素涂料"。使用时，先用温水隔夜将粉末充分浸泡，使酪素充分溶解，然后再用水调至施工稠度即可使用。可赛银浆与大白浆相比较，其优点在于它是在生产过程中经磨细、混合的，有很好的细度和均匀性，特别是颜料也事先混匀，施工时容易取得均匀一致的效果。此外，它与基层的黏结力强，耐碱与耐磨性也较好。

第四节 贴面类墙面装饰的构造

贴面类墙面装饰是目前高中级建筑装饰中墙面装饰经常用到的饰面。可将贴面材料分为三类：一是陶瓷制品，如瓷砖、面砖、陶瓷锦砖等；二是天然石材，如花岗石、大理石等；三是预制块材。由于材料的形状、重量、适用部位不同，因而它们之间的构造方法也就有一定的差异。轻而小的块面可以直接镶贴，大而厚重的块材则必须采用钩挂等方式，以保证它们与主体结构连接牢固。

一、陶瓷制品饰面

陶瓷制品是以陶土为原料，压制成型后，经1 100℃左右的高温煅烧而成的。它具有良好的耐风化、耐酸碱、耐水、耐磨、耐久等性能，可以做成各种美丽的颜色和花纹。陶瓷制品的表面可上釉也可不上釉，上釉会有反光的饰面，如瓷砖及琉璃；不上釉，则成柔和的平光面，如无釉面砖、缸砖、锦砖等。

（一）外墙面砖饰面

根据表面处理是否挂釉、平滑及有一定纹理质感等特点，外墙面砖可划分为四类：

（1）表面无釉外墙面砖，又称"墙面砖"。

（2）表面有釉墙面砖，又称"彩釉砖"。

（3）线砖，又名"泰山砖"，表面有突起纹线。

（4）外墙立体贴面砖，又称"立体彩釉砖"，其特点是表面上釉做成各种立体图案。

外墙面砖的常见规格为：200mm × 100mm，150mm × 75mm，75mm × 75mm，108mm × 108mm 等几种，厚度 6 ~ 15mm。

外墙面砖粘贴时，用1∶3水泥砂浆作底灰，厚度为15mm。贴面砖前，先将表面清扫干净，然后将面砖放入水中浸泡，粘贴前晾干或擦干。黏结砂浆用1∶2.5的水泥砂浆或1∶0.2∶2.5水泥石灰混合砂浆，稠度需适中。粘贴时，可在面砖黏结面上随贴随刷一道混凝土界面处理剂，以增加黏结，然后将黏结砂浆抹在面砖背后，厚度为6～10mm，对位轻轻敲实。贴完一行后，需将每块面砖上的灰浆刮净。待整块墙面贴完后，用1∶1水泥细砂浆做勾缝处理，如图10－6所示。

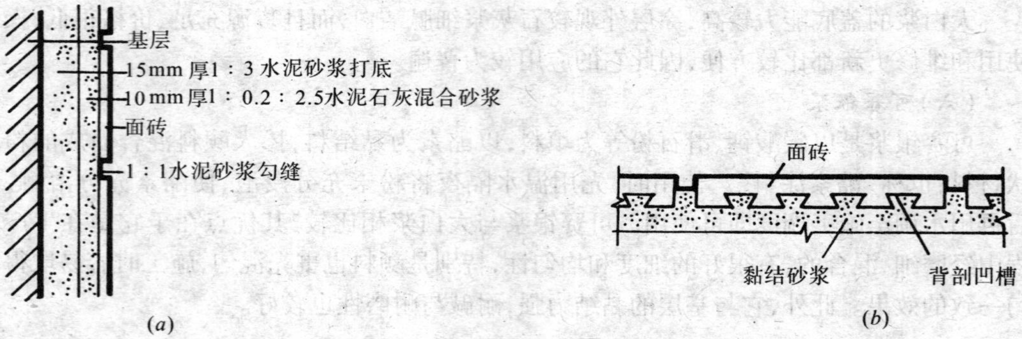

图10－6　外墙面砖饰面构造

(a)构造示意　(b)黏结状况

（二）釉面砖（瓷砖）饰面

瓷砖因为正面挂釉，所以又称“釉面瓷砖”，它是用瓷土或优质陶土烧制成的饰面材料。其底胎一般呈白色，表面上釉可以是白色，也可以是其他颜色的。因为是由氧化钛、氧化钴、氧化铜等高温煅烧而成，所以颜色稳定、经久不变。瓷砖表面光滑、美观、吸水率低，多用于室内需要经常擦洗的墙面，如厨房墙裙、卫生间等处，一般不用于室外。瓷砖的一般规格为：152mm×152mm、108mm×108mm、152mm×76mm、50mm×50mm等，厚度4～6mm。此外，在转弯或结束部位，均另有阳角条、阴角条、压条，或带有圆边的构件供选用。

瓷砖饰面的底灰为12mm厚、1∶3水泥砂浆。瓷砖粘贴前应浸透阴干待用，粘贴时由下向上横向逐行进行。为便于洗擦和防水要求安装紧密，一般不留灰缝，细缝用白水泥擦平。

瓷砖的粘贴方法有两种：一种是“软贴法”，即用5～8mm厚、1∶0.1∶2.5的水泥石灰砂浆做结合层粘贴。这种方法需要有较好的技术素质。另一种是“硬贴法”，即是在贴面水泥浆中加入适量的107胶，其配比（重量比）为：水泥∶砂∶水∶107胶＝1∶2.5∶0.44∶0.03。采用107胶水泥砂浆的好处是：由于水泥砂浆中有107胶胶体阻隔水膜，砂浆不易流淌，容易保持墙面洁净，减少了清洁墙面工序，而且能延长砂浆使用时间。此外，还减薄了黏结层，一般只需2～3mm。硬贴法技术要求较低，提高了工效，节约了水泥，减轻了面层自重，瓷砖黏结牢度也大大提高。

（三）陶瓷锦砖与玻璃锦砖

陶瓷锦砖，又名“马赛克”，是以优质瓷土烧制而成的小块瓷砖。陶瓷锦砖分挂釉和不挂釉两种，目前各地产品多为不挂釉者。原先取其美观、耐磨、耐酸碱、不渗水、有一定抗压强度、易清洗，又不太滑等特点，主要用于室内地面饰面。陶瓷锦砖的规格较小，常用的有 18.5mm × 18.5mm、39mm × 39mm、39mm × 18.5mm、25mm 六角形等形状，厚度为 5mm。后来因其可做成多种颜色，色泽稳定、耐污染，近几年来已大量用于建筑外墙面饰面。它与外墙面砖相比，具有面层薄、自重轻、造价略低等优点，对高层建筑尤为适用。用于外墙饰面时，大多为无釉锦砖。陶瓷锦砖也有用于室内墙面的，但由于施工和加工精度有限，效果欠佳。

玻璃锦砖，又称“玻璃马赛克”或“玻璃纸皮砖”，是由各种颜色玻璃掺入其他原料经高温熔炼发泡后，压延制成的小块，并按不同图案贴于皮纸上。它主要用于外墙饰面，色泽较为丰富，排列的图案可以多种多样。常见的尺寸为 20mm × 20mm × 4mm 和 25mm × 25mm × 4mm 的方块。陶瓷锦砖和玻璃锦砖出厂前均已按各种图案反贴在皮纸上，施工时将纸面向外，覆盖在砂浆面上，用木板压平，待黏结层开始凝固，洗去皮纸，用铁板校正缝隙。

陶瓷锦砖和玻璃锦砖的镶贴方法基本相同。施工时，用 12mm 厚、1∶3 水泥砂浆打底用 3mm 厚、1∶1∶2 纸筋石灰膏水泥混合灰（为掺水泥重 5% 的 107 胶）做黏结层铺贴，最后用素水泥浆擦缝，如图 10－7 所示，为了避免锦砖脱落，一般不宜在冬季施工。

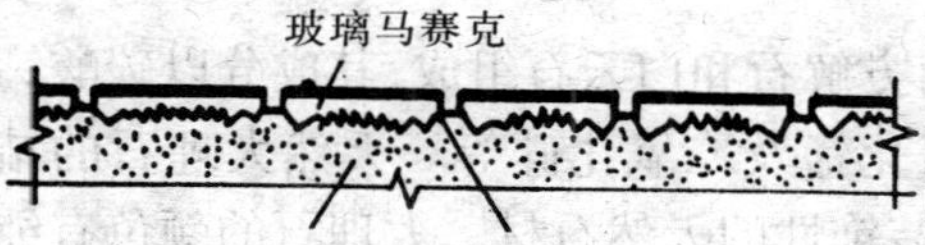

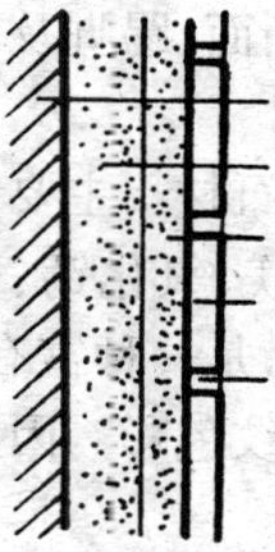

图 10－7　马赛克饰面构造

（a）黏结状况　（b）构造示意

（四）琉璃

琉璃是我国传统的建筑装饰材料，表面上釉，有金黄、绿、紫、蓝等鲜艳色彩。它可以根据不同的设计要求，烧制成平砖或凹凸花纹。凹凸的深度根据花饰的部位而定，但过分复杂的花纹不但不易出模，而且不易控制煅烧时间，所以一般凹凸可控制在 20～40mm。花饰分块，也应选在较隐蔽之处，以免影响外观。

琉璃构件根据尺度不同，可分小型、中型和大型三类。

1. 小型琉璃构件

当琉璃构件较小（长宽 100～150mm，厚 10～20mm）时，可选用 1∶2～3 的水泥砂浆黏结，常用于檐口、腰线、女儿墙等部位。琉璃构件的背面应开槽或带肋，以增强黏结力。

2. 中型琉璃构件

当琉璃构件的长宽在 300～500mm，构件的背面应留有小孔。安装时，将构件用铜丝或镀锌铁丝扎在固定于墙面的钢筋网上，然后灌水泥砂浆固定。

3. 大型琉璃构件

一些较大的空心琉璃块或各种特殊形状的琉璃构件，可将其挂在结构凸出物上或套在结构层上，再用螺栓或焊接法，将琉璃构件与预埋铁连接，并在琉璃构件与墙面之间灌注砂浆固定，如图 10－8 所示。

二、天然石材饰面

天然石料可以加工成板材　块材和面砖而用做饰面材料。它具有强度高、结构致密和色泽雅致等优点，但是货源少、价格昂贵，常用于高级建筑装饰。常用的饰面石料有花岗石、大理石、青石板、石灰岩、凝灰岩、白云岩等。石材表面按设计要求，可以保持自然状态，也可以加工成尖粒状、虫蛀状及凹凸不平的花纹状。我国使用的花岗石板材和大理石板材，以加工成光平表面为多。

做墙面饰面的各种天然石板材、块材，均应根据墙面的高与宽，扣除门窗洞口和分块灰缝，计算出装饰墙面的准确面积，并定出饰面板材或块材的尺寸。板缝的位置要慎重考虑。在细部设计中，除了应解决饰面层与墙体的固定技术外，外墙面还应处理好窗台、窗过梁底、门窗侧边、出檐、勒脚、柱子，以及各种凹凸面的交接和拐角构造，室内墙面也应处理好窗台、梁底、门窗洞口、柱子、凹凸面、踢脚及不同墙面与地面交接等构造。

（一）大理石饰面

大理石是一种变质岩，属于中硬石材。主要由方解石和白云石组成，其成分以碳酸钙为主，约占 50% 以上，其他还有碳酸镁、氧化钙、氧化锰及二氧化硅等。天然大理石的结晶常是层状结构，其纹理有斑或条纹，是一种富有装饰性的天然石材。大理石的颜色有纯黑、纯白、纯灰等色泽，有各种混杂花纹色彩。因此，大理石饰面板的品种常以其研磨抛光后的花纹、颜色特征及产地而命名。

大理石常用于装饰等级要求较高的工程中，作为墙面、柱面、栏杆、地面等饰面材料。除汉白玉、艾叶青等少数几种质纯、杂质少的品种外，大理石一般不宜用于室外。当用于室外时，由于其中的碳酸钙在大气中受二氧化碳、硫化物、水气的作用而转化为石膏，会使表面很快失去光泽，并变得疏松多孔。

对大理石的质量要求是：光洁度高、石质细密、无腐蚀斑点、棱角齐全、底面整齐、色泽美观。

大理石可锯成薄板，多数经过磨光打蜡，加工成表面光滑的装饰板材，一般厚度为 20～30mm。

大理石饰面板材的安装方法有挂贴法（钢筋网固定法）、木楔固定法、干挂法、聚酯砂浆固定法、树脂胶黏结法、钢网骨架法等几种。下面对挂贴法和木楔固定法作简要介绍。

1. 挂贴法

首先要在结构中留钢筋头，或在砌墙时预埋镀锌铁钩。安装时，在铁钩内先下主筋，间距 500～1 000mm，然后按板材高度在主筋上绑扎横筋，构成钢筋网，钢筋 φ6～φ9mm。板材上端两边钻有小孔，选用铜丝或镀锌铁丝穿孔将大理石板绑扎在横筋上。大理石与墙身之间留 30mm 缝隙灌浆。施工时，要用活动木楔插入缝中，来控制缝宽，并将石板临时固定，然后再在石板背面与墙面之间，灌浇水泥砂浆。灌浆宜分层灌入，每次不宜超过

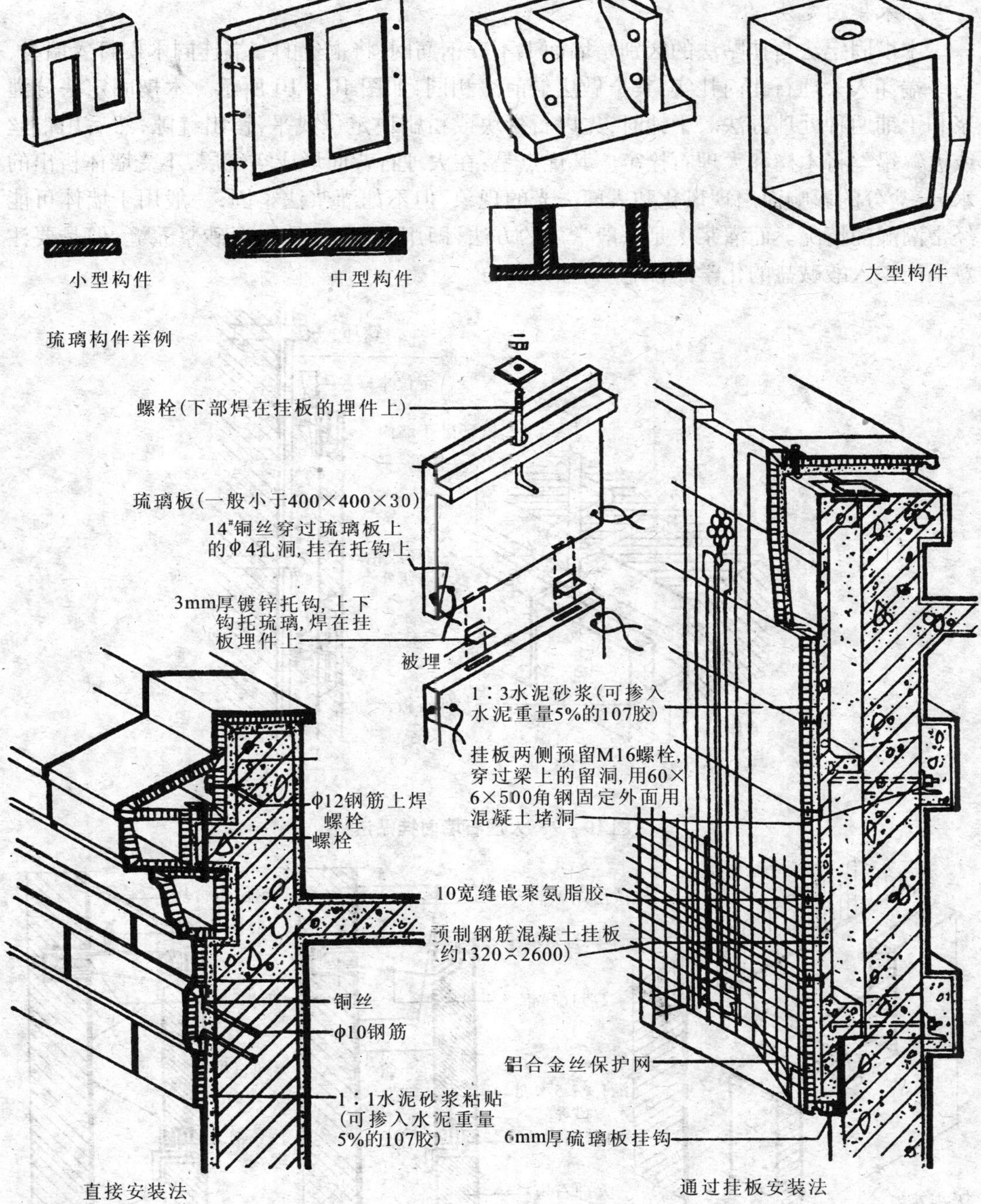

小型构件
中型构件
大型构件
琉璃构件举例
螺栓(下部焊在挂板的埋件上)
琉璃板(一般小于400×400×30)
14#铜丝穿过琉璃板上的φ4孔洞，挂在托钩上
3mm厚镀锌托钩，上下钩托琉璃，焊在挂板埋件上
被埋
1∶3水泥砂浆(可掺入水泥重量5%的107胶)
挂板两侧预留M16螺栓，穿过梁上的留洞，用60×6×500角钢固定外面用混凝土堵洞
φ12钢筋上焊螺栓
螺栓
10宽缝嵌聚氨脂胶
预制钢筋混凝土挂板(约1320×2600)
铜丝
φ10钢筋
铝合金丝保护网
1∶1水泥砂浆粘贴(可掺入水泥重量5%的107胶)
6mm厚硫璃板挂钩
直接安装法
通过挂板安装法

图10－8　琉　璃

200mm，离上口 80mm 即停止，以便上下连成整体，如图 10－9 所示。

安装白色或浅色大理石饰面板时，灌浆应用白水泥和白石屑，以防透底，影响美观。

2. 木楔固定法

木楔固定法与挂贴法的区别是墙面上不安钢筋网，将铜丝的一端连同木楔打入墙身，另一端穿入大理石孔内扎实，其余做法与前法相同，如图 10－10 所示。木楔固定法分灌浆和干铺两种处理方法。干铺时，先以石膏块或粉刷块定位找平，留出缝隙，然后用铜丝或镀锌铅丝将木楔和大理石拴牢。其优点是：在大理石背面形成空气层，不受墙体析出的水分、盐分的影响而出现风化和表面失光的现象，但不如灌浆法牢固，一般用于墙体可能经常潮湿的情况。而灌浆法是一般常用的方法，即用 1∶2.5 的水泥砂浆灌缝，但是要注意不能掺入酸碱盐的化学品，以免腐蚀大理石。

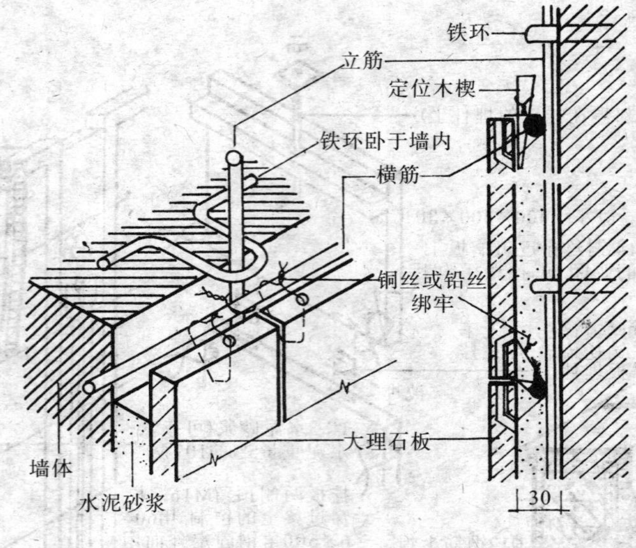

图 10－9　大理石墙面挂贴法

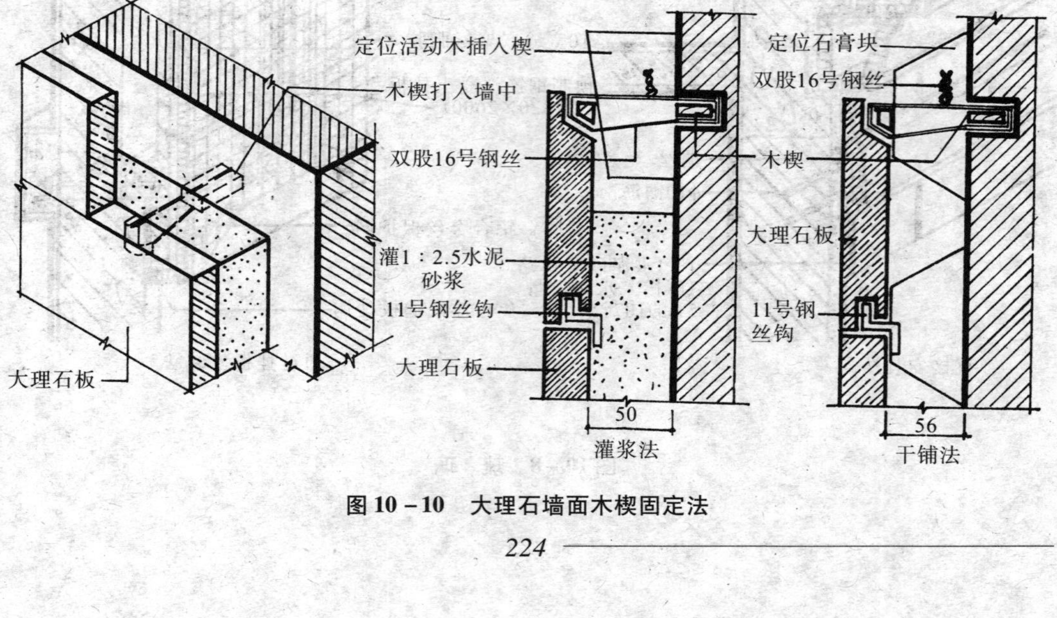

图 10－10　大理石墙面木楔固定法

石板的接缝常用对接、分块、有规则、不规则、冰纹等。除了破碎大理石面，一般大理石接缝在 1 ~ 2mm。

大理石板的阴角、阳角的拼接，可参见图 10 - 11。

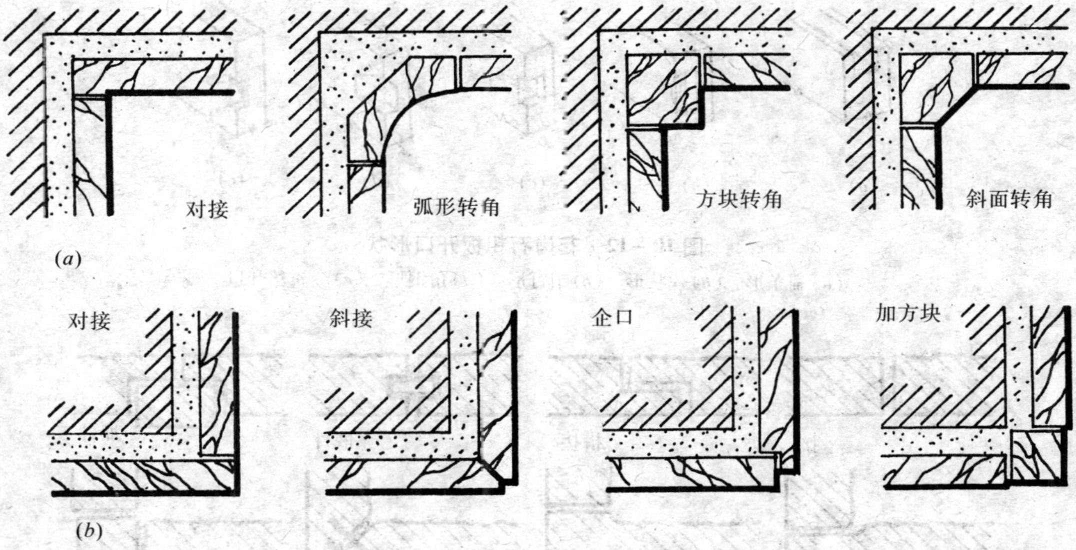

图 10 - 11　大理石墙面阴阳角处理

(a)阴角处理　(b)阳角处理

(二)花岗石饰面

花岗石是火成岩中分布最广的岩石，是一种典型的深层岩，属硬石材，由长石、石英和云母所组成，硬度很高。花岗石有不同的色彩，如黑、白、灰、粉红等，纹理多呈斑点状。花岗石不易风化变质，外观色泽可保持在 100 年以上，因而多用于外墙饰面。

对花岗石的质量要求是棱角方正、规格符合设计要求，颜色一致，无裂纹、隐伤和缺角等现象。

根据加工方法及形成的装饰质感不同，可将花岗石饰面板分为四种。

(1)剁斧板材　其表面粗糙，具有规则的条状斧纹。

(2)机刨板材　其表面平整，具有平行刨纹。

(3)粗磨板材　其表面平滑、无光。

(4)磨光板材　其表面平整，色泽光亮如镜，晶粒显露。

花岗石饰面板中的剁斧板、机刨板、粗磨板等种类，被称为“细琢面花岗石”其板厚一般为 50mm、76mm、100mm。墙面、柱面多用 50mm 板，勒脚饰面多用 76mm、100mm 板。由于面积大、板厚，所以重量也相当大。

安装时，板与板之间应通过钢销、扒钉等相连。较厚的情况下，也可以采用嵌块、石榫，还可以开口灌铅或用水泥砂浆等加固。板材与墙体一般通过镀锌钢锚固件连接锚固，锚固件有扁条锚件、圆杆锚件和线形锚件等。因此，根据其采用的锚固件的不同，所采用板材的开口形式也各不相同,如图 10－12 所示。

较厚的板块材拐角,可做成"L"形错缝,或 45°斜口对接等形式;平接可用对接、搭接等形式,如图 10－13 所示。

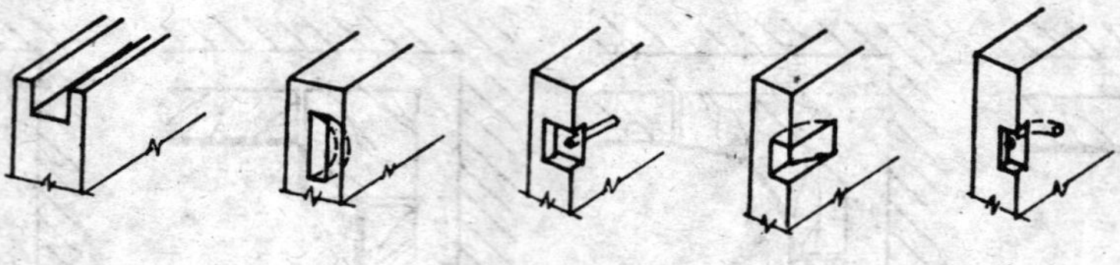

图 10－12　花岗石粗板开口形状

(a)扁条形　(b)片状形　(c)销钉形　(d)角钢形　(e)金属丝开口

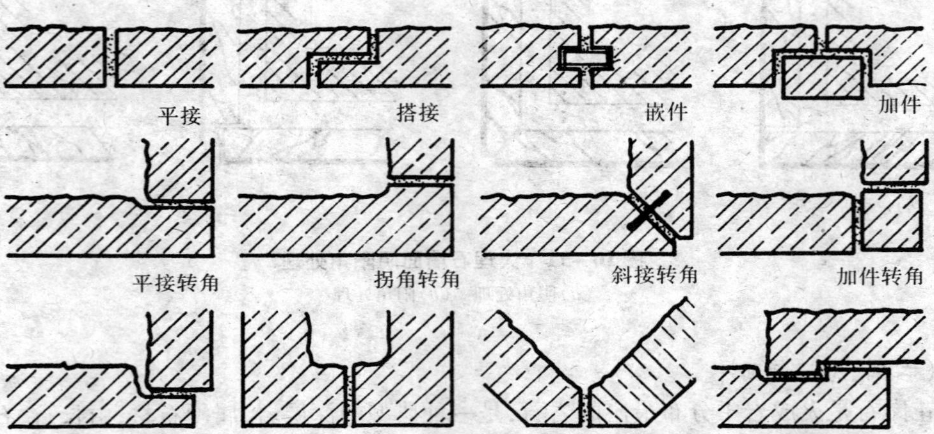

图 10－13　花岗石粗板拼接

常用的扁条锚件的厚度为 3mm、5mm、6mm,宽 25mm、30mm。圆杆形锚件用 ϕ6mm、ϕ8mm,线形件多用 ϕ3 ~5mm 钢丝。锚件形状及锚固形式,如图 10－14 所示。

锚固完成后,在饰面板与基体结构之间缝中分层灌注 1∶2.5 水泥砂浆,如图 10－15 所示。

磨光花岗石(又称"镜面花岗石")饰面板一般厚度为 20 ~30mm,可采用挂贴法、木楔固定法、树脂胶黏结法、钢网法或干挂法等方法安装,其工艺和工序与前面的大理石饰面板的方法相同。其中,干挂法是较新的安装方法。

干挂工艺又有两种方法:直接挂板法和花岗石预制板干挂法。

直接挂板法安装花岗石板块,是用不锈钢型材或连接件将板块支托并锚固在墙面上,连接件用膨胀螺栓固定在墙面上,上下两层之间的间距等于板块的高度。安装的关键是板块上的凹槽和连接件位置的准确。花岗石板块上的四个凹槽位,应在板厚中心线上。其构造做法,如图 10－16 所示。

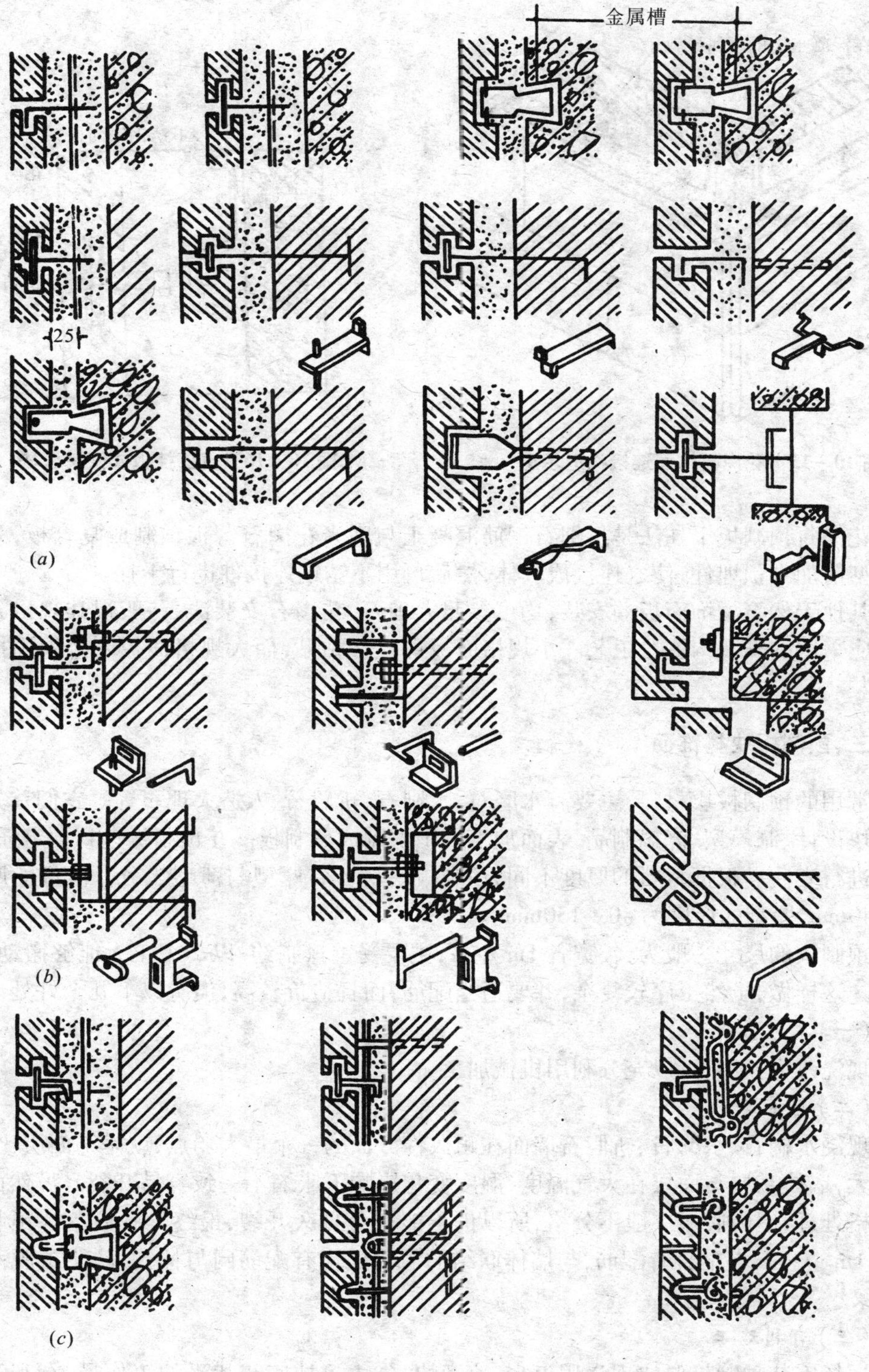

图 10－14　细琢面花岗石饰面板与基体的锚固形式

(a)扁条锚固件　(b)圆杆锚固件　(c)线形锚固件

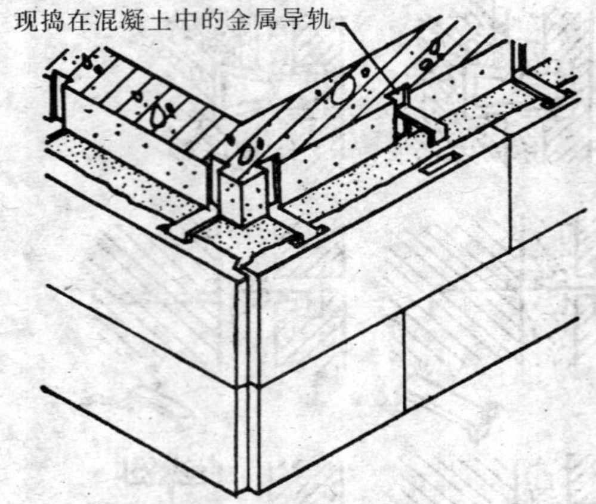

图 10－15　花岗石饰面连接构造示意

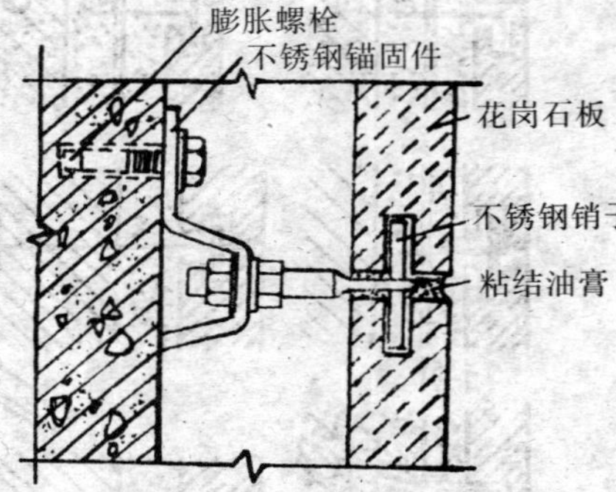

图 10－16　直接挂板式安装板块

花岗石预制板干挂法是将细石钢筋混凝土与磨光花岗石薄板预制成复合板，并在浇注成型前加入预埋件，使之连接成一体，然后再用不锈钢连接件进行干挂。

其他天然石材饰面板的安装，均可参照大理石、花岗石安装法，一般视其规格大小而确定应采用的安装构造及工艺。小规格面板可直接粘贴，而大规格面板则必须用挂贴方法安装。

三、预制板块材饰面

常用的预制板块材料，主要有水磨石、水刷石、斩假石、人造大理石等。它们首先要经过分块设计、制模型、浇捣制品、表面加工等步骤制成预制板。在预制板达到预定强度后，才能进行安装。根据材料的厚度不同，预制板块材又有厚型与薄型之分。薄型的厚度为 30～40mm，厚型的厚度为 40～130mm。

预制板的尺寸一般为：长宽各 1m 左右，主要受重量制约，以 2 个工人能够搬动、安装为宜。这样做，虽然工序较复杂，并要适当配筋，而且造价较高，但有以下几个好处。

（一）工艺合理

现浇改为预制，可以充分利用机械加工。

（二）质量好

现浇水刷石、水磨石、斩假石墙面在耐久性方面的一个最大弱点，就是饰面层比较厚、刚性大，墙体基层与面层在大气温度、湿度变化影响下胀缩不一致容易开裂。虽然面层做了分格处理，但因底灰一般不分格，所以仍不能避免日久开裂，最终导致脱落。预制板面积在 $1m^2$ 左右，板本身有配筋，与墙体联结的灌浆处也有配筋网与挂钩，防止了脱落与本身开裂。

（三）有利施工

现场安装预制板要比现浇用工少、速度快，省去了抹底灰找平的工作量，有利于减轻劳动强度和改善劳动条件。此外，还可以避免冬季现场制作饰面，保证了质量。

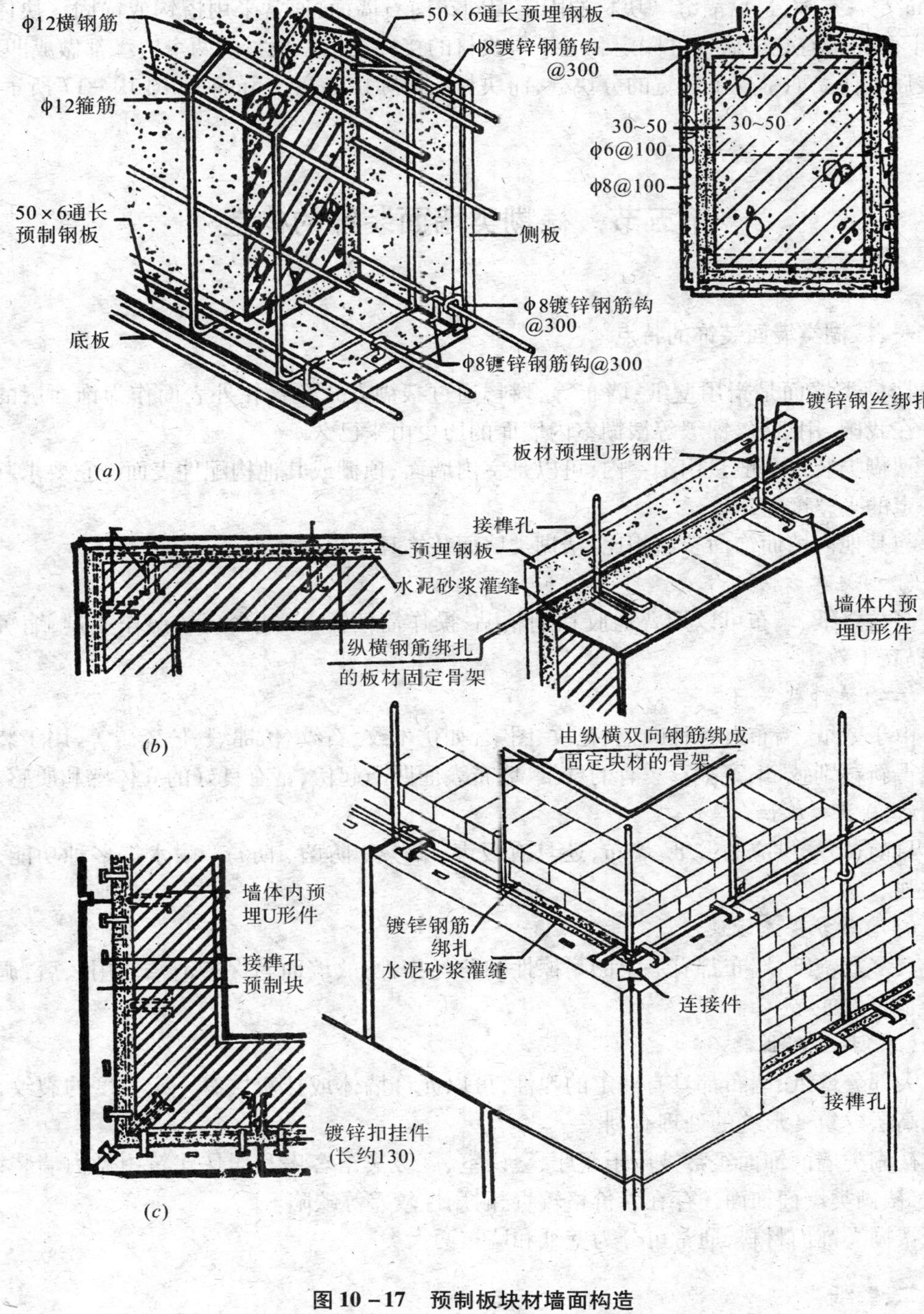

图 10－17　预制板块材墙面构造

(a)预制板包梁　(b)预制板墙面　(c)预制块墙面

预制饰面板材和墙体的固定方法，与大理石墙面一样。通常是先在墙体内预埋铁件或甩出钢筋，然后绑扎钢筋网，再通过预埋在预制板上的铁件与钢筋网固定牢，离墙留20mm左右空隙，最后灌缝。块材的固定则同花岗石墙面，通常采用搭钩或锚固。块体的上、下两面留有孔槽做铁件固定和上下行块材的接榫之用。块材的两个边缘都做成凹线，安装后可使墙面呈现出较宽的分块缝，而块材的实际拼缝宽约5mm，如图10－17所示。

第五节　裱糊类墙面装饰的构造

一、裱糊类墙面装饰的特点

裱糊类墙面是指用壁纸、墙布等材料，通过裱糊方式覆盖在外表面作为饰面层的墙面。在我国，用纸张、锦缎等裱糊室内墙面的历史由来已久。

裱糊类装饰一般只用于室内，可以是室内墙面、顶棚或其他构配件表面。它要求基底有一定的平整度。

与其他内墙面饰面装饰相比，裱糊类墙面装饰具有以下优点。

（一）施工方便

多数壁纸、墙布可以用普通胶粘剂粘贴，操作简便；可以减少现场湿作业量，缩短工期，提高工效。

（二）装饰效果好

由于壁纸、墙布有各种颜色、花纹、图案，如仿木纹、石纹、仿锦缎、仿瓷砖等，用于装饰后显得新颖别致、丰富多彩。有的壁纸、墙布表面凹凸起伏，富有良好的立体感和质感。

（三）多功能性

目前，市场供应的壁纸、墙布，还具有吸声、隔热、防菌、防霉、耐水等多种功能，实用性强。

（四）维护保养方便

大多数壁纸、墙布都有一定的耐擦性和防污染性，故墙面易保持清洁。用久后，调换更新也很方便。

（五）抗变形性能好

大部分壁纸、墙布都具有一定的弹性，可以允许墙体或抹灰层有一定程度的裂纹，对简化高层建筑变形缝的处理有利。

裱糊类墙面饰面经常被用于餐厅、会议室、高级宾馆客房和居住建筑中做内墙装饰。目前，裱糊类墙面饰面还存在着价格较贵、耐用性较差等缺陷。

裱糊类饰面材料，通常可分为壁纸和墙布两大类。

二、壁纸

壁纸的种类较多，概括而言主要有普通壁纸、塑料壁纸（PVC壁纸）、复合纸质壁纸、纺织纤维壁纸、金属面壁纸、木片壁纸等。其主要性能特点，见表10－7。

表10－7　壁纸的三要品种和特点

类别	品种	说　明	特　点	用　途
壁纸类	普通壁纸	纸面纸基壁纸，有大理石、各种木纹及其他印花等图案。早期产品应用较少	价格低廉，但性能差，不耐水，不能擦洗	一般住宅内墙和旧墙翻新或老式平房墙面装饰
	塑料壁纸（PVC壁纸）	以纸为基层、聚氯乙烯塑料薄膜为面层，经复合、印花、压花等工序而制成。有普通型、发泡型、特种型等数个品种	1. 具有一定的伸缩性和耐裂强度，故允许基层结构有一定程度的裂缝 2. 花色图案丰富，且有凹凸花纹，富有质感及艺术感，装饰效果好 3. 强度好，经拉经拽。施工简单，易于粘贴，易于更换 4. 表面不吸水，可用布擦洗	适合于各种建筑物的内墙、顶棚、梁柱等贴面装饰
	复合纸质壁纸	用双层纸（表纸和底纸）通过施胶、层压复合到一起后，再经印刷、压花、涂布等工艺印制而成	1. 色彩丰富、层次清晰、花纹深、花型持久，图案具有强烈的立体浮雕效果 2. 造价低，施工简便，可直接对花 3. 无塑料异味，火灾中发烟低，不产生有毒气体 4. 表面涂覆透明涂层，耐洗性达"耐洗级"	适用于一般饭店、民用住宅等建筑的内墙、顶棚、梁柱等贴面装饰
	纺织纤维壁纸	由棉、毛、麻、丝等天然纤维及化纤制成的各种色泽花式的粗细纱或织物，再与基层纸贴合而成。用扁草竹丝或麻条与棉线交织后同纸基贴合制成的植物纤维壁纸与此类似	1. 无毒、吸音、透气，有一定的调湿、防毒功效 2. 视觉效果好。特别是天然纤维以它丰富的质感产生诱人的装饰效果，有贴近自然之感 3. 防污及可洗性能较差，保养要求高 4. 易受机械损伤	近年来国际流行的新型高级墙面装饰材料，适用于会议室、接待室、剧院、饭店、酒吧及商店的橱窗等
	金属面壁纸	以铝箔为纸面，纸为底层，面层也可印花、压花	1. 表面具有不锈钢、黄铜等金属质感与光泽 2. 寿命长、不老化、耐擦洗、耐污染	适用于高级室内装饰
	木片壁纸	以薄的软性木面为面层，可弯曲贴于圆柱面上	形成真实的木质墙面，不会老化，也可涂清漆保护	用于仿古建筑装饰

纸基塑料壁纸是目前产量最大、应用最广的一种壁纸。它是以纸为基层，用高分子乳液涂布面层，然后采用印刷方法套单色或多色，最后压花而成的卷材。

用纸做基层易于保持壁纸的透气性，对裱糊胶的材性要求不高，故价格低、货源充足。塑料壁纸所用的纸基，一般是由按一定配比的硫酸盐木浆及棉短绒浆，或亚硫酸木浆及磨木浆做原料生产而成的。它具有一定的强度、盖底力与透气性，其纤维组织均匀平整，横幅定量差小，纸质不太紧，受潮湿后强度损失与变形小。

塑料壁纸表面花色众多，有仿粉刷、拉毛、木纹、印花、布纹、锦缎、毛料、大理石纹理、人造革等各种质感的。如制作时在塑料中掺发泡剂，印花后再加热发泡，则壁纸表面呈凹凸花纹，具有立体感，并兼有吸音效果。此外，塑料壁纸还具有防水、防火、防菌、防静电等功能的特种型（功能型）壁纸，以及便于施工的无基层壁纸、预涂胶壁纸、可剥离壁纸和分层壁纸。

无基层壁纸是在印花膜背面已涂好压敏胶，并附有一些可剥离的纸。裱糊时，将可剥离纸剥去，就可立即贴在墙上，施工极为简便。

预涂胶壁纸，即壁纸背面已预先涂有一层水溶性的胶粘剂，胶粘剂通常为淀粉类。裱糊时，先用水将背面胶粘剂溶解浸润，即可贴于墙上。

可剥离壁纸也是一种预涂胶壁纸，但壁纸本身强度高于预涂胶的黏结强度（在纸基中含有合成纤维）。如需更换时，可将壁纸完整地剥除，减少对基层表面的重新处理。

分层壁纸同样也是预涂胶，它的基层由两层纸贴合而成，贴合的强度小于预涂胶的黏结强度。如需更换时，只将上层纸剥去，下层留于墙面形成较平的基层，新壁纸直接裱贴上去。

三、墙布

常见的墙布有玻璃纤维墙布、无纺贴墙布、装饰墙布、化纤装饰墙布、锦缎墙布等。

（一）玻璃纤维墙布

玻璃纤维墙布，是以中碱玻璃纤维作为基材，表面涂以耐磨树脂印花而成的一种卷材。这种贴墙布本身有布纹质感，经套色印花后色彩鲜艳，有较好的装饰效果。但是，它不能像壁纸那样根据工艺美术设计的需要而压成不同凹凸程度的纹理质感。玻璃纤维墙布除了可以耐擦洗、价格相对低廉、裱糊工艺比较简单外，它还是非燃烧体，有利于减少建筑物内部装饰材料的燃烧荷载。其不足之处就是盖底能力稍差，当基层颜色深浅不匀时，容易在裱糊面上显现出来；涂层一旦磨损破碎时，有可能散落出少量玻璃纤维，故要注意保养。

（二）无纺贴墙布

无纺贴墙布，是采用棉、麻等天然纤维或涤纶、腈纶等合成纤维，经无纺成型，然后上树脂印花而成的卷材。无纺贴墙布挺括、光洁，表面色彩鲜艳，有羊毛感。这种墙布有一定的透气性和防潮性，而且有弹性，不易折断，能够擦洗而不褪色，其纤维不老化，不散失，对皮肤无刺激作用。所以，无纺贴墙布适用于各种建筑的内墙面装饰。其中，涤纶棉无纺墙布尤其适用于宾馆客房和高级住宅室内装饰。

（三）装饰墙布

装饰墙布，是以纯棉平布为基材经过前处理、印花、涂层而制成的一种卷材。它的特点是强度大、表面无光、花色美观大方，而且静电小、吸音、无毒、无味。

（四）化纤装饰布墙布

化纤装饰布墙布，是以化纤布为基材，经过一定处理后印花而成的一种卷材。它的特点是无分层、无毒、无味、透气、防潮、耐磨。化纤装饰墙布可用于各类办公室、会议室、宾馆及家庭居室的内墙面装饰。

（五）锦缎墙布

锦缎是丝织物的一种。它的优点是花纹图案绚丽多彩，古雅精致，质感、接触感很好，但易生霉、不易清洁，而且价格昂贵，所以一般只适用于重要的建筑物做室内饰面用。

四、墙纸、墙布的裱糊

墙纸、墙布均可直接粘贴在墙面的抹灰层上。墙纸一般采用107胶（聚乙烯醇缩甲醛）做黏结剂。粘贴前先清扫墙面，满刮腻子，用砂纸打磨光滑。墙纸裱糊前应先润纸；即先将墙纸在水槽中浸泡2～3min，进行闷水处理，取出后将多余的水抖掉，再静置15min，然后刷胶裱糊。这样，纸能充分涨开，粘贴到基层表面上后，纸基壁纸随水分的蒸发而收缩、绷紧。玻璃纤维墙布和无纺贴墙布无需润纸，因为它们遇水无伸缩性。复合纸质壁纸由于耐湿能力较差，故裱糊前严禁进行闷水处理。

纸基塑料壁纸刷胶时，可只刷墙面基层或纸基背面；裱糊顶棚时，两面都刷。对于较厚、较重的壁纸、墙布，如植物纤维壁纸、化纤贴墙布等，为增加黏结能力，应对基层与背面双面刷胶。玻璃纤维墙布、无纺贴墙布可直接将胶涂于基层上，无需背面刷胶。

裱糊的原则是：先垂直面，后水平面；先细部，后大面；先保证垂直，后对花拼缝；垂直面是先上后下，先长墙面后短墙面；水平面是先高后低。粘贴时，要防止出现气泡，并对拼缝处压实，如图10－18（*c*）所示。

玻璃纤维墙布和无纺贴墙布由于材料性质和纸基的不同，宜用聚醋乙烯乳液做黏结剂，可以掺入20%的淀粉糊。由于它们盖底能力稍差，如果墙面底色较深时，应满刮石膏腻子，并在胶粘剂中掺入10%的白涂料，如白乳胶漆等。

锦缎裱糊的技术性和工艺性都要求很高。为了防潮、防腐，锦缎常裱糊在木基层上，然后架空固定在墙面上，如图10－18（*a*）（*b*）所示。应保证基层平整，彻底干燥，以防裱糊后发霉。

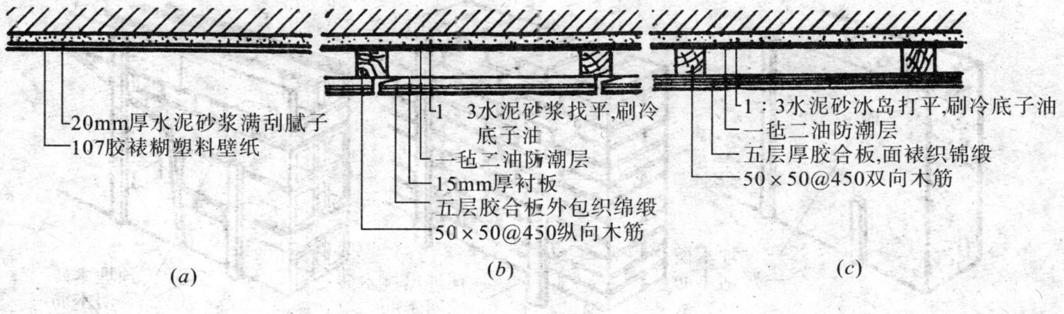

图10－18　裱糊类墙面

（*a*）塑料壁纸　（*b*）分块式织锦缎　（*c*）织锦缎

由于锦缎柔软光滑、极易变形，难以直接裱糊在木质基层面上，因而在裱糊时应先在锦缎背后上浆，并裱糊一层宣纸，使锦缎挺括，以便于裁剪和裱糊上墙。

第六节　镶板类墙面装饰的构造

镶板类墙面，是指用竹、木及其制品，石膏板、矿棉板、塑料板、玻璃、人造革、薄金属板材等材料制成的各类饰面板，通过镶、钉、拼、贴等构造手法构成的墙面饰面。这些材料往往有较好的接触感和可加工性，所以大量地被建筑装饰所采用。例如，用木材做骨架和三夹板衬板组合，可以按设计需要加工成任意的弧面或形体转折，表面可以饰以各类饰面板，如珍木板、宝丽板、防火板或玻璃、金属薄板、人造革等，也可以作为基层涂刷涂料或裱糊墙纸等。所以，镶板类墙面装饰是室内外装饰的基本构造手法之一。

一、竹、木及其制品

竹、木及其制品可用于室内墙面饰面，经常被做成护壁或其他有特殊要求的部位。因为它们的导热系数低，有着良好的质感和纹理，接触感好。作为墙面护壁，常选用原木、木板、胶合板、装饰板、微薄木贴面板、硬质纤维板、圆竹、劈竹等；作为有吸声、扩声、消声等物理要求的常用墙面，常选用穿空夹板、软质纤维板、装饰吸声板、硬木格条等，硬木格条还常用于回风口、送风口等墙面。

（一）木与木制品护壁

木与木制品护壁是一种高级的室内装饰。它常用于人们容易接触的部位，一般高度为1～1.8m，甚至与顶棚做平。

木与木制品护壁的构造方法是：先在墙内预埋木针或木砖，墙面抹底灰，刷热沥青或铺油毡防潮，然后钉双向木墙筋，中距400～600mm（视面板规格而定），木筋断面（20～45）mm×（40～45）mm。当要求护壁离墙面较远时，可由木砖挑出，如图10－19所示。图10－20为木护壁构造示意图。

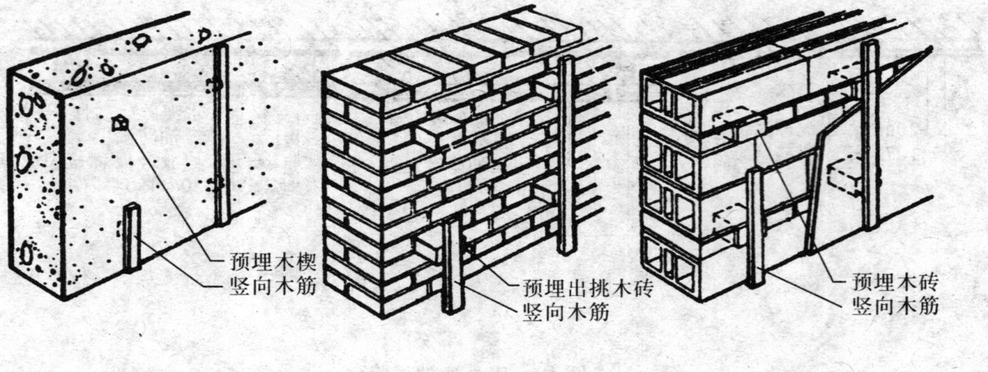

图10－19　木护壁与墙面的固定方法

（二）吸声、消声、扩声墙面

采用一些表面较粗糙的木制品板材，如甘蔗板、刨花板、纤维板等，可以装饰成具有一定吸声性能的墙面。其构造与木护壁板相同，如图10－21所示。

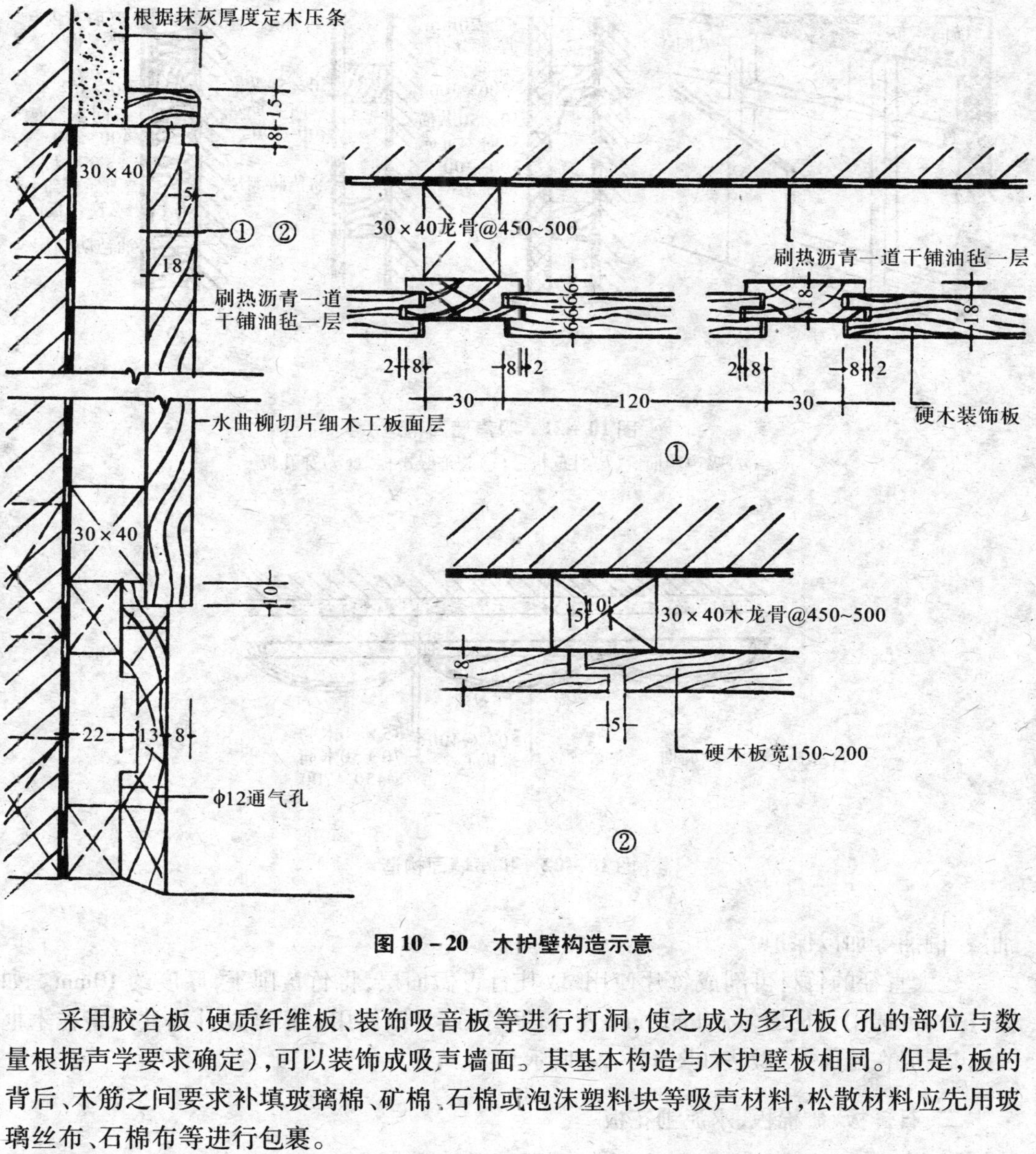

图 10－20　木护壁构造示意

采用胶合板、硬质纤维板、装饰吸音板等进行打洞，使之成为多孔板(孔的部位与数量根据声学要求确定)，可以装饰成吸声墙面。其基本构造与木护壁板相同。但是，板的背后、木筋之间要求补填玻璃棉、矿棉、石棉或泡沫塑料块等吸声材料，松散材料应先用玻璃丝布、石棉布等进行包裹。

一些要求反射声音的墙面，如录音室、播音室等，可以用胶合板做成半圆柱的凸出墙面作为扩声墙面，如图 10－22 所示。

硬木条墙面具有一定的消声效果，常用于各种送风口、回风口等墙面。木条的形状既要符合使用要求，又要方便施工，如图 10－23 所示。

(三)竹护壁

竹材表面光洁、细密，其抗拉、抗压性能均优于普通木材，而且富有韧性和弹性，用于装饰，别具地方风格。竹材易腐烂或受虫蛀，易干裂，使用前应进行防腐、防裂处理，或涂

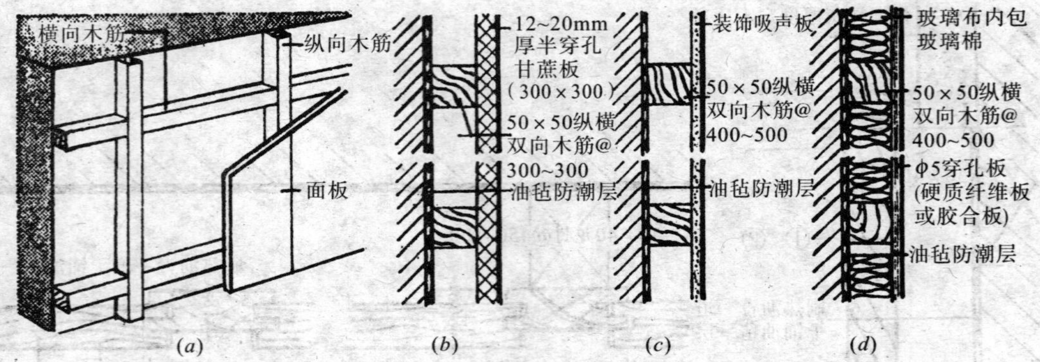

图 10－21　吸声墙面构造

(*a*)吸声墙面　(*b*)甘蔗板　(*c*)装饰吸声板　(*d*)穿孔板

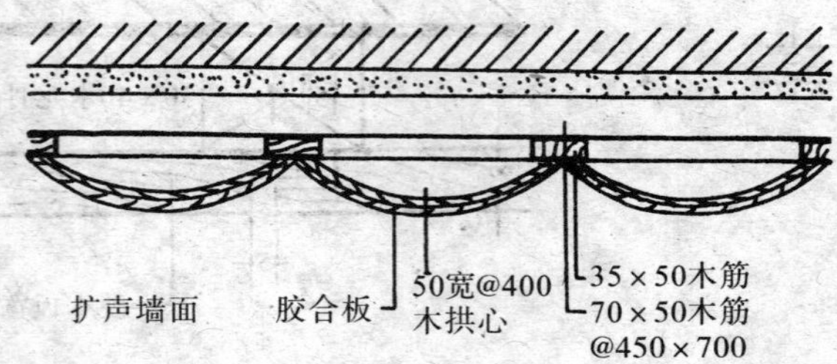

图 10－22　扩声墙面构造

油漆、桐油等加以保护。

较大直径的竹材可剖成竹片使用，取其竹青做面层，将竹黄削平，厚度约 10mm。如茶杆竹，可选用直径均匀，约 φ20mm 左右的整圆或半圆使用。根据设计尺寸固定在木框上，再装嵌在墙面上，做法如图 10－24 所示。

二、石膏板、矿棉板、水泥刨花板

石膏板是由建筑石膏加入纤维填充料、黏结剂、缓凝剂、发泡剂等材料，两面用纸板辊成的板状装饰材料。它具有防火、隔音、隔热、质轻、强度高、收缩小、可钉、可锯、可刨、可黏结、不受虫鼠害、取材容易、生产简单、施工方便等特点，可广泛用于室内墙面和吊顶装饰工程。石膏板能以干作业代替湿作业抹灰，提高工效。石膏板墙面的安装，有用钉固定和黏结剂粘贴两种方法。

用钉固定的方法是：先立墙筋，然后在墙筋的一面或双面钉石膏板。墙筋用木材或金属制作。木墙筋断面为 50mm×50mm(单面钉板)和 50mm×80～100mm(双面钉板)，中

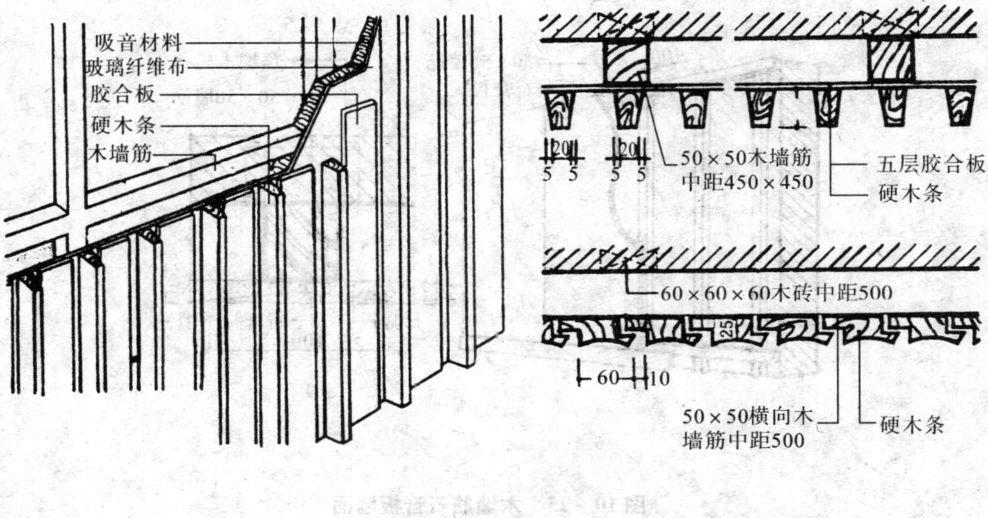

图 10－23　硬木条墙面构造

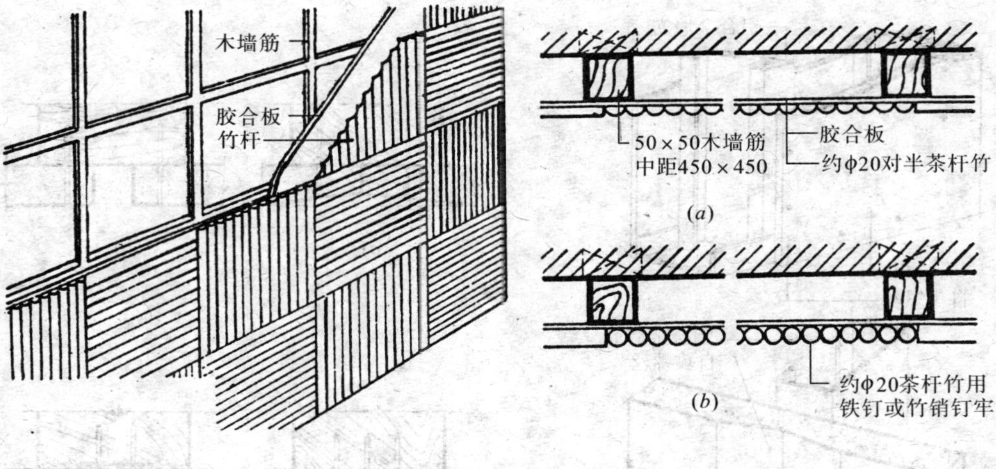

图 10－24　竹护壁

(*a*)钉半圆竹竿席纹墙面　(*b*)钉圆竹竿

距为400mm。金属墙筋用于防火要求较高的墙面，可用铝合金或槽钢(45mm×75mm×1.2mm)制作。

采用木墙筋时，石膏板可直接用钉或螺丝固定，如图10－25所示。采用金属墙筋时，则应先在石膏板和墙筋上钻孔，然后用自攻螺丝拧上，如图10－26所示。板缝处理可用拼缝、压缝等方式，如图10－27所示。

黏结法是将石膏板直接粘贴在墙面上，其构造如图10－28所示。

石膏板安装完成后，表面可油漆、喷刷各种涂料，也可裱糊墙纸。

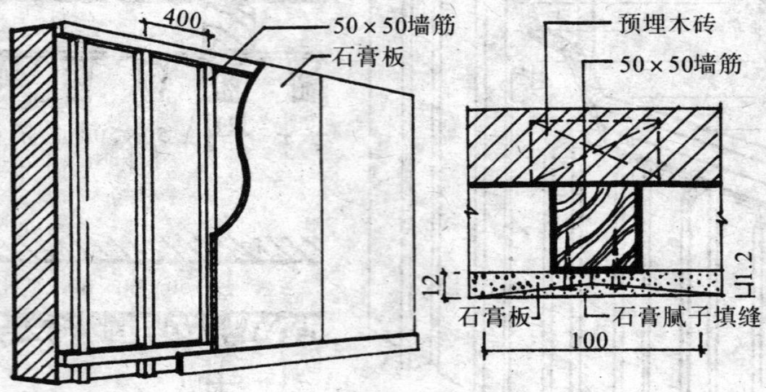

图 10－25　木墙筋石膏板墙面

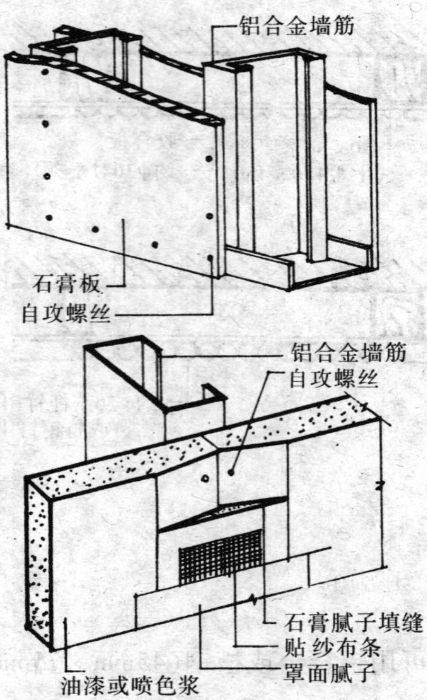

图 10－26　金属墙筋石膏板墙面图

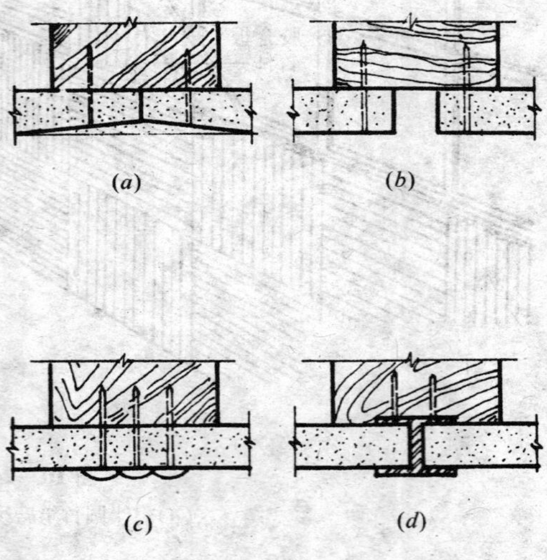

图 10－27　石膏板缝拼接方式

(a)拼实缝　(b)留凹缝

(c)钉金属压条　(d)做金属压条

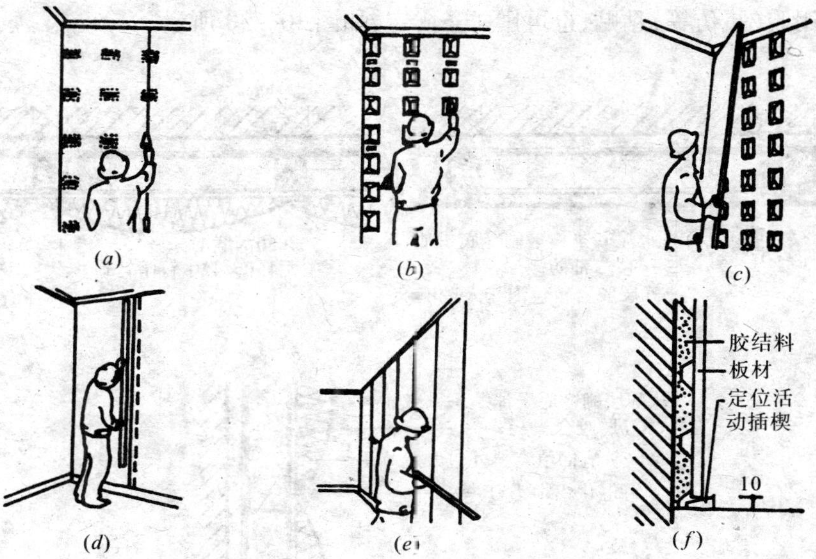

图 10－28　粘贴法

(*a*)筑标块　(*b*)筑胶结料　(*c*)贴板　(*d*)压实
(*e*)过尺平整　(*f*)断面示意

矿棉板具有吸声、隔热作用，表面可做成各种色彩与图案，其构造与石膏板相同。

水泥刨花板是由水泥、刨花、木屑、石灰浆、水玻璃以及少量聚乙烯醇，经搅拌、冷压、养护而成的板材。它可以钉、锯、刨，并且具有膨胀率小、耐水、防蛀、防火及强度好等性能特点。水泥刨花板的表面，既可以涂刷、印花、又可以做隔墙和天花板。

三、人造革墙面

皮革或人造革墙面，具有质地柔软、保温性能好、能消声消震、易清洁等特点，常被用于健身房、练功房、练习室、幼儿园等要求防止碰撞的房间的凸出墙面或柱面。咖啡厅、酒吧、餐厅等公共场合，用皮革或人造革做墙裙显得舒适宜人，并容易保持清洁卫生。在录音室、小型影剧院或电话亭等处，有一定消声要求的墙面也经常会用到皮革或人造革。

皮革或人造革墙面的做法与木护壁相似。墙面应先进行防潮处理，先抹防潮砂浆，粘贴油毡，然后再通过预埋木砖立墙筋，钉胶合板衬底，墙筋间距按皮革面分块，用钉子将皮革按设计要求固定在木筋上。皮革里面可衬泡沫塑料做成硬底，或衬棕丝、玻璃棉、矿棉等柔软材料做成软底。其构造如图 10－29 所示。

四、有机玻璃及塑料墙面

用有机玻璃或塑料做成的室内外墙面，具有自重轻、易清洁、色彩艳丽、易于加工成型等特点。用于墙面的塑料，应具有低燃烧性；用于室外墙面的塑料，应具有较好的抗老化性能。塑料的热膨胀系数大，在大面积使用时应当有足够的伸缩缝隙，其构造方法是用螺钉固定或用胶（氯仿等）粘贴，也可用压条固定，如图 10 - 30 所示。

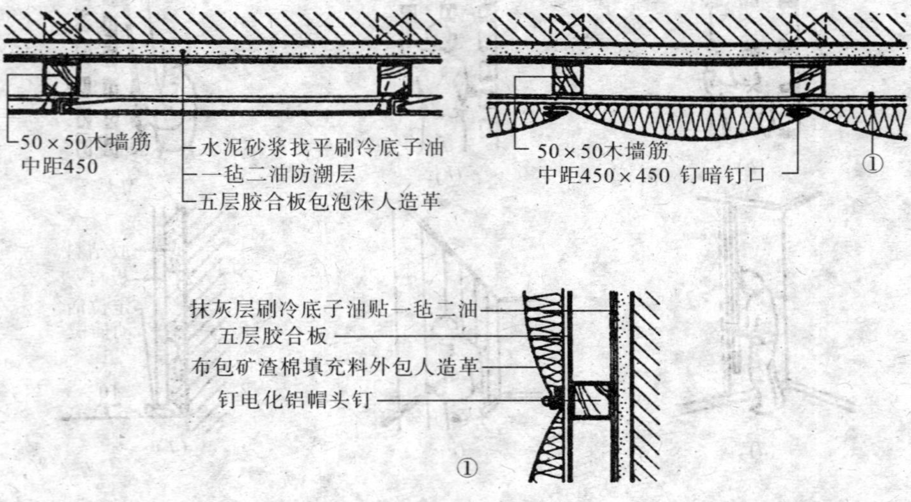

图 10 - 29　皮革墙面

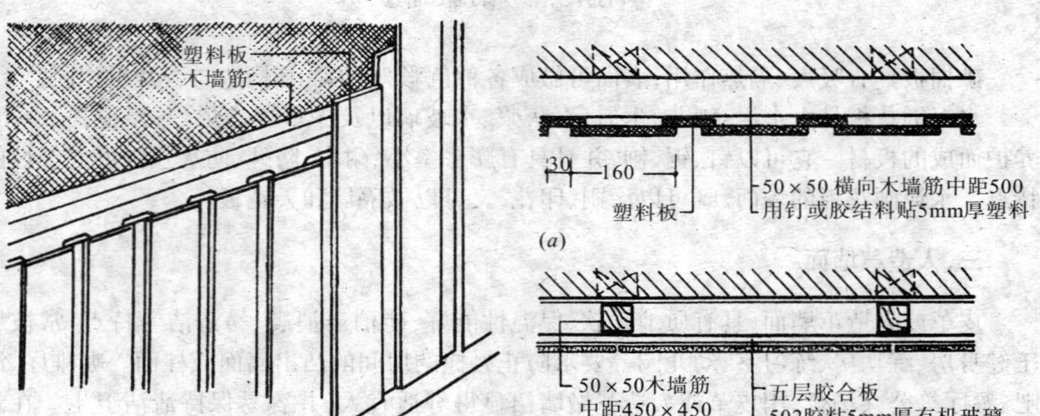

图 10 - 30　有机玻璃或塑料墙面

五、玻璃墙面

玻璃墙面是选用普通平板玻璃或特制的彩色玻璃、压花玻璃、磨砂玻璃等做墙面。平板玻璃可以在背面进行喷漆,成不透明的彩色效果。玻璃墙面光滑易清洁,用于室内可以起到活跃气氛、扩大空间等作用;用于室外可结合不锈钢、铝合金等做门头等处的装饰,但不宜设于较低的部位,以免受碰撞而破碎。

玻璃墙面的构造方法是:先在墙上按采用的玻璃尺寸立筋,纵横成框格,木筋上做好衬板。固定的方法有两种:一种是在玻璃上钻孔,用螺钉直接钉在木筋上;另一种,是用嵌钉或盖缝条将玻璃卡住,盖缝条可选用硬木、塑料、金属(如不锈钢、铜、铝合金)等材料。其构造如图 10－31 所示。

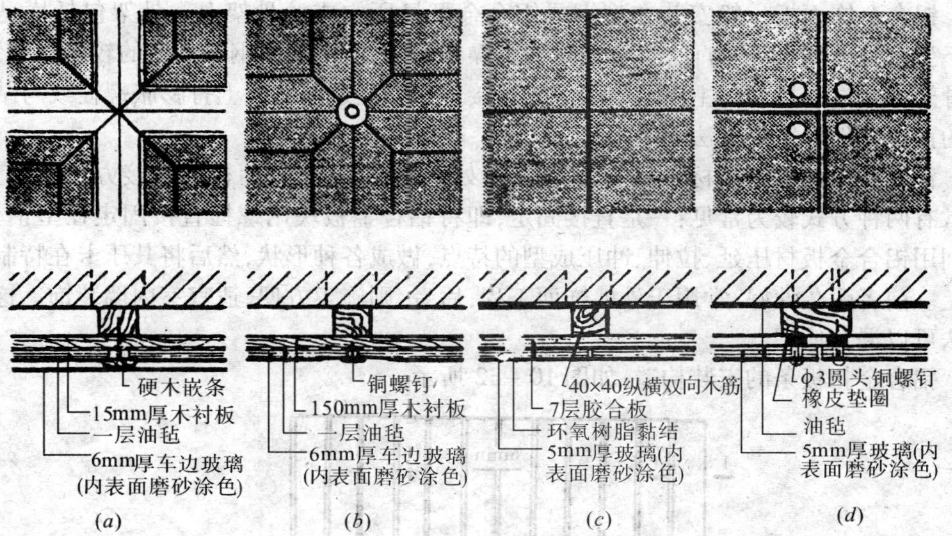

图 10－31　玻璃墙面

(a)嵌条　(b)嵌钉　(c)粘贴　(d)螺钉

第七节　其他材料墙面装饰的构造

一、金属饰面板

金属饰面板是利用一些轻金属,如铝、铜、铝合金、不锈钢等,经加工制成各类压型薄板,或者在这些薄板上进行搪瓷、烤漆、喷漆、镀锌、电化覆盖塑料等处理,然后用来做室内外墙面装饰的材料。用这些材料做墙面饰面不仅美观新颖、装饰效果好,而且自重轻、连接牢固、经久耐用,在室内外装饰中都可见到。

目前,比较常用的金属外墙饰面板,主要有铝合金饰面板和彩色不锈钢板。

(一)铝合金饰面板

根据表面处理的不同,铝合金饰面板可分为阳极氧化处理和漆膜处理两种。经镀膜着彩处理的氧化膜,硬度高、耐磨、化学稳定性好,能长期保持光泽。

根据几何尺寸的不同,铝合金饰面板可分为条形扣板和方形板。条形扣板的板条宽度在150mm以下,长度可视使用要求确定。方形板包括正方形板、矩形板、异形板,板材厚度随使用部位的不同而有所区别。有时为了加强板的刚度,可压出肋条加劲;有时为了保暖、隔热、隔音,其断面还可加工成空腔蜂窝状板材。铝合金饰面板是一种高档的饰面材料。

铝合金饰面板一般安装在型钢或铝合金型材所构成的骨架上。骨架包括横、竖杆。由于型钢强度高,焊接方便,价格便宜而且操作简便,所以用型钢做骨架的较多。型钢、铝材骨架均通过连接件与主体结构固定。连接件一般通过在墙面上打膨胀螺栓或与结构物上的预埋铁件焊接等方法固定。

铝合金饰面板由于材料品种的不同,所处部位的不同,因而构造连接方式也有变化。通常有两种方式较为常见:一是直接固定,即将铝合金板块用螺栓直接固定在型钢上;二是利用铝合金板材压延、拉伸、冲压成型的特点,做成各种形状,然后将其压卡在特制的龙骨上。前者耐久性好,常用于外墙饰面工程;后者,则施工方便,适宜室内墙装饰。这两种方法可以混合使用。

铝合金扣板条的安装构造,如图10-32所示。

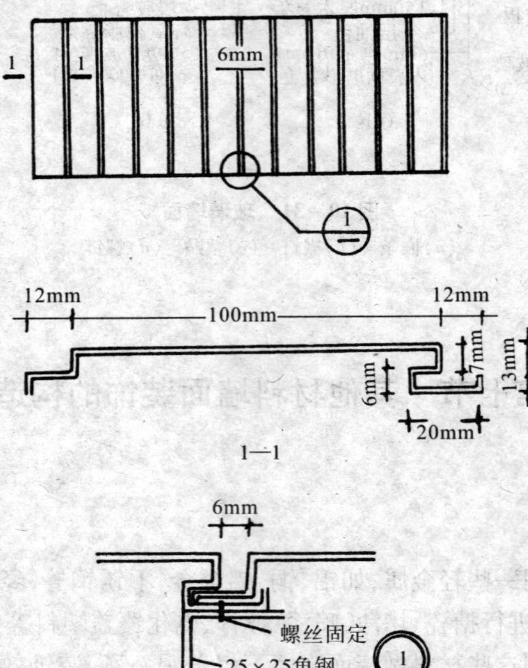

图10-32 铝合金扣板条的安装构造

铝合金复合外墙板的细部构造节点，如图 10－33 至图 10－36 所示。

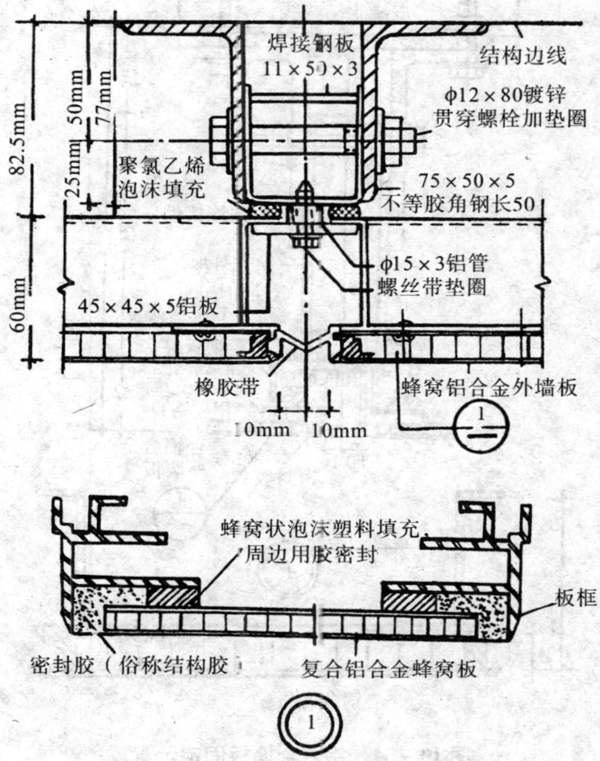

图 10－33　铝合金隔热墙板安装示意

（二）彩色不锈钢板

彩色不锈钢板是在不锈钢板材上进行技术和艺术加工，使其成为各种色彩绚丽、光泽明亮的不锈钢板材。它的色调会随光照角度的变化而变幻。

彩色不锈钢板能耐 200℃的温度，耐腐蚀性优于一般不锈钢板，彩色层经久而不褪色，适用于高级建筑装饰中的墙面装饰。

目前，用于外墙面的彩色不锈钢板品种、规格较铝合金少，固定方法基本上与铝合金外墙板相同。

二、玻璃幕墙

幕墙，通常是指悬挂在建筑物结构框架表面的非承重墙。玻璃幕墙，主要是应用玻璃这种饰面材料，覆盖在建筑物的表面的墙。

玻璃幕墙技术在国外有较长的发展史，但直到 20 世纪 80 年代中后期才开始在我国推广应用。采用玻璃幕墙做外墙面的建筑物，显得光亮、明快、挺拔，有较好的统一感，给人以新颖和高技术的印象。特别是采用热反射玻璃的幕墙，将周围的景物、环境、天空都

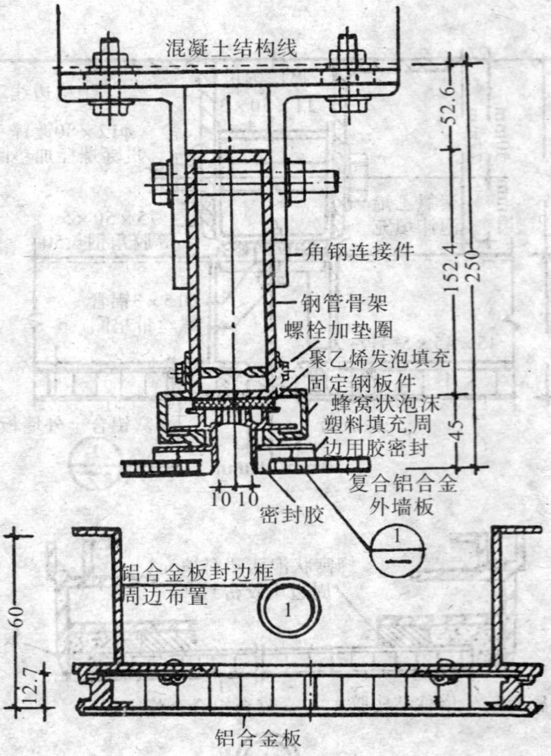

图 10-34　铝合金墙板固定示意

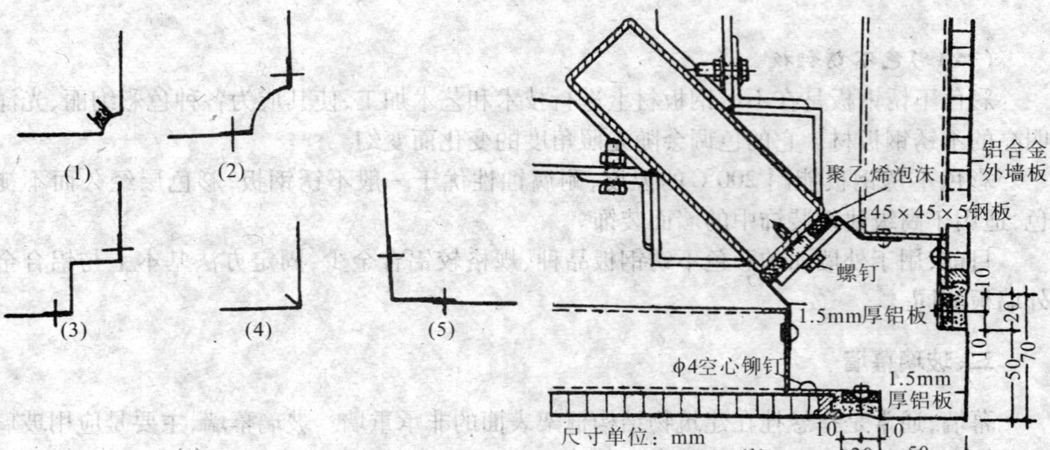

图 10-35　转角局部处理

(a)阳角形式　(b)阴角构造

反映到建筑物的表面，使建筑物与环境融合成一体，所以很容易被大众所接受。

玻璃幕墙制作技术要求高，而且投资大、易损坏、耗能大，所以一般只在重要的公共建筑立面处理中运用。

从组成上看，玻璃幕墙可分为幕墙框架和装饰面玻璃两部分。一般的幕墙都由骨架构成框架，也有由玻璃自承重的幕墙，这样的玻璃幕墙称之为“无骨架玻璃幕墙”。

玻璃幕墙所用的饰面玻璃，主要有热反射玻璃（俗称“镜面玻璃”）、吸热玻璃（亦称“染色玻璃”）、中空双层玻璃及夹层玻璃、夹丝玻璃、钢化玻璃等品种。另外，各种无色或着色的浮法玻璃也常被采用。从这些玻璃的特性来看，通常将前三种玻璃称为“节能玻璃”，将夹层玻璃、夹丝玻璃及钢化玻璃等称为“安全玻璃”。而各种浮法玻璃，则仅具有机械磨光玻璃的光学性能，两面平整、光洁，而且板面规格尺寸较大。玻璃原片厚度有3～100mm等不同规格，色彩有无色、茶色、蓝色、灰色、灰绿色等。组合件产品厚度尺寸有6mm、9mm、12mm等规格。

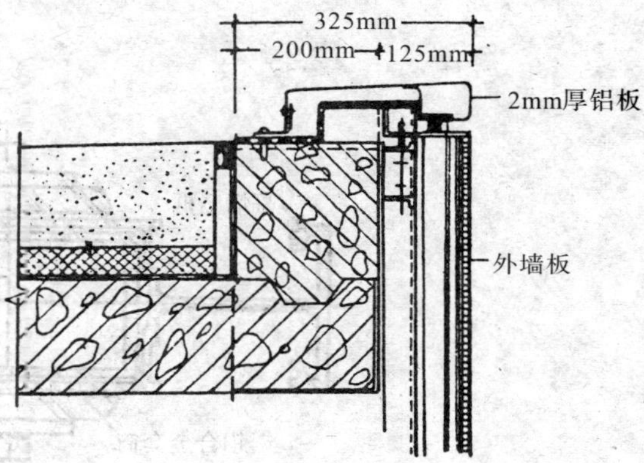

图10－36　铝合金水平盖板示意

玻璃幕墙的框架大多采用型钢或铝合金型材做骨架，还需要各类连接件与紧固件，通过它们将骨架、主体结构和饰面玻璃三者联系在一起。常用的紧固件有膨胀螺栓、铝拉钉、射钉等。连接件大多用角钢、槽钢或钢板加工而成，其形式可根据实际需要而设计。

有框玻璃幕墙除常见的将饰面玻璃嵌固在铝合金框内这种固定方式外，还有两种较为独特的固定方式。其一为隐蔽骨架式。这种方式立面上看不出骨架与窗框，是较新颖的一种玻璃幕墙。它的主要特点是玻璃的加工安装方法不是嵌入铝框内，而是用高强度黏合剂将玻璃黏结在铝框上，所以从立面看不见骨架与边框。其二为骨架直接固定玻璃式。它的特点是不用铝合金边框，仅用特制的铝合金连接板。连接板周边与骨架用螺栓锚固，然后将玻璃黏结在铝合金板上。其骨架用铝合金型材和型钢均可。

（一）型钢骨架框架

型钢骨架框架由各种型钢钢材构成。骨架的各种连接件和紧固件，也均用型钢钢材。常用的型钢有角钢、方钢管、槽钢、工字钢、钢板等。型钢的特点是强度高、价格低、易加工、易焊接，但必须有防锈、防腐措施。

用型钢骨架框架安装固定玻璃幕墙时，玻璃应嵌固在铝合金框内，然后将铝框与型钢锚上固定。由于型钢骨架强度高，因此骨架与墙的连接锚固点间距可以适当加大，形成开敞的空间。它适宜于大跨度、大幅立面。

型钢骨架框架应予以防锈、防腐处理，常用的有刷漆或外包铝合金薄板，板厚度不大于1mm。刷漆应该按高级油漆工艺施工，漆膜应保证有一定的厚度，色彩美观。

（二）铝合金型材框架

这种框架使铝合金骨架既作为玻璃的嵌固框，又作为与墙面锚固铁件连接的受力杆件，两者兼顾，也就是骨架与框架合二为一，同时满足两方面的要求，因而是目前普遍采用的一种形式。至于铝合金型材的断面尺寸，应根据使用部位和抗风压能力，经过结构计算和方法比较后再做选择。方管横档常用长度为 115mm、130mm、160mm180mm 等几种。转角处的立柱与横档，可根据不同的转角转度将立柱、横档做成非矩形截面。

立柱与主体结构之间的连接一般采用连接角钢，采用与预埋件焊接或膨胀螺栓锚固的方式与基体固定，务必牢靠，能承受较高的抗拔力。这一点涉及幕墙的安全，千万不可马虎。固定时一般用两根角钢，将角钢的一条肢与主体结构相连，另一条肢与立柱相连，如图 10 - 37 所示。角钢与立柱间的固定，宜采用不锈钢螺栓，以避免在接合部因两种金属间的电化学腐蚀而引起结构的破坏。

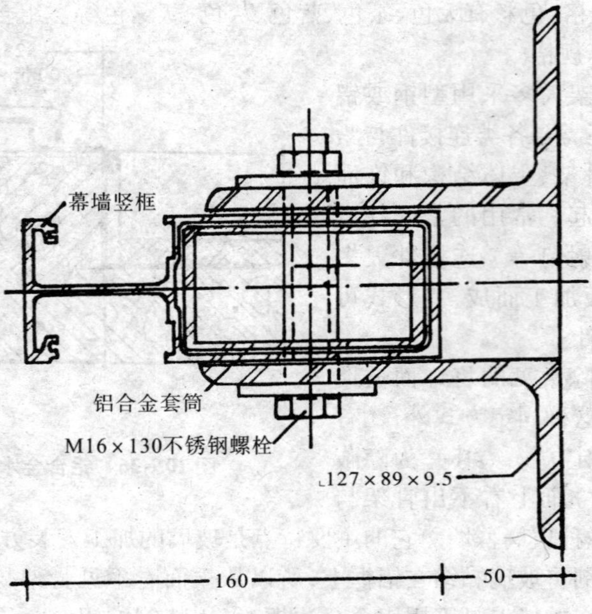

图 10 - 37　立柱固定节点构造

较高的玻璃幕墙均有竖向杆件接长的问题，尤其是型铝骨架，必须用连接件穿入薄壁型材中用螺栓拧紧。其典型的接长，如图 10 - 38 所示。图中两根立柱用角钢焊成的方管连接，并插入立柱空腹中，最后用 M12mm × 90mm 不锈钢螺栓固定。

横向杆件型材的连接，应在竖向杆件固定完毕后进行。如果是型钢，可用焊接法固定，也可用螺栓或其他方法锚固。焊接中因幕墙面积较大、焊点多，故要排定焊接顺序，防止幕墙骨架的热变形。另一种固定方法，是用一穿插件，将横杆穿担于穿插件上，然后将横杆两端与穿插担件固定，并保证横竖杆件间有一个微小间隙，便于因温度变化而伸缩。穿扦件用螺栓与竖杆固定，如图 10 - 39 所示。

在采用铝合金横竖杆型材时，两者间的固定多用角钢或角铝作为连接件。角钢、角铝应各有一条肢固定横竖杆。

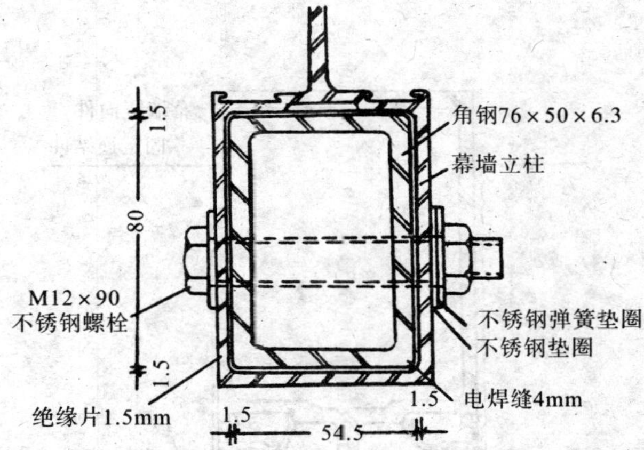

图 10－38　立柱接长构造

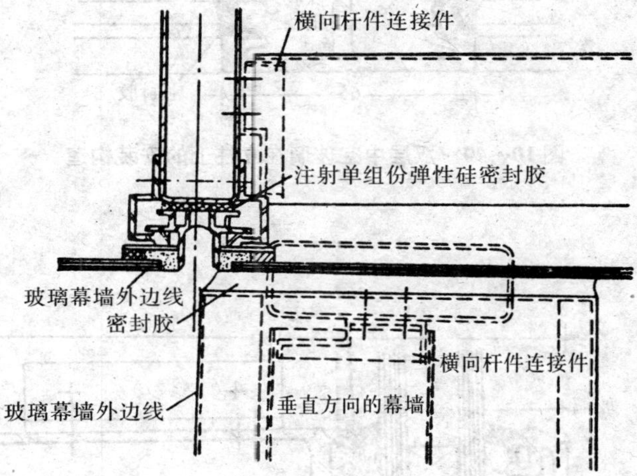

图 10－39　横向杆件穿扦连接示意

在铝合金立柱上固定玻璃，其构造主要包括玻璃、压条和封缝三个方面。压条常用的有铝合金压条和橡胶压条，其基本构造如图 10－40 所示。在横档上安装玻璃时，其构造与在立柱上安装玻璃稍有不同，主要是在玻璃的下方加设了定位垫块。另外，横档上支承玻璃的部位是倾斜的，目的是为了便于排除因密封不严而流入凹槽内的雨水，外侧用一条盖板封住。因此，定位垫块的制作必须与此部位的斜度相适应，如图 10－41 所示。

玻璃幕墙的细部节点构造，是一项非常细致而又复杂的工作。它关系到玻璃幕墙能否安全使用。不同类型幕墙的节点细部处理有所差异。以下介绍一些典型做法：

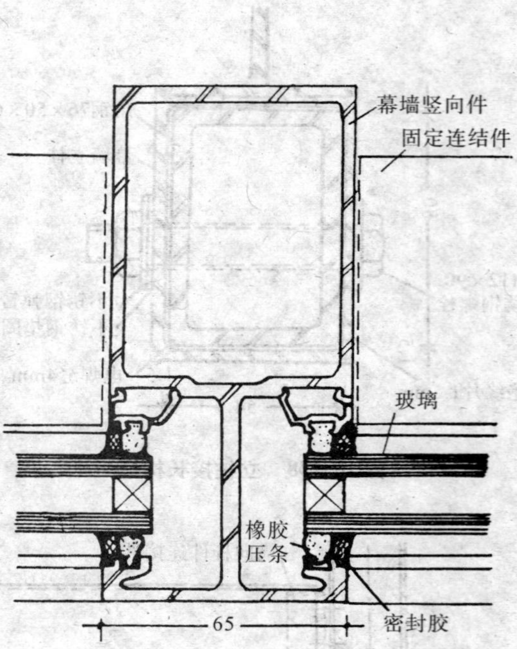

图 10-40　双层中空玻璃在立柱上的安装构造

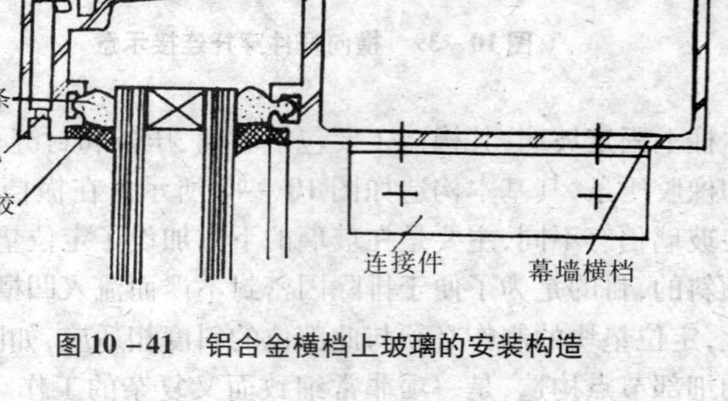

图 10-41　铝合金横档上玻璃的安装构造

1. 转角的构造处理

(1)阴角的构造处理　阴角的构造处理有两种:一种是常见的内转角是90°的阴角处理。其构造特点是通过两个立柱,按90°拼接,两立柱是垂直布置,接缝部位用密封胶将接口10mm间隙封闭,室内用铝合金板材封闭,如图10-42所示;另一种,是幕墙与其他饰面或墙体基层面的阴角转角处理。其特点是:玻璃幕墙靠边的一根立柱与其他材料墙面留一小的间隙,然后用铝合金板及密封胶充填间隙,封盖表面。其间隙既是幕墙与其他材料墙面排块中不是模数尺寸的调节段,又可调节安装中的施工误差,也是幕墙因温度差的伸缩缝,其构造如图10-43所示。

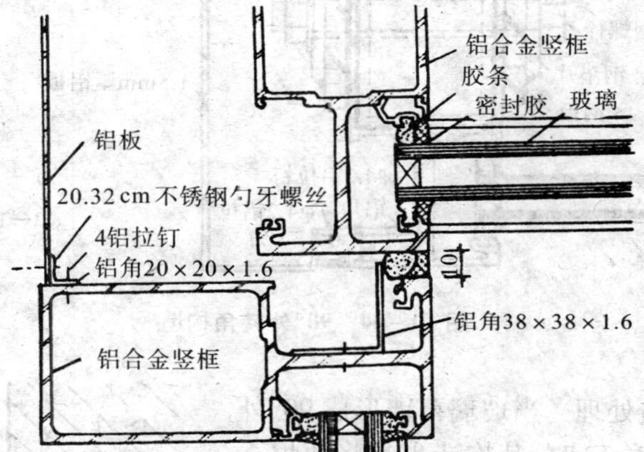

图10-42　90°内转角构造

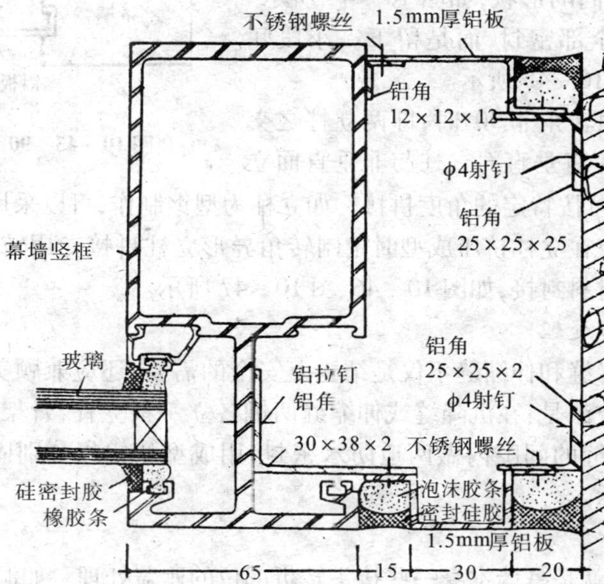

图10-43　玻璃幕墙与其他材料相交处构造

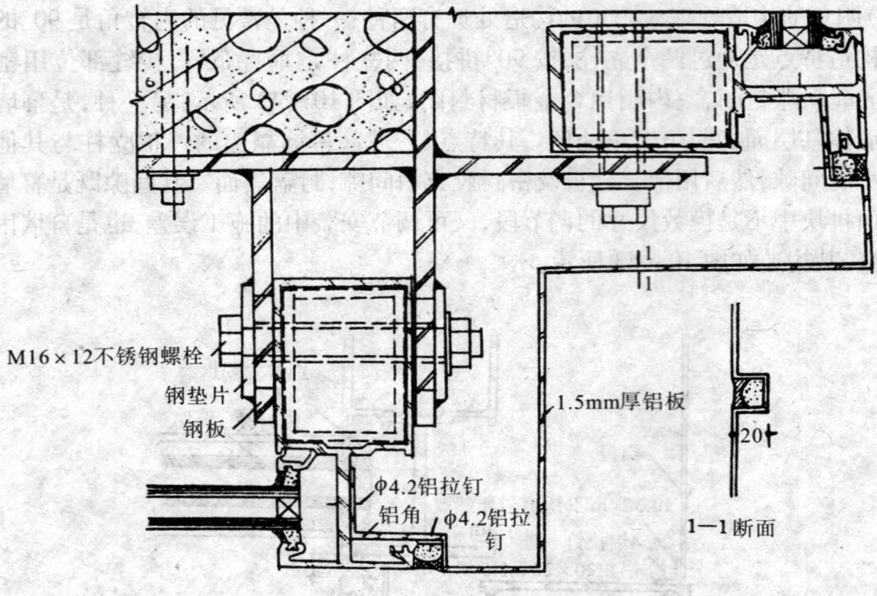

图 10-44　90°外转角构造

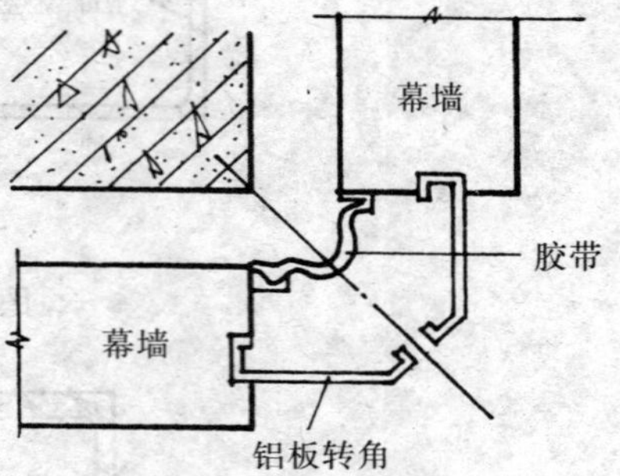

图 10-45　90°外转角示意

(2)阳角的构造处理　当玻璃幕墙形成 90°外转角(称为"阳角转角")时,其构造也是将两根立柱按 90°拼接,呈垂直布置,通常在转角部位用通长铝板做成装饰条封盖处理。装饰条可依不同风格的幕墙,压制成不同的形状,如图 10-44 所示。有时表面转角并不全部密封,而是留下一小段间隙,以利伸缩,如图10-45 所示。

当玻璃幕墙阳角转角非 90°时,即两立柱之交角大于 90°,这时就应将垂直面立柱与非垂直面立柱(又称"斜向立柱")按特定的角度拼接。如立柱为型钢制作,可以采用焊接固定较为简便;如为铝立柱,则应在立柱挤压成型时定制转角异形立柱拼接专用转角,空余部位则可用铝合金板与密封材料封接,如图 10-46、图 10-47 所示。

2. 沉降缝的构造处理

玻璃幕墙的沉降缝和伸缩缝不仅是结构上安全的需要,还应兼顾美观并满足防水的功能。一般的处理方法是:在沉降缝或伸缩缝两侧各立一根立柱,骨架在此断开,成为两片玻璃幕墙体系,在缝的间隙内做两道防水密封,用成型的铝板分别固定在各自的立柱上,如图 10-48 所示。

3. 收口的处理

所谓收口处理,就是幕墙本身一些接头转折部位的遮盖处理。如洞口、两种材料交接处、压项、窗台板和窗下墙等。

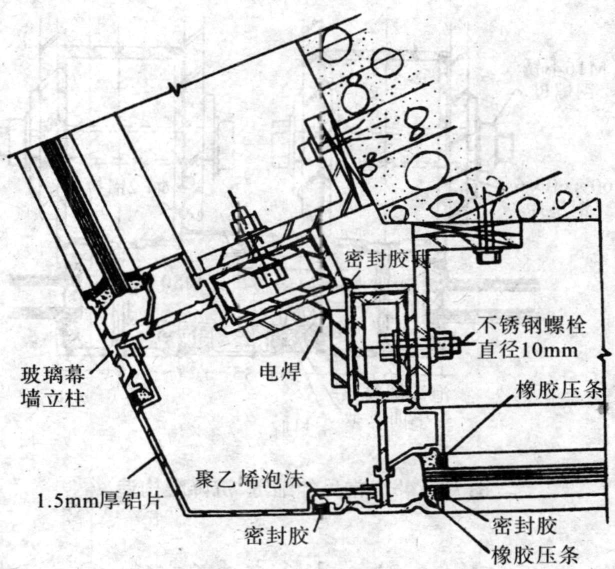

图 10-46　墙面转角处理(型钢转角)

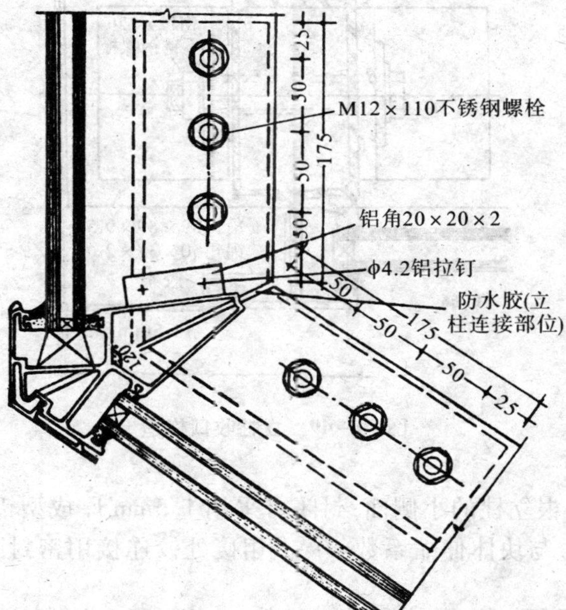

图 10-47　墙面转角处理(铝异形立柱)

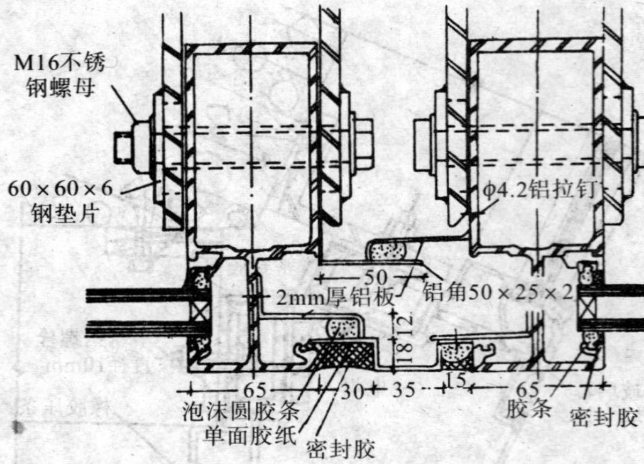

图 10－48　常见伸缩缝、沉降缝构造

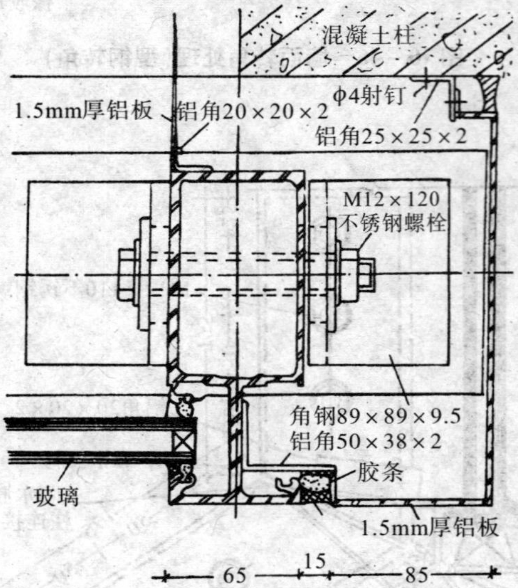

图 10－49　立柱收口构造

(1)幕墙最后一根立柱的小侧面,封闭可采用 1.5mm 厚成型铝板,将骨架全部包裹遮挡。为防止铝合金与块体伸缩系数不一，相接处铰连接用密封胶防水，如图 10－49 所示。

(2)女儿墙压项收口是用通长铝合金成型板固定在横杆上,在横杆与成型板间注入密封胶,压顶的铝合金板用螺栓固定于型钢骨架上,如图 10－50 所示。

(3)幕墙压顶收口的构造处理是幕墙渗漏与否的关键,常用一条成型铝合金板(压顶板)罩在幕墙顶面,在压顶型材下铺放一层防水材料,如图 10－51 所示。

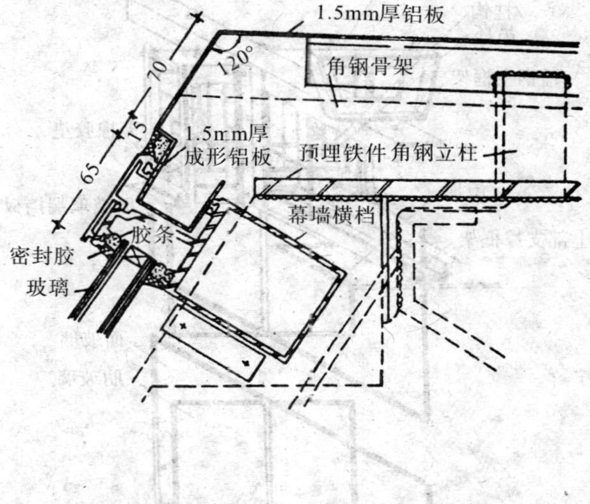

图 10－50　幕墙斜面与女儿墙收口构造

(三)无骨架玻璃幕墙

无骨架玻璃幕墙的组成特点是:玻璃本身既是饰面材料,又是承重构件。它必须承受自重和风荷载。

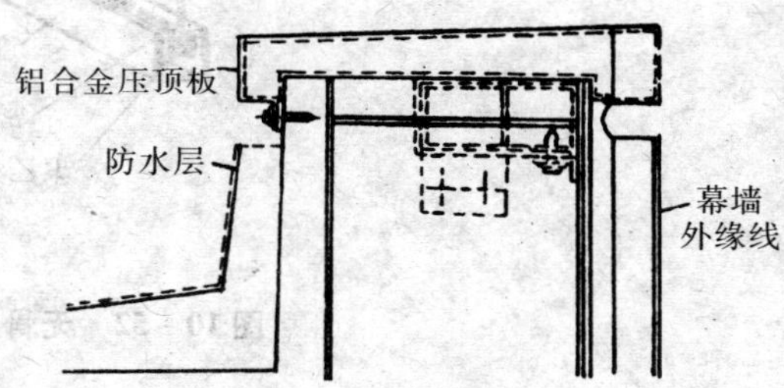

图 10－51　幕墙压顶构造示意

由于无骨架,玻璃可以采用大块饰面,以便使幕墙的通透感更强,视线更加开阔,立面更为简洁生动。玻璃还可以用特制的弧面玻璃或转角玻璃。因受到玻璃本身强度的限制,此类幕墙一般只用于首层,效果类似高落地窗,但这远优于落地窗。由于造价昂贵,一般只用于装饰宾馆门厅等重点部位。

这种类型的玻璃幕墙多采用悬挂式构造。即以间隔一定距离设置的吊钩或特殊的型材,从上部将玻璃悬吊起来。吊钩及特殊型材一般是通过螺栓固定在槽钢主框架上,然后再将槽钢悬吊于梁或板底之下。另外,为了增强玻璃的刚度,还需要在上部加设支撑框架,下部加设支撑横档。

这种悬挂式玻璃幕墙除了设有大面积的面部玻璃外,一般还需加设与面部玻璃相垂直的肋玻璃。其作用是加强面玻璃的刚度,保证玻璃幕墙整体在风压作用下的稳定性。肋玻璃的材质同面玻璃的材质一样,都是透明材料,其宽度很小,一般只有十几到几十个厘米,所以对玻璃幕墙的整体效果没有影响,如图 10－52 所示。

无骨架玻璃幕墙多采用强度较高的钢化玻璃或夹层玻璃,玻璃应有足够的厚度。

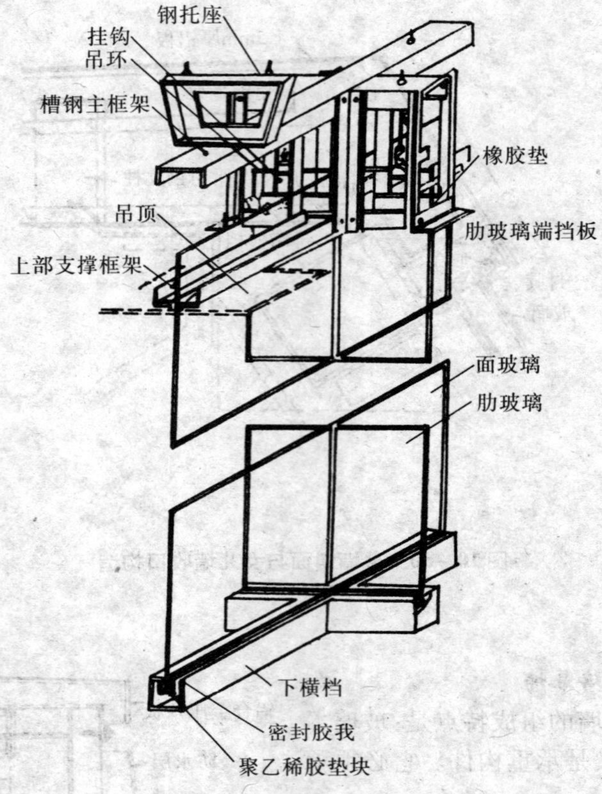

图 10－52　无骨架玻璃幕墙构造示意

第八节　墙体特殊节点的装饰构造

一、变形缝

墙面变形缝可分为伸缩缝、沉降缝和抗震缝，沉降缝一般兼起伸缩缝的作用，伸缩缝和沉降缝的构造处理基本相同。由于内外墙面的使用要求不同，墙面变形缝又可分为内墙变形缝和外墙变形缝。

墙体变形缝的构造，如图 10－53、图 10－54 所示。

二、窗帘盒

窗帘盒设置在窗的上口，主要用来吊挂窗帘，并对窗帘导轨等构件起遮挡作用，所以它也有美化居室的作用。窗帘盒的长度一般以窗帘拉开后不影响采光面积为准，一般为：

洞口宽度 +300mm 左右(洞口两侧各 150mm 左右);深度(即出挑尺寸)与所选用的窗帘材料的厚薄和窗帘的层数有关,一般为 120 ~200mm,保证在拉扯每层窗帘时互不牵动。

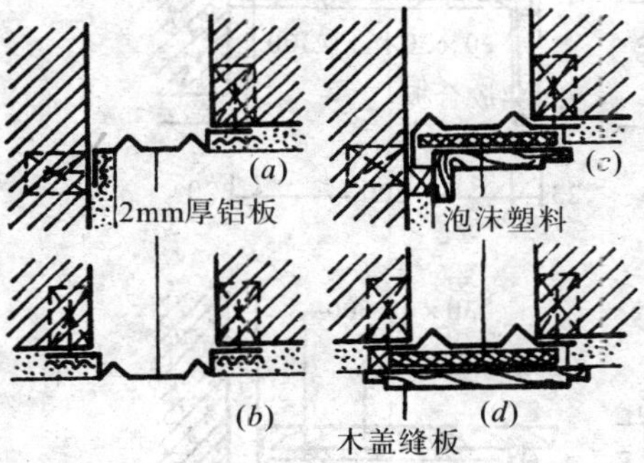

图 10 -53 墙体抗震缝构造

(a)、(b)墙外面 (c)、(d)墙内面

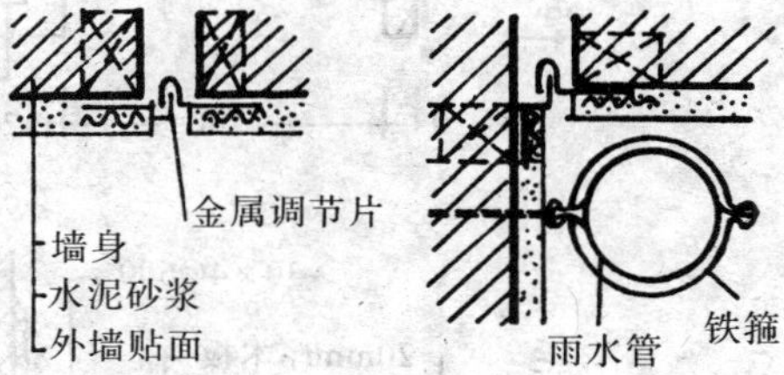

图 10 -54 墙体沉降缝构造

吊挂窗帘的方式有三种:软线式、棍式和轨道式。

(1)软线式 选用 14 号铅丝或包有塑料的各种软线吊挂窗帘。软线易受气温的影响产生热胀冷缩而出现松动,或者由于窗帘过重而出现下垂。因此,可在端头设元宝螺帽加以调节。这种方式多用于吊挂较轻质的窗帘或跨度在 1.0 ~1.2m 以内的窗口。

(2)棍式 采用 φ10mm 钢筋、铜棍、铝合金棍等吊挂窗帘布。这种方式具有较好的刚性,当窗帘布较轻时,适用于 1.5 ~1.8m 宽的窗口。跨度增加时,可在中间增设支点。

(3)轨道式 采用以铜或铝制成的窗帘轨,轨道上安装小轮来吊挂和移动窗帘。这种方式具有较好的刚性,可用于大跨度的窗子。由于轨道上设有小轮,拉扯窗帘方便,因而特别适宜于重型窗帘布。

窗帘盒的支架应固定在窗过梁或其他结构构件上。当层高较低或者窗过梁下沿与顶棚在同一标高时,窗帘盒可以隐蔽在顶棚上,其支架固定在顶棚搁栅上。另外,窗帘盒还可以与照明灯槽、灯具结合成一体。窗帘盒的构造,如图 10 -55 所示。

三、暖气罩

暖气散热器多设于窗前,暖气罩多与窗台板等连在一起。常用的布罩方法有窗台下式、沿墙式、嵌入式和独立式等几种。暖气罩既要能保证室内均匀散热,又要造型美观,具有一定的装饰效果。

暖气罩常用的做法有以下几种。

(1)木制暖气罩 采用硬木条、胶合板等做成格片状,也可以采用上下留空的形式。木制暖气罩舒适感较好,如图 10 -56 所示。

(2)金罩暖气罩 采用钢或铝合金等金属板冲压打孔,或采用格片等方式制成暖气罩。它具有性能良好、坚固耐用等特点,如图 10 -57 所示。

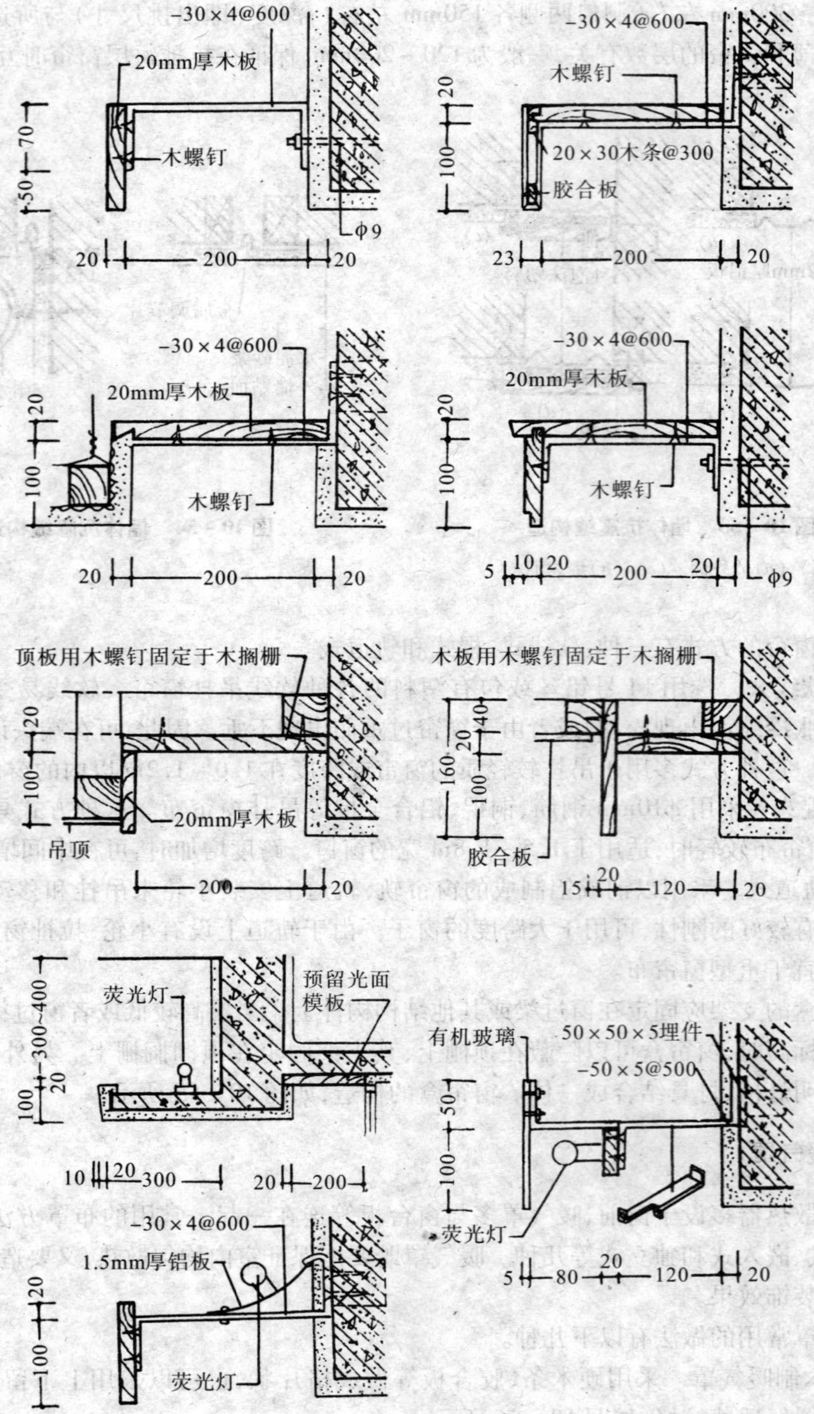

图 10－55　窗帘盒的构造

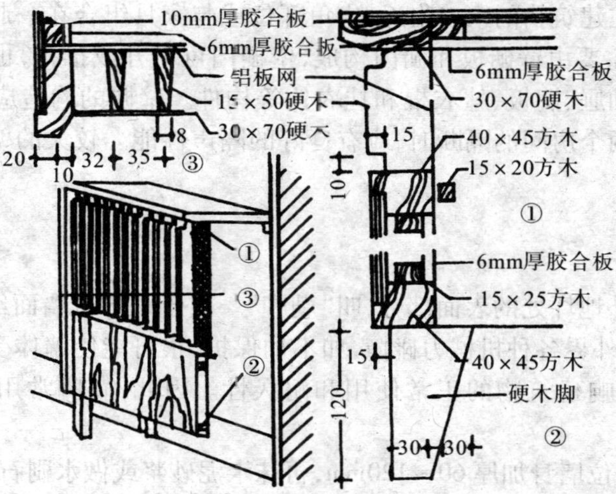

图 10－56　木制暖气罩

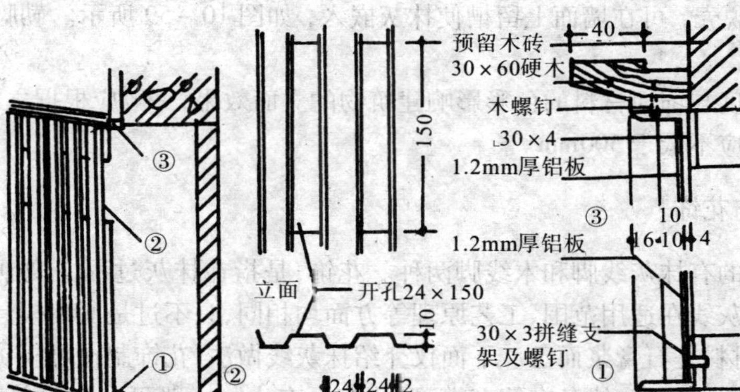

图 10－57　金属暖气罩

四、壁橱

壁橱一般设在建筑物的入口附近、边角部位或与家具组合在一起。壁橱深一般不小于500mm。壁橱主要由壁橱板和橱门构成,壁橱门可平开或推拉,也可不设门而只用门帘遮挡。橱内有抽屉、搁板、挂衣棍和挂衣钩等构件。壁橱的构造应解决防潮和通风问题。当壁橱兼作两个房间的隔断时,应有良好的隔声性能。较大的壁橱还可以安装照明灯具。

五、勒脚

外墙接近室外地坪处的表面部分,叫"勒脚"。由于该部位墙面经常受地面水、雨、雪的侵袭,还容易受外界各种机械力碰撞,如不加保护,很可能使墙体受潮、墙身受损,致使室内抹灰脱落,影响建筑物的正常使用和耐久性。因此,勒脚常用如下几种构造处理方法。

(1)在勒脚部位墙身加厚60~120mm,再抹水泥砂浆或做水刷石。

(2)在勒脚部位墙身镶砌天然石材。

(3)在勒脚部位镶贴石板、面砖等坚固耐久的材料。

(4)在勒脚部位抹20~30mm厚、1∶2.5水泥砂浆,或做水刷石饰面。

勒脚的构造,如图10-58所示。

一般民用建筑较多采用水泥砂浆抹面或做水刷石。为了保证抹灰层与砖墙黏结牢固,防止表皮脱壳,可在墙面上留槽使抹灰嵌入,如图10-59所示。勒脚的抹灰要伸入散水。

勒脚的高度与饰面材料的色彩影响建筑物的立面效果,一般应根据立面处理决定,从防护目的考虑应不低于500mm。

六、线脚与花饰

线脚常用的有抹灰线脚和木线脚两种。花饰,是指在抹灰过程中现制的各种浮雕图形。花饰与抹灰线在适用范围、工艺原理等方面均相同,只不过是所用模具因花型不同而有很大变化,材料是石膏浆而已。下面仅介绍抹灰线做法,花饰制作可模仿此工艺进行。

抹灰线的式样很多,线条有简有繁,形状有大有小。一般可分为简单灰线、多线条灰线。简单灰线通常称为"出口线角",常用于室内顶棚四周及方柱、圆柱的上端,如图10-60所示。

多线条灰线,一般是指三条以上、凹槽较深、开头不一定相同的灰线。常见于房间的顶棚四周、舞台口、灯光装置的周围等,其形式如图10-61所示。

木线脚主要有檐板线脚、挂镜线脚等,如图10-62所示。木线脚根据室内装饰要求不同而简繁不一。简单的可采用挂镜线脚,而复杂的则可采用檐板线脚或二者兼具。

檐板线脚可分为冠顶饰板、上檐板、下檐板、挡板及压条等,如图10-63所示。

木线脚的各种板条一般都固定于墙内木榫或木砖上。

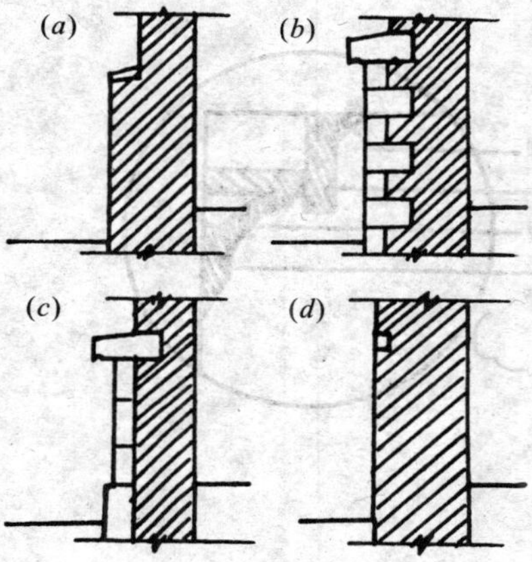

图 10-58　勒脚的构造

(a)墙身加厚　(b)镶砌块石

(c)石板或面砖贴面　(d)水泥砂浆抹面

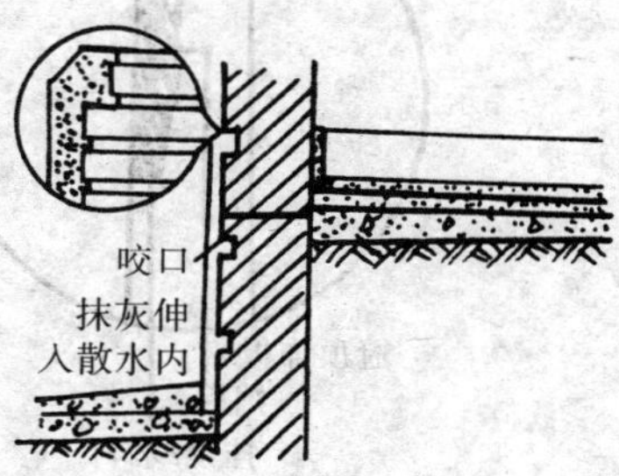

图 10-59　防止勒脚表皮脱壳措施

图 10-60　墙面与顶棚交接处的简单灰线

图 10-61　多线条灰线

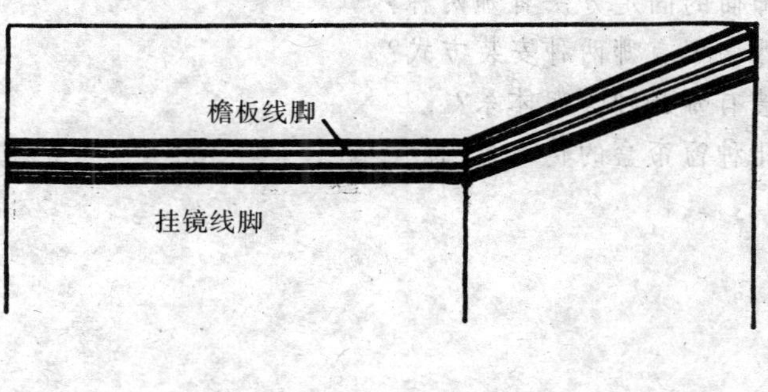

图 10-62　木线脚

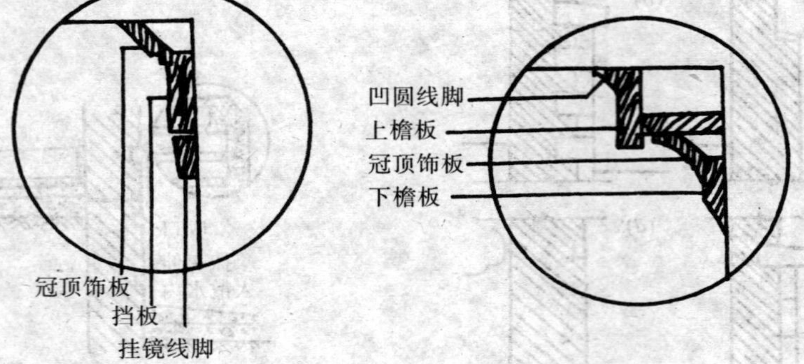

图 10－63　木线脚檐板及挂镜线

复 习 思 考 题

1. 内墙饰面和外墙饰面的基本功能在哪些?
2. 墙面抹灰通常由哪几层组成?它们的作用各是什么?
3. 什么是“护角”?它的构造如何?
4. 墙面的喷涂、弹涂、滚涂的做法有何区别?
5. 假面砖饰面有哪两种做法?
6. 试表述斩假石墙面的一般做法。
7. 水刷石与干粘石饰面有何区别?
8. 涂刷类饰面有何优缺点?
9. 什么是瓷砖的“软贴法”与“硬贴法”?
10. 大、中、小型琉璃构件在安装时的固定方法有何不同之处?
11. 简要说明大理石墙面的“挂贴法”做法。
12. 裱糊类墙面有何优缺点?
13. 石膏板饰面的固定方法有哪两种?
14. 铝合金外墙板有哪两种安装方式?
15. 玻璃幕墙有哪几种骨架体系?
16. 试绘出几种窗帘盒的构造草图。

第十一章

顶棚的装饰构造

第一节　顶棚的作用、分类和组成

顶棚,又被称为"平顶""天棚"或"天花板"。建筑内部空间相对于生活在其中的人来说是一个六面体,除了地面和面墙四壁外,剩下的只有上部的界面——顶棚了。顶棚是室内装饰的一个重要组成部分。对顶棚形式及构造方法的选择,应从使用要求、安全要求、经济条件和美观等多方面综合考虑。

一、顶棚的作用

(一)提高室内装饰效果

顶棚的高低、造型、色彩、照明和细部处理,对人们的空间感受具有相当重要的影响。处理得当,会有明达、舒畅、新颖及富有吸引力等感觉,是一种美的享受;处理不当,则会造成压抑、烦杂、阴涩或刺激的感觉。由于顶棚处于顶面,所以一般选择颜色较浅的材料。

(二)满足使用要求

顶棚本身往往具有保温、隔热、隔声、吸音或反射声音等作用,而且可以增加室内亮度。此处,人们还经常利用吊顶棚内的有限空间来处理好人工照明、空气调节、音响、防火等技术问题。

二、顶棚的分类

根据饰面层与主体结构相对关系的不同,顶棚可分为直接式顶棚和悬吊式顶棚两大类。

直接式顶棚,是指在结构层底部表面上直接做饰面处理的顶棚。这种顶棚做法简便易行、经济可靠,而且基本不占空间高度,所以为大部分室内空间所采用。

悬吊式顶棚,又称"吊顶",它离开结构底部表面有一定的距离,通过悬挂物与主体结构连接在一起。由于这类顶棚的类型较多、构造复杂,所以是本章重点介绍的内容。

根据结构构造形式的不同,吊顶可分为整体式吊顶、活动式装配吊顶、隐蔽式装配吊顶、开敞式吊顶等几种。

根据材料的不同，吊顶又有板材吊顶、轻钢龙骨吊顶、金属吊顶等。

三、吊顶的基本组成

吊顶在构造上由悬挂部分、支承结构、基层、面层四个部分组成。

（一）悬挂

吊顶的悬挂，俗称"吊筋"，主要由圆钢或扁钢制成。它上部与屋面或楼板结构层连接，下部与顶棚的支承结构连接。

（二）支承结构

顶棚支承结构最简便的做法是：把顶棚直接用吊筋悬吊于屋顶的檩条或楼板的梁上，以檩条和梁作为顶棚的支承结构，如图 11－1 所示。也有把顶棚悬吊在屋架下弦节点或下弦水平联系杆上的。

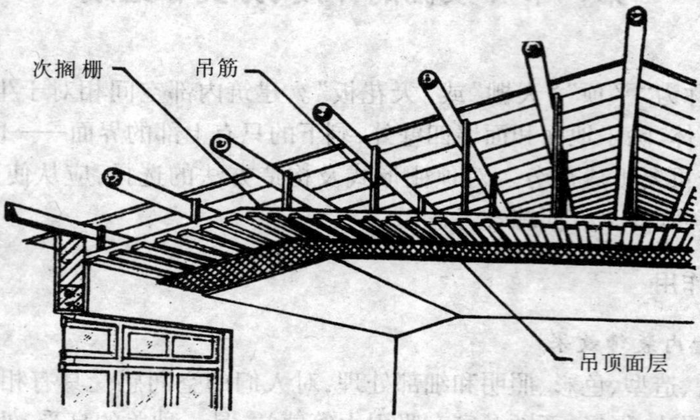

图 11－1　吊顶悬挂于檩条构造示意

当吊顶面积较大或者吊顶形式较为复杂时，应在屋顶或楼板下面设主龙骨（又称"顶棚大梁"）作为吊顶的支承结构，如图 11－2、图 11－3 所示。主龙骨用吊筋悬吊于屋顶或楼板上，主龙骨间距约 2m，吊筋间距不超过 2m。主龙骨由方木、圆木、型钢等材料做成，一般垂直于屋架布置。主龙骨与吊筋的连接，根据不同的材料，采用焊、螺栓、钉及挂钩等方式。

（三）基层

基层是由次龙骨和间距龙骨所构成的吊顶骨架。它所用材料为木、型钢、轻金属等。近年来，薄壁轻钢龙骨和铝合金龙骨发展势头较好，所占的市场份额越来越大。木材龙骨由于加工方便和适应性强，仍被不少地方采用。龙骨的布置方式和间距要视面层材料而定，间距一般不超过 600mm，用吊筋和主龙骨连接。

（四）面层

面层，即吊顶的饰面层。它可以是粉刷层或各类板材等。

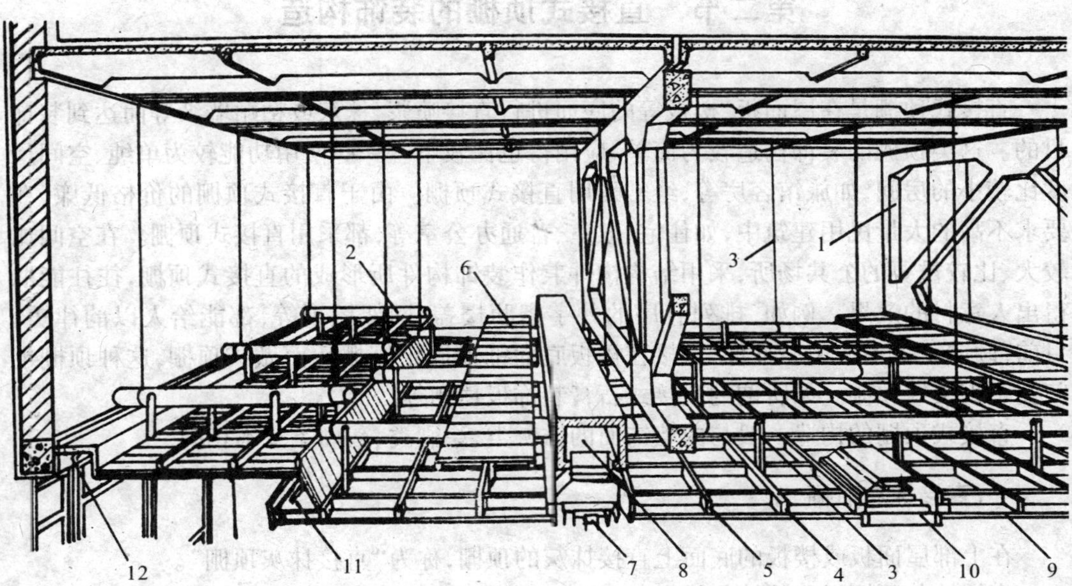

图 11－2　吊顶悬挂于屋面下构造示意

1. 屋架　2. 主龙骨　3. 吊筋　4. 次龙骨　5. 间距龙骨　6. 检修走道　7. 出风口　8. 风道　9. 吊顶面层　10. 灯具　11. 灯槽　12. 窗帘盒

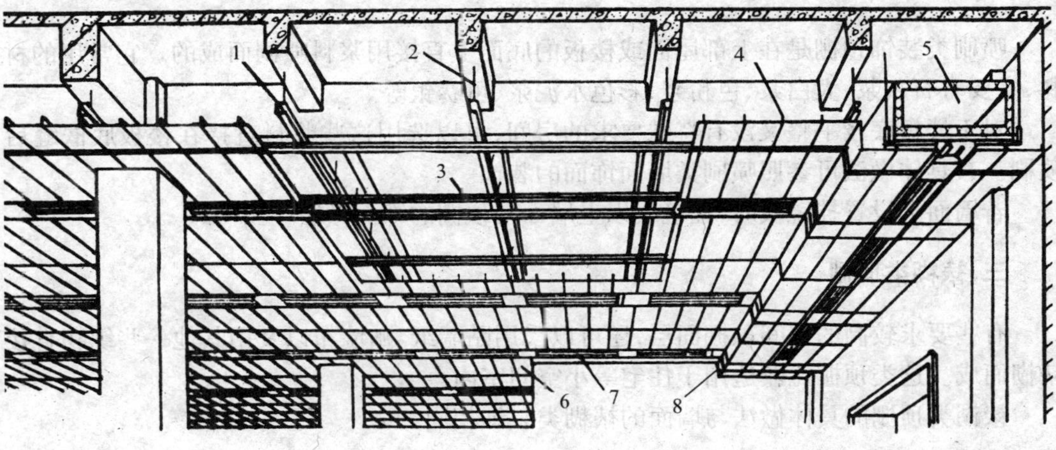

图 11－3　吊顶悬挂于楼板底构造示意

1. 主龙骨　2. 吊筋　3. 次龙骨　4. 间距龙骨　5. 风道　6. 吊顶面层　7. 灯具　8. 出风口

第二节　直接式顶棚的装饰构造

直接式顶棚是在屋面板、楼板等的底面进行直接喷浆、抹灰或粘贴墙纸等而达到装饰目的。这类顶棚的装饰构造较为简单，应用得也比较早。一些使用功能较为单纯、空间尺度比较小的房间，如旅馆客房等，经常采用直接式顶棚。由于直接式顶棚的价格低廉，在要求不高的大量民用建筑中，如住宅、教室、普通办公室等，都采用直接式顶棚。在空间比较大、比较重要的公共场所，采用结构构件兼作装饰构件所形成的直接式顶棚，往往能取得出人意料的效果。例如，排列有序的井字密肋楼盖、网架屋顶等，都能给人以韵律美。目前，倾向于把不使用吊挂件，直接在楼板底面铺设固定搁栅后而做成顶棚，这种顶棚也归类于直接式顶棚。如所谓的直接式石膏装饰板顶棚等。

直接式顶棚的构造一般与内墙饰面的抹灰类、涂刷类、裱糊类基本相同。

一、直接抹灰顶棚

在上部屋面板或楼板的底面上直接抹灰的顶棚，称为“直接抹灰顶棚”。

直接抹灰顶棚常用的抹灰材料，主要有纸筋灰抹灰、石灰砂浆抹灰、水泥砂浆抹灰等。其具体做法是：先在顶棚的基层即楼板底上，刷一遍纯水泥浆，使抹灰屋能与基层很好地粘合，然后用混合砂浆打底，再做面层。要求较高的房间，可在底板增设一层钢板网，在钢板网上再做抹灰，这种做法强度高、结合牢，不易开裂脱落。抹灰面的做法和构造与抹灰类墙面装饰相同。

二、喷刷类顶棚

喷刷类装饰顶棚是在上部屋面或楼板的底面上直接用浆料喷刷而成的。它常用的材料，主要有石灰浆、大白浆、色粉浆、彩色水泥浆、可赛银等。

对于楼板底较平整又没有特殊要求的房间，可以选用这些浆料直接在楼板底嵌缝后喷刷。其具体做法可参照喷刷类墙面饰面的装饰。

若墙面上设置挂镜线时，挂镜线以上墙面与顶棚的饰面做法应当一致。

三、裱糊类顶棚

有些要求较高的房间顶棚面层，还可以采用贴墙纸、贴墙布以及用其他一些织物直接裱糊而成。这类顶棚比较适用于住宅等小空间室内。

裱糊类顶棚的具体做法与墙面的裱糊类装饰相同。

四、结构顶棚

将屋盖结构暴露在外，不另做顶棚，称为“结构顶棚”。例如，网架结构，构成网架的杆件本身很有规律，有结构本身的艺术表现力。若能充分利用这一特点，有时能获得优美的韵律感。再如，拱结构屋盖，它本身具有规律性的优美曲面，可以形成富有韵律的拱面顶棚。结构顶棚的装饰重点，在于巧妙地组合照明、通风、防火、吸声等设备，以显示出顶棚与结构韵律的和谐，形成统一的、优美的空间景观。

结构顶棚广泛用于体育建筑及展览厅等公共建筑。

第三节　抹灰类吊顶的装饰构造

抹灰类吊顶表面平整光洁，整体感好，也被称为“整体式吊顶”。要求表面大面积平滑或有比较特殊的形体，如曲面、折面时，往往非抹灰类吊顶莫属。

当抹灰类吊顶的主龙骨和次龙骨采用方木时，主龙骨断面尺寸由结构计算确定，中距不超过1.5m；次龙骨（单向或双向布置）断面为40mm×40mm×60mm，中距为400～600mm。当采用型钢时，主龙骨用槽钢，断面大小按结构计算，中距约1.5～2.0m；次龙骨用角钢，型号为25mm×16mm×3mm或20mm×20mm×3mm，中距为400～600mm。悬吊主龙骨的吊筋采用φ10～φ16钢筋，一般情况下每1m^{2}抹灰顶棚至少要安装三根吊筋。

抹灰类顶棚的面层做法有板条抹灰、板条钢板网抹灰、钢板网抹灰等几种。

一、板条抹灰吊顶

板条抹灰一般采用木质龙骨。板条的截面尺寸以10mm×30mm为宜，灰口缝隙8～10mm。板条接头处不得空悬，宜错开排列，以免板条变形而造成抹灰开裂。板条抹灰一般采用纸筋灰作面层粉刷，其做法与纸筋灰内墙面相同。

板条抹灰吊顶的构造简单，但粉刷层受震易开裂掉灰，且不防火，通常适用于要求不高的一般建筑。

板条抹灰吊顶的构造，如图11－4所示。

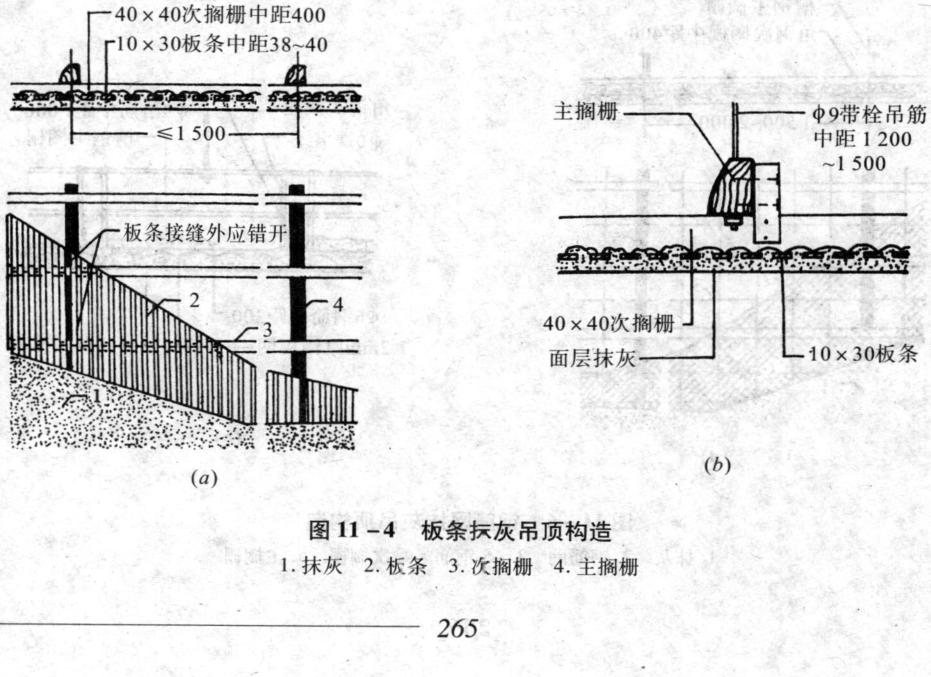

图11－4　板条抹灰吊顶构造

1.抹灰　2.板条　3.次搁栅　4.主搁栅

二、板条钢板网抹灰吊顶

为了提高板条抹灰顶棚的耐火性，使灰浆与基层接合得更好，可在板条上加钉一层钢丝网，钢丝网的网眼不可大于 10mm，如图 11 －5 所示。这样，板条的中距可由前者的 38 ~40mm加宽至 60mm。

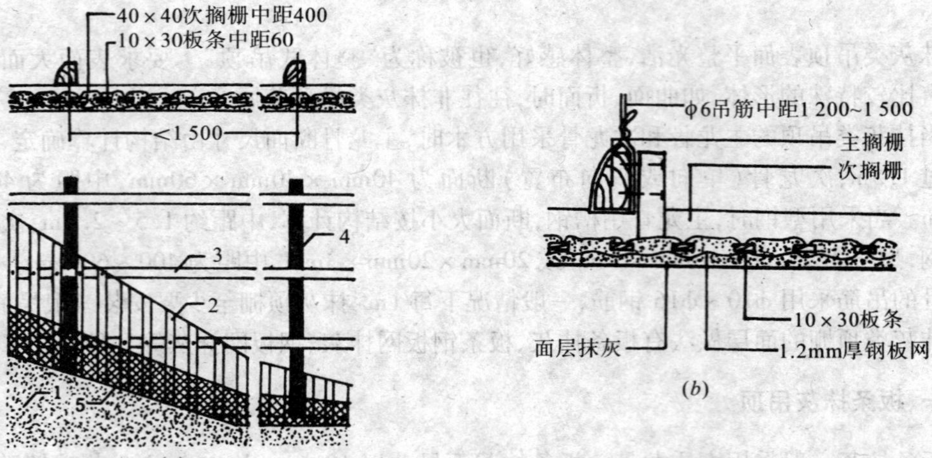

图 11 －5　板条钢板网抹灰吊顶构造

1. 抹灰　2. 板条　3. 次搁栅　4. 主搁栅　5. 钢筋网

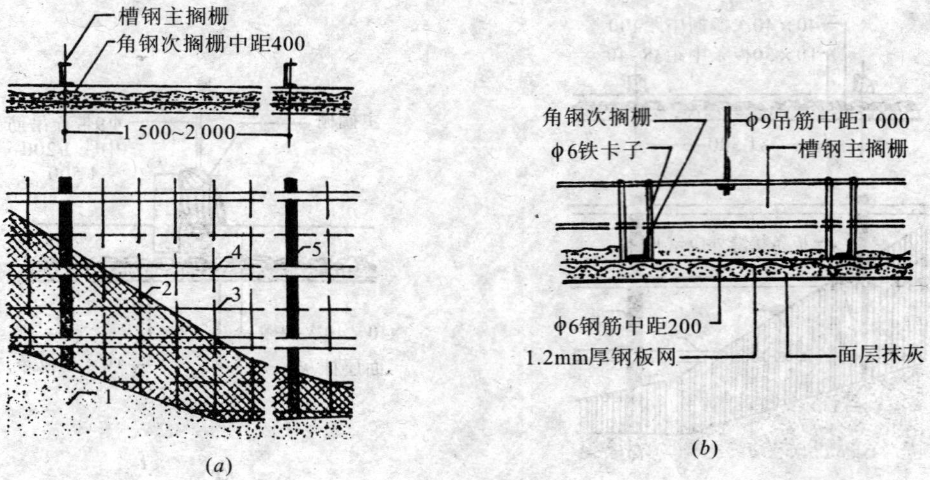

图 11 －6　钢筋网抹灰吊顶构造

1. 抹灰　2. 钢筋网　3. ϕ6 钢筋　4. 次搁栅　5. 主搁栅

三、钢板网抹灰吊顶

钢板网抹灰吊顶一般采用槽钢为主龙骨，角钢为次龙骨。先在次龙骨下加一道中距为200的ϕ6mm钢筋网，再铺钢板网。钢板网应在次龙骨上绷紧，相互间搭接间距不得小于200mm。搭口下面的钢板网应与次龙骨钉固或绑牢，不得空悬。

钢板网通常采用水泥砂浆抹灰饰面。由于其龙骨和面层均用金属材料，因此其耐久性、防震、防火均较好，多用于高级建筑。

钢板网抹灰吊顶的构造，如图11－5所示。

第四节　板材类吊顶的装饰构造

根据面层选用的材料及常用构造处理方法的不同，板材类吊顶可分为植物板村吊顶、矿物板材吊顶和金属板材吊顶三大类。

一、植物板材吊顶

（一）板材的种类

用于吊顶的植物板材有木板、胶合板、硬质纤维板、软质纤维板、装饰软质纤维板、装饰吸音板、木丝板、刨花板等。

1. 木板

木板做顶棚有温暖、亲切的感觉，加工也较方便，在一些取材方便的地区较为常见。木顶棚一般多为条板，常见规格为90mm宽，1.5～6.0m长不等。成品有光边、企口和双面槽缝等几种。通常有企口平铺、离缝平铺、嵌缝平铺和鱼鳞斜铺等多种形式，如图11－7所示。其中，离缝平铺的离缝为10～15mm，在构造上除可钉结外，常采用凹槽边板，用隐蔽夹具卡住，固定在龙骨上。这种做法有利于通风和吸声。为了加强吸声效果，还可以在木板上加铺一层矿棉吸声毯。

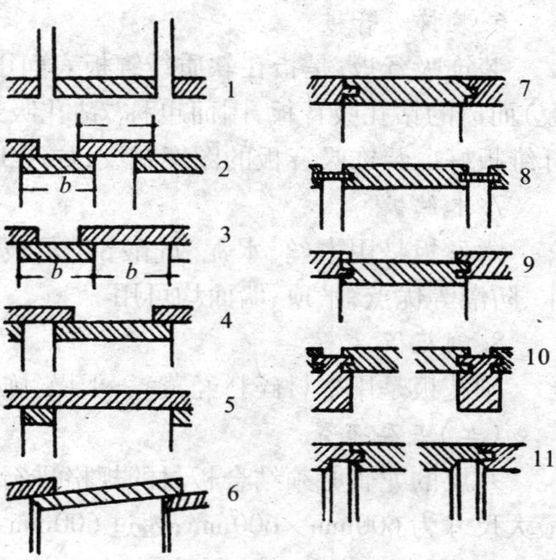

图11－7　木板顶棚的接合形式

1. 离缝平铺　2、3、4. 搭盖　5. 盖缝
6. 鱼鳞平铺　7. 企口平铺　8. 平铺嵌榫
9. 重叠搭接　10. 插入盖缝　11. 企口板

2. 胶合板

根据夹数的不同，胶合板分为3夹、5夹、7夹、9夹。根据使用胶料的不同，胶合板可分为酚醛胶板（耐水、耐热、抗菌，可用于湿热状态）、脲醛胶板（耐水、抗菌、不耐热，可用于潮湿状态）、血胶板（耐湿、不耐水、不耐热、不抗菌，用于室内）、豆粉胶板（不耐

湿、不耐水、不耐热、不抗菌，只能在室内干燥状态下使用)。表 11－1 是各种人工合成植物板材的常见规格。

表 11－1 各种人工合成植物板材规格(mm)

胶合板	硬质纤维板	软质纤维板	装饰软质纤维板	装饰吸音板	木丝板	刨花板
915×1 830×(3～4)(三夹) 915×1 830×(5～7)(五夹) 1 220×1 830×(5～7)(五夹)	915×1 830×4 1 050×2 200×4 1 150×2 350×4	1 200×2 440×(13、16、19、25)	305×305×15	305×305×(10、13、16) 500×500×13	610×1 830×25	1 500×1 000×16 2 100×1 250×19 3 050×915×19

3. 硬质纤维板

硬质纤维板是由木材碎料或树枝经过切片、纤维分离、施胶、成型、热压而成的板材。它具有耐潮、抗菌、不受虫害侵蚀等优点。

4. 软质纤维板

软质纤维板用边角木料、稻草、甘蔗渣、麦秆、麻类植物纤维，经切碎、软化处理，打浆、加压成型后干燥而成。它具有容重轻、结构松软、多孔略有弹性、遇潮不变形等优点，是一种吸音、隔热、防潮的轻质材料。

5. 装饰软质纤维板

装饰软质纤维板是在软质纤维板上涂发泡塑化的聚氯乙烯树脂，成为泡沫型装饰软质纤维板。它的装饰性好。

6. 装饰吸音板

装饰吸音板，是指在软质纤维板表面用树脂贴钛白纸后，按图案钻孔(孔不穿透整个板)而成的钻孔吸音板，因而也称"钻孔吸音板"。它的吸音、隔热和装饰性，比普通软质纤维板好。装饰吸音板的图案花纹，如图 11－8 所示。

7. 木丝板

木丝板是用木丝、水泥、硅酸钠(水玻璃)加压而成的。它具有隔热、吸音、保温、防水、防潮等优点，吊顶、墙面均可用。

8. 刨花板

刨花板是用木材碎料经蒸煮、干燥、施胶、热压而成的，可用于吊顶和墙面。

(二)基层布置

基层的龙骨必须结合板材的规格进行布置。龙骨中距最小尺寸为 305mm×305mm，最大尺寸为 600mm×600mm；超过 600mm 时，中间应加小龙骨(即间距龙骨)。龙骨布置方式，如图 11－9(*a*)(*b*)所示。

(三)细部处理

1. 板面处理

板面按需要可喷色浆、油浆(光滑表面、小拉毛或立粉油漆等)，亦可裱糊塑料纸或锦缎。上述做法参见本章第二节墙面装饰。

此外，当需做吸音构造时，可在板材表面钻孔，并在上部铺设吸音材料，如矿棉、玻璃棉等。板材钻孔可按各种图案进行,孔眼直径和间距由声学要求来确定。

2. 板缝处理

板缝拼接处一般处理成立槽缝或斜槽缝,也可以不留缝槽,用纱布或棉纸粘贴缝痕。几种板缝的做法,如图 11－10 所示。

3. 吊顶端部处理

可结合照明灯具、空调风口、音响器材等设备设施布置需要和空间造型处理需要做成各种形式,和总体可以取持平、下沉或内凹三种关系,如图 11－11 所示。如果吊顶端部与大面持平,一般需在与墙面交接处加做装饰线脚等收口处理。

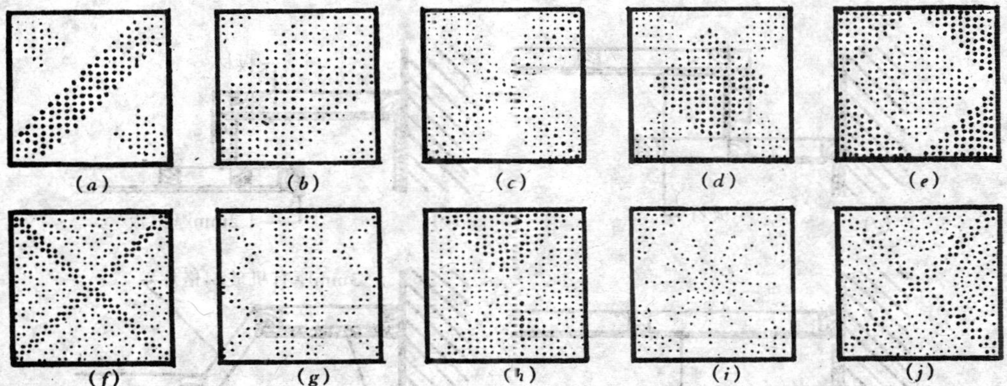

图 11－8　钻孔吸音板

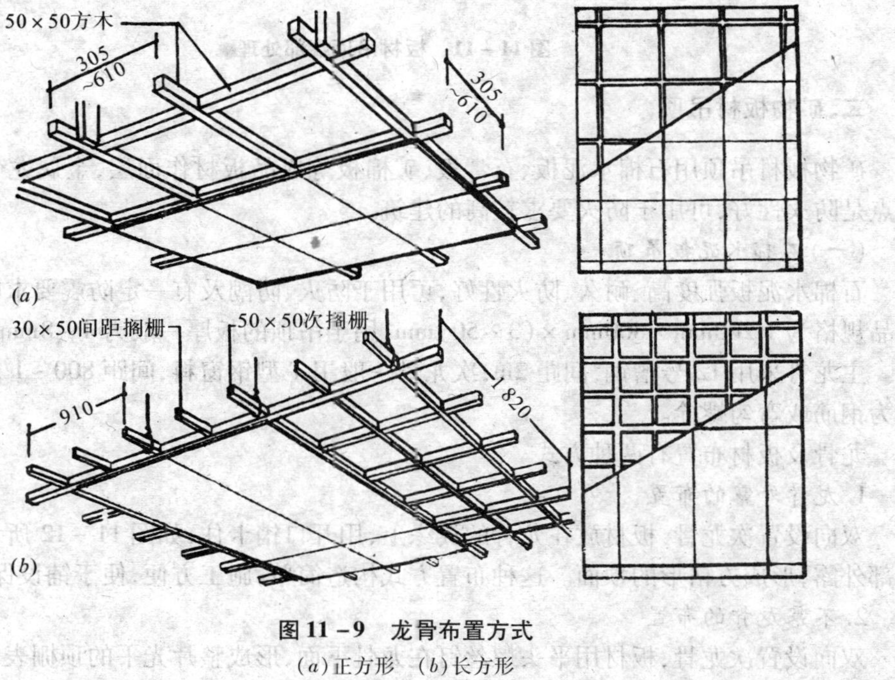

图 11－9　龙骨布置方式

(a)正方形　(b)长方形

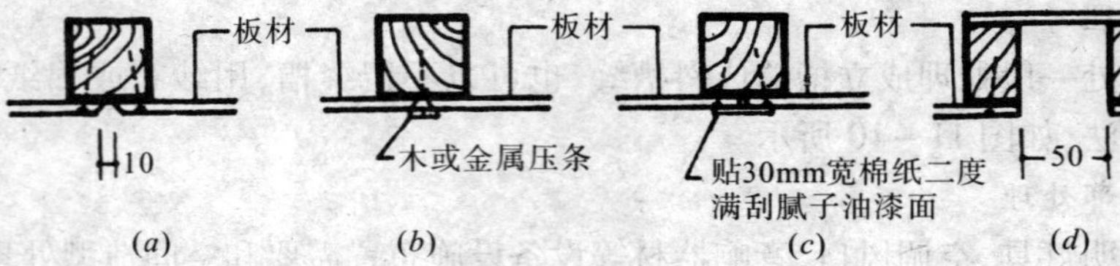

图 11－10　板缝做法示例

注:所用铁钉均须将头部打扁。

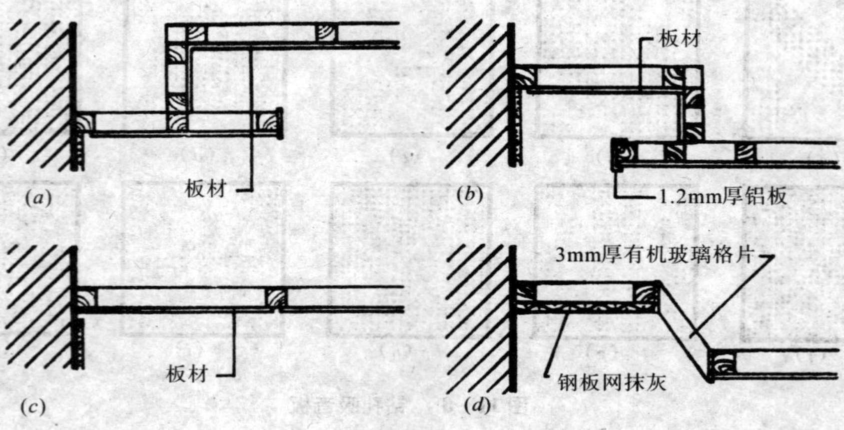

图 11－11　板材吊顶端部处理

二、矿物板材吊顶

矿物板材吊顶用石棉水泥板、石膏板、矿棉板等成品板材作面层,金属龙骨基层。其优点是防火性好,可用于防火要求较高的建筑。

(一)石棉水泥板吊顶

石棉水泥板强度高、耐久、防火性好,可用于防火、防潮及有一定防震要求的建筑。其产品规格为 1 200mm × 800mm × (3 ~ 50)mm,用于吊顶的板厚一般为 4 ~ 8mm。

主龙骨采用 12 号槽钢,间距 2m;次龙骨一般用 T 型钢窗料,间距 800 ~ 1 200mm。吊筋为钢筋或弯勾螺栓。

龙骨及板材布置有两种方式。

1. 龙骨外露的布置

双向设置次龙骨,板材放在龙骨的翼缘上,用开口销卡住,如图 11 – 12 所示。次龙骨全部外露,形成方格形的顶面。这种布置方式构造简单,施工方便,便于铺设保温材料。

2. 不露龙骨的布置

双向设置次龙骨,板材用平头螺丝钉在龙骨下面,形成整片光平的顶棚表面。板缝可紧密拼接,也可留分格缝。螺丝钉用腻子刮平,顶棚面做油漆或其他饰面。图 11 – 13 为不露龙骨的布置。

（二）石膏装饰吸声板吊顶

用于顶棚装饰的石膏板，主要有纸面石膏装饰吸声板和普通石膏装饰吸声板两种。

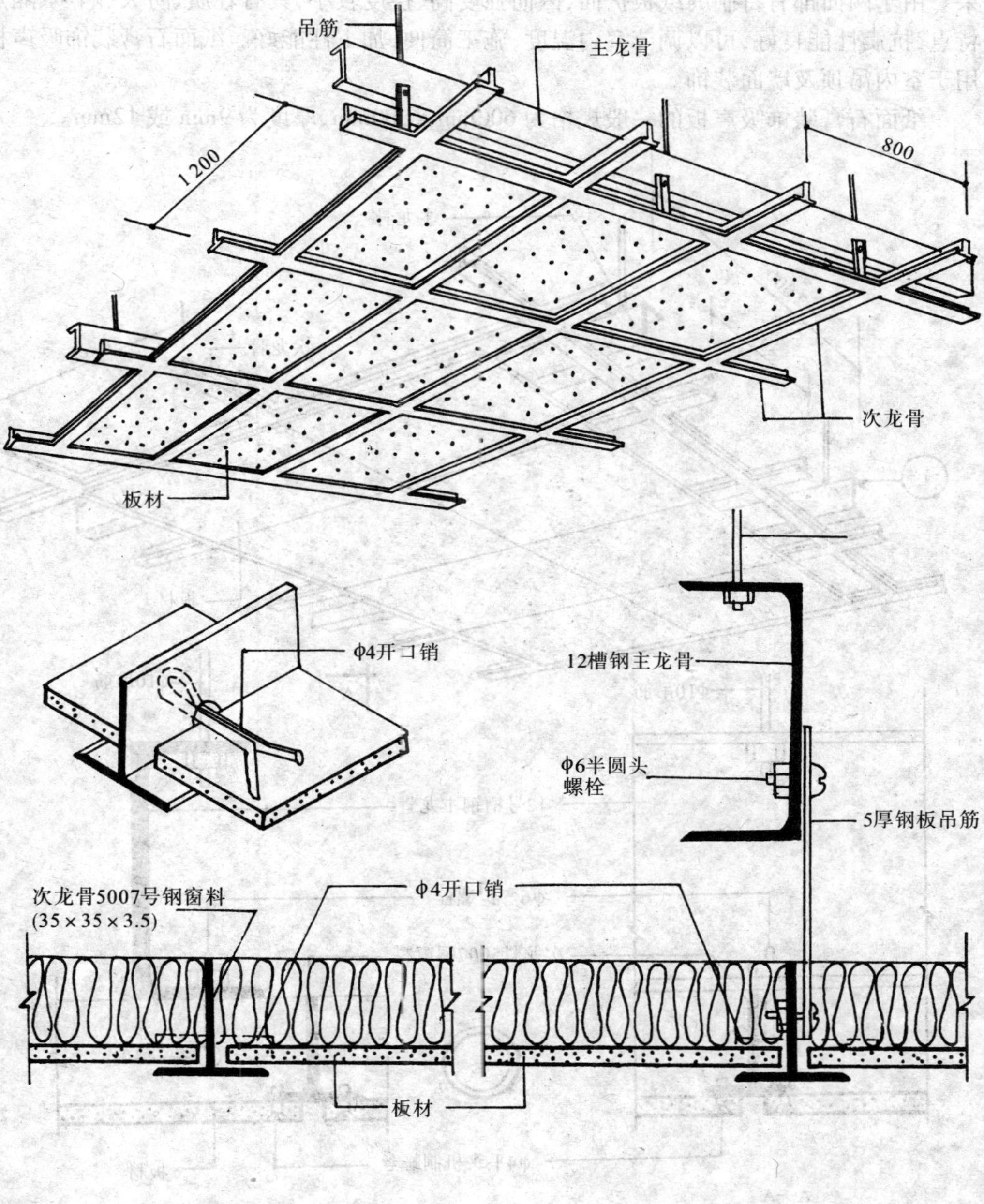

图 11－12 次龙骨外露的布置方式

1. 纸面石膏装饰吸声板

纸面石膏装饰吸声板,是以建筑石膏为主要原料,加入纤维及适量添加剂做板芯,以特制的纸板为护面,经过加工制成的。

纸面石膏装饰吸声板分有孔和无孔两类,并有各种花色图案。它具有良好的装饰效果。由于两面都有特制的纸板护面,因而强度高、挠度较小,具有轻质、防火、隔声、隔热等特点,抗震性能良好,可以调节室内温度,施工简便,加工性能好。纸面石膏装饰吸声板适用于室内吊顶及墙面装饰。

纸面石膏装饰吸声板的一般规格为600mm×600mm,厚度为9mm或12mm。

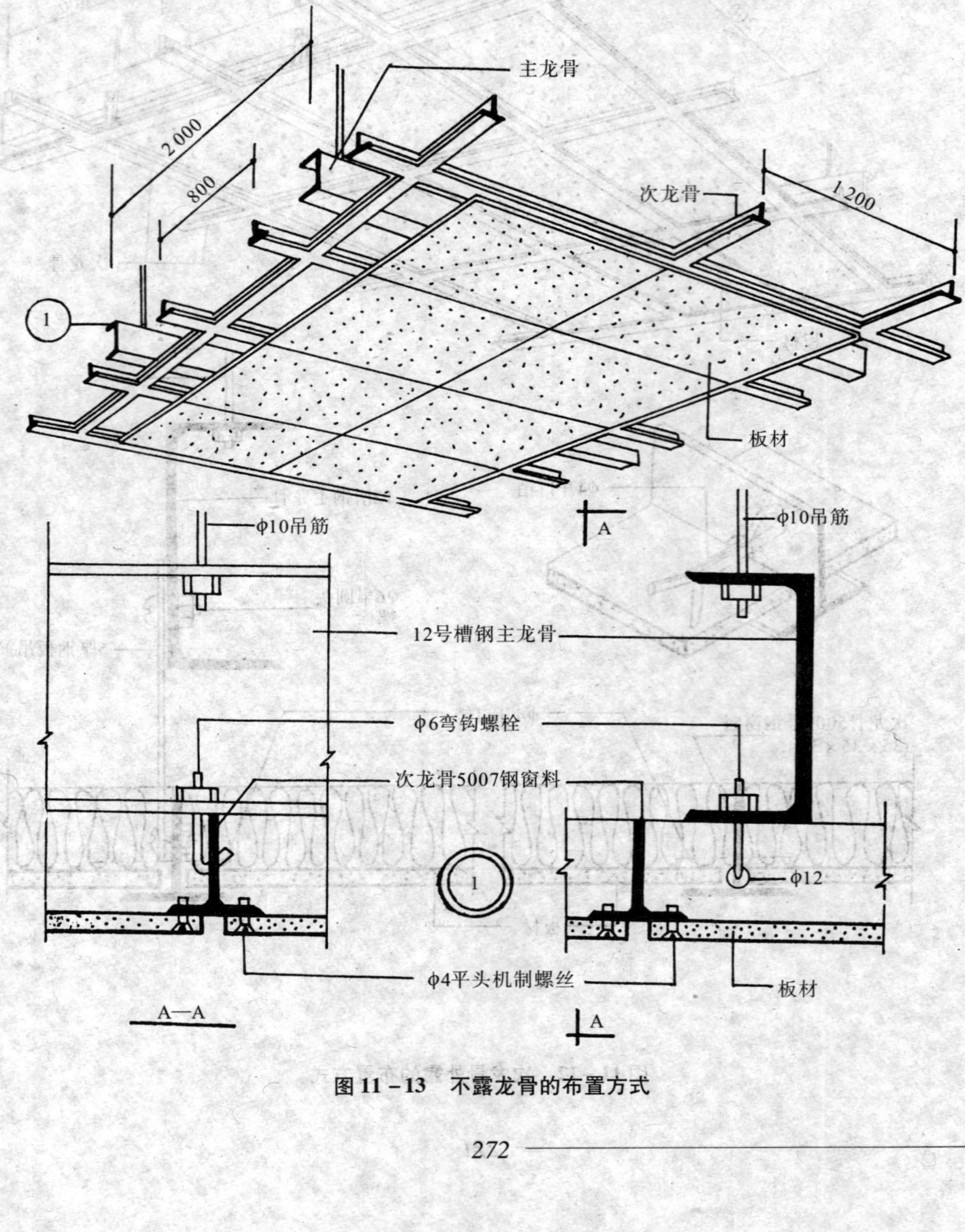

图 11-13　不露龙骨的布置方式

2. 普通石膏装饰吸声板

普通石膏装饰吸声板，是以建筑石膏为主要原料，加少量增强纤维、胶粘剂、改性剂等，经搅拌、成型、烘干等工艺制作而成。它具有轻质、高强、防潮、不变形、防火、阻燃、可调节室温等特点。其加工性能好，可锯、可钉、可刨、可黏结，施工操作方便。

普通石膏装饰吸声板品种较多，有各种平板、花纹浮雕板、穿孔及半穿孔吸声板等。常见的规格为300mm、400mm、500mm、600mm见方的板，厚9～12mm。

3. 构造方式

石膏装饰板吊顶采用薄壁轻钢龙骨作搁栅，可节省大量木材。不上人的吊顶多用$\phi 6mm$钢筋或带螺栓的$\phi 9$mm钢筋作为吊筋，吊筋间距为900～1 200mm，再用各种吊件把次搁栅吊在主搁栅上，次搁栅间距根据装饰板面料规格来决定。常见作搁栅的龙骨断面形式，如图11－14所示。

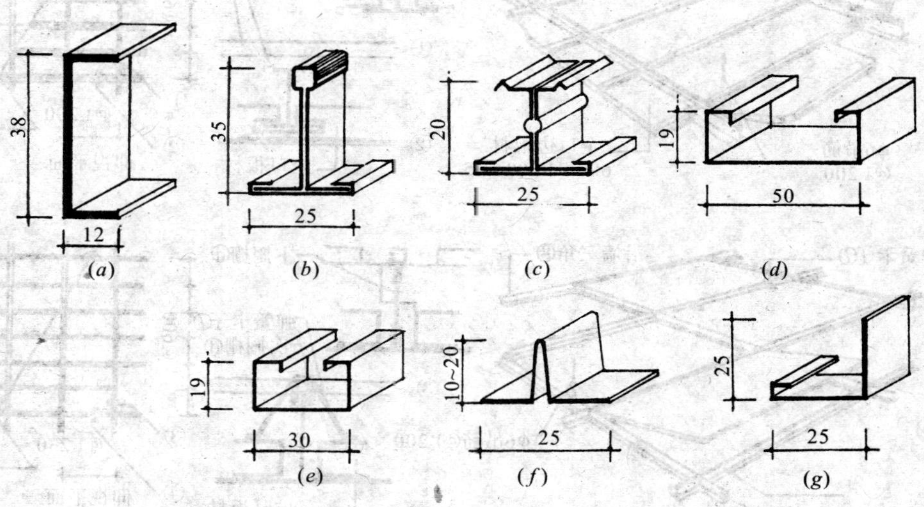

图11－14　各种龙骨断面形式

(*a*)主龙骨　(*b*)、(*c*)、(*d*)次龙骨　(*e*)、(*f*)间距龙骨　(*g*)边龙骨

板材固定在次龙骨上，其固定方式有以下三种。

(1)挂结方式　板材周边先加工成企口缝，然后挂在倒T形或工字形次龙骨上，故又称“隐蔽式”，如图11－15(*a*)所示。

(2)卡结方式　板材直接放在次龙骨翼缘上，并用弹簧卡子卡紧，次龙骨露于顶棚面外，如图11－15(*b*)所示。

(3)钉结方式　次龙骨和间距龙骨的断面为卷边槽形，以特制吊件悬吊于主龙骨下，板材用平头螺钉钉于龙骨上，龙骨底预钻螺钉孔，如图11－15(*c*)所示。

其他用做吊顶的石膏板材及矿棉板材均可采用上述构造方式安装。

(三)矿棉板和玻璃棉板吊顶

矿棉板以矿棉为主要原料，加入适量的黏结剂、防潮剂和防腐剂，经加压、烘干、饰面而成的一种新型吊顶装饰材料。

玻璃棉板以玻璃棉为主要原料，同样加入适量黏结剂、防潮剂和防腐剂，经热压加工成型。

矿棉板和玻璃棉板质轻、吸声、保温、不燃、耐高温，特别适合于有一定防火要求的顶棚。它可以作为吸声板，直接用于顶棚或与其他材料结合使用，成为吸声顶棚。这两种板材多为方形或矩形，方形时边长 300～600mm，厚度 12～50mm 不等，可直接安装在金属龙骨上。这种安装方式，分龙骨可见、部分可见和全隐蔽三种。

龙骨可见是将方形或矩形板材直接搁置在格子形组合的倒 T 形龙骨的翼缘上，如图 11－16(*a*)所示。

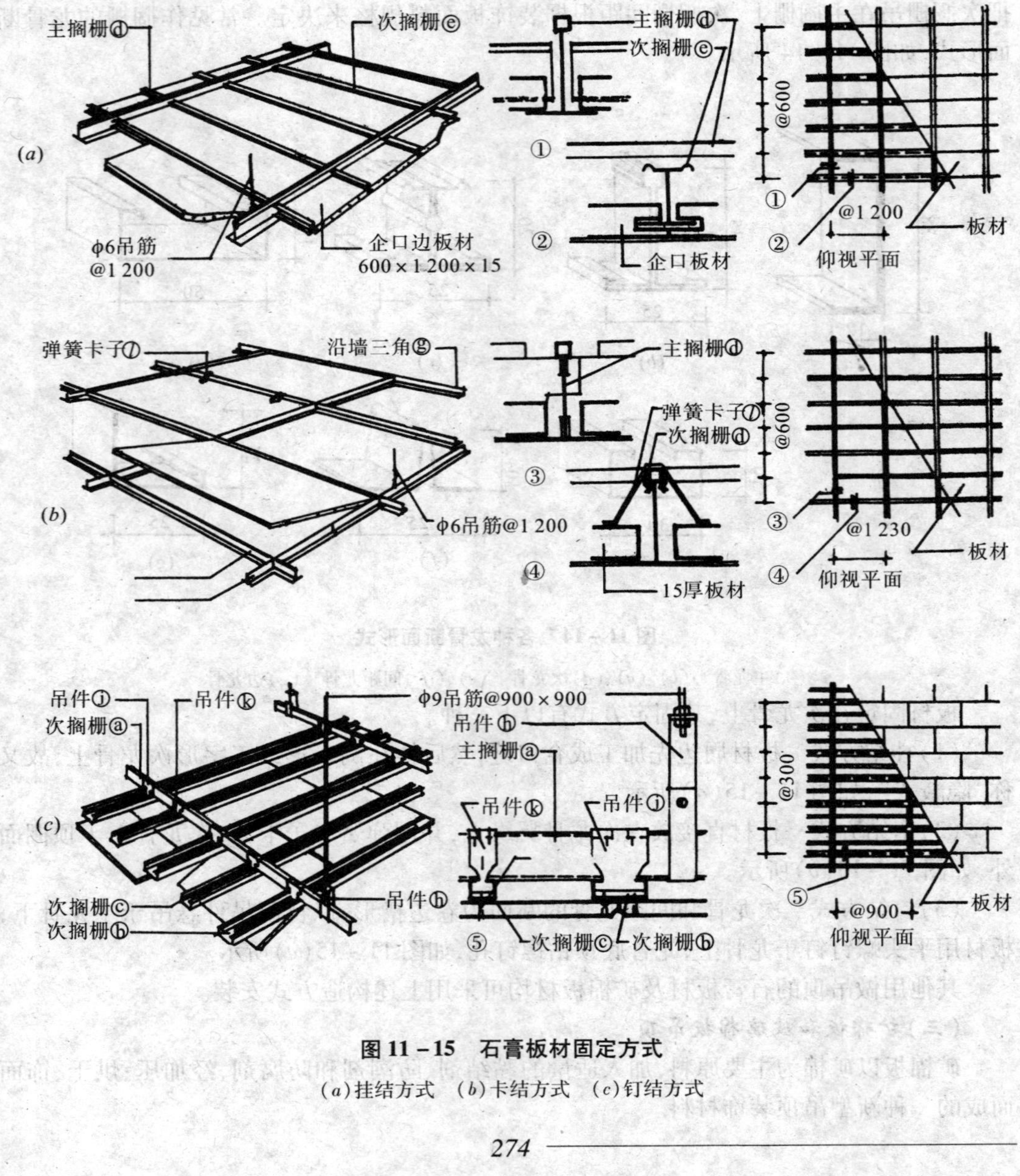

图 11－15　石膏板材固定方式

(*a*)挂结方式　(*b*)卡结方式　(*c*)钉结方式

龙骨全隐蔽是将板材侧面制成卡口，卡入倒 T 形龙骨的翼缘中，如图 11－16（*b*）所示。

龙骨部分可见部分隐蔽是将板材的侧面做成倒 *L* 形搁置，如图 11－16（*c*）所示。

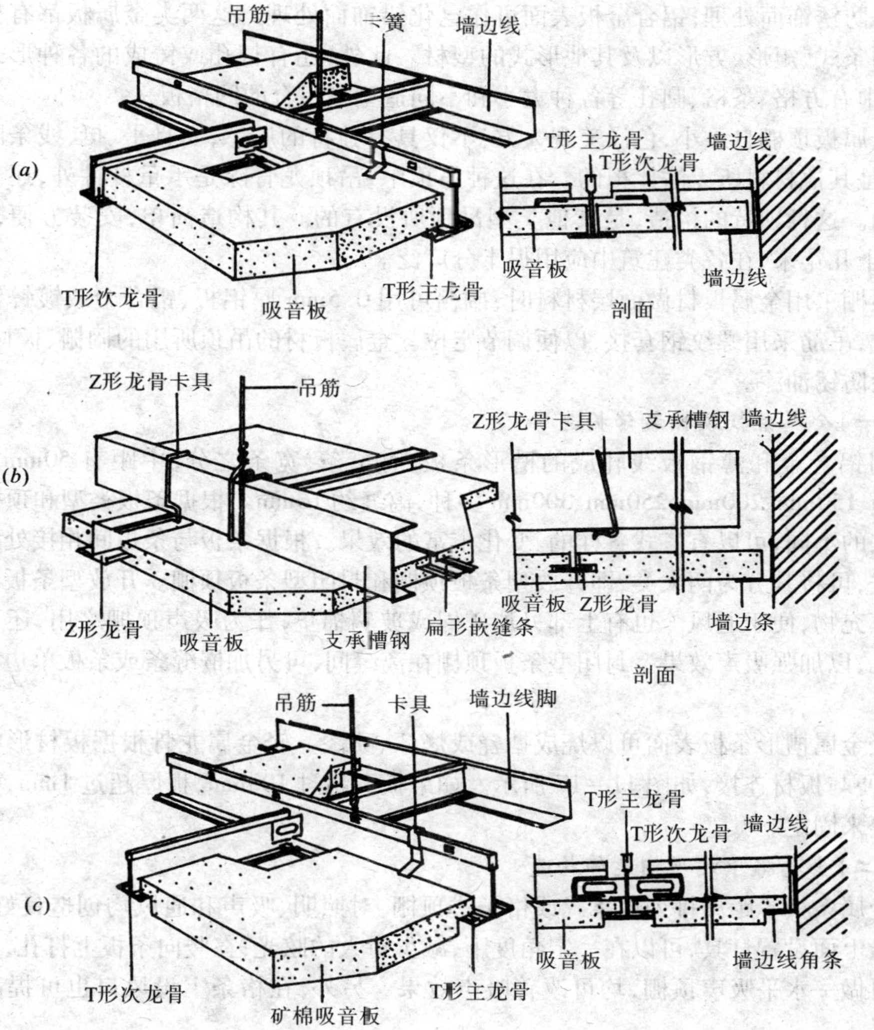

图 11－16　矿棉板安装构造示意

（*a*）*T* 形龙骨全露明式　（*b*）*T* 形龙骨全隐蔽式　（*c*）*T* 形龙骨半露明式

这些安装形式的安放和取下均较方便，有利于顶棚上部空间内的设备和管线的安置及修理。

这类矿物板顶棚还可以在倒 *T* 形龙骨上双层或单层垂直安装，形成格子形吊顶，以满足声学、通风和照明的一些要求。另一种双歧穿孔的带翼缘龙骨的矿棉板顶棚，还可以利用龙骨的穿孔作为通风的顶棚，从而省去了常见的单个风口，使顶棚的造型更为简洁明快。

三、金属板材吊顶

金属板材吊顶是用轻质金属板材，如铝板、铝合金板、薄钢板、镀锌铁皮等做面层的吊顶。常见的板材有压型薄钢板和铸轧铝合金型材两大类。薄钢板表面可作镀锌、涂塑和涂漆等防锈饰面处理；铝合金板表面可作电化铝饰面处理。这两类金属板都有打孔或不打孔的条式、矩形、方形以及其他形式的型材。此外，还有打孔或铸成的各种形式的网格板，其中有方格、条格、圆孔等各种大小和不同造型等组合的网格板。

金属板顶棚自重小，色泽美观大方，不仅具有独特的质感，而且平、挺，线条刚劲而明快，这是其他材料所无法比拟的。在这种吊顶中，吊顶龙骨除是承重杆件外，还兼具卡具的作用。这种独特的构造，是其他类型吊顶所没有的。其构造简单，安装方便，耐火，耐久，近十几年来，在各类建筑中应用得十分广泛。

顶棚采用金属板材做面层材料时，搁栅可用0.5mm厚铝板、铝合金或镀锌铁皮等材料制成，吊筋采用螺纹钢套接，以便调节定位。金属板材的吊顶所用的搁栅、板材和吊筋，均应涂防锈油漆。

（一）金属条板顶棚装饰构造

用铝合金和薄钢板线轧成的槽形条板，有窄条、宽条之分，中距有50mm、100mm、120mm、150mm、200mm、250mm、300mm多种，离缝约16mm。根据条板类型和顶棚龙骨布置方法的不同，可以有各式各样的、变化丰富的效果。根据条板与条板间相接处的板缝处理形式，可将其分为两大类，即开放型条板顶棚和封闭型条板顶棚。开放型条板顶棚离缝间无填充物，便于通风。也有上部另加矿棉或玻璃棉垫，作为吸声顶棚之用，还可在条板上打孔，以加强吸声效果。封闭型条板顶棚在离缝间，可另加嵌缝条或条板单边有翼盖没离缝。

轻金属槽形条板表面可以烧成搪瓷或烤漆、喷漆。轻金属龙骨根据板材形状做成夹齿，以便与板材连接，如图11－17所示。如果板宽超过100mm，板厚超过1mm，则多采用螺钉等来固定。

（二）金属格子式顶棚装饰构造

金属条板等距离排列成条式或格子式顶棚，对照明、吸声和通风均创造良好的条件。从格条上面设置灯具，可以在一定角度下，减少对人的眩光；在竖向条板上打孔，或者在格条上再做一水平吸声顶棚，均可改善吸声效果。另外，在格条上设风口也可提高其均匀度。

近年来，轻金属网格板被较多地应用，其造型多种多样。可以是纯粹的方格网，也可以由条格、方格、圆格等几何形组合，在工厂里定型铸造而成。在一些层高比较低、人流比较多的公共建筑，用网格板做顶棚既不会减少空间容积，没有压抑感，又达到了装饰的效果。这对改变了用途又没有足够层高的旧房改造装饰非常有意义，尤其适用于自选商场、舞厅之类的对顶棚没有过高要求的大空间里。

网格板的构造非常简单，它可以卡扣在龙骨上或直接搁置在倒T形龙骨上。图11－18为网格板的几种花饰。

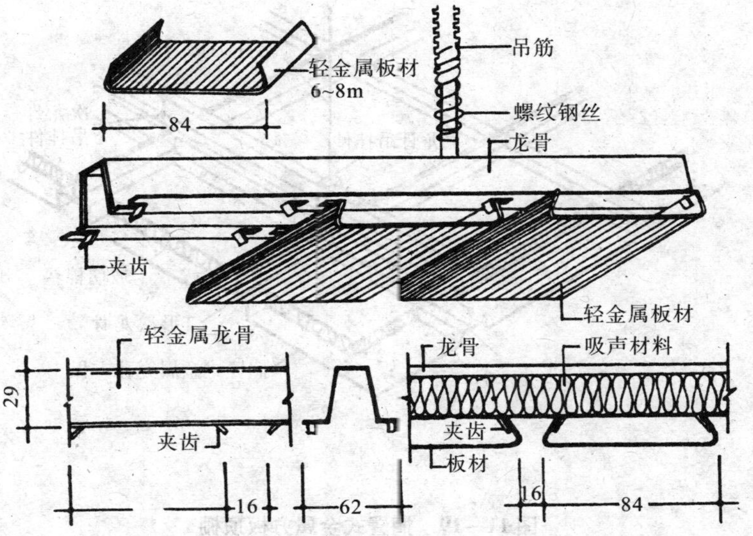

图 11－17　轻金属条板吊顶

（三）金属方板顶棚装饰构造

金属方板顶棚，在装饰效果上别具一格，而且在吊顶棚表面设置的灯具、风口、喇叭等易于与方板协调一致，使整个顶棚表面组成有机整体。另外，采用方板吊顶时，与柱、墙边的处理较为方便合理，也是其一大特点。如果将方板吊顶与条板吊顶相结合，更可取得形状各异、组合灵活的效果。当方板顶棚采用开放型结构时，还可兼起吊顶的通风效能。因此，近年来金属方板顶棚的应用有日益增多的趋势。

金属方板安装的构造分搁置式和卡入式两种。搁置式多为 T 形龙骨，方板四边带翼，搁置后形成格子形离缝。卡入式的金属方板卷边向上，形同有缺口的盒子，一般边上轧出凸出的卡口，卡入有夹簧的龙骨中。方板可以打孔，上面衬纸再放置矿棉或玻璃棉的吸声垫，形成吸声顶棚，如图 11－19、图 11－20 所示。方板亦可压成各种纹饰，组合成不同的图案。

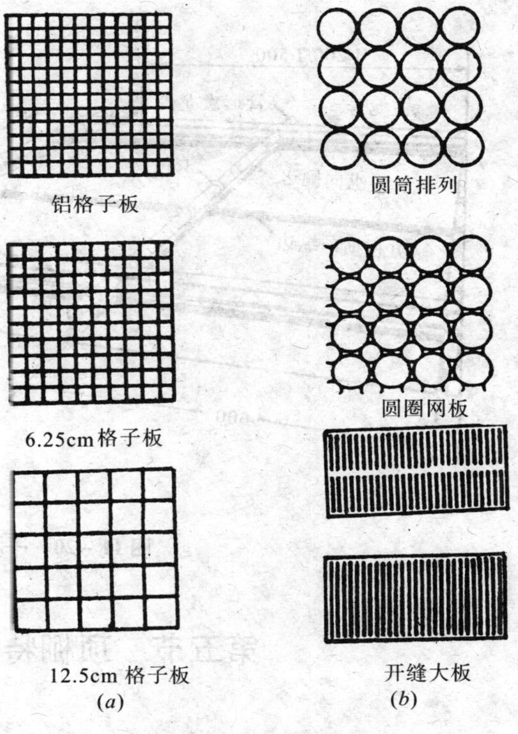

图 11－18　轻金属网格板

（a）金属格子板形式　（b）金属圆圈板形式

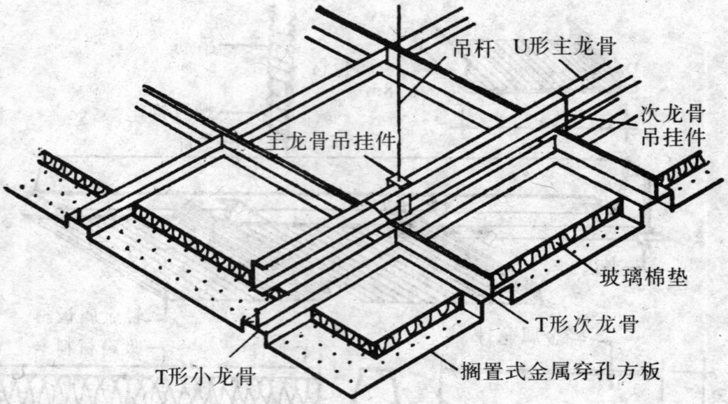

图 11-19 搁置式金属方板顶棚

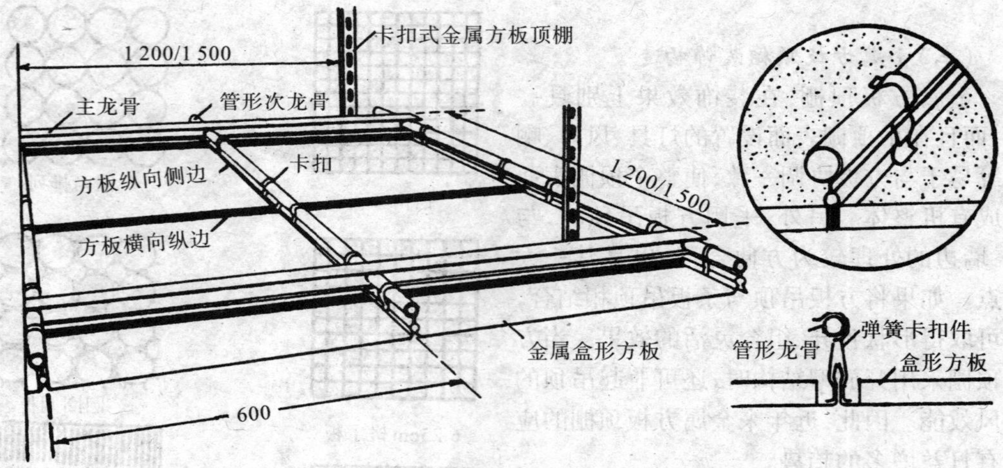

图 11-20 卡扣式金属方板顶棚

第五节 顶棚特殊部位的装饰构造

一、吸顶灯具

安装在顶棚上的灯具，可分为明装吸顶灯、暗装吸顶灯和暗装槽灯。灯具的形式和布置，应结合顶棚设计统一考虑。

（一）明装吸顶灯

明装吸顶灯是将灯泡、灯管明露于顶棚外。其优点是光效高，利于散热，构造简单，维修方便，造价低。其缺点是有眩光。明装吸顶灯构造，如图 11－21 所示。

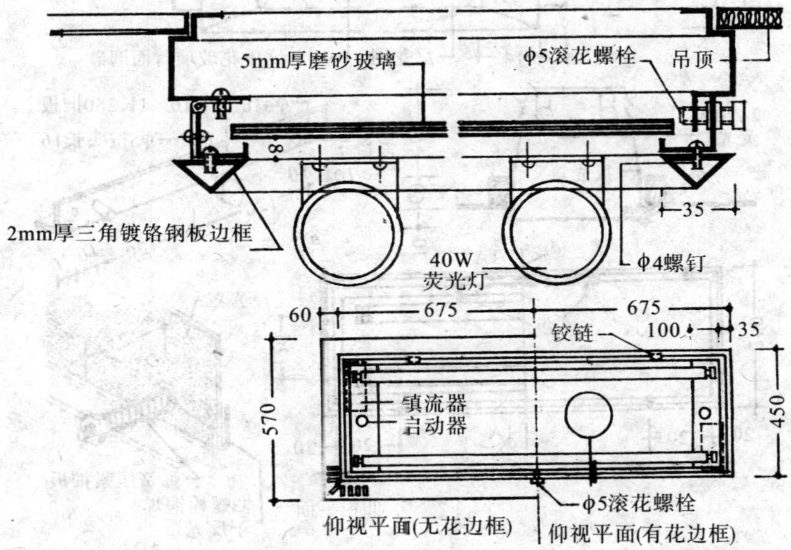

图 11－21　明装吸顶灯构造

（二）暗装吸顶灯

暗装吸顶灯是将日光灯管或白炽灯泡隐蔽在灯罩内。它具有光线柔和、无眩光、形式丰富多彩、装饰效果好等优点，但其构造较复杂、造价高。暗装吸顶灯构造，如图 11－22 所示。

（三）暗装槽灯

暗装槽灯是将光源装在顶棚暗槽内的一种灯光装置。暗装槽灯借槽内的反光面，将灯光反射至顶棚表面，从而使室内得到柔和的光线。它较之吸顶灯通风散热好、维修方便。暗槽灯常沿大厅吊顶四周布置，配合吸顶灯使用。暗装槽灯构造，如图 11－24 所示。

二、吊顶检修孔、上人孔、通风孔构造

吊顶及吊顶内的各类设备，会在使用过程中损坏或出现故障，所以必须经常做例行检查或维修，吊顶也必须经常保持良好的通风以利散湿、散热，以免其中的构件、设备等发霉腐烂。

在吊顶上设置的这些孔洞，既要满足使用要求，又要尽量隐蔽，使吊顶完整统一。

吊顶上人孔的尺寸一般不小于 600mm×600mm。图 11－25(a)是使用活动板做吊顶上人孔的构造示意，使用时可以打开，合上后又与周围保持一致。图 11－25(b)是利用灯罩做上人孔的构造。其中的格栅式折光片可以被顶开，其上面的罩白漆钢板灯罩也是活动式的，需要时可掀开。

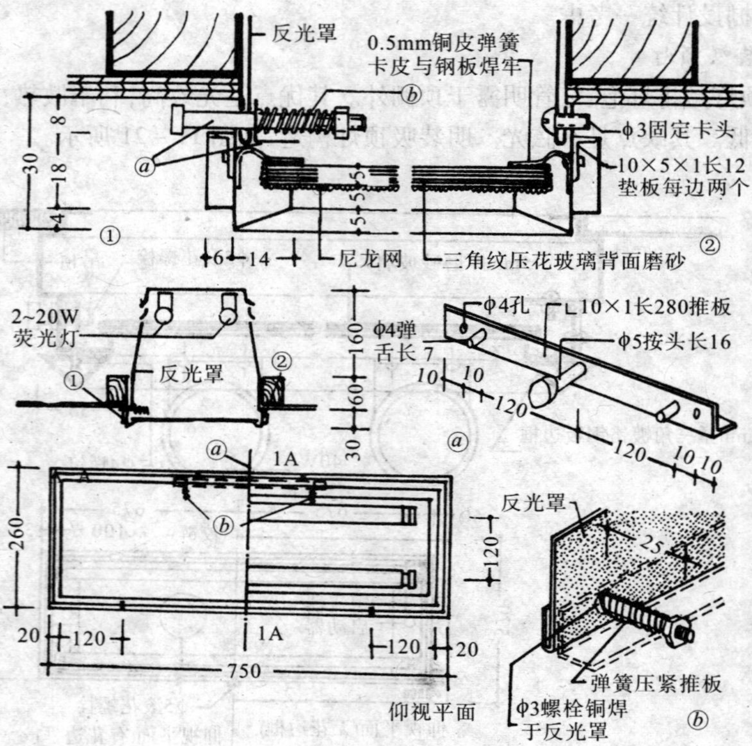

图 11－22　磨砂暗装吸顶灯构造

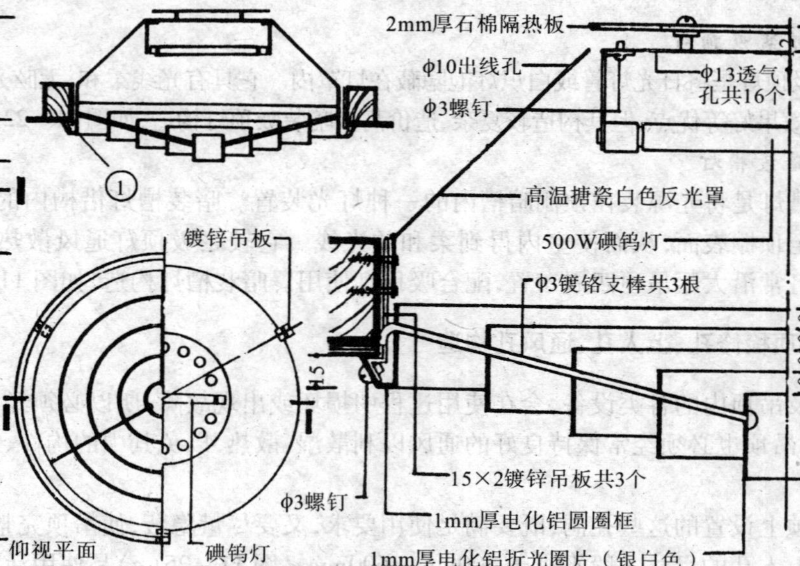

图 11－23　圆格片吸顶灯构造

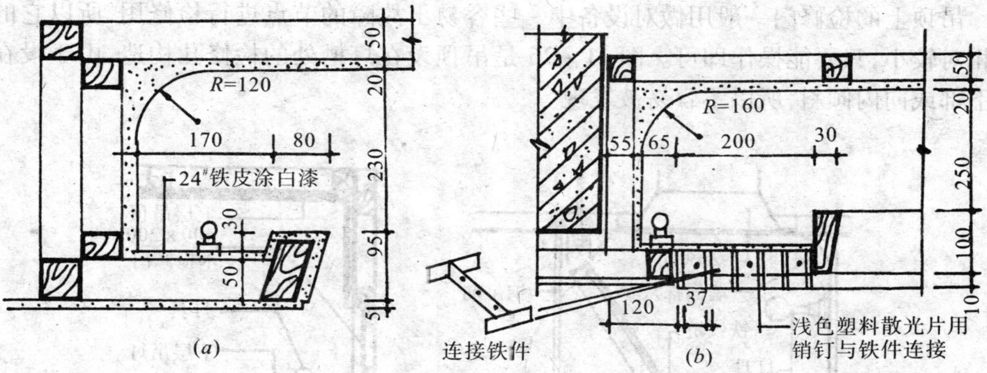

图 11－24　暗槽灯构造

(a)无散光片　(b)有散光片

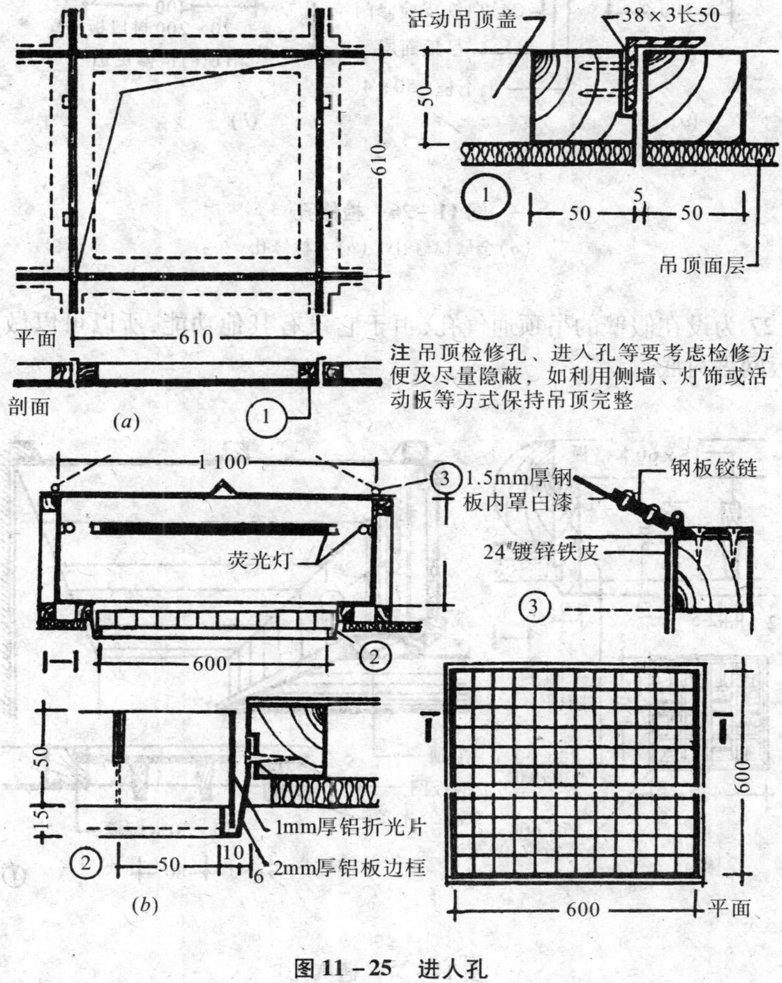

图 11－25　进人孔

(a)活动板进人孔　(b)灯罩进人孔

吊顶上的检修门一般用做对设备中一些容易出故障的节点进行检修用，所以它的尺寸相对较小，只要能操作即可。图 11－26 是吊顶设在灯槽处的检修孔构造，由于设在侧壁下部或向内倾斜，所以不容易被发现。

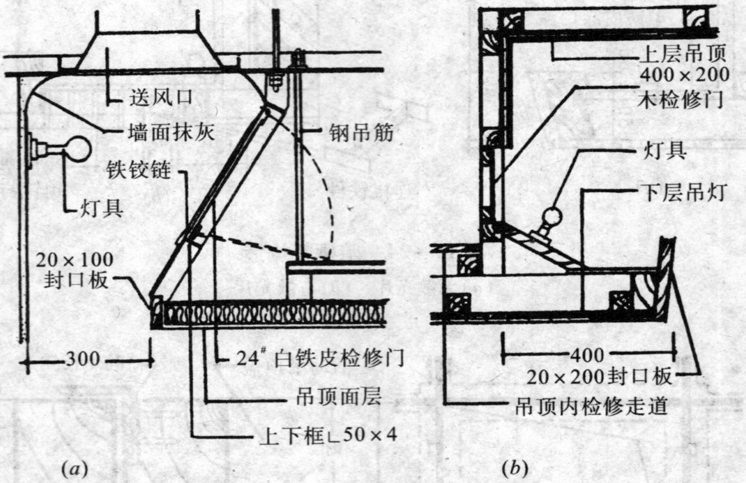

图 11－26　检修孔

(*a*)金属检修孔　(*b*)木检修孔

图 11－27 为设在假壁的吊顶通气孔，由于它没有其他功能，所以可以做成固定格栅状，并用钢板网做衬底。

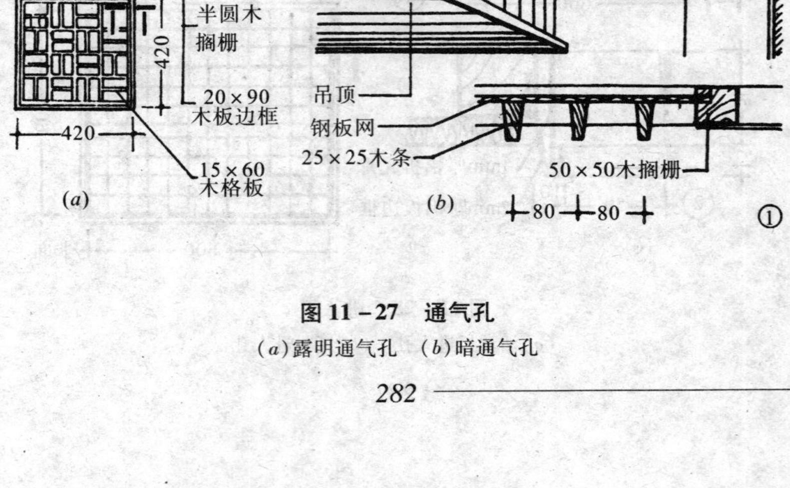

图 11－27　通气孔

(*a*)露明通气孔　(*b*)暗通气孔

复习思考题

1. 顶棚的作用是什么？
2. 顶棚有哪些类型？
3. 吊顶由哪几部分组成？
4. 直接式顶棚主要有哪几种？它们的装饰构造怎样？
5. 抹灰类吊顶主要有哪几种？它们的装饰构造怎样？
6. 植物板材吊顶主要有哪几种？
7. 矿物板材吊顶主要有哪几种？
8. 金属板材吊顶主要有哪几种？

第十二章

其他装饰构造

第一节　隔墙与隔断的装饰构造

隔墙和隔断的作用在于分隔空间,它们均不承受外来荷载,而且本身的自重要由其他构件来支承。隔墙和隔断的区别在于前者做到顶;后者不到顶,隔断往往使用在分隔要求不高的空间里。

隔墙与隔断作用基本相似,所以对它们有着一些共同的要求:(1)自重轻;(2)厚度薄,少占空间;(3)用于厨房、厕所等特殊房间应有防火、防潮或其他能力;(4)便于拆除而又不损坏其他构配件。

常用的隔墙(包括隔断),根据其材料和构造方法的不同,可分作立筋式隔墙、块材隔墙和板材隔墙等几类。

一、立筋式隔墙

立筋式隔墙系由木筋骨架或金属骨架及墙面材料两部分所构成。根据墙面材料的不同来命名不同的隔墙,如板条抹灰隔墙、钢丝网抹灰隔墙和人造板隔墙等。凡先立墙筋,后钉各种材料,再进行抹灰或油漆等饰面处理的,均可归入立筋式隔墙。

(一)板条抹灰隔墙

板条抹灰隔墙,又称“灰板条墙”,它具有质轻、装拆方便等特点,故应用较广。但其防火、防潮、隔声性能较差,并且耗用木材较多。

板条抹灰隔墙由上槛、下槛、墙筋(立筋)、斜撑(或横档)及板条等木构件组成骨架,然后进行抹面,如图 12－1 所示。

板条抹灰隔墙的具体做法是:先立边框墙筋,撑住上、下槛,并在上、下槛中间每隔 400mm 或 600mm 竖立一根墙筋,上槛、下槛、墙筋的截面尺寸均为 50mm × 70mm 或 50mm × 100mm,依房间层高的不同而选用。再用同样断面的木材在墙筋间,至少每隔 1.5m 设一个斜撑,两端撑紧、钉牢,以增加强度。骨架做成后,在两面各钉板条,以便抹面。板条的尺寸有两种:1 200mm × 24mm × 6mm 和 1 200mm × 38mm × 9mm。其中,前者居多,用于墙筋间距为 400mm;后者,则用于墙筋间距为 600mm。板条横钉在墙筋上,板条之间要留出 7～10mm 的空缝，使灰浆挤到板条缝的背面，"咬"住板条墙。考虑到板条的湿胀干缩的特点，其接头处要留出 3～5mm 的伸缩余地，同时板条接头每隔 500mm 左右要错开一档墙筋，避免胀缩集中在一条线上，并在灰板墙与砖墙相接处加钉钢丝网，每侧宽 200mm 左右，减少抹面层出现裂缝的可能。为了防水防潮和保证抹水泥砂浆踢脚的质量，下部可先砌 2～3 皮黏土砖，与图 12－2 近似。

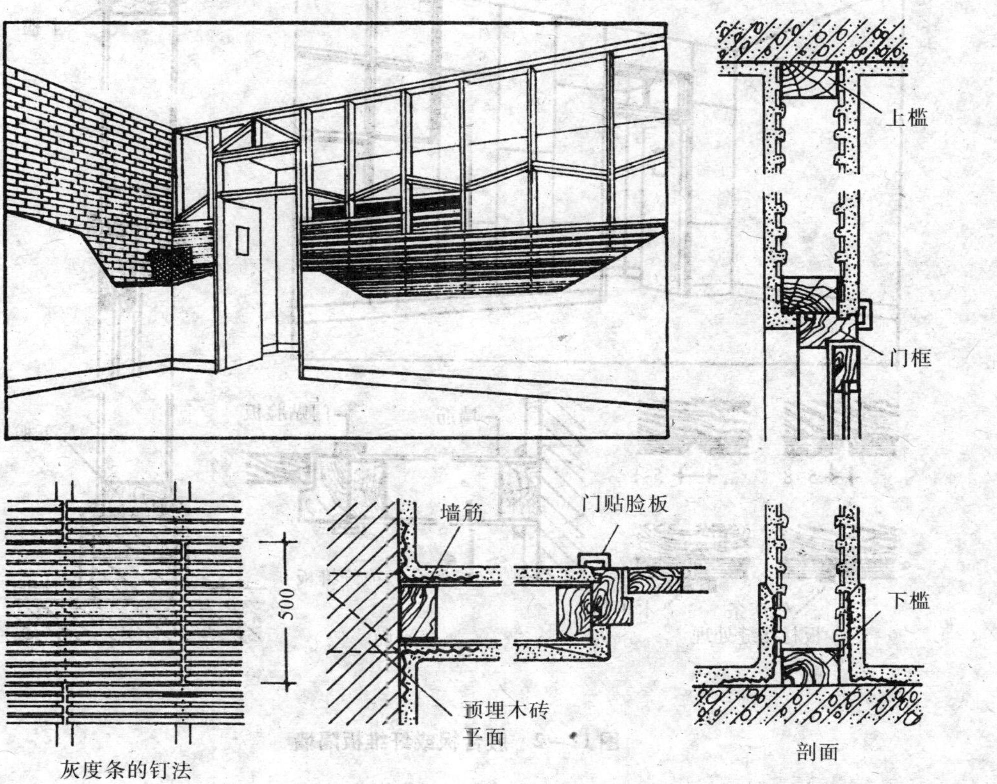

图 12－1　板条抹灰隔墙

灰板墙内如设门窗时，门框、窗框两边须设墙筋。灰板墙由于质轻、壁薄、拆除方便，一般的钢筋混凝土空心楼板就足够承受它的重量而不需要采取加强措施，灵活性较大，所以目前仍然是应用很广的一种形式，但从节约木材的角度来看，应该少用或不用。

为了提高耐火、防潮效能，隔墙常做成钢丝网隔墙。

钢丝网隔墙的骨架同灰板墙。钢丝网规格不一，一般均采用拉空式钢板网（网孔成斜方），尺寸为 600mm ×1 800mm，厚薄不同。薄的钢板网一般钉在板条外，惟有板条间缝可以放宽至 10～20mm；厚者可以直接钉在墙筋上，但墙筋间距应按钢板网规格排列，然后在钢板网上再抹水泥砂浆或做其他面层。

(二)人造板隔墙

人造板有胶合板、纤维板、石膏板等。人造板隔墙的骨架与灰板墙相同,但墙筋与横档的间距均应按各种人造板的规格排列,如图 12－2 所示。人造板接缝应留有 5mm 左右的伸缩余地,并可采用铝压条或木压条盖缝。

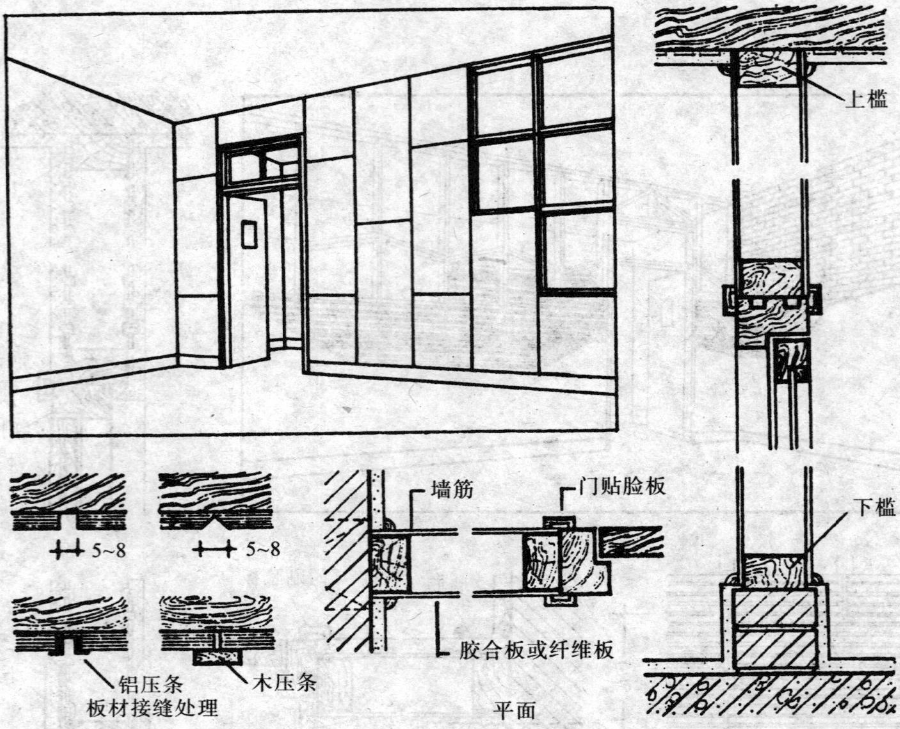

图 12－2　胶合板或纤维板隔墙

用于隔墙的胶合板有 1 830mm×915mm×4mm(三夹板)和 2 135mm×915mm×7mm(五夹板);硬质纤维板有 2 200mm×1 050mm×4mm 和 2 350mm×1 150mm×5mm 等。

石膏板规格为 3 000mm×800mm×12mm 和 3 000mm×800mm×9mm 等,石膏板可锯、钻,用镀锌螺丝固定在木骨架上;为了节约木材,可采用薄壁槽钢骨架,用电钻钻孔后,再用螺钉固定,如图 12－3 所示。板面刮腻子后刷油漆、刷浆或贴塑料墙纸。踢脚板可采用木板或塑料板,固定方法与板材相同。

二、块材隔墙

块材隔墙可用普通砖或多孔砖等砌筑,其优点是耐久和耐湿性较好,但是自重较大。

(一)砖隔墙

砖隔墙用普通砖顺砌为半砖墙;侧砌为 1/4 砖墙,可采用 25 号或 50 号砂浆砌筑。

当半砖隔墙高度超过 3m、长度超过 5m 时，就要考虑墙身的稳定而加固：每隔 8～10 皮砖砌入 ϕ 4mm 钢筋一根。隔墙上部与楼板相接处，用立砖斜砌，使墙和楼板挤紧。隔墙上有门时，要用预埋铁件，或用带有木楔的混凝土预制块，使门框固定在砖墙上。

1/4 砖隔墙一般用于不设门洞的次要房间，如厨房之间的隔墙。若用于有门洞的隔墙时，则须将门洞两侧墙垛放宽到半砖厚，或用钢筋混凝土小立柱加固，如图 12－4 所示。

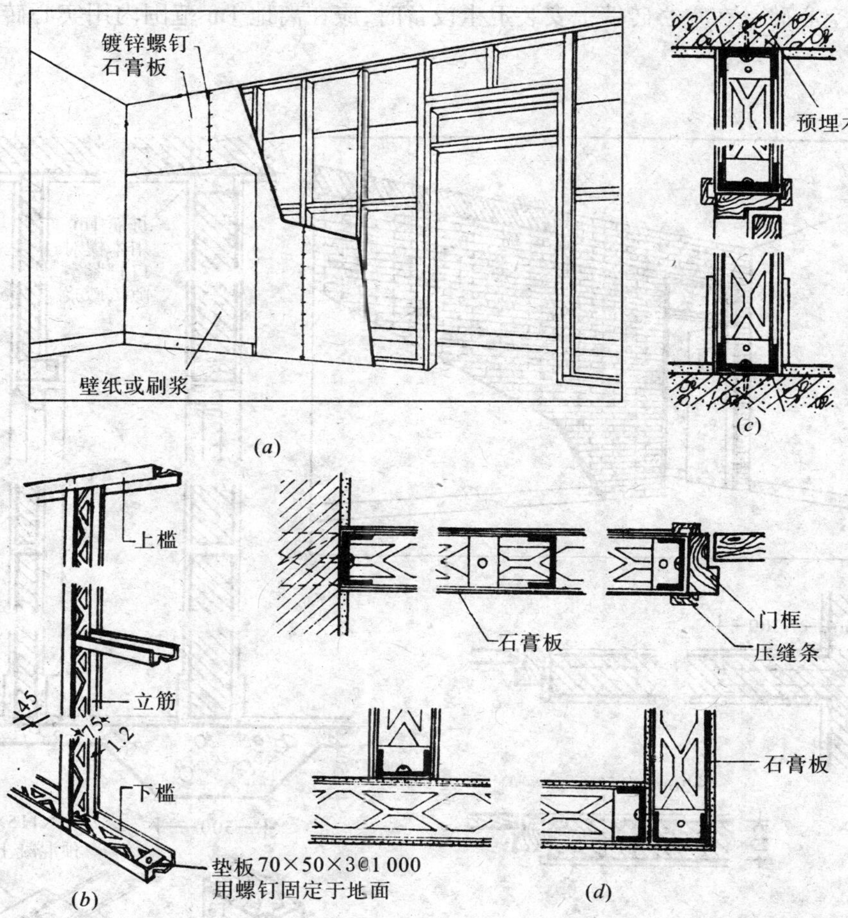

图 12－3　石膏板隔墙

(a) 木或薄壁槽钢骨架石膏板隔墙　(b) 薄壁槽钢骨架
(c) 钢骨架石膏板隔墙剖面　(d) 钢骨架石膏板隔墙平面

（二）空心砖隔墙

空心砖的形状与规格较多，有黏土烧制的空心砖和水泥炉渣空心砖等。

1. 黏土空心砖隔墙

黏土空心砖隔墙采用前述 190mm × 190mm × 90mm 的空心砖，用 25 号砂浆侧立而砌，再加两面抹灰各 15mm，墙厚为 120mm。每隔 600mm 高，砌入 ϕ 4mm 或 ϕ 6mm 钢筋一根，两头弯钩，并伸入端墙 100mm，以增强其稳定性。

2. 水泥炉渣空心砖隔墙

水泥炉渣空心砖是用水泥、炉渣，经成型、蒸养而成的。其规格有 390mm × 115mm × 190mm 及 390mm × 90mm × 190mm 等。

砌水泥炉渣空心砖隔墙，也要采取加强稳定性的措施。在和外墙连接处，或在门窗洞口两侧要砌黏土砖加固。为了防潮防水，下部先砌 3 ~ 5 皮黏土砖。

黏土空心砖及水泥炉渣空心砖隔墙应用整砖砌筑，不够整砖时宜用实心黏土砖填充，避免用碎空心砖。在空心砖墙上安装卫生设备时，应在离地 1m 范围内用实心砖砌筑，并预留木砖。

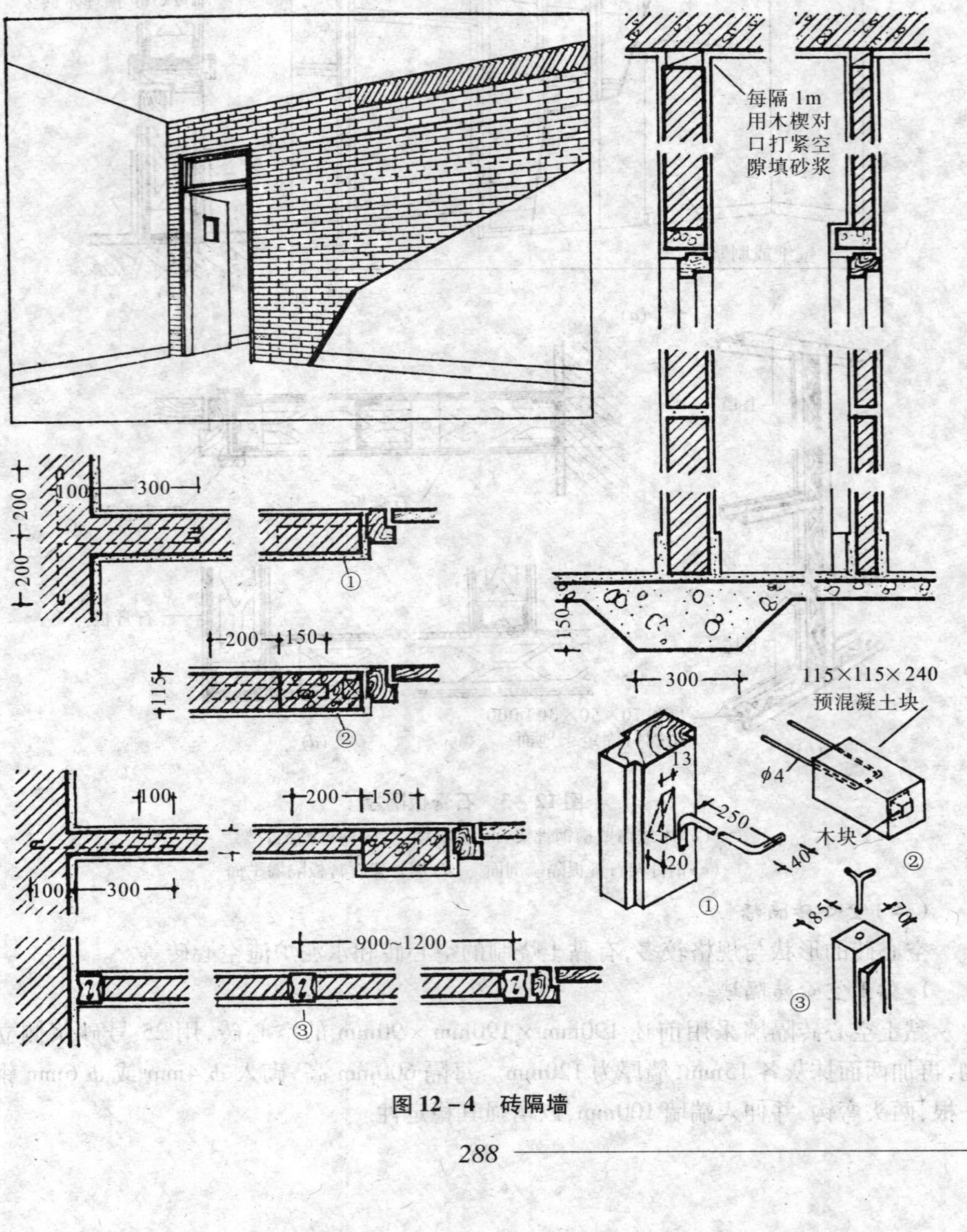

图 12－4　砖隔墙

三、板材隔墙

板材隔墙，是指其单板高度相当于房间的净高，面积较大，并且不依赖骨架，直接装配而成的隔墙。例如，碳化石灰板隔墙、加气混凝土板隔墙、纸蜂窝板隔墙等。

(一)碳化石灰板隔墙

碳化石灰板是由磨细生石灰掺3% ~4%(重量比)短玻璃纤维，加水搅拌(水灰比1∶2左右)，振动成型，利用石灰窑废气进行碳化而成的。其规格为：长2 700 ~3 000mm，宽500 ~800mm，厚90 ~120mm。

碳化石灰板隔墙在安装时，板顶与上层楼板连接，可用木楔打紧；两块板之间，可用水玻璃黏结剂连接(水玻璃黏结剂的重量配合比为水玻璃∶磨细矿渣∶细砂∶泡沫剂 =1∶1∶1.5∶0.01)，如图12 -5所示。然后，在墙表面先刮腻子再刷浆或贴塑料墙纸。

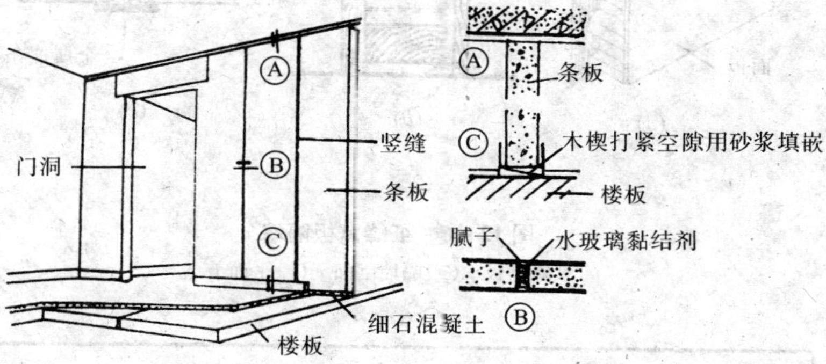

图12 -5　条板隔墙

(二)加气混凝土板隔墙

加气混凝土是由水泥、石灰、砂、矿渣、粉煤灰等，加发气剂铝粉，经过原料处理、配料、浇注、切割及蒸压养护等工序制成的。其容重为500kg/m^3，抗压强度为30 ~50kg/cm^2，保温效能好，并具有可钉、锯、刨等优点。

加气混凝土隔墙板的规格为：长2 700 ~3 000mm，宽600mm，厚100mm。隔墙板之间可用水玻璃矿渣黏结砂浆(水玻璃∶磨细矿渣∶砂 =1∶1∶2)或107胶聚合水泥砂浆(1∶3水泥砂浆加入适量107胶即聚乙烯醇缩甲醛)黏结，灰缝力求饱满均匀，灰缝宽度控制在2 ~3mm。

(三)纸蜂窝板隔墙

纸蜂窝板是用浸渍纸以树脂粘贴成纸芯，再经张拉、浸渍酚醛树脂、烘干固化等工序制成的。纸芯形如蜂窝，两面贴以面板(如纤维板、塑料板等)，四周镶木框做成墙板，其规格有3 000mm ×1 200mm ×50mm及2 000mm ×1 200mm ×43mm等。安装时，两块板之间可用木、塑料压条或金属嵌条，如图12 -6所示。

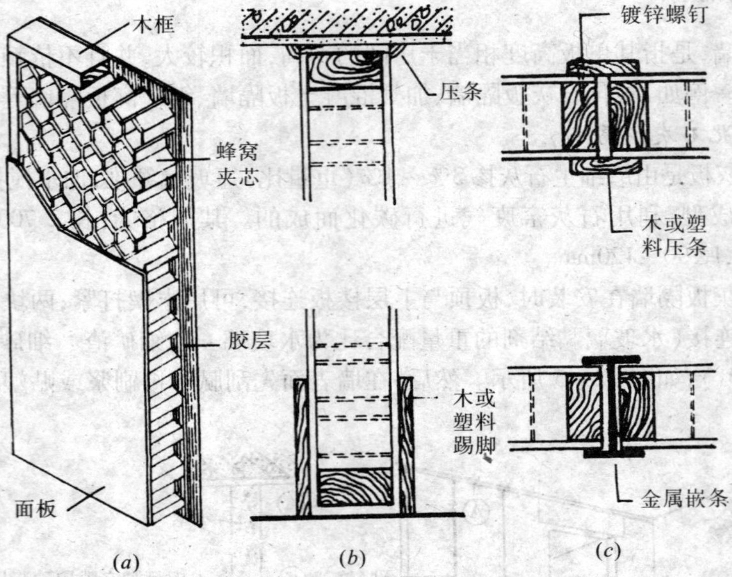

图 12－6　纸蜂窝板隔墙

(a)纸蜂窝板　(b)隔墙剖面　(c)平面节点

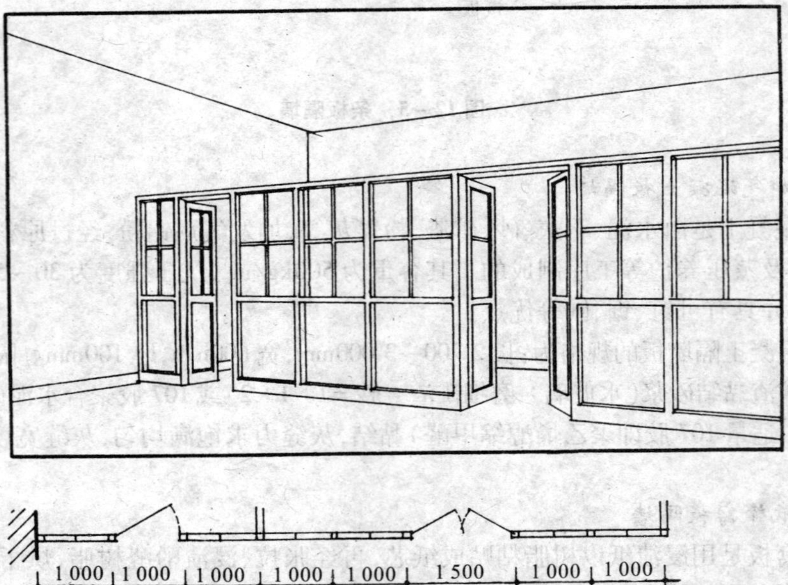

图 12－7　玻璃隔墙

上述立筋式隔墙、块材隔墙和板材隔墙，为常用的几种基本构造类型。此外，还有水磨石钢筋混凝土隔断，用于盥洗室等处；木板隔断以及玻璃隔断，如图 12－7，用于既要分隔又要采光之处。各地农村、山区利用当地材料来做的隔墙，主要有草龙墙、芦苇墙、竹编墙等，它们分别以草龙、芦苇、竹编为骨架，经过两面抹灰而成。

第二节　花格的装饰构造

花格用在建筑空间中有一种既分又合的效果。它既可以分隔、限定空间，又能使两边空间存在一定的交流。所以，它经常被用于室外空间的围墙、隔墙等处，或室内空间的隔断以及交通过渡空间如门厅、楼电梯厅等附近。花格同时也是一种建筑装饰品，可以起到丰富、活跃空间的效果。例如，它经常与花坛绿化结合，放在走出入口附近，起一种点缀作用。

花格在形式上可以是整幅的自由花式，更多的是采用既有变化又有规律的几何图案。这些花式或图案可以是整齐的平面式样，也可以组成富有阴影的立体形态。做遮阳用的花格，应根据日照的方位来决定其深度。设计成幅的花式，应既要考虑分块制作的灵活性，又不能影响拼接后的整体效果。几何图案可划分成简单的构件，既方便预制装配，又可组合成变化多端的样式，在组合中能产生匀称的虚实对比效果。构件应根据材料特性，或成纤巧体态，或成粗壮风格。

根据所用材料的不同，花格可分为以下几种：

一、砖瓦花格

砖瓦是较为普遍的地方材料，其价格低廉、施工简便。砖瓦用做花格在我国已有悠久的历史。

（一）砖花格

砖花格用于围墙隔墙栏板等处，采用标准砖较多，有时也用空心砖或望砖。砖花格具有朴素大方的风格。砖花格的厚度有 120mm 和 240mm 两种。120mm 厚的花格墙，高度和宽度宜控制在 1 500mm × 3 000mm 范围内，240mm 厚的可达 2 000mm × 3 500mm。砖花格必须与实墙、柱连接牢固。

用做砌筑花格、花墙的砖，要求质地坚固、大小一致、平直方整。一般多用 1∶3 水泥砂浆砌筑。花格砌后可以在表面进行勾缝处理，做成清水勾缝花格或加以抹灰饰面处理。

砖花格可平砌或砌出凹凸变化，如图 12－8 所示。

（二）瓦花格

瓦花格采用蝴蝶瓦砌筑。由于蝴蝶瓦厚度小，呈弧形，可以构成生动雅致、纤细优柔的形态，具有小尺度的特点，多用于小型庭院。由于瓦的强度较小，组成花格面积不宜过大，常与墙面组成漏窗形式，多用 1∶2.5～3 的水泥砂浆砌筑连接，如图 12－9(*b*)所示。

瓦花格在传统式样建筑中，还被用于屋脊作压脊花饰，以白灰麻刀或青灰砌结，高度不宜过大，顶部宜加钢筋砖带或混凝土压顶，如图 12－9(*a*)所示。

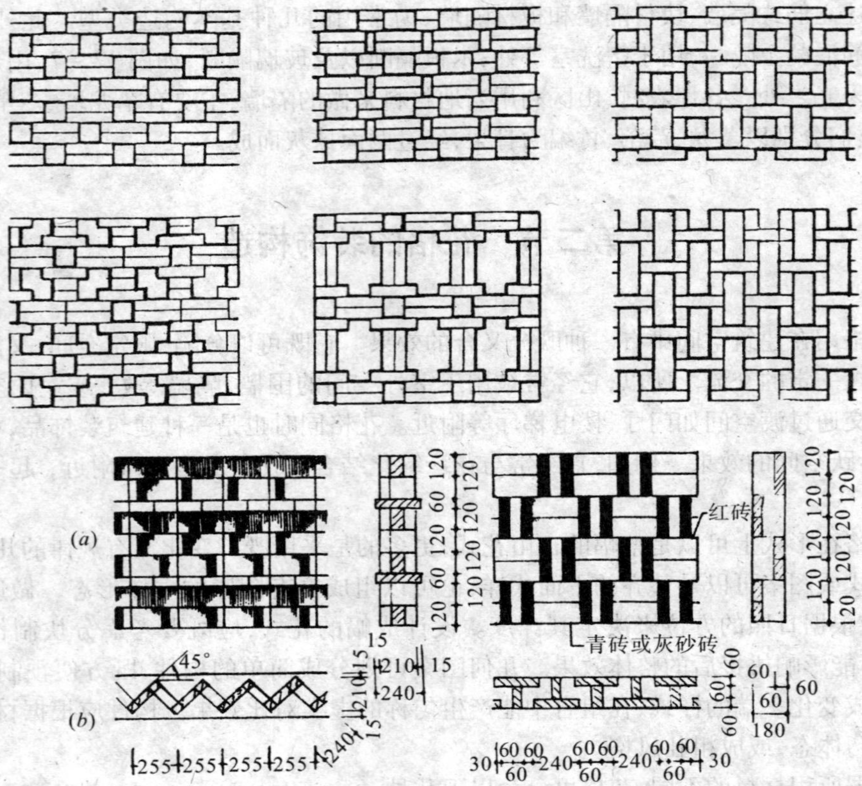

图 12－8　砖花格

(a)平砌　(b)宋体式

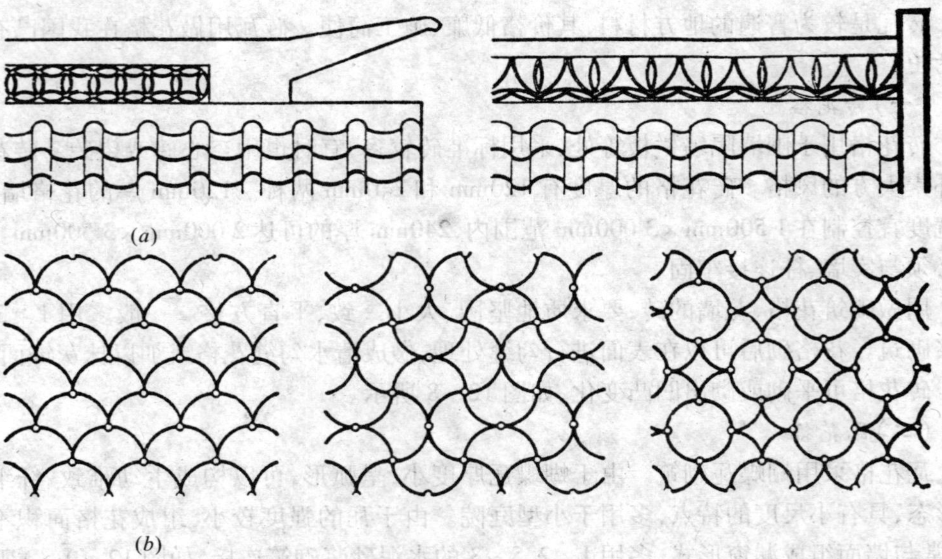

图 12－9　瓦花格

(a)瓦花屋脊　(b)瓦花格

二、琉璃花格

琉璃花格是我国传统装饰构件之一。其色泽丰富多彩，经久耐用。过去，琉璃花格多为名门贵族所用，普通百姓不能问津。琉璃花格多被用于围墙、栏杆、漏窗等部位，其构件及花饰可按设计进行烧制，成品古朴高雅，但造价较高，且受撞易破损，目前一般多用于公共场合。图 12－10 是琉璃花格的几种式样。

琉璃花格一般用 1∶2.5 水泥砂浆砌筑，在必要的位置上采用镀锌铁丝或钢筋锚固，然后用 1∶2.5 水泥砂浆填实。

三、混凝土及水磨石花格

混凝土与水磨石均为水泥制品，因此又可称为"水泥制品花格"。水泥制品花格可浇捣成各种不同造型的单体，如三角形、方形、长方形、竖筋等构件进行组合。拼接灵活，坚固耐久，适用于室外大片围墙、遮阳、栏杆等。

（一）混凝土花格

混凝土花格与水磨石花格制作时要求模板表面光滑，如选用木模板应进行刨光，或包以铁皮，使构件表面光洁。为了便于脱模，模板上应涂脱模剂，如废机油等。较复杂的花格模板，最好做成可活动拆卸和拼装的，浇捣时用 1∶2 水泥砂浆一次浇成。若花格厚度大于 25mm 时可用 C20 细石混凝土，均应浇注密实。在混凝土初凝时脱模，不平整或有砂眼处用纯水泥浆修光。

花格用 1∶2.5 的水泥砂浆拼砌，但拼装最大高度与宽度均不应超过 3m，否则需加梁柱固定。混凝土花格表面可用油性或水性涂料二色。

（二）水磨石花格

要求较光洁的花格可用水磨石制作。材料可选用 1∶1.25～2 的水泥、石渣，石渣粒径为 2～4mm，进行捣制并经过三次打磨，每次打磨后用同样水泥浆满批填补麻面，再进行三道抛光，待花格拼装完工后再用醋酸或草酸洗净，并进行上蜡，所用蜡可由光蜡、硬脂酸、甲醇配合。

图 12－11 为几种水泥制品花格构件及其组合示意。图 12－12 为一种构件的组合示意。

四、竹、木花格

竹、木花格多用于小型庭院中的围墙、花窗、隔断。

作为花格网的竹子应质地坚硬、直径匀称，竹身光洁，多整使用。在使用前，应进行防腐、防蛀处理。表面可涂清漆，或烧成斑纹、斑点、刻花、刻字。

竹子的结合方法是以销钉为主，可用销、套、塞、穿等构造，如图 12－13 所示。

木花格多用各种硬木或杉木制作。由于木材加工方便、制作简单，构件断面可做得纤细，又可雕刻成各种花纹，自重小，方便装卸，常用于室内的活动隔断、博古架、门罩等。

木花格根据不同使用情况，可采用榫接和胶接并用，较大构件也加钉或螺栓连接固定。其形式与构造，可参见图 12－14。

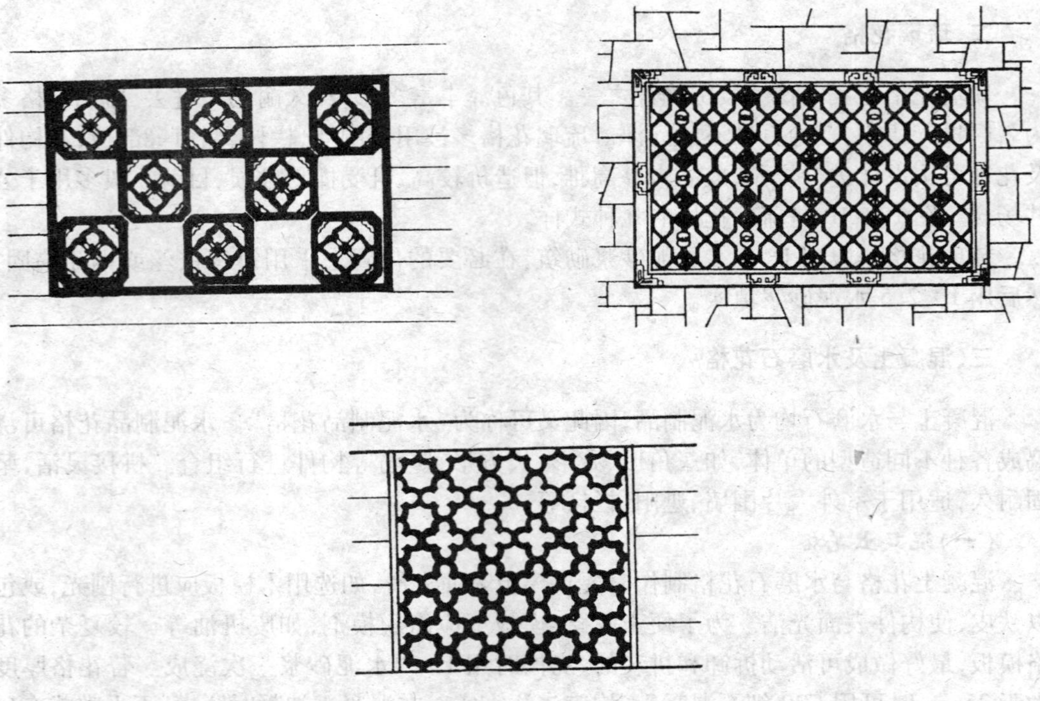

图 12－10　琉璃花饰基本构件及组合示例

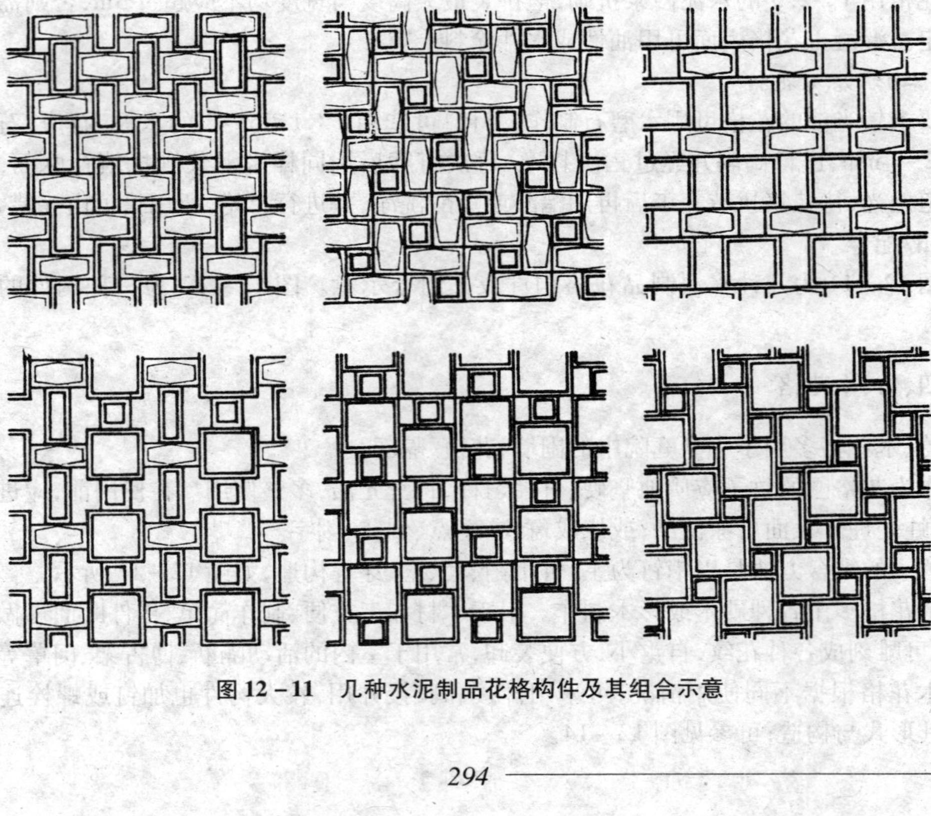

图 12－11　几种水泥制品花格构件及其组合示意

五、金属花格

金属花格是较为精致的一种花格，适用于室内外，可用于窗栅、门扇、门罩、围墙、栏杆等。图 12－15 为各种金属花格实例。

制作金属花格的方法有如下两种。

1. 浇铸成型

如铸铁、铜、铝合金等，可借助模型，浇铸成整幅的花式，多用于大型复杂的花格。

2. 弯曲成型

采用型钢、扁钢、钢管、钢筋等作构件，弯曲拼装而成，可以构成几何图案，也可以构成整幅的花式。

金属花格可嵌入硬木、有机玻璃、彩色玻璃，使其更加丰富多彩、变化无穷。金属花格表面可以进行油漆、烤漆、镀铬、镏金等处理，更显鲜艳夺目、富丽堂皇。

金属花格的拼接与安装多用焊、铆或螺钉等方法。

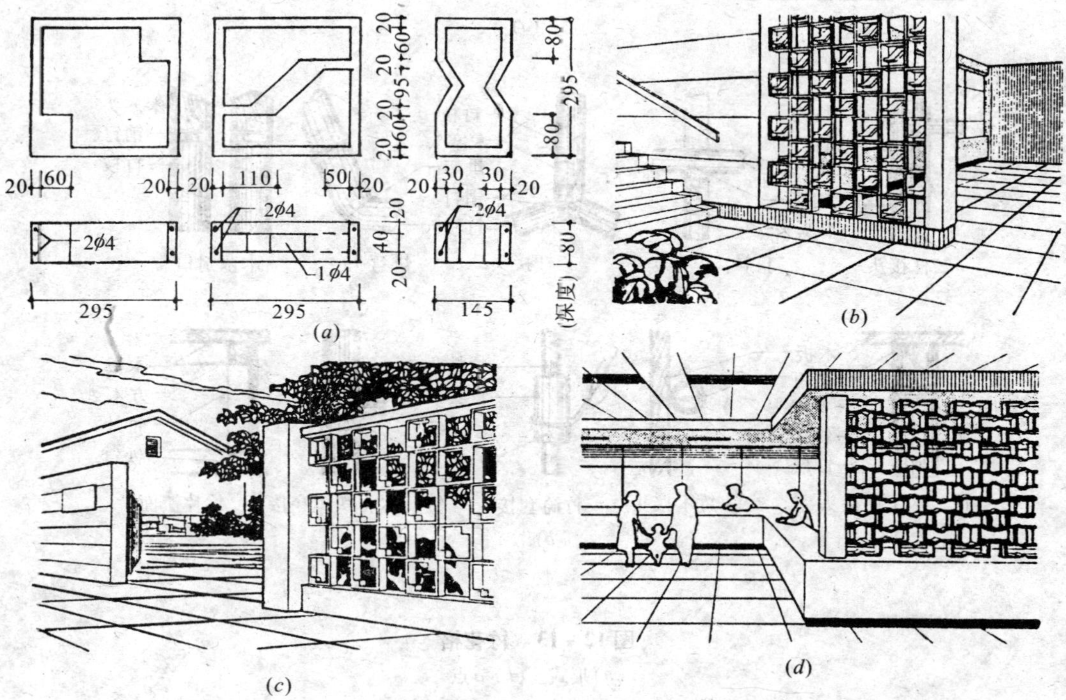

图 12－12　一种构件的组合示意

(a)花格构件　(b)、(c)、(d)组合形式

六、玻璃花格

用玻璃制作花格具有一定的透光性，表面易清洁而光滑，色彩鲜艳明亮，多用于室内隔断、门窗扇等部位。

玻璃花格可采用平板玻璃进行各种加工，如磨砂、银光刻花、夹花、喷漆等，也可采用玻璃厂生产的玻璃砖、玻璃管、压花玻璃、彩色玻璃等。

（一）磨砂玻璃

将平板玻璃表面用小块玻璃板，夹以金刚砂进行打磨，打磨时加少量水，使表面成为透光而不透视线的乳白色。

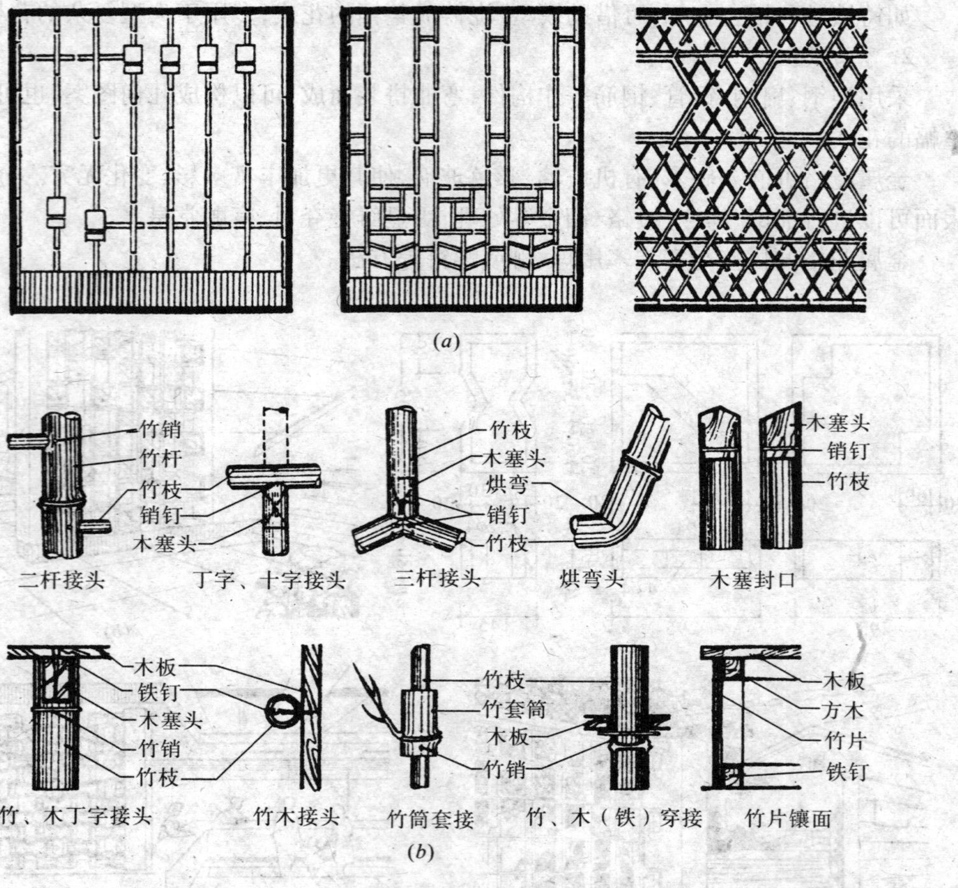

图 12－13　竹花格

(*a*)形式　(*b*)节点

（二）银光刻花玻璃

银光刻花玻璃的制作程序如下：

1. 涂沥青

先将玻璃洗净，干燥后涂上一层厚沥青漆。

2. 贴锡箔

待沥青漆干至不粘手时，将锡箔贴在沥青漆上，要求粘贴平整。

3. 贴画纸

将绘好设计图样的打字纸，用浆湖裱在锡箔上。

4. 刻纹样

待贴画干透，用刻刀将纹样刻出，并把需要腐蚀部分铲掉，再用汽油或煤油将该处的沥青洗净。

5. 腐蚀

用木框封边，涂上石蜡，用1∶5浓度的氢氟酸倒于需要腐蚀的玻璃画面，按需要深度控制腐蚀时间。

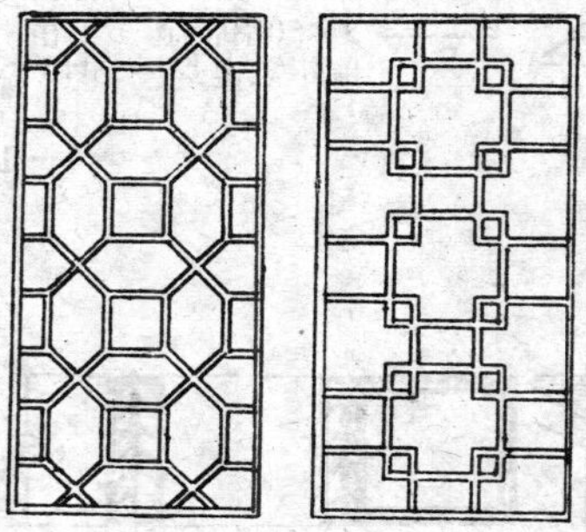

(a)

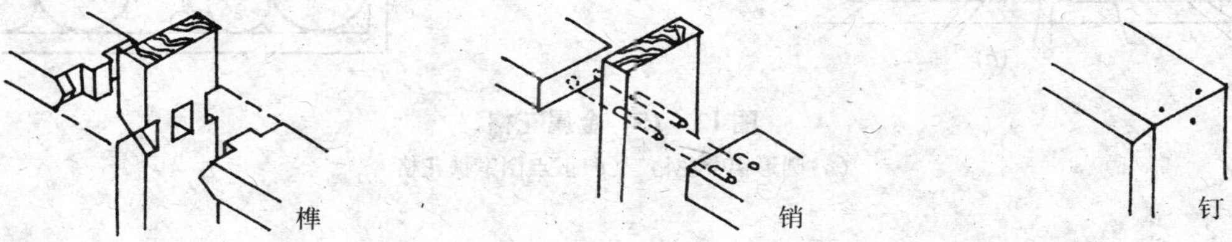

(b)

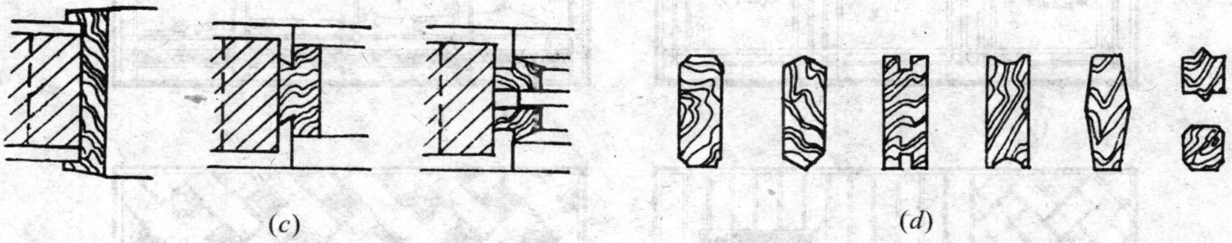

(c)　(d)

图 12－14　木花格

(a)形式　(b)节点　(c)与墙接合　(d)木格断裂形式

6. 洗涤

倒去氢氟酸，用水冲洗数次；把锡箔及漆月小铁铲铲去后，再用汽油拭净，最后用清水冲洗干净。

7. 磨砂

根据磨砂方法，将玻璃未腐蚀部分磨砂。

(三)夹花玻璃

夹花玻璃是在两片玻璃中间夹以各种剪纸花样。图 12－16 为各种玻璃花格式样。

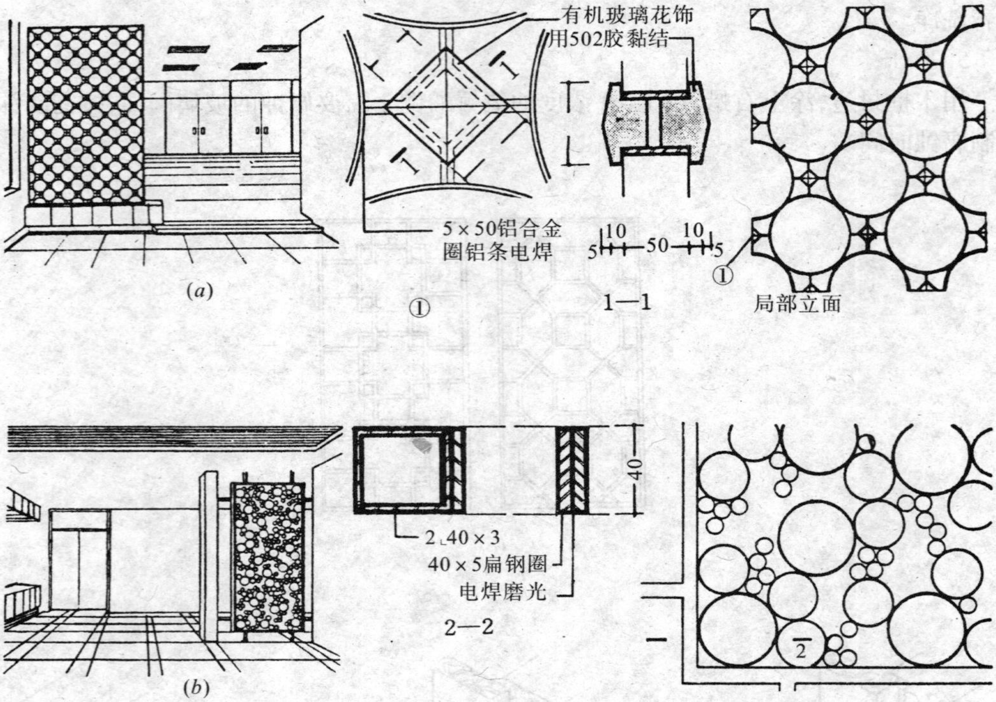

图 12－15　金属花格

(a)圆形铝金花格　(b)散点图案铁花格

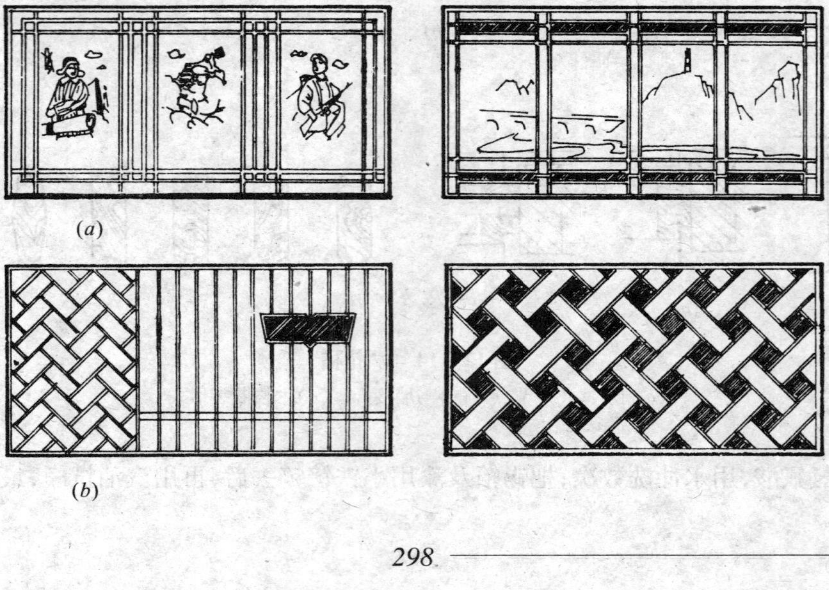

(c)

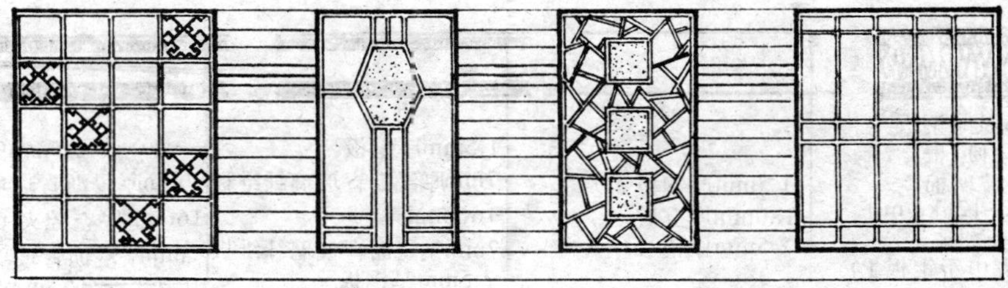

(d)

图 12－16　玻璃花格

(a)刻花玻璃花格　(b)彩色玻离花格　(c)夹花玻璃花格　(d)磨砂玻璃木花格

第三节　特殊门窗的装饰构造

一般门窗的构造在《民用建筑构造与设计》课程中已作过介绍，本节主要介绍几种特殊用途的门窗构造，主要包括隔声门、保温门、防火门、密闭窗和橱窗等。

一、隔声门

隔声门常用于室内噪声允许级较低的房间中，如播音室、录音室等处。隔声的要求是在室内、外噪声级基础上，经过一般围护结构或隔声、吸声设施后，使室内噪声级减少至允许噪声级之内。

隔声门的隔声效果与门扇的隔声量、门缝的密闭处理直接有关。门扇构造与门缝处理要相适应；整个隔声门的隔声效果又应与安装隔声门的墙体结构的隔声性能互相适应。

门扇隔声量与所用材料有关。原则上门扇越重隔声效果越好，但过重则开启不便，且易于损坏。一般隔声门扇多采用多层复合结构，复合结构不宜层次过多、厚度过大和重量过重。合理利用空腔构造及吸声材料，都是增加门扇隔声能力较好的处理方法。门扇的面层以采用整体板材为宜，因为企口板干缩后将产生缝隙，对隔声性能产生不利影响。图 12－17 是几种复合结构门扇的构造组成与隔声量。

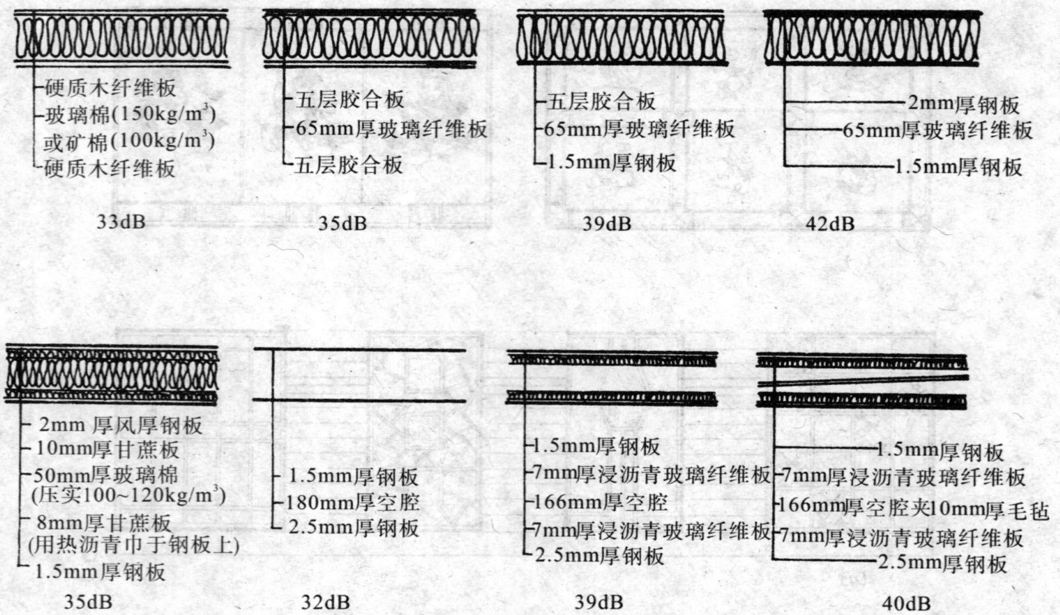

图 12－17　复合门扇的隔声量

门缝处理要求严密和连续，并要注意五金安装处的薄弱环节。门扇安装可用门框或不用门框直接装于墙边，用扁担铰链(折页)连接。沿墙转角可设方钢，以增加坚固和密闭程度。门扇与门框或门扇与墙的连接处，也可采用各种不同方式，如图 12－18(*a*)所示。例如,平口、斜口、多层平口或斜口等方式，还要在合缝处填设密闭材料。填料方式应注意密合程度、外露及损坏情况，以便检修。斜口易于压紧，但填料边在转角处易于损坏。平口对填料是否紧密不易了解，也不像斜口那么紧密。而以多层铲口密闭式较为理想。

由于门扇经常开关,对双扇门中间门梃企口接缝,以及下冒头离地间缝隙的密合处理最为重要,如图 12－18(*b*)与图 12－18(*c*)所示。下冒头方面有各种方案,务使开闭时既能活动,停止时又能保持密合。

由于使用要求以及具体条件不同,可在同一门框上做两道隔声门,亦可在建筑平面布置中设置具有吸声处理的隔声间,或利用门斗、门厅及前室作为隔声间。图 12－19 为钢隔声门构造,图 12－20 为胶合板双层隔声门构造。

二、保温门

保温门门扇在构造上,应着重解决好避免空气渗透和提高门扇的热阻的问题。一般多采用质轻、疏松多孔的小容重材料,分层叠合,或者在门扇内部采用空腔构造,使扇内空气呈静止状态,以达到保温效果。但是,空气层不宜过大,一般 20～30mm 较为有利,最大不得超过 50mm。门扇的具体构造层数及厚度，应根据热工要求，通过计算决定。图 12－21 为几种不同构造的门扇的热阻值。

门窗的缝隙是引起空气渗透，造成巨大热损失和传递噪声的主要途径。通过门窗间隙产生对流所造成的热损失，约占建筑物全部热损失的 10% ～35%。保温门同隔声门一样都必须做密合处理，其构造做法也基本相同。

图 12－22 为胶合板保温门构造。图 12－23 为人造革面保温门构造。

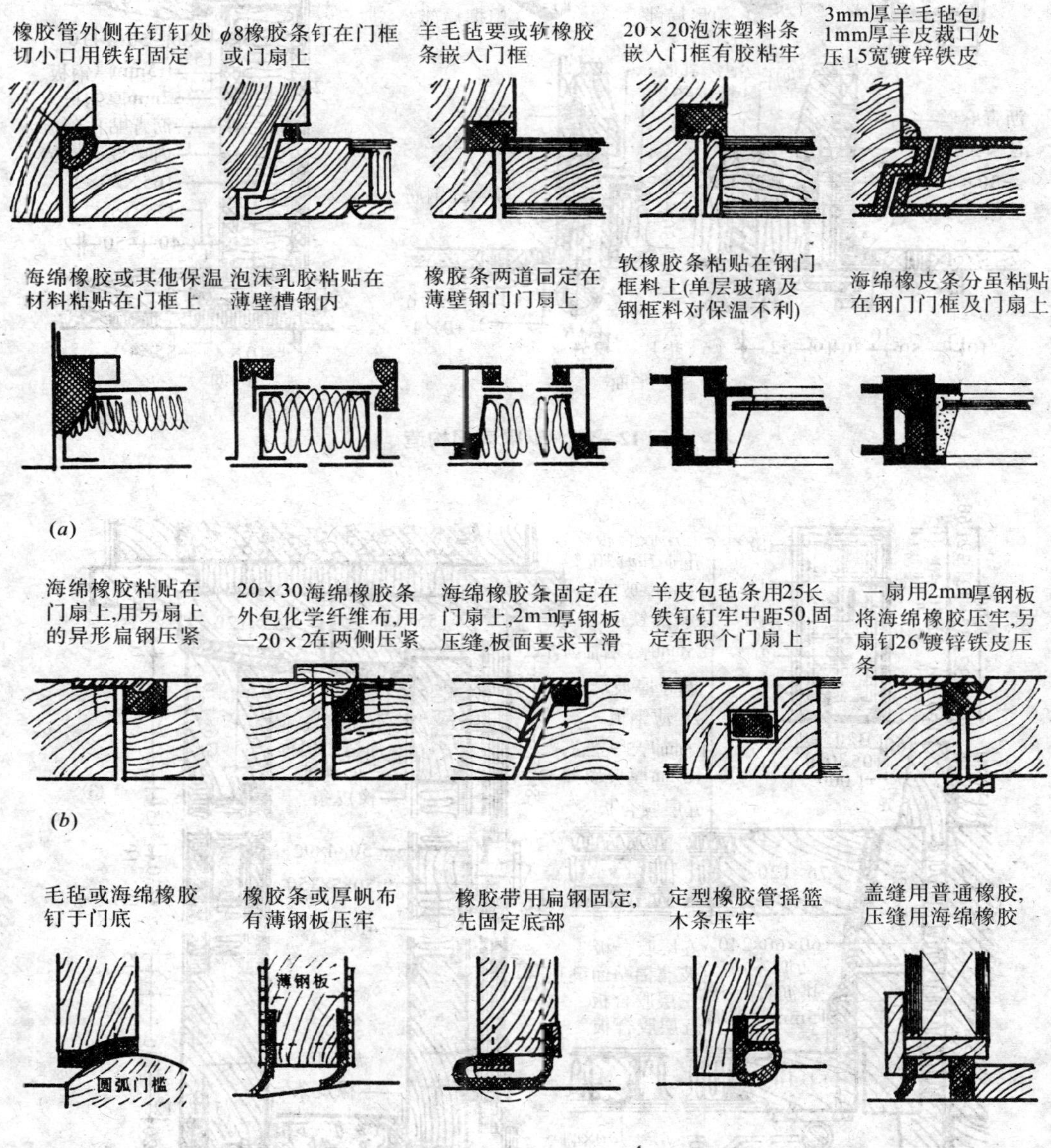

图 12－18　门缝处理

(*a*)门框与门扇　(*b*)对开门扇　(*c*)门顶

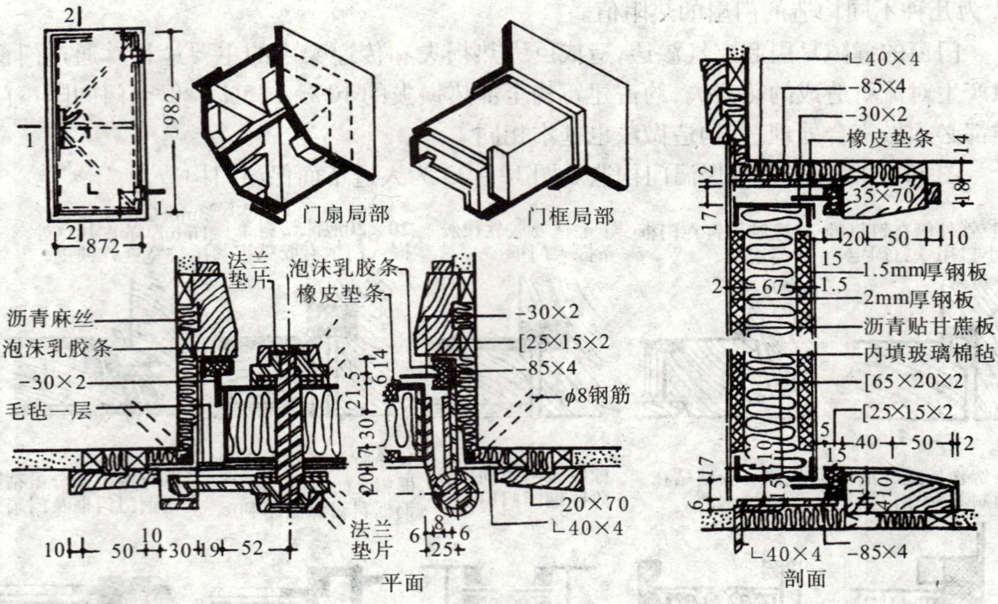

图 12－19　钢隔声门构造

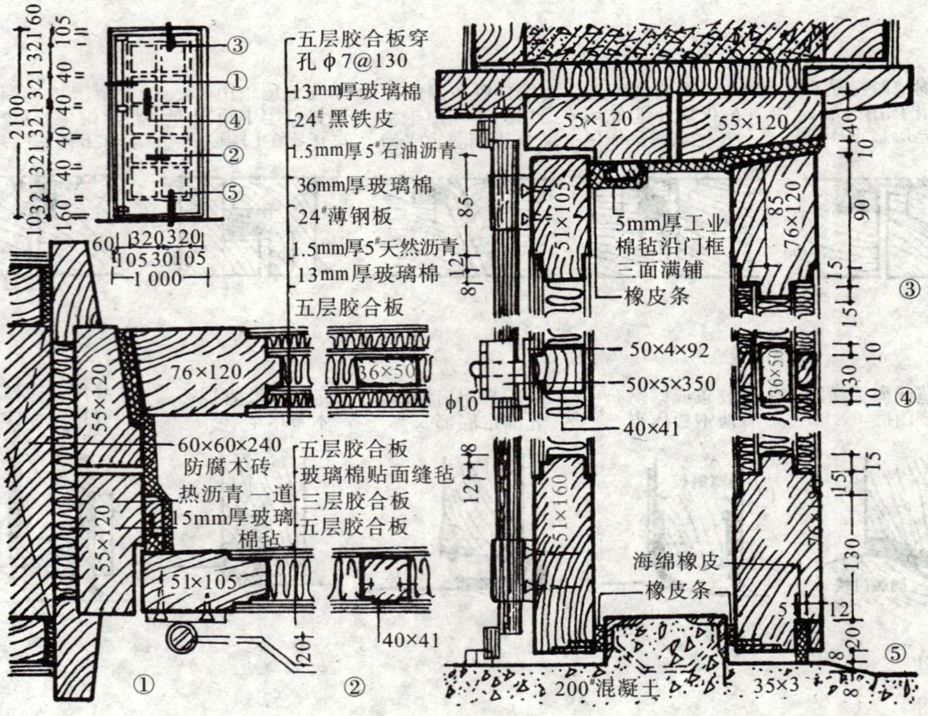

图 12－20　胶合板双层隔声门构造

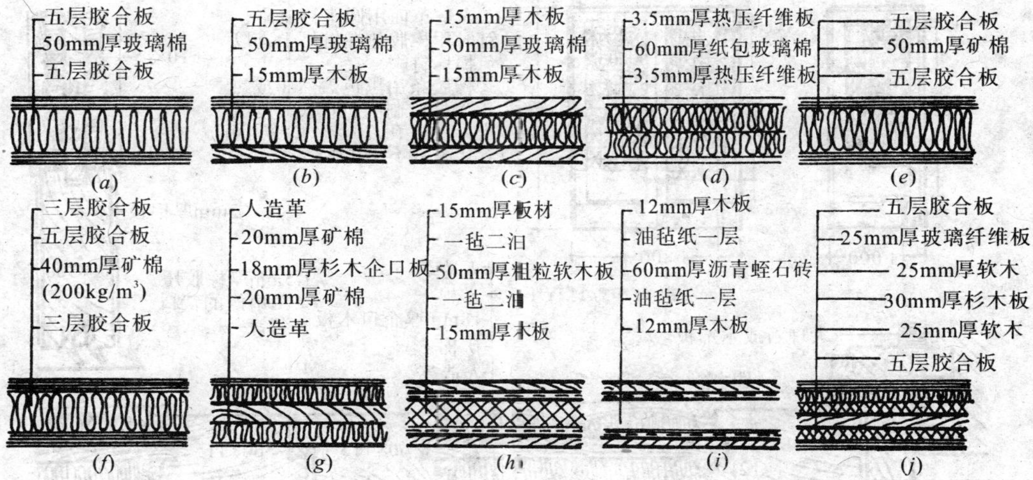

图 12－21　几种不同构造的门扇的热阻值

(*a*)1.066　(*b*)1.158　(*c*)1.250　(*d*)1.250　(*e*)0.742　(*f*)0.774

(*g*)0.830　(*h*)1.317　(*i*)0.957　(*j*)1.567

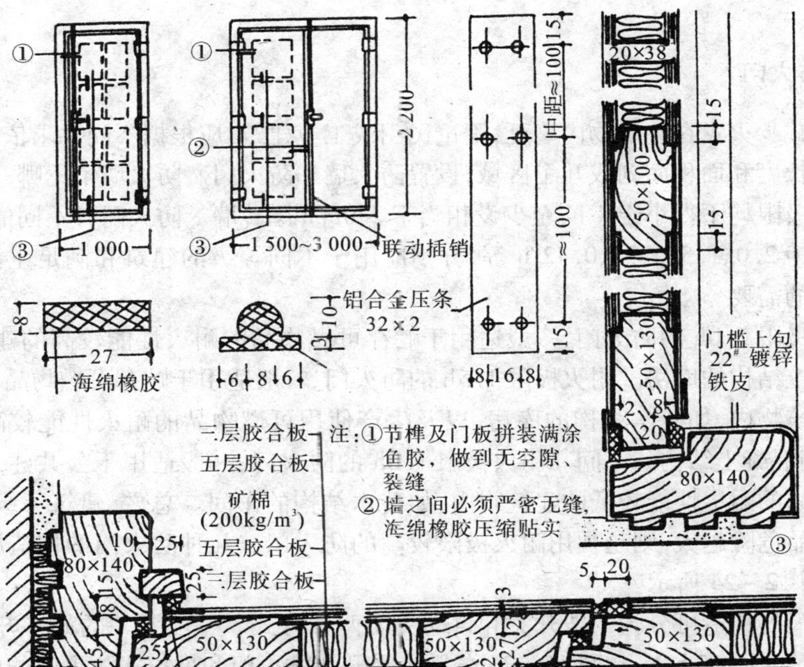

图 12－22　胶合板保温门构造

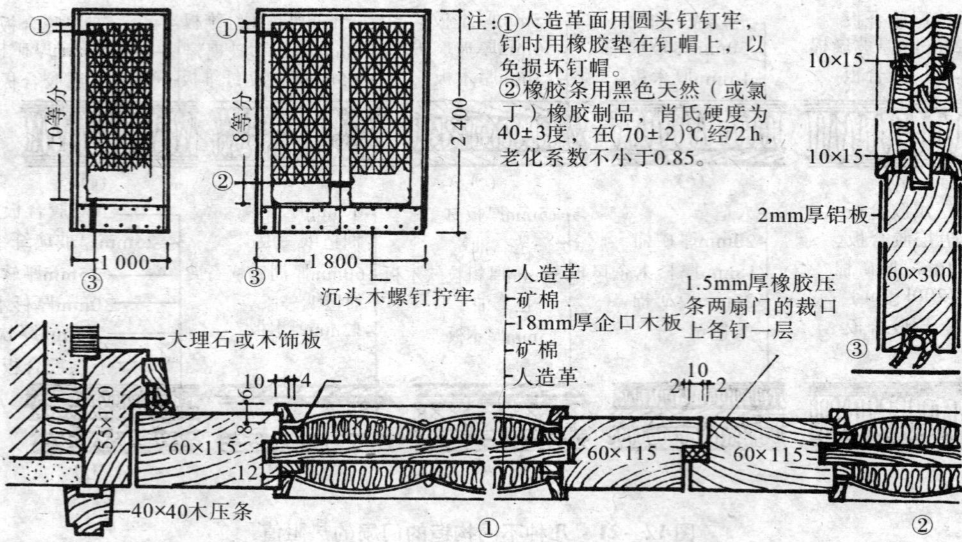

图 12－23　人造革面保温门构造

三、防火门

为了减少火灾在建筑物内蔓延，不论民用或工业建筑，应根据不同要求依防火规范规定的允许长度和面积而划成几个区域，设置防火墙和防火门。防火墙不论哪一等建筑，规定其耐火极限均不得小于4 h，至少设相当于240mm厚砖墙。防火门有不同的构造，其耐火极限分为2.0、1.5、0.75、0.42 h等，分别应用于不同等级的建筑和满足生活、生产、贮藏等方面的需要。

耐火极限2.0h的防火门，一般适用于贮存可燃物品的耐火性能较高的建筑物内，如钢筋混凝土结构的库房。耐火极限1.5h的防火门，一般适用于贮存可燃物品的耐火性能较低的建筑物内，如砖木结构的库房，以及生产使用可燃物品的耐火性能较高的建筑物内，如钢筋混凝土结构的车间。耐火极限1.0h的防火门，一般适用于公共建筑和生产使用可燃物品的耐火性能较低的建筑物内，如砖木结构的车间。总之，建筑等级越高，生产或贮存物品危险越大，则越须用耐火极限较高的防火门。几种防火门的构造层次及耐火极限，如图12－24所示。

防火门的构造可分为一般开关和自动关闭两种方式。一般开关的如平开式、弹簧门和推拉式等。图12－25和图12－26分别为平开式防火门和推拉式防火门的构造。

自动防火门常悬挂于倾斜的铁轨上，门宽应较门洞每边大出至少100mm以上，门旁另设平衡锤，用钢缆将门拉开，挂在门空宕一边。钢缆另一端装置易熔性合金片，以易熔性材料焊接，连于门框边上。图12－27为自动关闭式防火门示意。

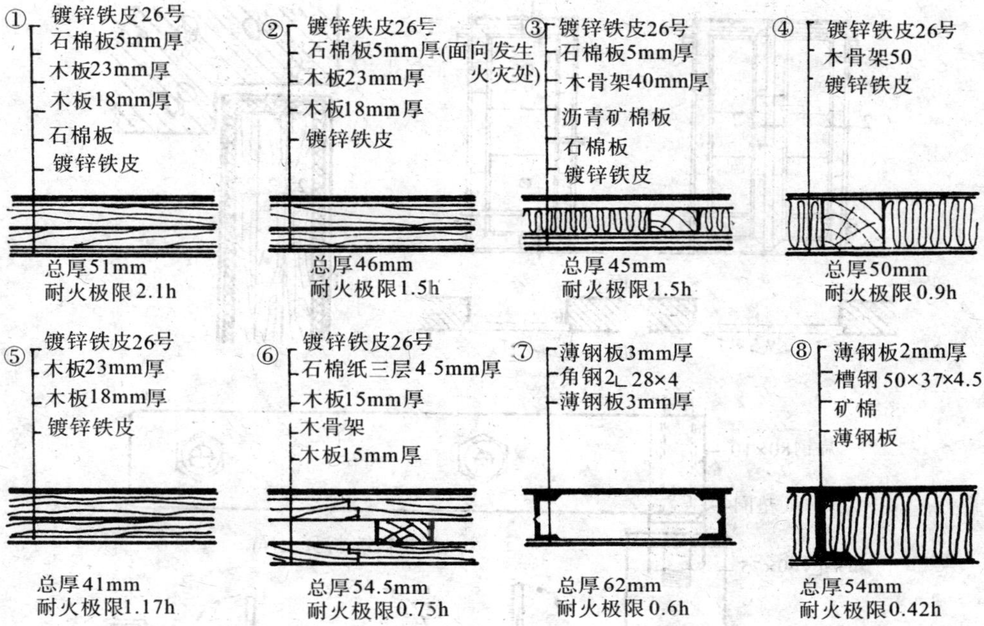

图 12－24　各种防火门的构造组合及耐火极限

四、密闭窗

密闭窗一般用于有防尘、保温、隔声等要求的房间。由于窗缝是灰尘侵入、噪声传播、热量损失的主要途径之一，为能取得防尘、保温、隔声效果，在构造上应尽量减少窗缝，包括墙与窗框之间、窗框与窗扇之间、窗扇与玻璃之间的缝隙。同时对缝隙必须采取密闭措施，一般是用有弹性的垫料嵌填，使关闭紧密。常用的嵌填材料有毛毡、厚绒布、帆布包内填矿棉或玻璃棉等松散材料、橡皮、海绵橡皮、氯丁海绵橡皮、硅橡皮、聚氯乙烯塑料、泡沫塑料等材料，制成条形、管状以及适宜密闭的各种断面，如图 12－28 所示。以上密闭材料因性质不同，分别适应于干燥或潮湿的地方和不同的用途。密闭安装方式因钢、木窗材料和构造的不同而不同，大致可分为贴缝式（钢窗居多）、内嵌式和垫缝式三类，如图 12－29 所示。窗扇与玻璃之间的密缝处理构造如图 12－30 所示。

由于单层玻璃窗的保温、隔热、隔声性能均较差，因此，密闭窗大多采取增加窗扇或玻璃层数的做法，做成双层窗或双层、多层中空玻璃，以保证密闭效果，如图 12－31 所示。

隔声窗的双层玻璃间距为 80～100mm。在窗四周应设置有良好吸收作用的吸声材料，或将其中一层玻璃斜置，以防止玻璃间的空气层发生共振现象，保证隔声效果良好，如图 12－32 所示。

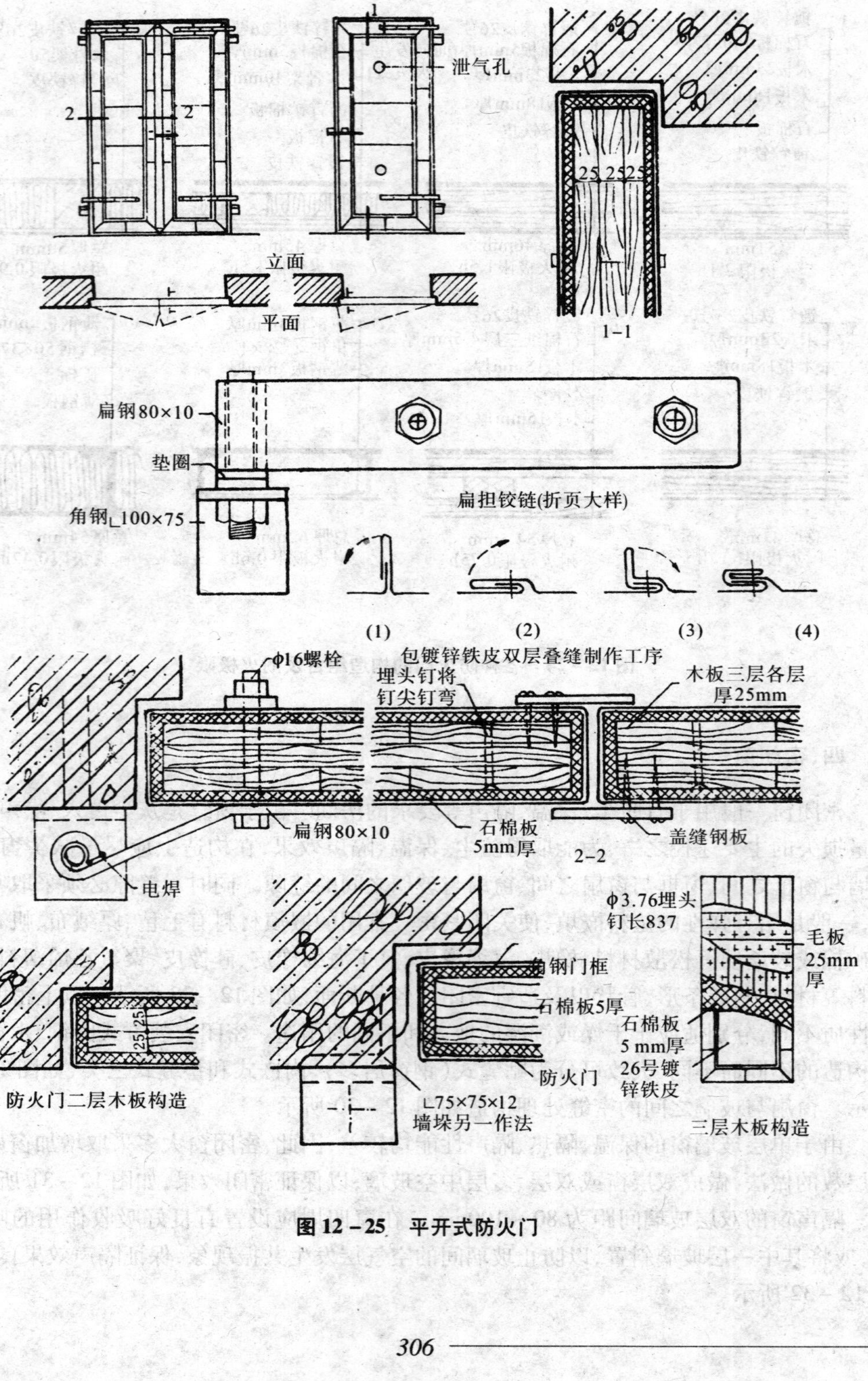

图 12-25　平开式防火门

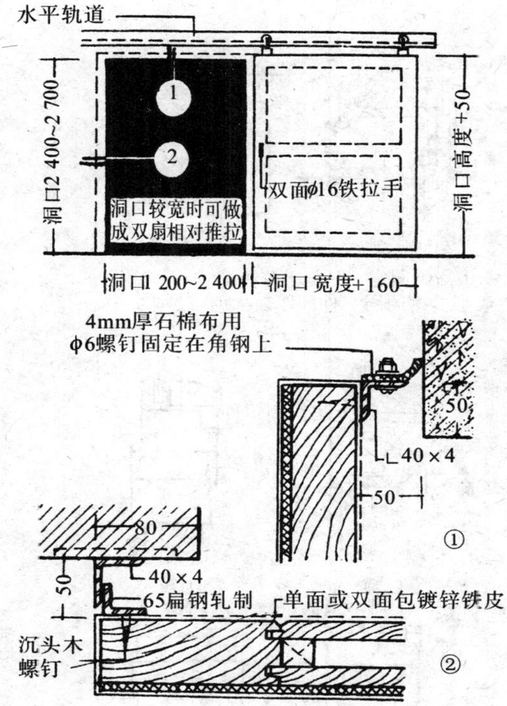

图 12－26　推拉式防火门

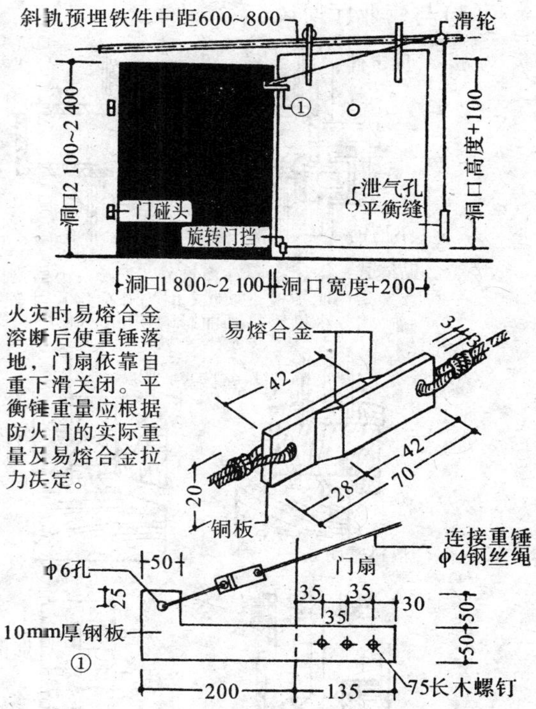

图 12－27　自动关闭防火门

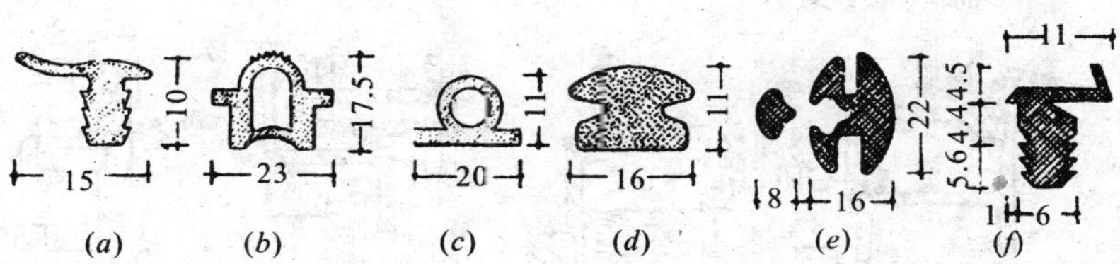

图 12－28　常见嵌缝条形式

(a)硅橡皮条　(b)橡皮条　(c)橡皮条　(d)橡皮条

(e)橡胶密封条　(f)橡皮条

五、商业橱窗

橱窗构造设计时，应注意以下几点。

(1)橱窗的尺度。橱窗的尺度主要是商品陈列面的高度和橱窗深度，必须依据陈列品的性质和品种而定。陈列面高度一般 300～450mm 以至 800mm，深度有自 600mm 至 1～2m不等。

(2)橱窗的防雨和遮阳。

(3)与营业厅通风、采光的关系。

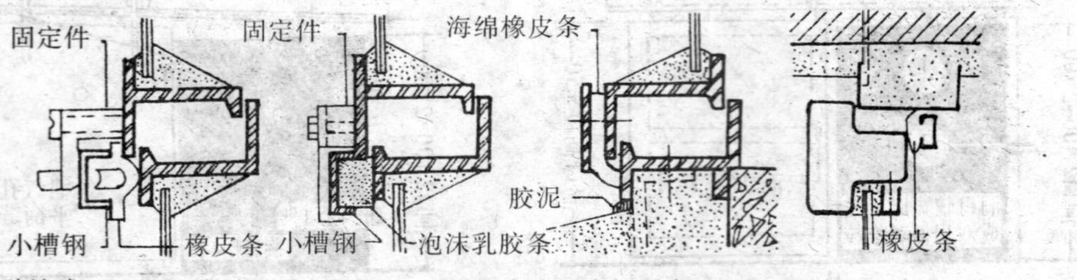

贴缝式　密闭条附在窗框外沿，嵌入小槽钢内或用扁钢固定，安装比较简单；便于检查质量；但当开启扇尺寸较大或小槽钢的固定件间距较大时，小槽钢易翘曲影响密闭质量。

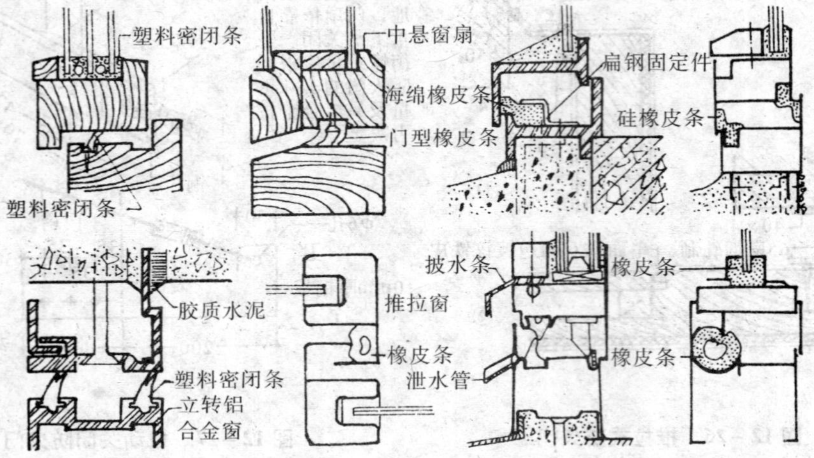

内嵌式　密闭条装在框、扇之间的空腔内堵住窗缝。其优点是构造简单；不受窗扇开启形式的影响；不妨碍安设纱窗；但不易检查质量，对制作安装的精度要求较高。

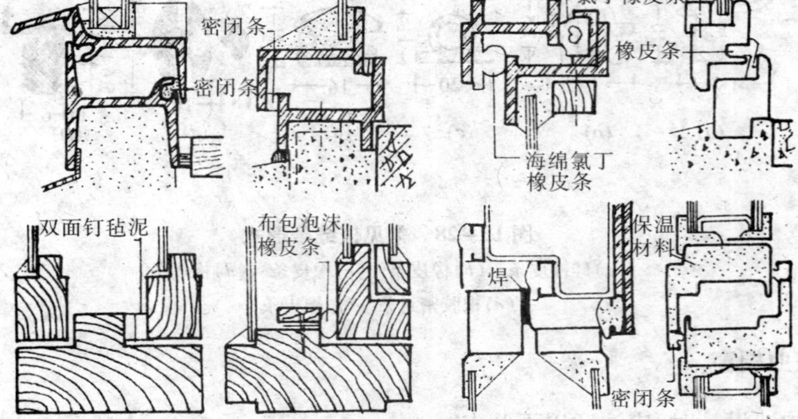

垫缝式　密闭条装在框、扇接触面处 或嵌入窗料的小槽中 或用特制胶粘贴于窗料上，其构造简单；密闭效果较好；但加工精度要求较高。

图 12－29　窗扇与窗框间的密闭处理

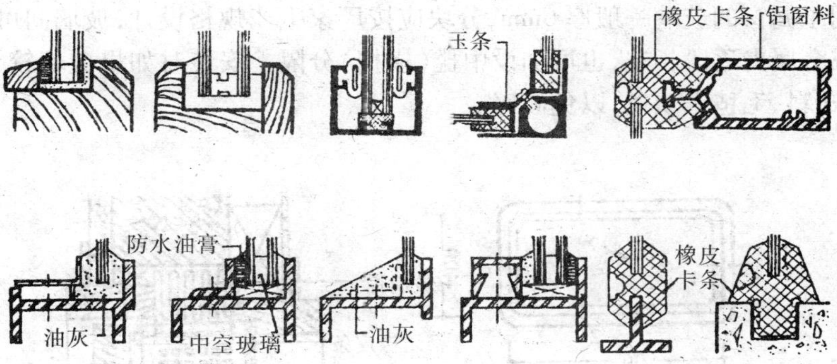

图 12－30　玻璃与窗扇间的密闭处理

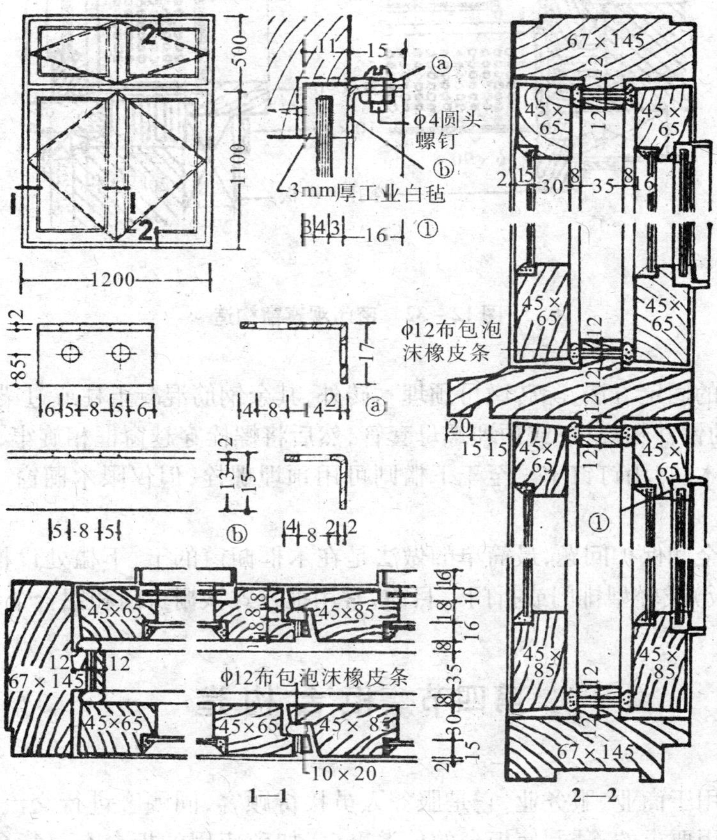

图 12－31　密闭保温隔声窗

(4)凝结水问题。

(5)橱窗灯光的布置。沿街橱窗一般依两柱或砖墩间设置,也有在外廊内设立的。

橱窗框料有木、钢、铝合金、不锈钢、塑料等品种。断面尺寸根据橱窗大小和装玻璃有无填料而定。用于橱窗的玻璃一般厚6mm，分块应按厂家生产规格设计，玻璃间可平接，过高时可用铜或金属夹逐段相连，也可加设中槛(横档)分隔。安装时如果玻璃较大最好采用橡皮、泡沫塑料、毛毡等填条，以免破碎。

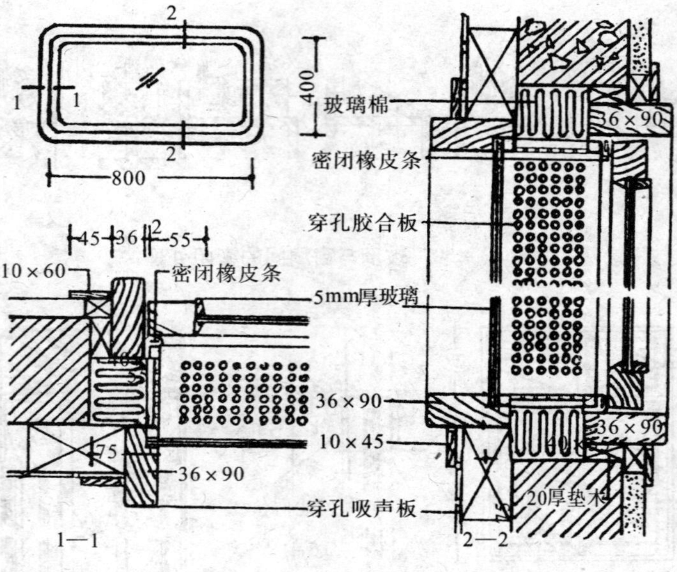

图 12－32 密闭观察窗构造

橱窗窗框的固定方法，除砖墩可预埋木砖外，其余钢筋混凝土柱或过梁内应逐段预埋铁件，与窗框的铁件相焊接；或预埋螺母套管，然后将螺栓穿越窗框相旋牢，不得于柱内或梁内预埋任何木块，用钉钉牢。至于下槛则可用预埋螺栓，但仅限木橱窗。图 12－33 为橱窗构造示意。

橱窗的安全和保护问题，最简单的做法是在木框橱窗的上、下槛处设槽，以便装置束板(排列的木板)或轻型排门或折门。目前，常用推拉式铁栅折门和铝合金卷帘门。

第四节 柜台构造

柜台一般用于商业、服务业，它是服务人员接待顾客，同顾客进行交流的地方。由于使用场合与使用要求的不同，使柜台的种类繁多，如商店用的柜台有百货食品柜、小卖货柜、水果土产货柜、冷饮柜、收款柜等；菜场里有为适合出售各类菜而设立的多样柜台；宾馆里有各类接待服务台和酒吧柜台等。它们的功能不一，形态各异，构造做法也变化多端。但不管如何，它们都必须符合人体的基本尺度，它们的造型、色彩、质感都必须与室内整体协调统一。

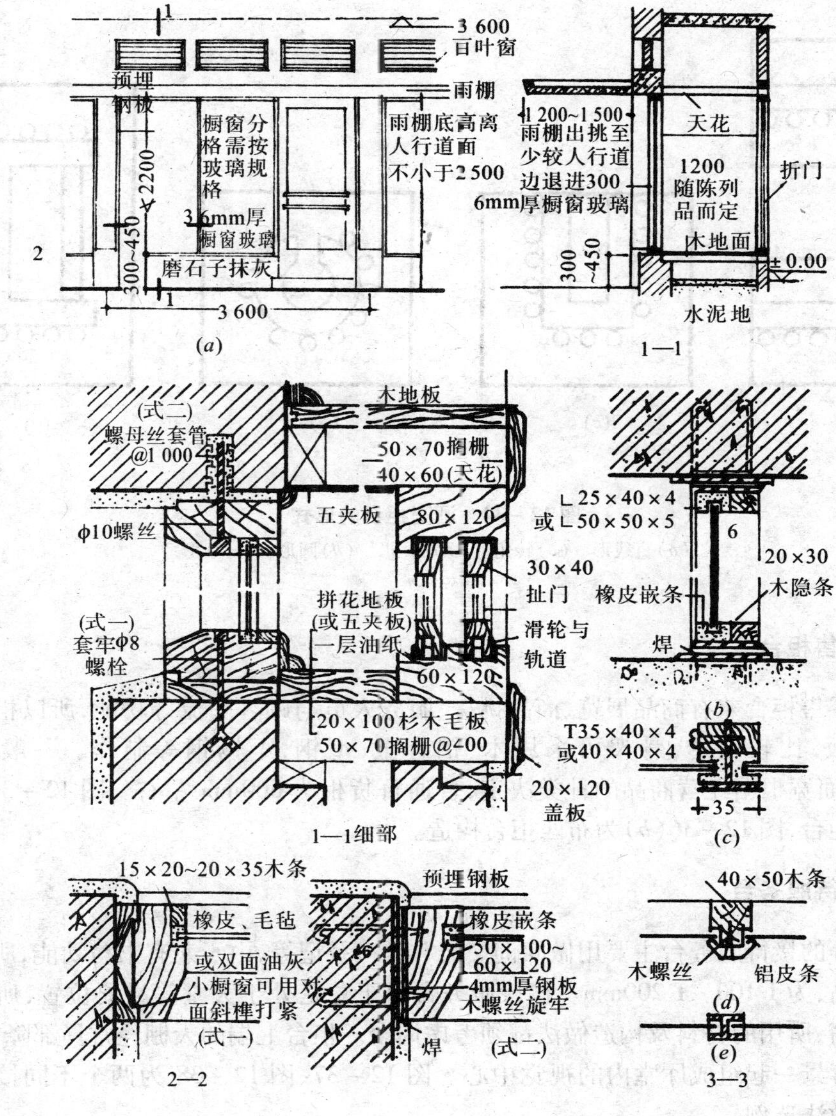

图 12－33　橱窗构造示意

(*a*)橱窗立面　(*b*)钢框架橱窗(1∶2)　(*c*)钢拼条

(*d*)木竖条　(*e*)钢夹玻璃平接

一、酒吧柜台

酒吧柜台是酒吧的中心，它的布置形式有直线形、转角形、半岛形、中心岛形等，如图 12－34 所示。柜台宽度为 550～750mm，柜台高度客人一侧为 1 100～1 150mm，服务员一侧为 750 ~ 800mm。吧台的长度按需要设计。图 12 - 35 为吧台的构造示意。

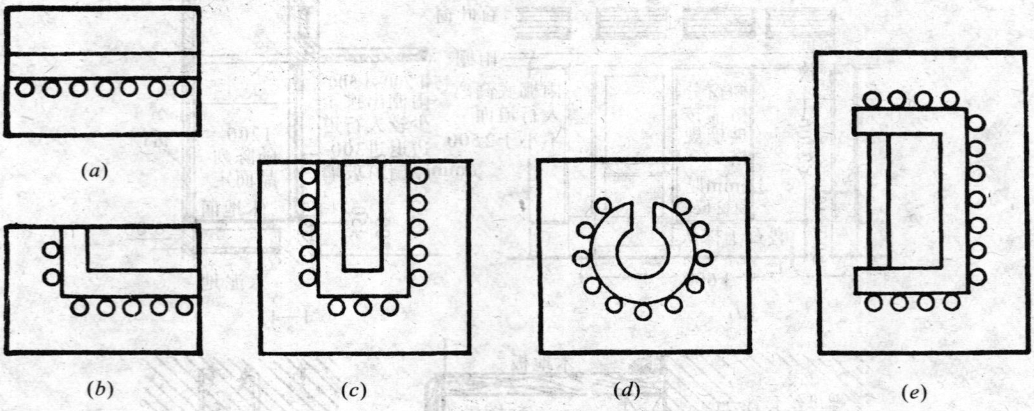

图 12 - 34　酒吧柜台的形式

(*a*)直线形　(*b*)转角形　(*c*)U 形　(*d*)圆形　(*e*)D 形

二、零售柜台

一般零售柜台兼有商品展览、商品挑选、服务人员与顾客交流等功能，所以柜台常用玻璃做面板，比较通透，骨架可采用木、铝合金、型钢、不锈钢等制作。一般高度为 950mm，台面宽根据经营商品的种类决定，普通百货柜为 600mm 左右。图 12 - 36(*a*)为普通百货柜台，图 12 - 36(*b*)为布匹柜台构造。

三、接待服务台

宾馆等的接待服务台主要用做问询交流、接待、登记等，由于兼有书写功能，所以比一般柜台略高，为 1 100 ~ 1 200mm。接待服务台由于总是处于大堂等显要位置，所以装饰档次也较高，所用的材料及构造做法都须考虑周全。柜台上端的天棚经常局部降低，与柜台及后部背景一起组成厅堂内的视觉中心。图 12 - 37、图 12 - 38 为两个不同接待服务台的构造做法选例。

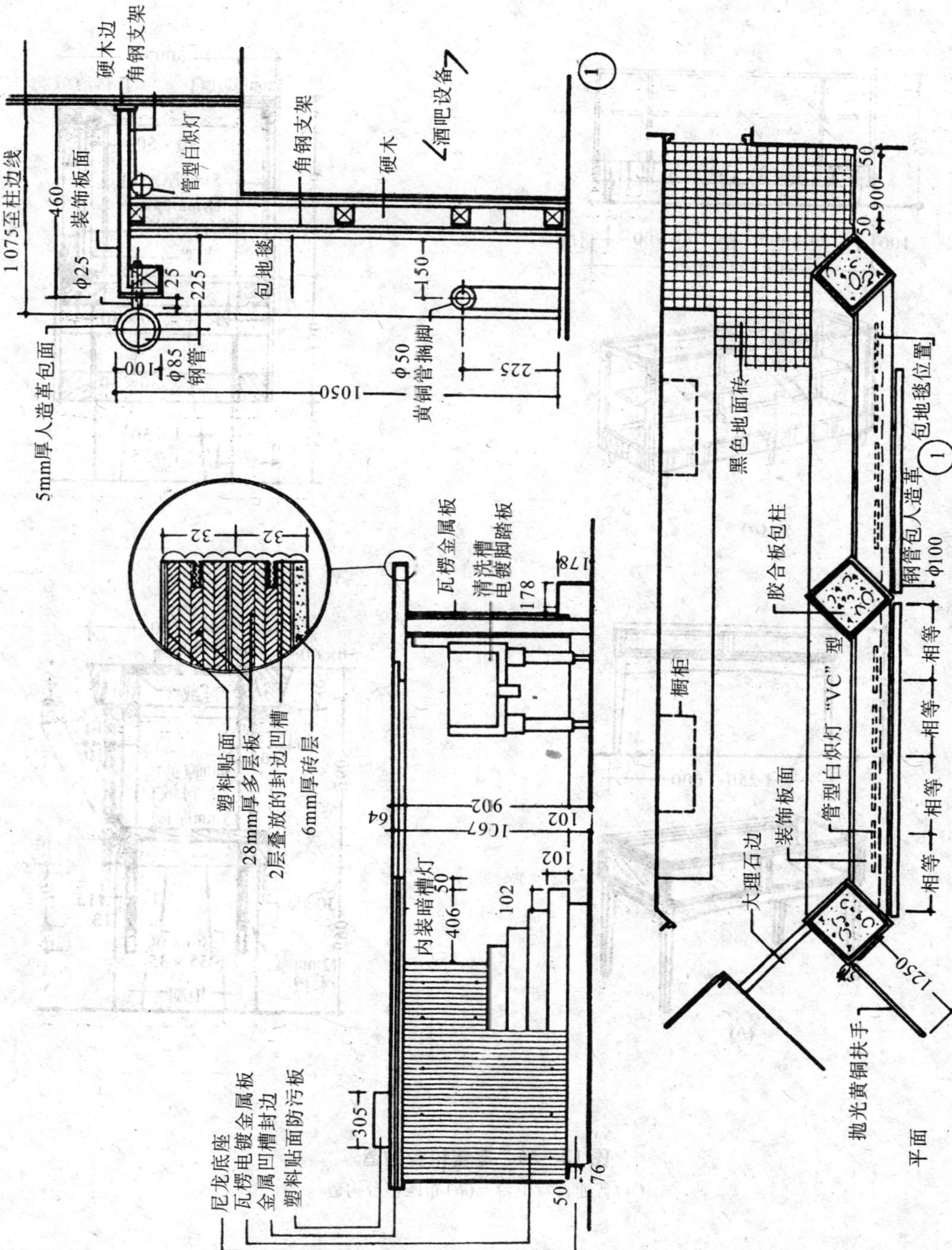

图12–35　酒吧柜台构造示意

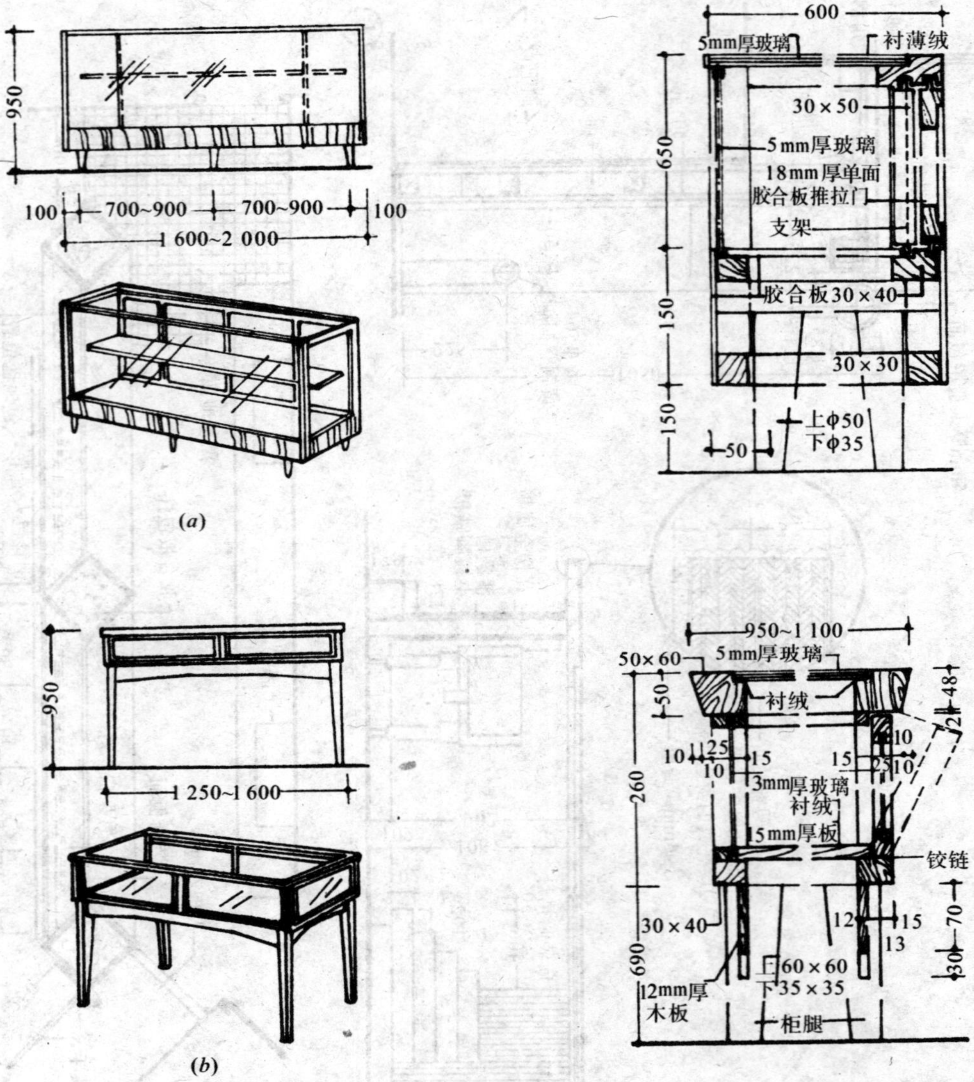

图 12－36　零售柜台构造

(a)普通百货柜台　(b)布匹柜台构造

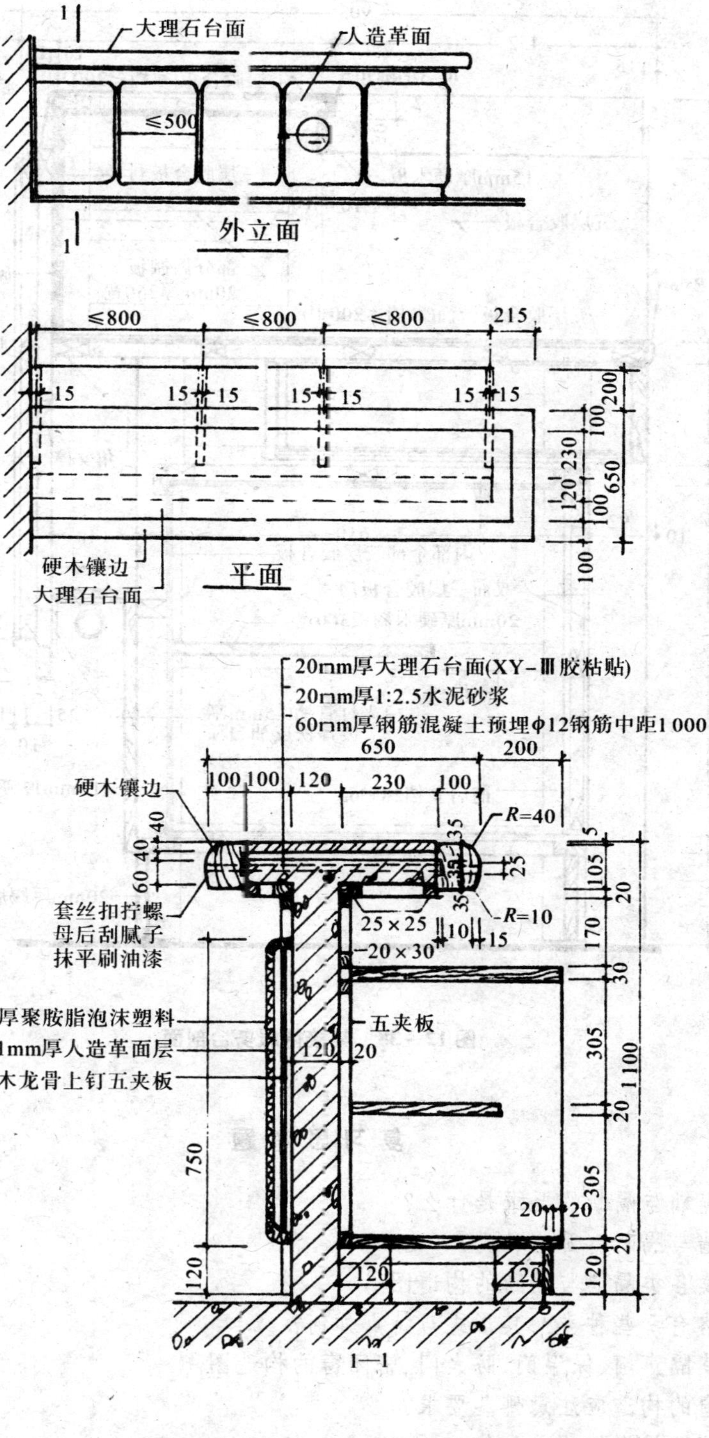

图 12－37　接待服务台平、立、剖面图

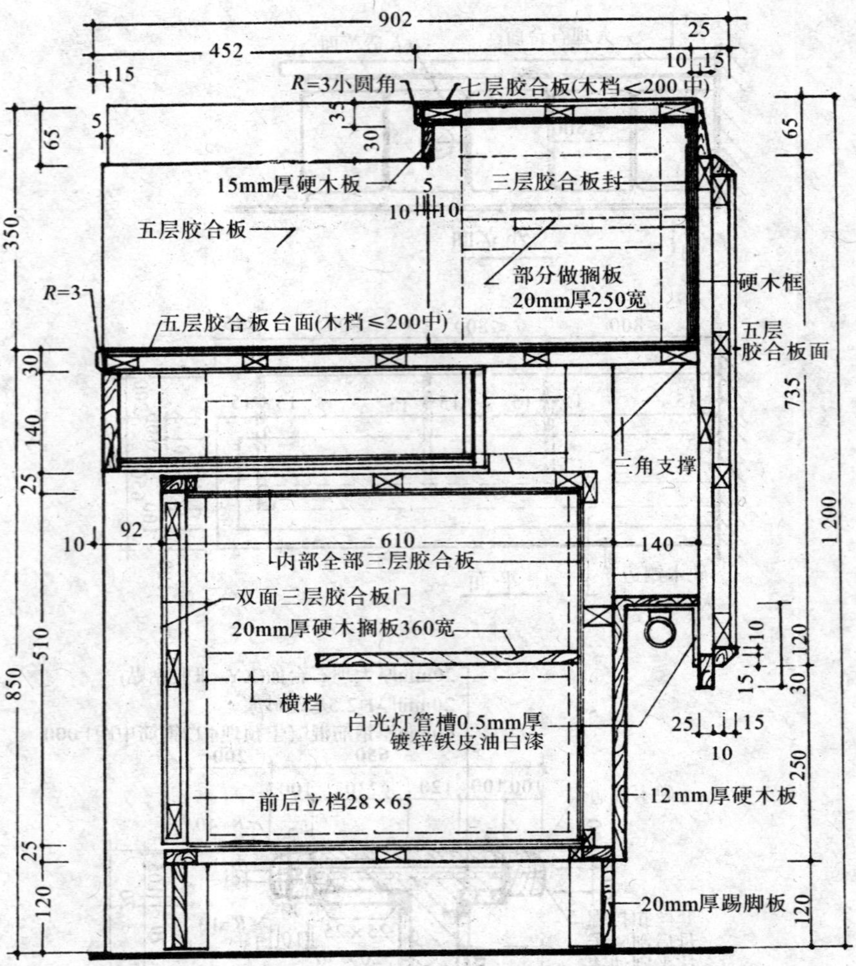

图 12-38 某接待服务台剖面

复习思考题

1. 对隔墙与隔断的要求是什么?
2. 隔墙与隔断有哪些种类?
3. 识读各类隔墙与隔断的构造图。
4. 花格有哪些种类?其形式与特点如何?
5. 识读隔声门、保温门、防火门、密闭窗的构造图。
6. 橱窗的构造应注意哪些要求?
7. 橱窗及柜台的构造如何?

参 考 文 献

1 建筑设计资料集(第二版). 北京:中国建筑工业出版社,1997
2 江苏省建筑配件通用图集. 1996
3 浙江省建筑标准图集. 1992
4 同济大学等四校编. 房屋建筑学. 北京:中国建筑工业出版社,1980
5 重庆建筑工程学院. 房屋建筑学. 北京:中国广播电视大学出版社,1985
6 李必瑜. 建筑构造. 北京:中国建筑工业出版社,1998
7 南京工学院. 建筑构造. 北京:中国建筑工业出版社,1978
8 重庆建筑工程学院. 民用建筑构造. 1978
9 陕西建筑学校等四校. 房屋建筑学. 北京:中国建筑工业出版社,1978
10 沈阳建筑工程学院. 二级注册建筑师必读. 北京:中国建筑工业出版社,1995
11 王朝熙. 装饰工程手册. 北京:中国建筑工业出版社,1991
12 李志英. 硬聚氯乙烯塑料异型材和塑料窗制造与应用. 北京:中国建筑工业出版社
13 陈保胜、陈中华. 建筑构造资料集. 北京:中国建筑工业出版社,1995
14 王海平、董少峰. 室内装饰工程手册. 北京:中国建筑工业出版社,1991
15 张剑明、马怡红、陈保胜. 建筑装饰构造. 北京:中国建筑工业出版社,1995
16 编写组. 高级民用建筑装修图集. 1981
17 傅信祁、颜宏亮、周健. 顶棚. 北京:中国建筑工业出版社,1992
18 林晓东. 民用建筑构造. 河海大学出版社,1999